EXCEL 활용 제 7 판

통계학개론

박명섭 / 박광태 / 이민호

弘文社

제 7 판 머리말

본서를 보완해 7판을 이제 내어 놓는 데 있어 독자들의 넓은 이해를 바라는 바입니다. 본서의 큰 특징 중 하나가 예제의 풀이를 엑셀을 활용한 컴퓨터 결과와 다름에도 함께 보여줌으로써 학생들로 하여금 엑셀을 이용해 결과를 얻는 것이 더 중요함을 특히 다중회귀모형의 경우에 강조하고 있습니다. 현실에서 보는 많은 문제들이 원인들과 결과로 설명되는 다중회귀모형을 통해 인과관계가 해석이 되고 이것을 통해 학생들이 다중회귀모형의 중요성을 인식하고 있는 점이 저자들로서는 큰 기쁨입니다. 수업에서 학기말 보고서로 다중회귀모형에 대한 예를 찾아 학생들 스스로 분석하고 결과를 해석해 결과의 의미를 찾는 훈련을 통해 앞으로 많은 현실의 문제를 다루는 데 있어 큰 도움이 될 것입니다.

7판에서는 다음에 중점을 두고 보완하였습니다.

1. 수업시마다 학생들이 질문하는 이항분포의 평균과 분산, 초기하분포의 평균과 분산 그리고 포아송분포의 평균과 분산을 유도하는 법을 추가하였습니다. 그리고 첫 번째 성공이 발생할 때까지의 총 시행횟수와 관련된 기하분포도 추가하였습니다. 또한 이항분포에서 n이 커지면 포아송분포로 접근함을 두 분포의 평균을 같게 하여 유도하는 법을 보여주었습니다. 그리고 연속분포에서 지수분포를 추가하였습니다. 포아송분포와 지수분포는 특히 은행과 놀이공원 같은 서비스 기업의 대기행렬의 분석에 있어서 중요한 분포로 두 분포가 밀접한 관계가 있습니다. 포아송분포는 단위시간당 사건발생 수를 나타내는 이산확률분포인 반면 지수분포는 사건발생 사이의 시간간격을 나타내주는 연속확률분포인데 이 지수분포를 포아송분포로부터 유도하여 보여주고 있습니다.

2. 컴퓨터 출력화면이 흐릿하여 보기에 힘이 든다는 점 이번에 보기 편하게 편집을 하였습니다.
3. 연습문제를 본문과의 연계성을 고려하여 정리하였습니다. 기본적으로 장별로 주요 개념을 묻는 2문제와 풀이를 요하는 문제 8문제로 구성하였습니다.
4. 두 집단의 모평균 차이 분석, 카이제곱 검정, 분산분석, 다중회귀모형에 대한 분석이 적용된 논문들을 본서가 개론서인 점을 고려하여 이번에는 삭제하였습니다.
5. 이 외에도 각종 오타 등을 수정하였습니다.

개정이 늦어짐에도 늘 인내로서 지켜보아 주시는 홍문사의 임권규 사장님을 비롯한 임직원분들께 감사를 드립니다.

2021년 2월

저자들 씀

제 6 판 머리말

본서는 2005년 처음, 기업에서 많이 이용하는 Excel을 활용하여 독자들로 하여금 어떻게 컴퓨터를 이용하여 해법을 풀 수 있는지 제시하였습니다. 또한 통계학의 이론과 기법이 실제 직업환경에서 어떻게 활용되는지를 보이기 위해 관련 논문을 수록하여 독자들의 이해를 돕고자 노력하였습니다. 더불어 기존의 비모수통계 부분이 학부과정에서 필요하지 않음을 고려하여 삭제하였고, 기본을 충실히 하면서도 독자의 이해와 시대적 필요성을 충족하고자 하였습니다. 또한 중요한 부분에 대한 충분한 이론적 설명과 중요한 예제의 풀이를 엑셀을 활용해 보여줌으로써 학생들의 통계에 대한 두려움을 상당히 없애 주었다고 생각합니다.

이러한 노력과 함께 대학에서의 통계학 과목에 대한 변화와 대학별, 전공별 특성에 따른 다양한 수정에 대한 요구가 있었습니다. 특히, 학생들이 통계학에 대한 어려움을 여전히 토로하고 있어, 책의 내용도 보다 쉬운 이해를 할 수 있도록 수정하였습니다. 환경변화와 독자의 요구들을 반영하여 통계학에 대한 폭넓은 이해와 수용도를 높이기 위해 Excel을 활용한 부분을 확대하였으며, 내용 부분도 보강하였습니다. 더불어 이론적으로 복잡한 통계학 책의 가독성을 높이기 위해 노력하였습니다.

첫째, 복잡한 통계학 책의 가독성을 높이기 위해 그림과 표에 대한 본문의 구성을 수정하였습니다. 내용면에서도 일부를 요약하고 그림화하였습니다. 또한 기업의 실무에서 많이 활용되는 기술통계학 부분을 강화하기 위해 초판으로 회귀하여 2개의 장으로 나누었습니다.

둘째, Excel 활용의 확대를 위해 기술통계 부분에 Excel 함수를 이용한 내용을 추가하였으며, 정규분포, t분포, 카이제곱, F분포에 Excel 함수를 추가함으로써 부록의 분포값들에 대한 이해를 돕고자 노력하였습니다. 또한 신뢰구간 계산, 가설검정에도 Excel을 이용한 해법을 추가하였습니다.

셋째, 내용의 이해를 위해 분산분석과 교차분석의 경우, 용어를 수정 · 보완하였으며, 자료의 변동에 대한 다른 계산방법을 소개하였습니다.

본 개정판이 새롭게 나오기까지 많은 분들의 격려와 노력이 있었습니다. 개정을 위해 많은 노력을 해주신 홍문사의 임권규 사장님을 비롯한 임직원분들께 감사를 드립니다. 특히, 편집을 위해 내용까지 꼼꼼하게 살펴봐 주신 김경수님께도 감사의 마음을 전합니다.

2014년 2월

저자들 씀

제 5 판 머리말

본서가 독자의 사랑을 받은 지도 어느새 15년이란 세월이 다 되어갑니다. 이렇게 오랜 기간 사랑을 받게 된 이유는 본서가 통계학개론서임에도 불구하고 중요한 부분에 대한 충분한 이론적 설명(예를 들면, 표본분산을 구하기 위해 모분산과는 달리 왜 분모를 $n-1$로 나누어야 하는지와 회귀분석의 분산분석표(ANOVA표)와는 다른 분산분석의 분산분석표(ANOVA표)에 대한 자세한 설명 등 수업시간에 흔히 질문 받는 사항을 고려한 점)과 중요예제의 풀이를 엑셀을 통해 다시 보여줌으로써 학생들의 통계에 대한 두려움을 상당히 없애준 때문이 아닌가 생각합니다. 특히 다중회귀분석의 경우 방대한 계산량으로 인해 예제의 풀이와 엑셀이 제공한 결과가 다름을 있는 그대로 보여줌으로써 엑셀의 사용을 자연스럽게 유도한 점이 학생들에게 통계분석에 대한 자신감을 심어주었다고 여겨집니다. 실제 저자들이 학부와 MBA강의 등 각종 강의에 신문자료를 통해 적절한 회귀모형을 설정하게 하고 관련 데이터를 수집하여 분석을 해 보게 함으로써 회귀모형의 중요성을 인식시키고 있는데 이를 통해 수강생들이 통계학의 중요성을 스스로 깨닫는 점이 저자들로서도 큰 기쁨입니다.

이 책의 여러 장점에도 불구하고 많은 오타로 인해 수강생들에게 항상 미안한 마음을 지니고 있었는데 이번에 제5판을 내게 되어 다행이라 생각합니다. 금번 제 5 판에서는 저자들이 실제 강의한 내용들을 중심으로 검토한 바 그동안 거의 강의되지 않았던 마지막 장인 비모수검정을 과감히 삭제하여 16주의 강의 분량에 맞도록 하였습니다. 대신 통계학의 주요 영역중의 하나인 가설검정 부분을 독자의 입장에서 좀 더 이해하기 쉽도록 대폭 수정하였습니다. 그리고 매 장의 시작 부분에 있었던 영어 명구들도 저자들이 마음에 와 닿는 다른 명구들로 대체하였습니다. 이러한 명구들이 통계학을 공부하는 중간중간 인생의 길잡이 역할을 할 것입니다. 그리고 엑셀을 활용한 부분을 카이제곱의 적합성 검정

등을 포함시켜 실전 활용능력을 더욱 높였습니다.

두 집단의 평균 검정, 두 집단의 비율 검정, 두 집단의 분산 검정, 세 집단 이상의 평균검정(분산분석), 세 집단 이상의 비율검정(카이제곱 검정), 세 집단 이상의 분산 검정(하틀리 검정), 두 분류변수의 독립성 검정(카이제곱 검정), 원인인 독립변수와 결과인 종속변수의 인과관계를 파악하는 회귀분석은 실제 생활에서 활용도가 높으므로 엑셀의 결과와 함께 예제를 충분히 이해하여 향후 부딪히게 될 불확실성하의 의사결정에 큰 도움이 되었으면 합니다.

항상 넉넉한 마음으로 개정을 기다려주신 홍문사의 임권규 사장님을 비롯한 임직원분들께 감사드리고 컴퓨터 관련 부분을 포함하여 본서 전체를 수강생의 자세로 꼼꼼하게 검토해준 김진민군에게도 고마움을 전합니다.

2008년 1월

안암골에서 저자들 씀

제 4 판 머리말

그동안 본서에 대한 아낌없는 독자들의 성원에 비해 개정이 늦어져 항상 마음의 부담을 떨쳐버릴 수가 없었습니다. 특히 본서의 강점인 예제와 컴퓨터의 활용을 연결하여 설명해 놓은 부분은 다른 책에서도 인용이 되고 있을 정도로 본서가 사랑을 받아 더더욱 개정의 필요성을 느끼고 있었습니다. 사실 독자들의 입장에서 보면 통계학 개론서는 이론 설명에는 충실하나 이를 어떻게 컴퓨터 프로그램에 활용하는가에 대한 답을 주지 못하였고 반면에 통계 프로그램 소개 책자는 컴퓨터의 활용에만 치중하여 이론의 설명에는 약한 편이었습니다. 본서의 초판에서 처음으로 이론과 컴퓨터의 활용을 연결하여 설명한 이후 나온 많은 책들이 이 추세를 따르는 것을 보고 저자들은 어느 정도의 보람을 갖고 있었습니다.

이제 그동안의 사랑에 보답하는 마음으로 본서의 개정작업을 시작하게 되었습니다. 개정에 있어서도 그동안 저자들이 강의를 하면서 수정해야 되겠다고 생각한 부분과 본서를 강의하신 분들의 의견을 종합하여 개정의 기본방향을 다음과 같이 정하였습니다.

1. 보편화되고 언제 어디서나 쉽게 접할 수 있는 EXCEL 중심으로 컴퓨터 활용부분을 단순화시켰습니다.
2. 본문의 내용을 전면 검토하여 독자들의 통계에 대한 큰 줄기를 이해하는데 도움이 되지 못하는 부분을 과감히 삭제하였습니다.
3. 학생들이 중요하게 생각하고 논문에 빈번하게 이용되는 통계기법에 대해서는 이해의 편의를 돕기 위해 관련 예제를 보강하였습니다. 특히, 두 집단의 t검정, 분산분석 및 회귀분석 부분은 예제의 보강뿐만 아니라 컴퓨터의 활용 설명도 보강함으로써 독자들이 더욱 쉽게 컴퓨터 프로그램을 사용할 수 있도록 하였습니다. 초판부터 갖고 있는 본서의 특징은 동일한

예제를 손으로도 풀어보고 동시에 컴퓨터를 이용하여 답을 찾는 방법을 제공함으로써 독자들이 바로 자신들이 연구하고자 하는 문제에 적용할 수 있도록 하였다는 점입니다. 이 특징은 개정에 있어서도 그대로 유지하였습니다.

4. 특히 본서에서 새로이 시도한 특징은 통계학의 기법이 실제 논문에서 어떻게 활용이 되고 있는가를 보이기 위해 통계기법을 설명한 장의 부록에 관련논문을 수록하였다는 점입니다. 저자들의 논문을 통해 독자들이 t-검정과 분산분석 그리고 회귀분석이 실제 논문에서 어떻게 활용이 되는지를 이해하는 데 도움을 얻을 것으로 생각합니다.

이러한 저자들의 의도가 충실히 반영되었는지에 대한 판단은 전적으로 독자들께 맡기고 향후 독자들의 판단들을 겸허히 수용하여 다음 개정 시 이를 전적으로 반영할 것임을 약속드립니다. 본서를 교재로 사용하시는 분들께 편의를 드리기 위해 본서의 요약본 등을 인터넷(http://biz.korea.ac.kr/~ktpark)에 올려두었으니 다운로드 받아 활용하시기 바랍니다.

끝으로 본서의 개정이 늦어지고 있음에도 저자들을 재촉하지 않고 넓은 마음으로 이해해주신 임권규 사장님과 어려운 통계책자의 교정에 정성을 다해준 김현정 과장님께도 감사의 마음을 전합니다. 그리고 저자들의 의도를 정확히 이해하여 본서의 개정에 헌신적인 수고를 하여준 이민호 박사와 박사과정의 이지은 학생에게도 고마운 마음을 전합니다.

2005년 2월

저자들 씀

제 2 판 머리말

본서는 1993년도에 출간된 '통계학'을 전면개정한 것이다. 전면개정판을 내게 된 이유는 개론서인 통계학에서 너무 많은 분량을 설명하려다 보니 통계학에 처음 입문하는 학생들에게는 다소 부담감이 없지 않다는 (초판으로 강의하신) 여러 교수님들의 지도편달사항을 기초로 하여 저자들의 연구 및 강의에 따른 경험을 최대한 반영하기 위함이다.

본 개정판의 주요 수정사항은 다음과 같다.

1. 제 1 장에서 제10장까지의 전면개정: 저자들의 강의경험과 동료교수님들의 조언을 최대한 반영하여 가장 읽기 쉽고 가르치기 쉽도록 전면적인 개정을 단행하였다.
2. 기술통계학: 초판에서는 제 2 장과 제 3 장에서 나누어 다루던 것을 하나의 장으로 묶어 제 2 장에서 다루고 있다.
3. 확률분표: 제 4 장에서는 확률분포의 기대값과 분산에 대한 일반이론에 대하여, 그리고 제 5 장에서는 몇몇 대표적인 확률분포의 특성을 다루도록 수정하였다.
4. 회귀분석: 회귀분석에 관련된 세 장(제13장, 제14장과 제15장)을 과감히 두 장(제12장과 제13장)으로 축약하여 논리전개의 연속성과 이해의 편의를 도모하였다.
5. 예제 및 연습문제의 보강: 제 1 장에서 제11장까지의 연습문제를 두배 이상으로 확충하였다.
6. 컴퓨터: 현재 아래한글 2.1을 사용하는 추세에 맞추어 설명을 아래한글 1.51에서 2.1로 바꾸었다.

부족한 가운데에서도 본 개정판이 나올 수 있었던 것은 본서를 과분하게 성원하여 주신 여러분의 관심에 힘입은 바 크며 지면으로나마 심심한 감사를 드립니다. 끝으로, 이 책이 나올 때까지 수고해 준 서상범군을 위시한 고려대학교 경영학과 대학원생들과 영남대학교 경영학과 박사과정 홍동헌군에게 감사하며, 홍문사의 임권규 사장님 이하 여러분께도 아울러 감사드린다.

1994년 7월

저자들 씀

차 례

제 1 장 통계학의 기초

제 2 장 기술통계 1: 표와 그래프

제 3 장 기술통계 2: 요약특성치

제 4 장 확률이론

제 5 장　확률변수와 확률함수

제 6 장　확률분포

제 7 장　표본분포

제 8 장　추　　정

제 9 장　가설검정과 한 모집단의 모수에 대한 추론

제10장 두 모집단의 모수에 대한 추론

제11장 범주자료에 대한 χ^2검정

제12장 분산분석

제13장 회귀분석

제14장 다중회귀모형

01

통계학의 기초

Walt Disney

인간에게는 새로운 것을 알고자 하는 호기심이 있으므로 일단 전진하면 언제나 새로운 문이 열리고 새로운 일을 할 수 있게 된다.

We keep moving forward, opening up new doors, and doing new things, because we're curious and curiosity keeps leading us down new paths.

제 1 장

통계학의 기초

모수와 통계량의 차이에 대한 이해 –
기술통계학과 추측통계학에 대한 설명 –
표본추출법의 종류 –
표본오차와 비표본오차 –

key point

우리는 오늘날 각종 형태의 통계를 활용하고 있다. 예를 들어 보면, 주가지수, 물가지수, GNP, 일기예보, 생산성지수, 실업률, 대학입시 경쟁률, 야구선수의 타율 등 일일이 다 열거할 수 없을 정도다. 이와 같이 우리는 헤아릴 수 없이 많은 통계를 접하며 살고 있는데, 통계(statistic)라는 용어는 어떻게 정의할 수 있는가?

통 계

통계란 분석의 대상이 되는 집단에 대하여 실시한 조사나 실험의 결과로 얻은 결과치 또는 그 결과치들의 요약된 형태를 말한다.

통계는 개인의 사회생활, 기업경영의 의사결정 그리고 정부의 경제정책결정에 있어서 중요한 역할을 하고 있다. 통계자료를 체계적으로 수집하여 정리하고, 수집된 통계자료를 적절하게 활용할 수 있는 능력배양은 합리적인 의사결정을 위하여 필수적이다. 이와 같이 통계자료의 수집, 요약, 정리 그리고 정리된 자료를 통한 합리적인 의사결정이 바로 통계학에서 다루는 주요내용이다.

1.1 통계학이란 무엇인가

최근 몇 십 년 동안 발생한 가장 현저한 현상의 하나는 통계적 방법과 이론의 발달이라고 할 수 있다. 오랫동안 통계학은 자료를 수집하여, 요약하고, 그림이나 도표를 통하여 정리하는 방법을 주로 다루어 왔다. 그러나 오늘날 통계학은 우리 주변의 거의 모든 분야(정치, 경제, 경영, 농업, 공학 등)에 매우 중요한 영향을 미치는 학문이 되었다. 그 이유는 현대통계학이 불확실성하의 의사결정문제와 직접적으로 연관된 학문으로 발전되었기 때문이다. 우리 주변의 거의 모든 것이 불확실적인 요소를 포함하고 있고, 따라서 불확실성을 다루는 통계학의 중요성이 강조된다.

통계학의 발전사를 놓고 볼 때, 가장 중요한 변화는 20세기를 기점으로 통계학의 초점이 자료기술의 방법론으로부터 현상의 일반화로, 다시 말해서 기술통계학으로부터 추측통계학으로 바뀌었다는 것을 들 수 있다. 기술통계학이란 자료를 체계적으로 수집하고, 요약하고, 정리하는 데 필요한 방법론을 말하며, 제2장과 제3장에 걸쳐 상세하게 다룬다. 기술통계학은 자료의 기술에 대한 모든 것을 포괄하지만 자료의 이면에 있는 어떤 것을 추론하는 것과는 관련이 없다. 예를 들어서 증권거래소에서 과거 10년간의 월평균 종합주가지수를 계산하여 표로 제시한다면 이는 기술통계학의 분야에 속한다. 또 연도별 또는 월별 주가변화율을 계산한다고 하더라도 이는 기술통계학의 범주 내에 속하는 것이다. 그러나 우리가 만일 과거 10년간의 주가를 이용하여 명년도의 월별 주가지수를 예측하고자 한다면 이는 통계학의 다른 범주(추측통계학)에 속하게 된다.

추측통계학은 표본정보를 통하여 그것이 추출된 모집단의 특성을 추론하거나, 과거의 자료를 분석하여 미래를 예측하는 데 필요한 지식적 체계를 말한다. 기술통계학은 여전히 통계학의 중요한 분야의 하나이며, 앞으로도 경영 · 경제의 여러 분야에 널리 적용될 것이다. 그러나 대부분의 현실적 의사결정문제의 경우에 통계정보는 전체 자료의 일부분인 표본으로부터 얻어지며, 또한 이 자료들은 대개 과거에 발생한 사건의 결과이다. 반면에 우리가 분석하고자 하는 관심의 대상은 종종 부분이 아니라 전체적 집단의 특성이며, 과거에 대한 기술이 아니라 미래에 대한 예측이다. 또한 사회구조가 복잡화됨에 따라 우리가 획득할 수 있는 자료의 양은 상대적으로 더욱 제한적일 수밖에 없다. 추측통계이론의 중요성이 점증하는 이유가 바로 여기에 있는 것이다. 추측통계학은 부분을 통하여 전체를 추론하려는 것이기 때문에 항상 불확실성이 내재하며 위험을 수반하게 된다. 예를 들어서 한 기업이 신제품을 시장에 도입하거나 시설확장을 계획할 때, 이 기업은 일부 잠재고객 또는 단편적인 시장정보에 근거하여 의사결정을 하게 된다. 그리고 그 의사결정의 결과는 불확실하며 상당한 위험이 수반된다. 그러므로 의사결정자에게는 이 위험의 정도를 구체적으로 측정할 수 있는 방법의 필요성이 제기되며, 추측통계학은 의사결정에 내재하는 불확실성의 정도를 확률에 의해 수치적으로 측정하는 방법론을 제시하고 있다. 따라서 통계학을 의사결정에 제대로 활용할 수 있기 위해서는 기초적인 확률이론에 대한 이해가 필수적이다.

이제 지금까지의 논의를 토대로 통계학을 정의하여 보자.

통계학의 정의

통계학이란 불확실한 상황하에서 의사결정을 효과적으로 내리기 위해 대상이 되는 집단의 관찰치로부터 데이터를 수집하고, 정리하고, 표현하고, 분석하고, 해석하는 분야를 다루는 학문이다.

1. 기술통계: 분석의 대상이 되는 집단으로부터 자료를 수집하고, 요약하고, 정리하는 데 필요한 방법론
2. 추측통계학: 표본을 추출하고, 표본정보를 통하여 그 표본이 추출된 모집단의 특성을 추론하며, 그 추론을 토대로 의사결정대안을 제시하는 데 필요한 이론적 체계

1.2 모집단과 모수

모집단

모집단이란 통계분석의 대상이 되는 모든 개체들의 집합을 말한다.

통계분석을 할 때 가장 먼저 결정하여야 할 사항은 분석하고자 하는 대상 모집단(target population)을 명확하게 설정하는 것이다. 예를 들어서 우리가 도시근로자들의 봉급수준을 분석하고자 한다면, 도시에 거주하면서 취업하고 있는 모든 근로자들이 받는 봉급액의 집합을 대상모집단으로 설정하여야 할 것이다. 한 제조업체에서 생산하는 전구의 수명을 분석하려고 한다면, 그 회사에서 생산되는 모든 전구로부터 측정한 수명들의 집합이 대상모집단이 될 것이다. 또 철강회사의 임원봉급을 분석하고자 한다면 모든 철강회사 임원들의 봉급의 집합이 대상모집단이 된다. 얼핏 생각하기에는 모집단의 설정이 쉬운 작업같이 보일 수도 있으나, 실제로는 여러 가지 어려운 점들이 많다. 예를 들어서 도시근로자의 봉급수준을 분석하는 문제에서 도시근로자는 어디까지 포함시켜야 하는가? 의사, 변호사, 공장의 직원 등 모든 직종을 다 포함시켜야 하는가, 임시직이나 파트타임 근로자도 포함되는가 등을 결정하여야 한다. 또한 자료의 수집이 특정 도시, 특정 지역에 치중된다면 거기서 얻어지는 결론은 전체 도시근로자의 봉급수준과 많은 차이가 있을 수도 있다.

통계분석을 할 때 우리는 당연히 해당 모집단으로부터 가능한 많은 자료를 얻기 원할 것이다. 왜냐하면 더 많은 자료를 토대로 함으로써 모집단에 대한 부정확한 추론의 가능성을 감소시킬 수 있기 때문이다. 그러나 현실적으로 모집단의 모든 자료를 수집하는 것은 엄청난 비용을 수반하거나 때로는 파괴적이기 때문에 불가능한 경우가 대부분이다. 앞의 전구회사의 경우가 파괴적 자료수집의 전형적인 예인데, 이 경우 자료를 수집하기 위해서는 생산되는 모든 전구를 수명이 다하도록 켜놓아야 한다. 따라서 모집단에 대한 제한적 또는 불완전한 정보에 기초하여 분석대상인 모집단의 특성에 대한 추론을 하는 것이 일반적이다.

의사결정에 어떤 정보가 필요한지를 결정하기 위하여 우리는 모집단의 특성을 식별하는 수치적 지표를 활용하게 된다. 모수(parameter)라고 불리는 이러한 수치적 지표는 모집단의 특성을 묘사하는 수치이다.

모 수

모수란 모집단의 특성을 나타내 주는 수치를 말한다. 가장 대표적인 모수로는 모집단의 중심경향을 나타내 주는 평균과 모집단자료의 산포도를 나타내는 분산을 들 수 있다.

예를 들어 철강회사의 임원봉급을 분석한다고 할 때, 모든 철강회사의 임원봉급을 단순히 수집하여 정리한다고 해서 모집단의 특성이 파악되는 것은 아니다. 그렇다면 어떻게 하여야 되는가? 모집단의 특성을 이해하는 지름길은 바로 모집단의 특성을 요약하는 모수를 파악하는 것이다. 즉, 철강회사 임원봉급의 평균을 파악하고, 봉급 간의 변화가 얼마나 되는지를 요약하는 분산을 파악함으로써 자료에 대한 보다 합리적인 판단을 할 수 있다.

1.3 표본과 통계량

전술한 바와 같이 모집단의 특성을 파악하기 위해서는 모수의 산출이 필수적이다. 그러나 모집단의 모든 자료를 수집하는 것이 일반적으로 불가능하기 때문에 평균이나 분산 등의 모수를 산출할 수가 없다. 따라서 모집단으로부터 임의로 추출된 모집단의 부분집합 또는 표본(sample)의 분석을 통하여 모수를 추정하는 것이 일반적인 방법이다.

표 본

표본이란 모집단으로부터 임의로 추출된 모집단의 부분집합이다.

예를 들어 전구회사에서 생산되는 전구 중에서 임의로 100개를 추출하여 수명을 측정한 후, 조사된 표본자료의 평균과 분산을 계산할 수 있다. 표본자료로부터 계산되는 평균이나 분산은 표본의 특성을 나타내 주는 척도로서, 모평균 및 모분산과 구분하기 위하여 각각 표본평균과 표본분산이라고 부른다. 그리고 이와 같이 표본의 특성을 묘사하는 표본평균이나 표본분산과 같은 척도를 표본통계량이라고 한다.

표본통계량

표본통계량이란 표본평균이나 표본분산과 같이 표본의 특성을 나타내는 척도를 말한다.

표본통계량은 앞으로 우리가 심도 있게 다루게 되겠지만 대개 다음의 두 가지 용도로 사용되며, 그림 1–1과 같이 나타낼 수 있다.

① 모수에 대한 추정
② 모수에 대한 가설검정

그림 1–1에서 추론은 표본관찰치에 근거하여 모집단의 특성을 추측하는 것을 말하며, 가설검정은 모수에 대하여 우리가 추측하고 있는 어떤 실수값의 진위를 표본관찰치에 의해 검정함을 말한다.

그림 1-1 모집단과 표본

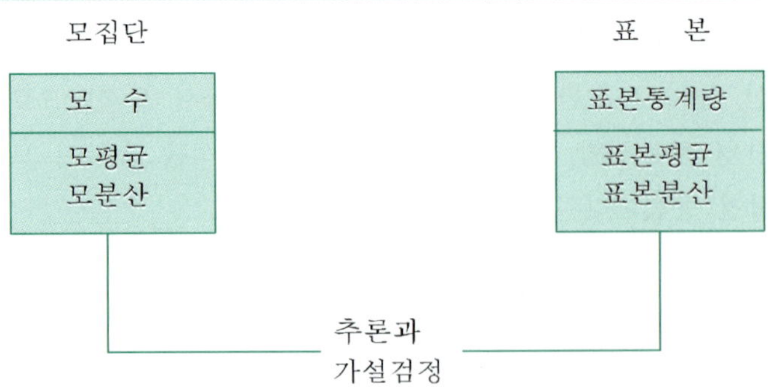

1.4 표본추출법

통계분석의 대상이 되는 모집단이 명확히 정의되면, 다음 단계로 이 모집단으로부터 몇 개의 표본자료를 어떤 방법에 의하여 조사하느냐를 결정하여야 한다. 표본크기의 결정문제는 분석자 또는 의사결정자가 요구하는 수준의 정확도 있는 통계분석을 하는 데 필요한 최소한의 표본자료의 개수를 결정하는 것이다. 이에 관하여는 8.4절에서 상세히 다루므로 여기서는 설명을 생략하기로 한다.

표본조사에서 표본크기의 결정보다 더 중요한 사항은 어떠한 방법으로 표본을 추출할 것인가에 대한 결정이다. 모수에 대한 추론의 정확성을 높이기 위해서는 모집단의 특성을 대표할 수 있는 표본이 수집되어야 할 것이다. 특정 지역 또는 집단에 대한 조사가 배제된다든지, 또는 모집단의 개체 중 일부에 편중적으로 표본자료가 조사된다면, 그 표본은 모집단을 대표한다고 말할 수 없고 또 모집단에 대한 정확한 추론도 기대할 수 없게 된다. 따라서 모집단을 구성하는 개체들이 공정하게 조사될 수 있는 합리적인 표본추출법이 적용되어야 할 것이다.

표본추출법은 확률추출법과 비확률추출법으로 나눌 수 있다. 비확률추출법은 통계분석자의 판단, 직관 및 재량에 의해 자료수집의 기준이 결정되므로, 일관성과 객관적 합리성이 떨어진다. 반면에 확률추출법은 모집단의 각 개체들이 표본으로 추출될 확률이 동일하도록 하여 표본을 추출하는 방법이다. 확률추출법에서는 모든 조사대상이 추출된 확률이 동일하며 또 한 대상의 선택이 다른 대상의 선택에 영향을 미치지 않으므로, 특정 대상이 편중적으로 조사되는 경향을 최소화할 수 있다. 본 절에서는 확률추출법 중에서 자주 사용되는 몇 가지 표본추출법을 설명하기로 한다.

단순무작위추출

단순무작위추출은 ① 모집단을 구성하는 개체들이 선택될 확률이 동일하도록 표본을 추출하며, ② 어떤 한 개체의 선택이 다른 개체의 선택에 영향을 미치지 않도록 표본을 추출하는 방법이다.

단순무작위추출(simple random sampling)은 단순확률추출이라고도 하며 제7장 1절에서 상세히 다루므로, 여기서는 설명을 생략하기로 한다.

계통추출

N개의 모집단자료로부터 n개의 표본을 계통추출한다고 하자. 먼저 모집단을 구성하는 각 개체에 1에서 N까지 일련번호를 부여한 후, $k=\left[\frac{N}{n}\right]$의 비율을 구한다. 여기서 k는 $\frac{N}{n}$보다 작거나 같은 가장 큰 정수이다. 일련번호에 따라 처음 k개의 개체 중에서 하나를 임의로 추출한다. 그리고 그 이후에는 매 k번째에 있는 자료를 표본의 크기가 n이 될 때까지 추출하게 된다.

무작위추출은 시간이 많이 소요될 수 있고, 표본이 어느 한 쪽으로 편중될 가능성을 완전히 배제할 수 없다. 이에 비해 계통추출(systematic sampling)은 시간적으로 또는 공간적으로 일정한 간격을 두고 표본을 추출하는 방법이므로, 단순하면서도 모집단 전체에서 골고루 표본을 추출할 수 있는 장점이 있다. 예를 들어 1부터 10,000까지의 추출단위가 있는 모집단에서 20개를 계통추출하고자 할 때, 처음 $k=\frac{10,000}{20}=500$개의 개체로부터 하나를 임의로 추출한다. 만일 이때 10번이 추출되었다면, 다음엔 510번, 1,010번, 1,510번, … 등으로 20개가 추출되어진다. 계통추출은 일정한 간격을 두고 자료가 추출되므로, 모집단의 자료가 주기성을 띠고 있는 경우에는 편중된 표본이 나올 수도 있다는 데 유의하여야 한다.

예제 1-1

$N=500$인 모집단에서 각 개체에 1부터 500까지의 일련번호를 부여한 후, $n=25$인 계통추출표본을 추출하시오.

풀 이 $k=\frac{500}{25}=20$을 얻는다. 1에서 20까지 중 임의로 한 숫자를 뽑는다. 8이 뽑혔다고 하자. 첫 번째 표본자료는 숫자가 8인 자료이다. 그리고 28, 48, 68, … 등의 숫자가 매겨진 자료들을 추출하며, 자료의 개수가 25가 되면 멈춘다. 이 모든 관찰치들은 $k=20$ 단위 간격으로 떨어져 있다.

층화추출

층화추출은 모집단을 두 개 이상의 동질적인 소집단, 또는 층으로 분류한 다음에 각층으로부터 무작위추출을 하는 표본추출법이다.

모집단을 동질적인 여러 개의 층으로 나누는 데에는 지역, 성별, 교육수준, 연령 등의 단일기준을 적용하여 나누기도 하지만, 지역과 소득수준, 성별과 연령 등과 같이 두 개 이상의 기준이 혼합적으로 적용되기도 한다. 층이 결정되면, 각 층으로부터 일정 수의 표본자료를 단순무작위로 추출하게 된다. 예를 들어서 대선후보에 대한 선호도를 조사하기 위하여 400명을 층화추출(stratified sampling)한다면, 유권자를 도별로 나누어 8개의 층을 구성하고 각 도에서 50명의 유권자를 무작위로 추출하여 대선후보에 대한 선호도를 조사하게 된다. 이 경우 각 도에서 추출되는 표본의 수를 도별 유권자 인구에 따라 비례적으로 결정할 수도 있는데, 이와 같이 각층으로부터의 표본크기를 모집단에서 차지하는 층의 비율에 따라 결정하는 방법을 비례적 층화추출(proportionnate stratified sampling)이라고 한다.

집락추출

집락추출은 모집단을 일정한 기준에 의해 여러 개의 집락으로 구분한 후, 무작위추출에 의해 일부 집락들을 추출한다. 그리고 추출된 집락에 대하여 일부 또는 전수조사를 하게 된다.

서울시의 소득수준을 집락추출(cluster sampling)에 의해 조사한다고 하자. 첫 번째 단계는 집락을 구성하는 것이다. 편의상 서울시를 동 단위로 구분하여 집락을 구성하였다고 하자. 두 번째 단계는 서울시의 전체 동 중에서 몇 개를 무작위로 추출하는 것이다. 마지막 단계는 추출된 집락(동)들에 대해서만 전체 동주민의 소득을 조사하든지 또는 무작위추출에 의해 일부 동의 주민에 대한 소득을 조사하게 된다.

집락추출은 다른 표본추출법에 비하여 경비가 싸고 빠른 장점이 있지만, 대표성 있는 표본의 추출에는 약간의 문제가 있다. 위의 예에서, 같은 동에 사는 사람들은 소득수준이 유사한 경향이 있기 때문에 집락추출의 두 번째 단계에서 어느 동이 추출되느냐에 따라 특정 소득계층이 편중적으로 조사될 가능성이 높아지게 된다.

1.5 표본오차와 비표본오차

전술한 바와 같이 시간, 비용, 물리적인 제약성 등으로 인하여 모집단 내의 모든 자료를 다 수집하는 것은 대부분의 경우 현실적으로 불가능하다. 이에 따라 표본을 추출하고 추출된 표본으로부터 산출된 통계량에 의해서 전체 모집단의 특성을 파악하는 것이 일반적인 통계분석의 절차이다. 그리고 이러한 절차는 속성상 불확실성 또는 오차(error)의 가능성을 항상 수반하기 마련이다. 이때 발생하는 오차는 크게 두 가지로 나누어진다. 표본오차(sampling error)와 비표본오차(nonsampling error)가 그것이다.

표본오차와 비표본오차

표본오차는 모집단의 일부분인 표본에 의해서 전체의 특성을 파악하려는 데서 오는 오차를 말한다. 비표본오차란 표본추출과정에서의 오류로 인하여 발생하는 오차를 말한다.

표본오차는 부분에 의해서 전체를 파악하려는 데서 발생한다. 따라서 표본오차는 표본의 크기가 커짐에 따라 점차 감소하며 전수조사에서는 발생하지 않는다. 반면에 비표본오차는 표본추출과정에서 발생하는 부정확한 측정 또는 관찰오류, 누락, 오기, 모집단의 비합리적 설정 등에 기인하는 것으로 표본의 크기가 커짐에 따라 오히려 증가할 수 있다. 따라서 자료의 수가 더 많아지면 표본정보가 그만큼 더 정확할 것이라고 하는 일반적인 통념이 항상 적용되지는 않는다.

비표본오차는 조사원에 대한 훈련, 지도 및 감독의 강화 그리고 체계적이고 과학적인 표본추출과정을 도입함으로써 방지할 수 있다. 그러나 표본오차를 줄이는 유일한 방법은 표본의 크기를 증가시키는 것인데, 추가적인 표본의 추출은 비용, 시간 등의 현실적인 제약여건으로 인하여 한계가 있다. 주어진 여건에서 최적의 표본크기를 결정하는 방법에 대하여는 8.4절에서 상세하게 다루기로 한다.

1.6 통계학의 응용

통계적 방법에 의해서 해결할 수 있는 몇 가지 유형의 문제들을 나열하여 보자. 물론 이러한 문제를 나열하는 목적은 통계학이 해결할 수 있는 모든 문제를 제시하는 데 있는 것이 아니라, 본 서에서 설명하고 있는 통계적 기법으로 풀 수 있는 몇 가지 전형적인 의사결정문제를 열거함으로써 통계적 기법의 활용성을 이해시키는 데 있다.

① TV 방송 분야: TV 프로그램의 시청률 측정

한 TV 프로그램 제작자는 그의 프로그램이 같은 시간대의 다른 프로그램과 비교하여 인기도가 어떠한지를 알고 싶어한다. 특히 시청자의 몇 퍼센트가 자신의 프로그램을 시청하는지를 알고 싶어한다고 하자. 이러한 필요를 충족시키고자 그는 자신의 프로그램이 방영되는 시간대에 TV 시청자들의 동향을 취재하기로 하였다. 이 경우 얼마나 많은 시청자들을 조사하여야 의미 있는 통계조사가 될 수 있는가? 통계적 방법은 그 프로그램의 시청률을 적절한 정확도의 범위 내에서 측정하도록 하는 데 필요한 표본크기를 결정하는 이론적인 기준을 제시하고 있다.

② 의약 분야: 새롭게 개발된 혈청의 효과 측정

한 약품연구개발팀은 어린이 질병을 예방하는 데 도움이 될 수 있는 새로운 혈청을 개발했다. 이 혈청은 임상실험을 거쳐야 하는데, 마침 대도시의 한 초등학교에서 3학년 학생들의 절반에 대한 예방접종을 동의하였다. 예방접종을 실시한 후, 그 학년의 모든 아이들의 건강상태에 대한 자료가 다음 한 해 동안 기록, 유지된다. 통계적 방법은 예방접종을 한 집단과 하지 않은 집단에 대해, 그 기간 동안 병에 걸린 아이들의 비율에 근거해서 새로 개발된 혈청이 효과적인지 아닌지에 대한 판단을 가능하게 한다.

③ 생산 분야: 생산과정에서 발생하는 사고의 원인 파악

어떤 기업은 그 회사의 공장에서 발생하는 사고의 수가 많은 것에 대해 그 원인을 밝혀내고자 한다. 사고의 원인을 파악하기 위해서 조사자는 우선 시간과 관련된 요인을 먼저 고려하기로 하였다. 그는 하루 중 발생하는 사고의 수에 대한 시간별 자료를 수집했다. 그리고 통계적 방법을 통해서 자료를 분석한 결과 점심시간과 작업종료시간 직전에 사고율이 증가하는 것을 알 수 있었다. 조사자는 또한 이 통계분석을 통해 사고의 주요원인이라고 할 수 있는 몇 가지 요인들을 밝혀낼 수 있었다.

어떤 사람은 통계적 방법이 위와 같은 문제들을 해결하는 데 별로 도움이 되지 않는다고 말한다. 그가 보기에는 조사자에게 필요한 것은 단지 자료를 통해 퍼센티지를 계산하는 것이며, 이를 기초로 미래에 대한 예측을 하는 것이 전부라고 생각할 수 있다. 만일 우리가 적절하게 선택된 아주 많은 양의 데이터를 가지고 있다면, 판단은 크게 틀리지 않는다. 그러나 충분한 양의 자료를 수집하는 것은 그 가능 여부를 떠나서 엄청난 비용을 초래할 수 있으므로, 의사결정자는 적은 양의 자료를 가지고 판단을 하는 것이 일반적인 현실이다. 통계적 기법은 이와 같은 상황에서 유효한 의사결정을 가능하게 하는 유일한 수단인 것이다.

④ 광고 분야: 광고의 예산 결정

한 판매회사는 그 회사의 제품 가운데 하나에 대한 이익을 극대화하기 위해 필요한 광고예산의 크기를 결정하고자 한다. 이 회사는 시장을 크게 세 개로 나누고, 각 시장별로 그 상품에 적절하다고 생각되는 다양한 형태의 판촉 프로그램을 수행하기로 하였다. 그러나 이러한 판촉 프로그램의 세부사항을 결정하기 전에 이 회사는 우선 프로그램별 예산을 최적화하기 위한 통계적 모형을 고려할 수 있다.

⑤ 게임: 슬롯머신에 대한 실험

몇몇 친구들이 모여서 이야기를 하던 중 한 사람이 카지노에 가서 슬롯머신으로 돈을 따는 비결을 말하였다. 그의 비결은 카지노에 들어가서 우선 한동안 관망만 하다가 누군가가 계속해서 돈을 잃는 슬롯머신을 잡는다는 것이다. 다른 한 친구가 그 말을 듣고, 슬롯머신으로부터 이길 수 있는 기회는 누군가가 돈을 딴 직후와 누군가가 계속해서 돈을 잃은 직후가 다르지 않다는 이의를 제기하였다. 이들은 논쟁 끝에 가까운 관광호텔에 있는 슬롯머신을 놓고 실험을

수행하기로 하였다. 실험은 모두가 가지고 있는 돈이 모두 떨어질 때까지, 그러나 1시간이 초과하지 않도록 실행한다. 누군가가 돈을 딴 직후에 시행하는 게임에 대한 승패의 횟수와 해당액수가 기록되었고, 다섯 번 연속으로 잃은 후에 시행하는 게임의 결과에 대해서도 같은 방식으로 기록이 유지되었다. 이 두 가지 종류의 자료를 가지고 슬롯머신에 대한 그들의 관심사를 판정하기 위하여 가설검정이라는 통계적 방법을 적용하게 된다. 그러나 우연에 의해 왜곡된 자료가 수집될 수도 있으므로, 이러한 왜곡된 우연효과를 완화시키기 위하여 실험을 반복적으로 시행할 필요가 있으며, 이는 자금공급의 증가를 의미한다. 그러면 얼마나 많은 자금을 공급하여야 충분한 시행이 가능한가? 통계학은 여기에 대한 해답의 근거를 제시하고 있다. 이러한 형태의 통계실험을 통해 이들은 개인적 경험에 의해 설정된 슬롯머신에 대한 왜곡된 견해를 인식하고, 슬롯머신이 순진한 사람들로부터 돈을 긁어모으도록 고안되었다는 사실을 확인할 수 있다.

이제까지 제시한 몇 가지 유형의 문제는 모두 어떤 개체 또는 개인들로 구성된 모집단의 모수에 대한 결론을 내리고자 하는 통계학의 영역에 속하는 문제들이며, 결론을 내리는 데 있어 표본에 근거해야 한다는 사실을 제시하고 있다. 이러한 문제들은 대개 두 개의 유형의 문제로 나누어 생각할 수 있다. 하나는 모집단의 어떤 속성을 추정하는 것이며, 다른 하나는 모집단에 대한 어떤 가설을 검정하는 것이다. 이 책에서 설명된 통계적인 기법의 대부분은 이 두 가지 유형의 문제를 다루고 있다. 즉, 모집단의 속성에 대한 추정과 우리가 알고 있던 모집단의 속성에 대한 가설검정과 관련된 문제들을 다루게 된다.

컴퓨터 활용 I

01 EXCEL

통계분석을 위한 분석도구 설치

그림 1-2와 같이 마이크로소프트 오피스 엑셀을 이용한 기초통계분석을 위

그림 1-2 엑셀 분석도구 설치를 위한 메뉴

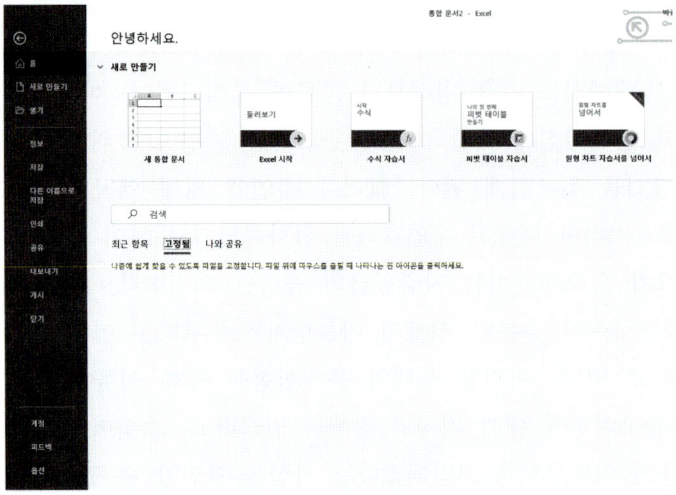

해서는 다음과 같은 순서로 분석도구0를 추가로 설치해야 한다. 엑셀에서 왼쪽 상단의 파일 메뉴를 누르고, 제일 아래에 있는 옵션을 클릭하면 그림 1-3과 같은 화면이 나타난다.

그림 1-3 엑셀 분석도구 설치를 위한 옵션화면

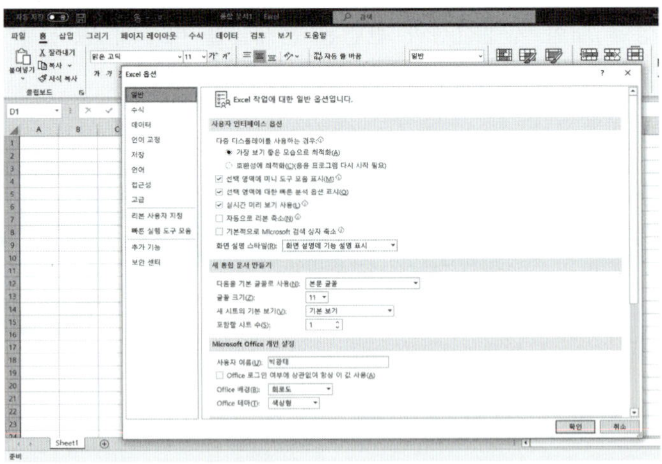

그림 1-3에서 추가기능을 클릭하고 분석도구를 선택한 뒤 아래의 '이동'을 클릭하면 추가기능이 엑셀에서 다시 설치된다.

그림 1-4 엑셀 분석도구 설치완료화면

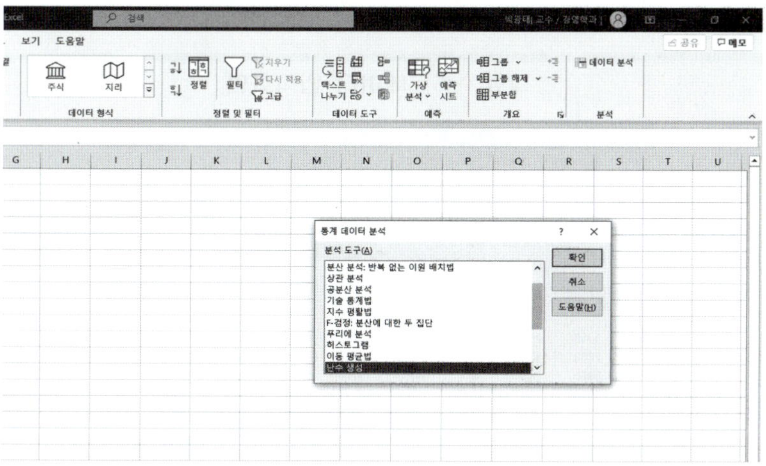

그림 1-4와 같이 추가기능이 설치되어 데이터 메뉴의 우측 상단에 데이터 분석 메뉴가 나타난 것을 볼 수 있다.

실습 예제

표 1-1 천마회사 사원의 임금(월급) (단위: 천 원)

3,050	2,820	3,120	3,080	3,190	3,150	2,840	2,890
2,880	3,070	2,940	2,925	2,825	3,495	3,260	2,920
3,060	2,880	3,100	3,085	3,240	3,025	3,050	3,150
3,090	3,315	2,945	2,900	3,125	3,160	3,400	2,940
3,200	3,120	3,175	3,150	2,955	2,900	2,800	3,050
2,950	3,525	3,325	3,360	3,050	3,200	3,100	3,400
3,000	3,075	3,225	3,500	3,280	2,975	3,120	2,910
3,270	3,140	3,120	3,050	3,315	3,100	3,140	3,150
2,800	3,250	3,150	3,205	3,080	3,375	3,030	3,100
3,230	3,515	2,920	3,320	3,430	3,350	3,050	3,380

데이터 입력방법

그림 1–5와 같이 D1셀(cell)에 데이터의 이름을 천마회사 사원의 월급으로 입력하고 A2셀부터 H11셀까지 데이터(제2장 예제 2–1의 자료임)를 입력하면 된다.

그림 1-5 데이터 입력화면

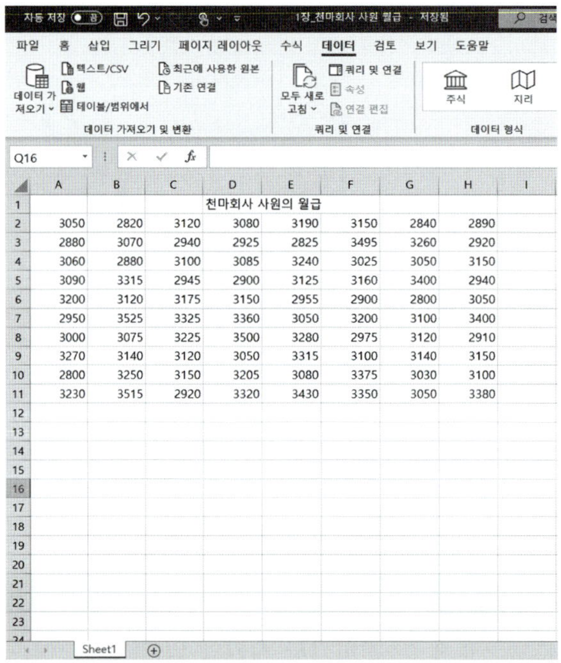

	A	B	C	D	E	F	G	H
1				천마회사 사원의 월급				
2	3050	2820	3120	3080	3190	3150	2840	2890
3	2880	3070	2940	2925	2825	3495	3260	2920
4	3060	2880	3100	3085	3240	3025	3050	3150
5	3090	3315	2945	2900	3125	3160	3400	2940
6	3200	3120	3175	3150	2955	2900	2800	3050
7	2950	3525	3325	3360	3050	3200	3100	3400
8	3000	3075	3225	3500	3280	2975	3120	2910
9	3270	3140	3120	3050	3315	3100	3140	3150
10	2800	3250	3150	3205	3080	3375	3030	3100
11	3230	3515	2920	3320	3430	3350	3050	3380

데이터 저장방법

그림 1–5에서 입력된 데이터를 파일로 저장하려면 그림 1–6과 같이 파일 메뉴에서 저장을 선택하여 원하는 디렉토리에 파일이름을 입력하면 된다.

그림 1-6 데이터 저장 메뉴화면

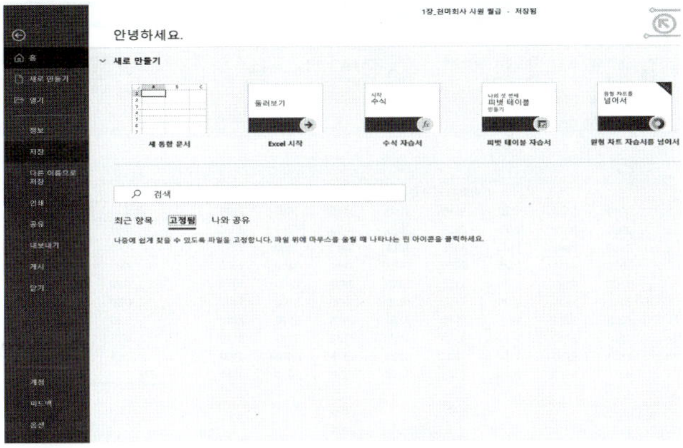

데이터 분석방법

천마회사 월급데이터를 가지고 빈도분석을 수행하는 방법을 알아보기로 하자. 우선 표 1-1의 천마회사의 데이터를 A2셀에서 H11셀에, 계급범위를 F13셀에 입력한 후 그림 1-7의 메뉴바에서 데이터-데이터 분석을 순차적으로 선택하고 필요한 정보를 입력하면 그림 1-8의 결과를 확인할 수 있다(보다 자세한 내용은 제2장의 컴퓨터 활용을 참조).

그림 1-7 데이터 분석 선택화면

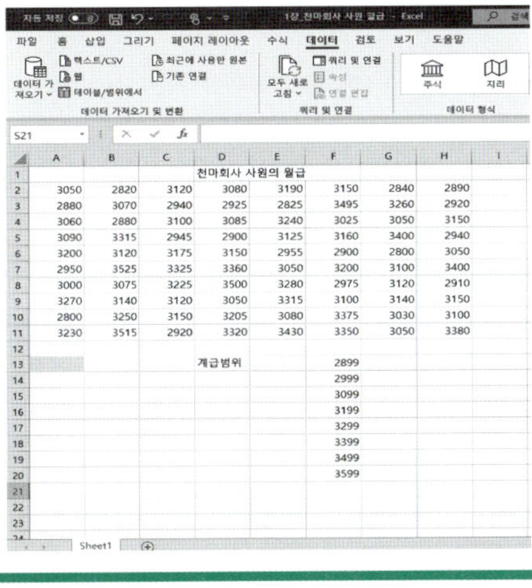

그림 1-8 빈도분석 결과

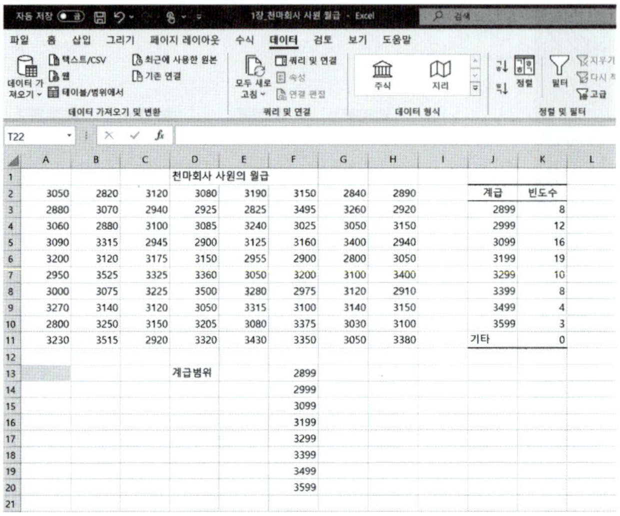

	A	B	C	D	E	F	G	H	I	J	K	L
1				천마회사 사원의 월급								
2	3050	2820	3120	3080	3190	3150	2840	2890		계급	빈도수	
3	2880	3070	2940	2925	2825	3495	3260	2920		2899	8	
4	3060	2880	3100	3085	3240	3025	3050	3150		2999	12	
5	3090	3315	2945	2900	3125	3160	3400	2940		3099	16	
6	3200	3120	3175	3150	2955	2900	2800	3050		3199	19	
7	2950	3525	3325	3360	3050	3200	3100	3400		3299	10	
8	3000	3075	3225	3500	3280	2975	3120	2910		3399	8	
9	3270	3140	3120	3050	3315	3100	3140	3150		3499	4	
10	2800	3250	3150	3205	3080	3375	3030	3100		3599	3	
11	3230	3515	2920	3320	3430	3350	3050	3380		기타	0	
12												
13				계급범위		2899						
14						2999						
15						3099						
16						3199						
17						3299						
18						3399						
19						3499						
20						3599						
21												

01 통계학개론 연습문제

01 모집단과 표본의 차이에 대해 설명하시오.

02 기술통계와 추측통계학의 차이에 대해 설명하시오.

03 표본통계량을 설명하시오.

04 확률표본추출법과 비확률표본추출법의 차이점을 설명하시오.

05 무작위추출법과 계통추출법에 대해 설명하시오.

06 대선후보의 선호도를 조사하기 위한 가장 대표적인 표본 추출법은 무엇인지 제시하고 그 이유를 설명하시오.

07 집락표본 추출방법의 장단점을 설명하시오.

08 표본오차와 비표본오차에 대해 설명하시오.

09 표본오차와 비표본 오차를 줄이는 방법에 대해 설명하시오.

10 통계학의 응용분야에 대해 설명하시오.

02

기술통계 1: 표와 그래프

Dante

보잘 것 없는 작은 일이 아주 훌륭한 일의 시작일 수도 있다.

From a tiny spark may burst a mighty flame.

제 2 장

기술통계 1: 표와 그래프

자료의 형태 –
도수분포표의 작성 –
그래프의 작성 –
막대그림표 –
줄기-잎 그림 –

key point

통계분석의 목적은 분석의 대상으로 선정된 모집단의 특성을 파악하는 것이다. 모집단의 특성을 파악하기 위해서는 ① 대상모집단으로부터 자료를 수집하여 정리 · 요약하고, 여러 가지 요약특성치를 계산하는 기술통계(descriptive statistics)와 ② 이러한 기술통계로부터 얻은 정보를 통하여 모집단의 특성을 추론하는 추측통계(inferential statistics)의 과정을 거치게 된다. 본 장에서 다루는 기술통계의 범위는 자료의 수집, 정리 및 요약이다.

자료의 수집은 대상모집단으로부터 어떤 형태의 자료를 어떤 방법으로 추출하느냐 하는 것을 의미한다. 수집된 자료의 분석방법은 분석의 대상이 되는 자료군의 형태에 따라 달라질 수 있다. 또한 아무리 정교한 분석방법을 사용한다고 해도 부적절한 자료수집방법의 결과로 모집단을 충분히 대표할 수 없는 편의된 자료가 사용된다면, 모집단에 대한 정확한 분석은 기대할 수 없을 것이다. 수집된 자료를 정리하고 요약하는 방법에는 표와 그래프를 들 수 있다. 표(table)에는 도수분포표, 상대도수분포표, 누적도수분포표 그리고 누적상대도수분포표가 있으나, 도수분포표에 도수, 상대도수, 누적도수, 누적상대도수가 모두 같이 나타나도록 작성하는 것이 보통이다. 그래프는 자료의 분포상태나 중심의 위치를 시각적으로 보여줌으로써 자료분포의 특성에 대한 직관적 이해를 도와준다. 도수분포표를 그래프화한 것으로는 막대그림표, 도수다각형, 누적도수다각형, 파이차트 등이 있다. 이외에 줄기—잎 그림의 작성도 다루게 된다.

2.1 자료의 수집

본 절에서는 우선 자료의 몇 가지 형태에 대하여 알아본 후, 자료수집방법으로써 몇 가지 기본적인 표본추출법을 설명하기로 한다.

자료의 형태

자료의 형태는 형태를 구분하는 기준에 따라 여러 가지로 나타날 수 있다. 가장 대표적인 자료형태의 구분기준은 측정척도(measurement scale)라고 할 수 있다. 척도(scale)란 측정대상이나 사건에 숫자나 부호를 부여하는 규칙을 말하는데, 명목척도, 순서척도, 구간척도, 비율척도 등 네 가지가 있다. 이들의 성격이 명시적으로 드러난 설문지 유형과 함께 각각의 자료형태를 설명하면 다음과 같다.

명목척도 명목척도(nominal scale)란 측정대상이 그들이 속한 범주나 종류에 따라 분류될 수 있도록 측정대상에 수치나 부호를 부여하는 방법을 말한다. 명목척도에 의하여 얻어진 자료를 명목자료 또는 범주자료(categorical data)라고 하며, 학년, 주민등록번호, 운동선수의 등번호 등이 그 예이다. 그림 2-1과 같이 설문지에서 주로 사용된다. 명목자료는 각 개체에 편의상 부여된 부호에 불과하며, '=, ≠' 이외에는 산술적 연산의 의미가 없다.

그림 2-1 명목척도의 예

■ 당신의 성별은?
① 남자 ② 여자

■ 당신의 연령은?
① 10대 ② 20대 ③ 30대 ④ 40대

■ 당신의 학력은?
① 고졸 이하 ② 초대졸 ③ 대졸 ④ 대학원졸

서열척도 서열척도(ordinal scale)는 개체 간의 서열관계를 나타내어 주는 척도로써, 제품선호도, 국가 간의 GNP 순위, 올림픽 금메달 순위 등을 그 예로 들 수 있다. 이와 같은 서열자료들은 숫자 크기에 따른 서열만이 의미가 있을 뿐, 숫자 간의 거리는 무의미하다. 또한 원점(0)이 존재하지 않는다. 예를 들어서 제품의 선호도를 '아주 좋다, 좋다, 약간 좋다, 별로이다, 좋지 않다'의 다섯 등급으로 나눈 후, 각 등급에 '4, 3, 2, 1, 0'의 값을 부여한다고 하자. 이때 각 숫자는 선호에 대한 순위를 나타낼 뿐, 4는 2보다 2배이니까 두 배 더 선호된다든지 2만큼 더 좋다든지의 의미는 없는 것이다. 또한 이 경우 0은 최하선호도를 나타내는 부호일 뿐 '아무 것도 없다'는 영(zero)의 의미와는 무관하다. 수학적 연산은 '=', '≠'와 '≤', '≥'이 가능하다.

그림 2-2 서열척도의 예

■ 온라인 쇼핑몰에서 많이 주문하는 상품을 보기에서 골라 순서대로 표시해 주십시오.

1순위( ), 2순위( ), 3순위( ), 4순위( )

보기	① 바지 ② 상의 ③ 악세사리 ④ 신발

그림 2-3 구간척도의 예

■ 온라인 쇼핑몰에서 전반적인 서비스에 얼마나 만족하십니까?

매우 불만족	←	보통	→	매우 만족
①	②	③	④	⑤

■ 온라인 쇼핑몰을 타인에게 추천할 의향이 있습니까?

매우 그렇지 않다	←	보통	→	매우 그렇다
①	②	③	④	⑤

구간척도 구간척도(interval scale)는 명목척도와 서열척도의 의미를 포함하며, 숫자 간의 간격이 산술적 의미를 갖는다. 그러나 구간척도에 의하여 얻어진 구간자료도 명목자료나 서열자료와 같이 의미 있는 원점(0)이 없기 때문에 숫자 간의 비율은 의미가 없다. 예를 들어서 2와 6이 구간자료일 때, 6은 2보다 4만큼 더 많다고 말할 수 있으나 2보다 세 배 큰 수라고 말할 수는 없다. 구간척도의 예로는 온도, 지수 등을 들 수 있다. 온도를 측정할 때 0이라는 숫자가 사용되기는 하지만 이것은 온도가 없는 상태(zero)를 의미하는 것이 아니며, 100℃는 50℃보다 50℃만큼 온도가 더 높다고는 하지만 두 배 더 뜨겁다는 것을 의미하지는 않는다. 구간자료에 대한 수학적 연산은 '=', '≠', '≤', '≥', '+', '−'이 가능하다.

비율척도 비율척도(ratio scale)는 앞의 세 척도가 가지는 특성을 모두 포괄하며, 절대적 원점을 갖기 때문에 숫자 간의 비율이 산술적 의미를 갖는다. 비율척도에 의한 자료에는 모든 산술적인 연산('=', '≠', '≤', '≥', '+', '−', '×', '÷')이 가능하다. 키, 무게, 압력 등 숫자로 관측되는 대부분의 자료가 비율척도에 의하여 얻어진다.

그림 2-4 비율척도의 예

■ 온라인 쇼핑몰의 방문횟수는? 약 (   )회/1주일
■ 온라인에서 1회 쇼핑할 경우 지출하는 비용은? (   )원

자료의 형태는 크게 질적자료(qualitative data)와 수치자료(quantitative data)의 두 가지로 나눌 수 있는데, 질적자료는 다시 명목자료와 서열자료로 나누어지며, 수치자료는 구간자료와 비율자료로 구분된다. 또한 자료는 자료의 계수가능성(countability)에 따라 이산형자료와 연속형자료로 나누기도 한다. 이산형자료는 자녀의 수나 TV 판매량 등과 같이 숫자를 하나하나 분리하여 헤아릴 수 있는 자료를 말하며, 연속형자료는 일정 실수구간 내의 어떤 값이라도 가질 수 있는 자료를 말한다. 질적자료는 모두 이산형자료이며, 수치자료는 연속형일 수도 있고 이산형일 수도 있다.

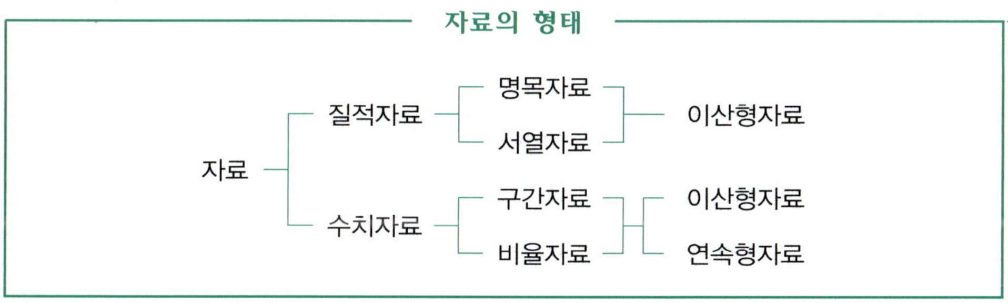

표본추출법

대상모집단에 대한 정보를 얻는 방법에는 대상모집단의 모든 구성원소를 다 조사하는 전수조사(census)와 모집단으로부터 추출된 일부만을 조사하는 표본조사가 있다. 인구조사나 재고조사와 같이 전체 자료의 파악이 필요한 경우에는 어쩔 수 없으나, 전수조사는 대부분의 경우 과도한 시간과 비용을 초래하므로 표본조사를 통해 모집단에 관한 정보를 얻는 것이 일반적이다. 표본조사의 목적은 관찰된 일부 자료의 특성을 전체에 일반화하는 것이다. 그러므로 표본을 추출할 때, 가장 유의할 사항은 개개의 표본자료들이 모집단을 잘 대표할 수 있도록 선택되어져야 한다는 것이다. 만일 표본이 조사자의 편견이나 어떤 목적에 의하여 한 곳에 편중된다면, 이는 모집단의 특성에 대해 왜곡되거나 조작된 이미지를 나타낼 수 있다. 따라서 객관적이고 합리적인 표본추출방법이 중요하다. 몇 가지 기본적인 표본추출방법으로는 단순무작위추출법(simple random sampling),

층화추출법(stratified sampling), 계통추출법(systematic sampling), 집락추출법(cluster sampling) 등을 들 수 있다. 단순무작위추출법에 의해 얻어진 표본은 단순확률표본이라고 하며 제7장에서 상세히 다루어진다. 그 외의 추출법에 대하여는 1.4절에서 이미 설명하였다.

2.2 도수분포표

수집된 자료를 그들이 수집된 순서대로 나열해 놓은 상태에서는 자료분포의 특성을 제대로 파악하기가 어렵다. 따라서 자료의 수집이 끝나면 자료의 전체적인 특성을 파악하기 쉽도록 자료를 정리 · 요약할 필요가 있다. 도수분포표는 통계분석의 초기단계에서 자료의 정리를 위하여 자주 사용되는 방법이다.

도수분포표

도수분포표란 수집된 자료를 제한된 수의 범주나 구간으로 나누고, 각 구간에 속한 자료의 빈도(frequency)를 헤아려 기록한 표를 말한다.

도수분포표를 작성하기 위해서는 자료들을 여러 구간으로 분류하고 각 구간에 속하는 관찰치의 수를 헤아리게 된다. 여기서 구간은 계급(class)이라고도 하며, 한 계급에 속한 자료의 수를 그 계급의 도수(frequency)라고 한다. 이와 같이 도수분포표는 각 계급의 도수를 표로 나타낸 것으로 일반적으로 도수, 상대도수, 누적도수, 누적상대도수 등의 항목을 포함한다. 도수분포표는 관찰치의 수가 많아 관찰치를 체계적으로 정리하지 않으면 자료에 대한 정보를 얻는 것이 어려울 때 특히 유용하다. 도수분포표의 작성과정은 특별히 정형화된 규칙은 없지만, 일반적으로 다음의 다섯 단계를 밟아 작성된다.

단계 1 주어진 자료로부터 최대값과 최소값을 찾아 자료가 걸쳐 있는 범위(range)를 구한다.

$$범위 = x_{max} - x_{min}$$

$$여기서\ x_{max}:\ 최대관찰치$$
$$x_{min}:\ 최소관찰치$$

단계 2 자료의 크기에 따라 적절한 계급의 수를 결정한다. 일반적으로 계급의 수는 5에서 20 사이로 하는 것이 바람직하다. 계급의 수가 너무 적으면 자료분포의 특성을 설명하기 어려우며, 지나치게 많으면 자료를 요약하는 기능을 상실하게 된다. 따라서 계급의 개수를 적절하게 결정하는 것이 중요하다. 계급의 수는 자료분석의 목적에 합치하도록 결정되어야 한다.

단계 3 다음 단계로 계급의 폭을 결정하게 되는데, 계급의 폭은 단계 1에서 구한 범위를 단계 2에서 결정한 계급의 수로 나누어 구한다.

$$계급의\ 폭 = \frac{범위}{계급의\ 수} = \frac{x_{max} - x_{min}}{계급의\ 수}$$

계급의 폭을 결정하는 데 가장 중요하게 고려해야 할 점은 계급의 폭이 가능한 일정해야 한다는 점이다. 만약 계급의 폭이 균일하지 않으면 다른 계급과의 비교가 어려워지고, 결국 자료를 요약하는 기능이 저하되기 때문이다. 또 한 가지 고려해야 할 사항은 항상 위의 공식을 정확하게 고수할 필요는 없다는 점이다. 즉, 공식에 의해 얻어진 수치와는 약간 다르다고 하여도 자료의 요약에 보다 의미가 있는 수치를 계급폭으로 선정하는 것이 더욱 유용할 때가 있다.

단계 4 계급폭이 결정되면 그 폭에 따라 계급의 경계값을 결정하게 된다. 계급의 경계값은 가능하면 5, 10, 100등의 배수를 사용할 때, 자료해석이 보다 용이한 경우가 많다.

단계 5 계급의 수와 폭 그리고 경계값이 결정되면 실제 관측된 자료로부터 각 계급의 도수를 구하고, 다시 이를 이용하여 상대도수, 누적도

수, 누적상대도수를 구한다. 여기서

상대도수 = 각 계급의 도수와 총도수와의 비율. 단, 총도수란 모든 계급의 도수의 합을 말한다.

누적도수 = 도수의 누적적 합계

누적상대도수 = 누적도수와 총도수와의 비율

이제 도수분포표의 작성에 대한 예를 예제 2-1을 통해 살펴보기로 하자.

예제 2-1

표 2-1의 자료는 천마회사 사원의 월급자료를 보여준다. 이 회사의 경영자는 자사 사원들의 월급에 대한 분포현황을 알고 싶어한다. 자신이 이 회사의 인사담당이라 생각하고, 도수, 상대도수, 누적도수, 누적상대도수가 모두 나타난 도수분포표를 앞에서 설명한 다섯 단계를 이용하여 작성해 보시오.

표 2-1 천마회사 사원의 임금(월급) (단위: 천 원)

3,050	2,820	3,120	3,080	3,190	3,150	2,840	2,890
2,880	3,070	2,940	2,925	2,825	3,495	3,260	2,920
3,060	2,880	3,100	3,085	3,240	3,025	3,050	3,150
3,090	3,315	2,945	2,900	3,125	3,160	3,400	2,940
3,200	3,120	3,175	3,150	2,955	2,900	2,800	3,050
2,950	3,525	3,325	3,360	3,050	3,200	3,100	3,400
3,000	3,075	3,225	3,500	3,280	2,975	3,120	2,910
3,270	3,140	3,120	3,050	3,315	3,100	3,140	3,150
2,800	3,250	3,150	3,205	3,080	3,375	3,030	3,100
3,230	3,515	2,920	3,320	3,430	3,350	3,050	3,380

풀 이 단계 1 (자료의 범위 결정)

먼저 주어진 자료로부터 최대관찰치와 최소관찰치는 각각 1,525와 800이다. 그러므로 자료의 범위는 725(=3,525−2,800)가 된다.

단계 2 (계급의 수 결정)

이 회사의 월급분포는 2,800대에서 3,500대까지 총 8개 영역에 걸쳐 분포되므로 8개의 계급으로 나누기로 한다.

단계 3 (계급의 폭 결정)

단계 1과 2의 결과에 의하여 $\frac{(3,525-2,800)}{8}=90.625$가 된다. 그러나 계급의 폭을 90.625

로 하게 되면 각 계급의 경계가 모호하게 되므로 이에 근접하면서 한계를 명확히 보여 줄 수 있는 100을 계급의 폭으로 한다.

단계 4 (계급의 경계값 결정)

첫 번째 계급의 하한은 최소관찰치 2,800으로 결정하고, 이로부터 사전에 결정된 계급 폭 100을 적용하여 표 2-2와 같이 8개의 계급구간을 설정하였다. 그러나 이 경우 전 단계의 상한경계치와 다음 단계의 하한경계치에 같은 수치가 나타나므로 도수를 헤아릴 때 착오의 우려가 있다. 이를 방지하기 위해 0.5를 상한경계치로부터 빼서 2,800—2,899.5, 2,900—2,999.5, …, 3,500—3,599.5의 8단계로 나눌 수도 있다.

이상의 단계가 끝나면 각 계급의 도수, 상대도수, 누적도수, 누적상대도수를 계산하여 표 2-2와 같이 기록한다.

표 2-2 도수분포표 (단위: 천 원)

월 급	도 수	상대도수	누적도수	누적상대도수
2,800 이상~2,900 미만	8	0.10	8	0.10
2,900 이상~3,000 미만	12	0.15	20	0.25
3,000 이상~3,100 미만	16	0.20	36	0.45
3,100 이상~3,200 미만	19	0.238	55	0.688
3,200 이상~3,300 미만	10	0.125	65	0.813
3,300 이상~3,400 미만	8	0.10	73	0.913
3,400 이상~3,500 미만	4	0.05	77	0.963
3,500 이상~3,600 미만	3	0.038	80	1.00
합 계	80	1.00		

2.3 도수분포표의 그래프화

주어진 자료를 기술할 때 도수분포표에서와 같이 직접적인 수치로 표현하는 것도 필요하지만, 관찰치들이 어떻게 분포되어 있는지를 그래프화하여 보여주면 자료분포의 특성을 한눈에 파악할 수 있다. 도수분포표를 그래프화하는 방법으로 주로 이용되는 것은 막대그림표(histogram), 도수다각형(polygon), 누적도수다각형(ogive), 파이차트(pie chart) 등이다.

막대그림표

막대그림표(histogram)는 막대를 이용하여 자료분포의 형태를 시각적으로 보여주는 그래프로써, 그림 2-5에서 보는 바와 같이 횡축에는 계급간격을 나타내고, 종축에는 도수간격을 나타내어 각 계급의 도수를 그 계급영역 위에 막대로 표시하고 있다. 막대그림표는 도수와 상대도수를 이용하여 그릴 수도 있고, 그림 2-6처럼 누적도수나 누적상대도수를 이용하여 그릴 수도 있다.

그림 2-5 표 2-2에 대한 막대그림표

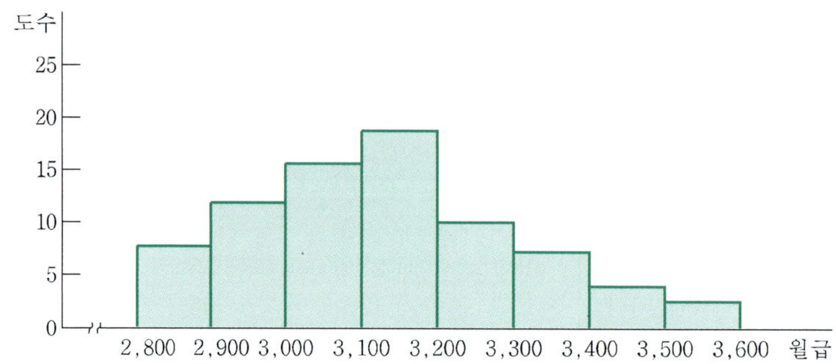

그림 2-6 표 2-2에 대한 누적상대도수 막대그림표

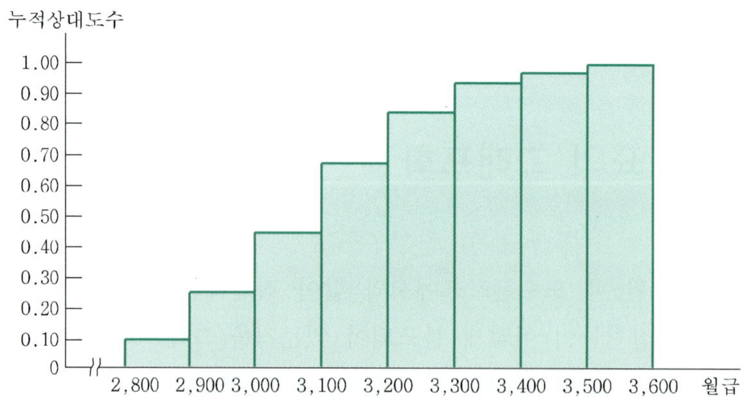

컴퓨터 활용 I

02 EXCEL

엑셀을 이용해 예제 2-1의 도수분포표 작성을 위한 다섯 단계를 확인하고 히스토그램기능을 활용한 막대그림표를 그려보자. 표 2-1의 자료를 그림 2-7과 같이 입력한다.

그림 2-7 자료입력

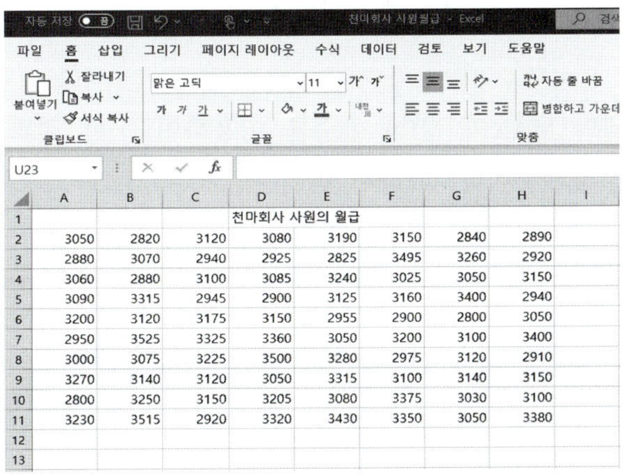

	A	B	C	D	E	F	G	H	I
1				천마회사 사원의 월급					
2	3050	2820	3120	3080	3190	3150	2840	2890	
3	2880	3070	2940	2925	2825	3495	3260	2920	
4	3060	2880	3100	3085	3240	3025	3050	3150	
5	3090	3315	2945	2900	3125	3160	3400	2940	
6	3200	3120	3175	3150	2955	2900	2800	3050	
7	2950	3525	3325	3360	3050	3200	3100	3400	
8	3000	3075	3225	3500	3280	2975	3120	2910	
9	3270	3140	3120	3050	3315	3100	3140	3150	
10	2800	3250	3150	3205	3080	3375	3030	3100	
11	3230	3515	2920	3320	3430	3350	3050	3380	
12									
13									

단계 1 표 2-1의 자료를 이용하여 자료의 범위를 결정하기 위해 최대값과 최소값을 구한다. 최대값은 엑셀의 메뉴에서 '수식-통계엑셀함수' =MAX(A2:H11)를 이용하고, 최소값은 =MIN(A2:H11)을 이용한다.

그림 2-8 최대값과 최소값 구하기

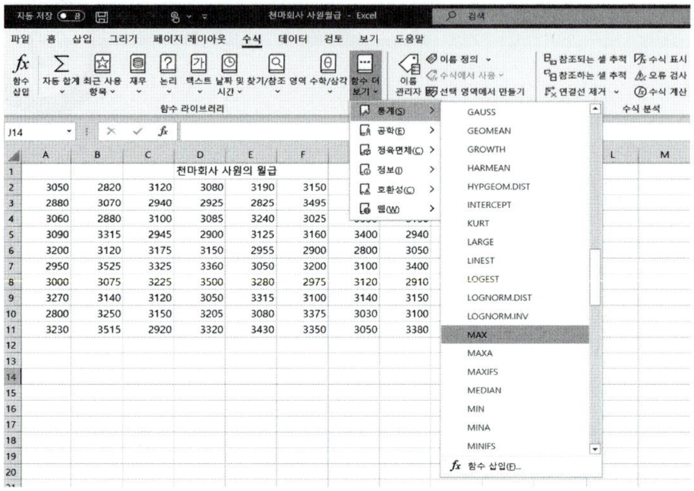

엑셀의 MAX와 MIN 함수를 이용하여 구한 결과는 최대값이 3,525이며, 최소값은 2,800이다. 따라서 범위는 725=3,525−2,800이 된다.

그림 2-9 최대값과 최소값의 결과

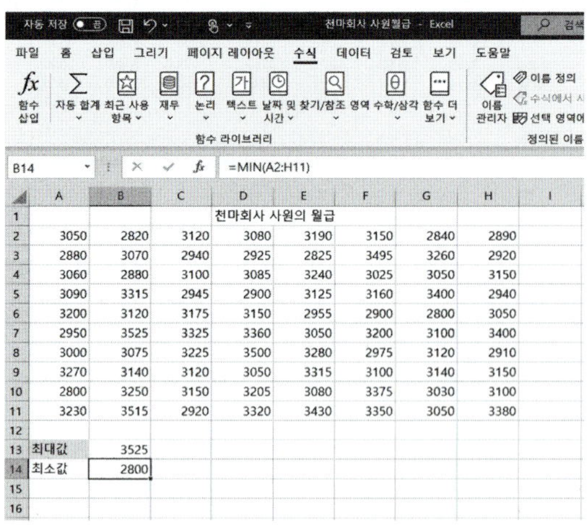

	A	B	C	D	E	F	G	H
1				천마회사 사원의 월급				
2	3050	2820	3120	3080	3190	3150	2840	2890
3	2880	3070	2940	2925	2825	3495	3260	2920
4	3060	2880	3100	3085	3240	3025	3050	3150
5	3090	3315	2945	2900	3125	3160	3400	2940
6	3200	3120	3175	3150	2955	2900	2800	3050
7	2950	3525	3325	3360	3050	3200	3100	3400
8	3000	3075	3225	3500	3280	2975	3120	2910
9	3270	3140	3120	3050	3315	3100	3140	3150
10	2800	3250	3150	3205	3080	3375	3030	3100
11	3230	3515	2920	3320	3430	3350	3050	3380
13	최대값	3525						
14	최소값	2800						

단계 2 계급의 수는 2,800대에서 3,500대까지 총 8개 영역에 걸쳐 분포되므로 8개의 계급으로 나눈다.

단계 3 '계급의 폭=범위/계급의 수'이므로 90.625=725/8 이 된다. 하지만 화폐의 단위로, 계급의 구분을 명확히 하기 위해 100을 계급폭으로 한다. 각 계급구간의 값은 해당 계급구간의 상한값을 입력한다. 계급의 경계값을 결정하기 위해 계급의 하한은 2,800으로 하고 이에 100을 더하여 결정한다. 첫 번째 계급이 2,800 이상에서 2,900 미만이므로 첫 번째 계급범위에 2,899를 입력한다.

단계 4 데이터-데이터 분석 메뉴를 클릭한다. 그림 2-11과 같은 화면이 나타난다.

그림 2-10 계급의 수와 계급범위

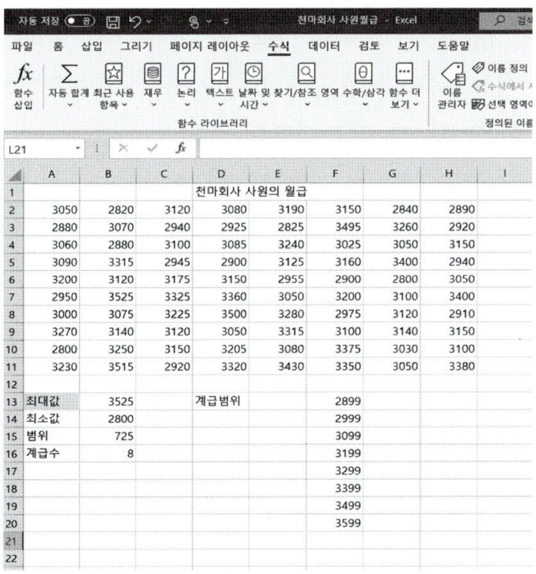

	A	B	C	D	E	F	G	H	I
1				천마회사 사원의 월급					
2	3050	2820	3120	3080	3190	3150	2840	2890	
3	2880	3070	2940	2925	2825	3495	3260	2920	
4	3060	2880	3100	3085	3240	3025	3050	3150	
5	3090	3315	2945	2900	3125	3160	3400	2940	
6	3200	3120	3175	3150	2955	2900	2800	3050	
7	2950	3525	3325	3360	3050	3200	3100	3400	
8	3000	3075	3225	3500	3280	2975	3120	2910	
9	3270	3140	3120	3050	3315	3100	3140	3150	
10	2800	3250	3150	3205	3080	3375	3030	3100	
11	3230	3515	2920	3320	3430	3350	3050	3380	
12									
13	최대값	3525		계급범위		2899			
14	최소값	2800				2999			
15	범위	725				3099			
16	계급수	8				3199			
17						3299			
18						3399			
19						3499			
20						3599			
21									
22									

그림 2-11 히스토그램 지정화면

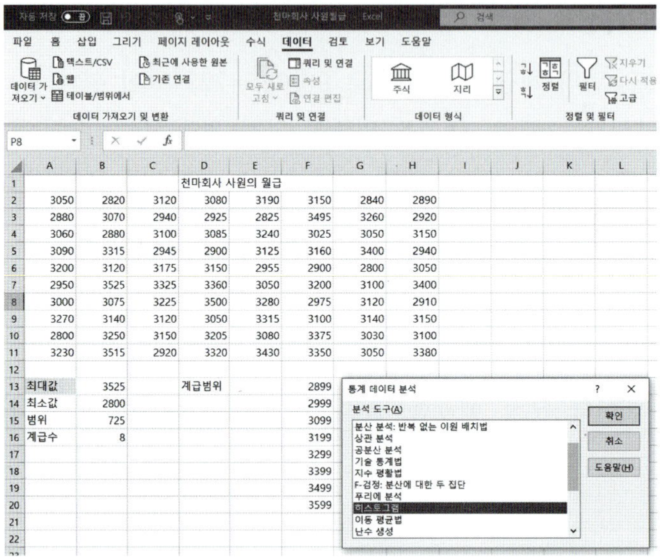

히스토그램을 클릭하면 그림 2-12와 같은 대화상자가 나타난다. 여기에서 데이터의 입력범위를 A2:H11로 지정하고 계급구간은 제시된 F13:F20까지의 계급값을 이용하면 분석이 이루어진다.

그림 2-12 히스토그램 대화상자

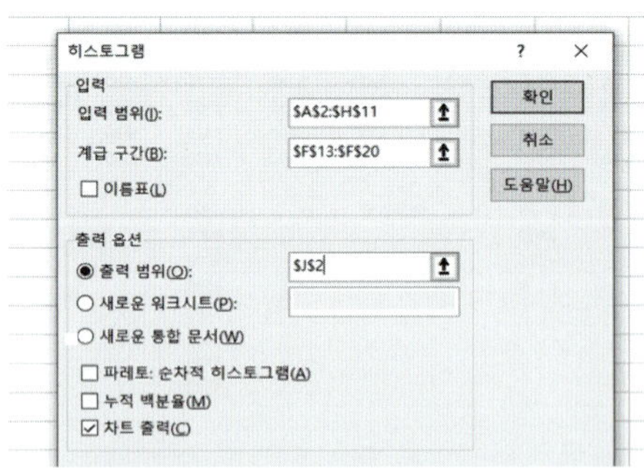

막대그래프를 그리기 위해 히스토그램 대화상자의 출력옵션에서 출력범위(J2)를 지정한 후 차트출력에 체크한다.

그림 2-13 히스토그램 산출결과

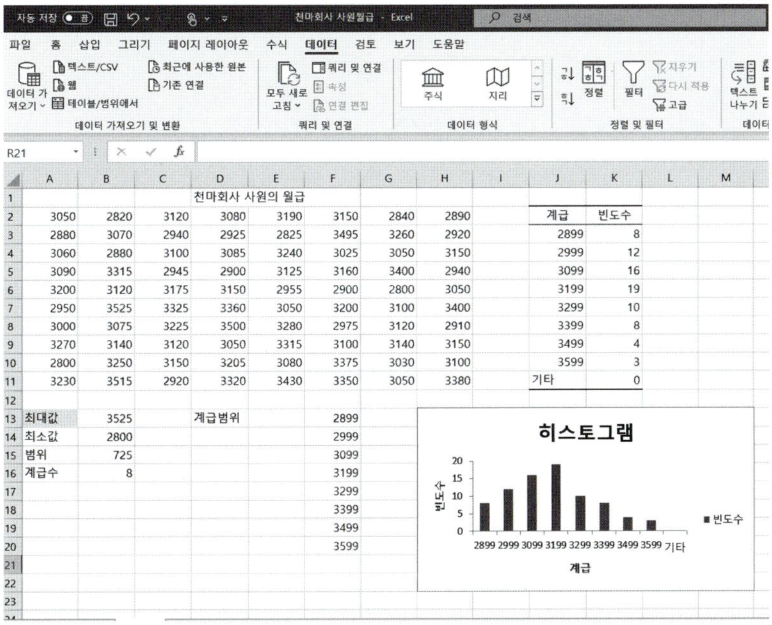

그림 2-5에서와 같이 모든 계급의 폭이 같으면 각 막대의 높이는 바로 그 계급의 도수를 의미한다. 그러나 각 계급의 폭이 같지 않으면 폭의 넓이에 반비례하여 막대의 높이를 조정해야 한다. 예를 들어서 첫 번째 계급의 구간폭이 두 번째 계급보다 2배 넓은데 도수는 양쪽이 같다고 하자. 이 경우 두 번째 구간의 밀도가 더 높으므로 두 계급의 폭에 대한 비율(2:1)을 구하여 그만큼 밀도가 낮은 쪽에 반영시켜 준다. 즉, 첫 번째 구간의 도수에 0.5를 곱하여 그래프의 높이를 조정한다.

도수다각형

도수다각형(polygon)은 막대그림표를 연속적인 그래프의 형태로 나타낸 것이다. 도수다각형을 작성하는 방법은 다음과 같다.

그림 2-14 도수다각형

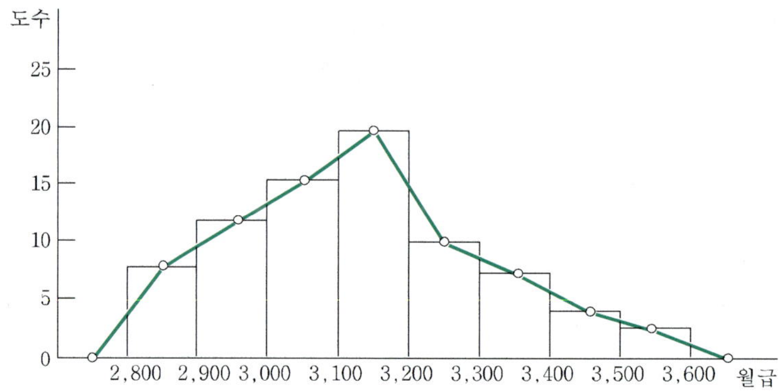

① 각 계급의 중간값을 구한다. 표 2-2를 이용하면 각 계급의 중간값은 2,850, 2,950, ⋯, 3,550이 된다.

② 막대그림표에서 각 계급 막대상단의 중간값에 해당하는 곳에 점을 찍는다.

③ 표시된 각 점을 직선으로 연결하면 도수다각형이 완성된다.

누적도수다각형(ogive)도 누적도수 막대그림표로부터 위와 유사하게 작성할 수 있다. 그림 2-14는 그림 2-5를 도수다각형으로 나타낸 그래프이다.

파이차트

파이차트(pie chart)는 주로 질적자료의 분포를 시각적으로 나타내는 데 유용한 도표이다. 이것은 2.4의 질적변수의 분석에서 다루기로 한다.

2.4 질적변수의 분석

이제까지 우리는 연속형(수치)자료를 도표화하는 것에 대하여 살펴보았다. 2.4에서 다루는 질적자료는 대부분 범주자료이므로 계급의 구분이 수치자료의 경우보다 훨씬 용이하다. 아래의 실습 예제를 통해 엑셀을 이용한 질적자료의 정리방법에 대해 알아보기로 하자.

실습 예제

표 2-3은 비룡회사의 500명 사원들의 최종학력에 대한 도수분포표이다. 이 도수분포표를 이용하여 이 회사사원들의 학력분포를 막대그림표와 파이차트로 나타내 보자.

표 2-3 비룡회사 사원의 최종학력에 대한 도수분포표

최종학력	도 수	상대도수
중 졸	15	0.03
고 졸	165	0.33
학 사	210	0.42
석 사	80	0.16
박 사	30	0.06
합 계	500	1.00

컴퓨터 활용 Ⅱ

02 EXCEL

이 경우는 원자료가 중졸, 고졸, 학사, 석사 그리고 박사 중의 한 값을 가지는 명목자료이다. 그리고 표 2-3은 각각의 범주를 하나의 계급으로 하여 작성되어 있다. 횡축에는 학력변수를, 종축에는 도수를 표현하여 막대그림표를 그리기 위해 표 2-3의 값을 입력하고 그림 2-15와 같이 '삽입-차트-3차원 세로 막대형'을 선택한다.

그림 2-15 3차원 세로 막대그래프 선택화면

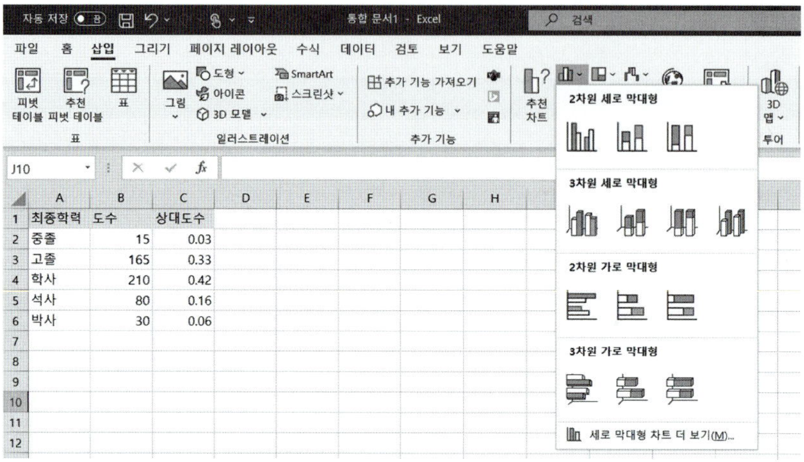

다음으로 '데이터 선택'을 선택하고 차트데이터 범위는 A1:B6으로 지정하면 그림 2-16과 같은 화면으로 나타난다. 그림 2-16의 화면에서 확인을 누르면 3차원 세로 막대의 결과화면이 그림 2-17과 같이 나타난다.

그림 2-16 3차원 세로 막대그래프 대화상자

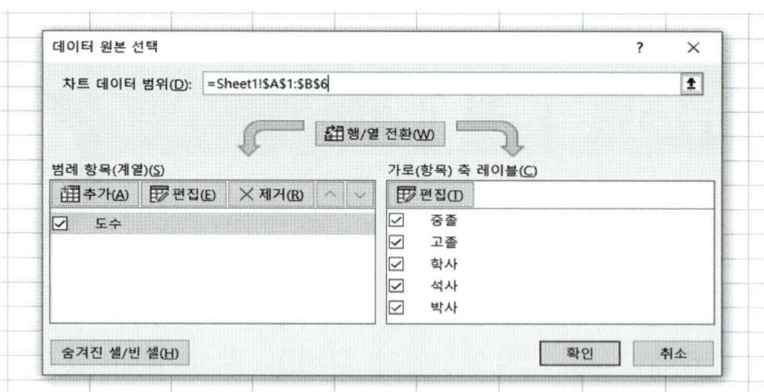

그림 2-17 3차원 세로 막대그래프의 결과

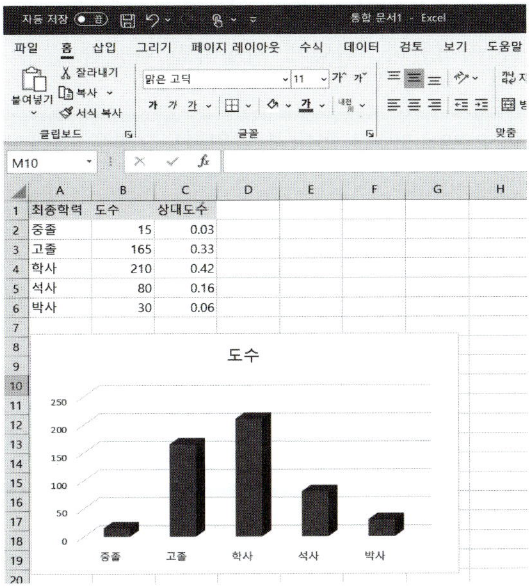

파이차트의 경우는 원안의 면적을 각 범주의 상대도수에 비례하여 분할하고 각 계급의 값을 기록하는 것으로 2차원과 3차원이 있으며, 3차원 파이차트의 경우, 그림 2-18과 같이 '삽입-차트-3차원 원형'을 선택한다.

그림 2-18 3차원 파이차트(원형) 그래프 선택화면

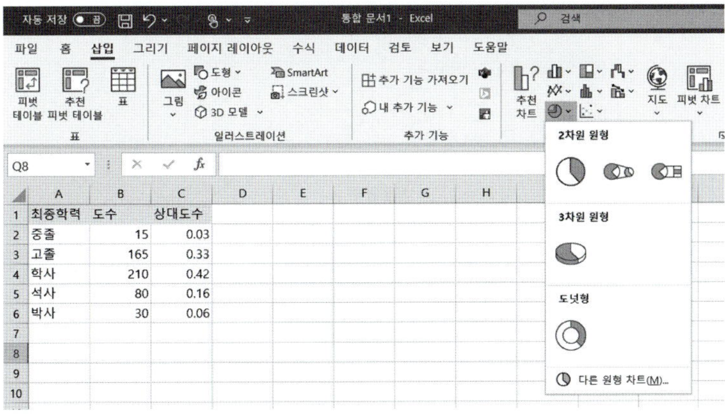

3차원 파이차트를 실행하기 위한 데이터 선택화면은 그림 2-19와 같으며 데이터 선택 시 Ctrl 키를 누른 상태에서 최종학력의 A1:A6과 C1:C6까지의 데이터 범위를 지정한다. 이렇게 지정하면 다음과 같은 화면이 나타난다.

그림 2-19 3차원 파이차트(원형) 그래프 대화상자

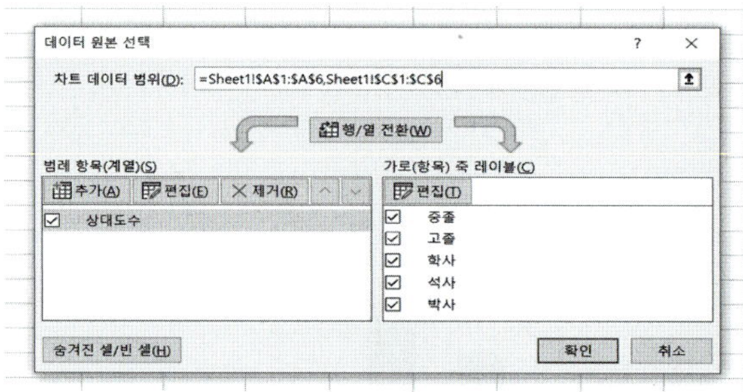

그림 2-19 화면에서 확인을 누르면 3차원 파이차트의 결과화면이 그림 2-20과 같이 나타난다. 이 경우 메뉴 중 '디자인-빠른 레이아웃'을 이용하면 파이차트의 레이아웃을 변경할 수 있다.

그림 2-20 3차원 파이차트(원형) 그래프의 결과

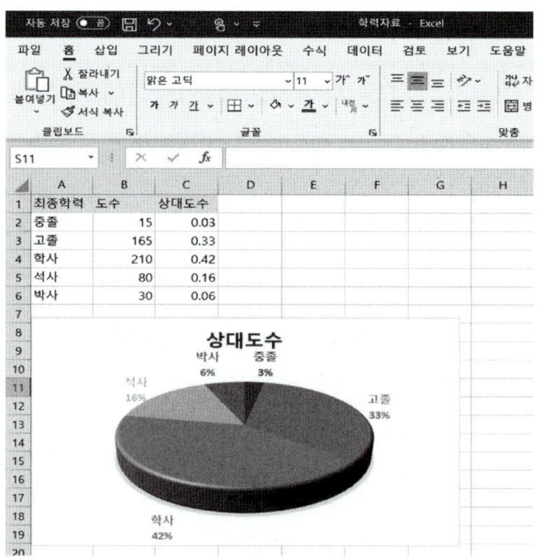

2.5 줄기-잎 그림

도수분포표와 막대그림표는 자료의 전체적 분포를 일목요연하게 나타내 주는 장점이 있으나, 원래의 자료가 나타나지 않기 때문에 정보의 손실이 발생하게 된다. 또한 원자료, 도수분포표, 막대그림표를 따로 작성하여 유지해야 하는 불편이 따른다. 줄기-잎 그림(stem-and-leaf diagram)은 원자료는 물론 도수분포표와 막대그림표의 장점을 하나의 도표에 담을 수 있는 방법이다. 표 2-4는 삼진기업에 근무하는 직원 60명의 나이자료이고, 그림 2-21은 이 자료를 줄기-잎 그림으로 나타낸 것이다.

표 2-4 삼진기업 종업원의 나이자료

43	34	21	26	57	64	51	30	38	60
19	26	41	47	58	50	42	32	25	18
36	27	38	37	24	49	56	51	20	39
32	51	60	52	45	44	33	25	29	27
31	35	39	19	20	30	46	47	32	24
29	22	20	37	34	29	60	55	30	41

그림 2-21에서 수직선의 좌측에 보이는 숫자를 줄기라고 부르며 10 단위의 숫자이고, 우측에 있는 숫자들은 잎에 해당하며 1 단위의 숫자들이다. 줄기와 잎의 숫자를 결합하면 원자료가 된다. 이 그림은 도수분포표와 막대그림표의 효과를 동시에 나타내주고 있다. 또한 원자료가 모두 나타나 있으므로 정보

그림 2-21 표 2-4에 대한 줄기-잎 그림

줄기	잎
1	8 9 9
2	0 0 0 1 2 4 4 5 5 6 6 7 7 9 9 9
3	0 0 0 1 2 2 2 3 4 4 5 6 7 7 8 8 9 9
4	1 1 2 3 4 5 6 7 7 9
5	0 1 1 1 2 5 6 7 8
6	0 0 0 4

의 손실이 전혀 없다.

그림 2-21의 줄기-잎 그림으로부터 직원 중 최연소자의 나이는 18세이며, 최연장자의 나이는 64세임을 알 수 있다. 또한 30대의 직원이 18명으로 가장 많이 분포되어 있다는 것은 물론, 전체적인 나이분포와 각 구간의 원자료 나이를 바로 파악할 수 있다. 줄기-잎 그림의 작성요령을 요약하면 다음과 같다.

줄기-잎 그림의 작성요령

1. 원자료를 크기순으로 나열한다.
2. 원자료의 숫자를 두 부분으로 나누어 앞부분은 줄기, 뒷부분은 잎으로 한다.
3. 줄기에 해당하는 숫자를 크기순으로 위에서 아래로 수직으로 배열한다.
4. 원자료의 수치를 해당 줄기의 우측 옆에 잎 부분만 기록한다.
5. 한 줄기에 기록된 잎의 수가 너무 많은 경우에는 두 줄로 나누어 잎을 기록한다. 예를 들어서 첫째 줄에는 0, 1, 2, 3, 4를, 둘째 줄에는 5, 6, 7, 8, 9를 기록한다.

위의 작성요령에서 5번째의 단계는 마치 막대그림표에서 구간의 폭이 다른 계급보다 2배인 계급에 대한 막대의 길이를 조정하는 것과 유사하다.

02 통계학개론

연습문제

01 모집단의 특성을 파악하기 위한 과정에 대해 설명하시오.

02 척도에 대한 정의를 설명하시오.

03 척도의 종류 4가지에 대해 설명하시오.

04 자료의 형태별로 수학적 연산의 특징을 설명하시오.

05 측정의 대상이 그들의 속한 범주나 종류에 따라 분류될 수 있도록 측정대상에 수치나 부호를 부여하는 방법을 무엇이라고 하는가 ? 이에 대한 예를 제시하시오.

06 고객만족도 측정에 사용될 수 있는 대표적인 척도가 무엇이며, 이에 대한 특징을 설명하시오.

07 비율척도의 특징을 제시하고 예를 들어 설명하시오.

08 도수분포표에 대해 설명하시오.

09 다음의 자료는 A은행에 들어오는 40명의 고객이 서비스를 받는 데 걸리는 시간(단위: 분)

을 나타낸다.

7.4	0.9	1.0	3.6	0.1	1.9	2.9	2.2
4.7	1.2	2.1	0.5	2.6	3.5	0.1	2.9
0.2	0.9	1.7	1.9	2.3	0.2	0.8	1.4
0.9	08	1.6	3.7	0.5	0.9	0.8	0.8
4.9	2.9	0.4	6.5	2.5	5.1	2.6	0.4

① 자료를 5개의 계급을 사용하여 분류하려고 할 때, 계급의 폭은 얼마나 되어야 하는가?

② 도수분포표를 작성하고, 히스토그램을 그려 보시오.

③ 상대도수분포표를 작성하고, 상대도수 히스토그램을 그려 보시오.

④ 누적상대도수 히스토그램을 그려 보시오.

10 다음은 통계입문 기말시험에서 학생들이 받은 점수이다.

79	88	66	79	87	70	88
84	92	59	93	87	98	80
77	72	76	86	68	68	57
46	86	91	63	72	53	42
97	81	85	36	98	94	68

① 줄기와 나무-잎 그림을 작성하시오.

② 가장 많은 점수는 몇 점대인가?

03

기술통계 2: 요약특성치

Thomas A. Edison

성공은 열심히 노력하며 기다리는 사람에게 찾아온다.

Everything comes to him who hustles while he waits.

제 3 장

기술통계 2: 요약특성치

중심경향도 –
산포도 –
비대칭도 –

key point

기술통계는 자료의 특성을 하나의 수치로 나타낼 수 있는 여러 가지 요약 통계량의 개발 및 산출을 포함한다. 자료의 분포는 중심경향도, 산포도, 비대칭도 등의 세 가지 특성에 의해서 나타낼 수 있다. 따라서 본 장에서는 요약특성치의 대표적인 통계량인 중심경향도, 산포도, 비대칭도에 대해 다루게 된다.

이제까지 우리는 수집된 자료를 요약하여 설명하는 데 유용한 표와 그래프의 이용방법을 설명하였다. 표와 그래프는 자료분포의 전체적인 양상을 시각적으로 파악하는 데 대단히 유용하다. 그러나 자료에 대해 보다 의미 있는 통계분석을 위해서는 자료분포의 특성을 하나의 수치로 요약할 필요가 있다. 자료분포의 특성을 파악하는 기준으로는 다음의 세 가지를 들 수 있다.

요약특성치

1. 중심경향도(central tendency): 자료가 어떤 값을 중심으로 분포되어 있는지를 파악하는 측도(평균, 중앙치, 최빈치, 백분위수 등)
2. 산포도(degree of dispersion): 자료의 흩어진 정도를 나타내는 측도(분산, 범위, 평균절대편차, 변동계수 등)
3. 비대칭도(skewness): 자료집단의 분포가 어느 쪽으로 치우쳐 있는지를 나타내는 측도

본 장에서는 이들 각각을 기준별로 나누어 요약특성치의 종류 그리고 이들의 계산방법과 특징에 대하여 살펴보기로 한다.

3.1 중심경향도

수집된 자료의 분포적 특성을 나타내고자 할 때 가장 먼저 파악하여야 할 것은 자료의 중심경향도(central tendency), 즉 자료가 어떤 값을 중심으로 분포되어 있는지 하는 것이다. 자료분포의 중심이 되는 값을 대표치라고 부르는데, 자료분포의 대표치로 사용되는 특성치로는 산술평균, 기하평균, 조화평균, 중앙치, 최빈치, 백분위수, 사분위수 등을 들 수 있다. 이 중에서 가장 흔히 사용되는 대표치는 다음에 설명하는 산술평균(arithmetic mean), 중앙치(median) 그리고 최빈치(mode)이다.

평균, 중앙치, 최빈치 평균을 구하는 대상집단이 모집단 그 자체일 때에는 모평균 μ라 하며, 모집단의 부분집합인 표본인 경우에는 표본평균 $\overline{X}$라고 한다. 모집단의 크기가 N, 표본의 크기가 n일 때 그리고 각각의 개별자료를 x_i라고 할 때, 모평균 μ와 표본평균 $\overline{X}$는 다음과 같이 계산한다.

$$\mu=\frac{1}{N}\sum_{i=1}^{N}x_i\,,\quad \overline{X}=\frac{1}{n}\sum_{i=1}^{n}x_i$$

위의 공식은 모든 원자료를 일일이 다 더하여 평균을 구하게 되므로 자료의 수가 증가함에 따라 많은 계산을 요구하게 된다. 또한 자료가 도수분포표의 상태로 제시된 경우에는 위의 공식으로는 평균을 구할 수 없다. 이에 따라 도수분포표에 적합한 평균을 구하는 방법이 필요한데, 이는 아래와 같다.

$$\mu=\frac{1}{N}\sum_{i=1}^{k}m_if_i\,,\quad \overline{X}=\frac{1}{n}\sum_{i=1}^{k}m_if_i$$

여기에서 k : 계급의 개수

m_i : i번째 계급의 중간값

f_i : i번째 계급의 도수

위의 공식은 원자료를 일일이 더하지 않고도 평균을 구할 수 있기 때문에 계산상으로는 효율적이나 원자료를 바탕으로 구해진 평균과는 다른 값을 제시할 수 있다. 그러나 원자료가 각 계급의 중간값을 중심으로 골고루 퍼져 있다면 상당히 정확한 근사치를 구할 수 있다. 이는 다음에서 정의하는 중앙치와 최빈치의 경우에도 마찬가지이다.

산술평균(μ, $\overline{X}$)

산술평균(arithmetic mean)은 대상집단에 포함된 모든 자료의 합을 자료의 수로 나눈 값을 말하며, 보통 줄여서 평균(mean)이라고 부른다.

예제 3-1

김고려 학생은 학기말 성적에서 통계학, 경영학, 생산관리에 대해 각각 85, 95, 90점을 받았다. 성적에 대한 산술평균을 구하시오.

풀 이

$$\overline{X} = \frac{1}{N}\sum_{i=1}^{N} x_i = \frac{(85+95+90)}{3} = 90$$

Excel 함수를 이용할 경우 그림 3-1과 같이 '수식-통계함수'에서 =AVERAGE(B2:B4)를 지정하면 같은 값을 얻을 수 있다.

그림 3-1 엑셀함수를 이용한 산술평균 계산

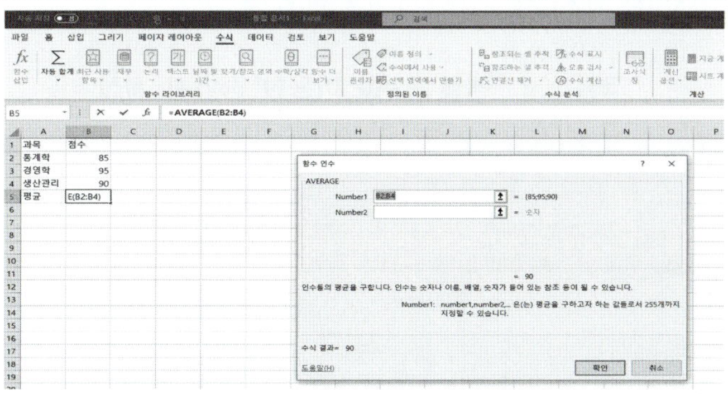

예제 3-2

표 2-2의 도수분포표로부터 평균을 구하시오.

풀 이

$$\overline{X} = \frac{1}{n}\sum_{i=1}^{k} m_i f_i = \frac{(850 \cdot 8 + 950 \cdot 12 + 1050 \cdot 16 + \cdots + 1450 \cdot 4 + 1550 \cdot 3)}{80} = 1{,}122.94$$

중앙치(M_e)

n개의 자료를 크기순서에 따라 배열하였을 때 정중앙에 위치한 자료를 중앙치(median)라고 한다.

앞의 정의에 따라 중앙치를 구할 때, 자료의 개수가 홀수이면 문제가 없으나 짝수일 때는 문제가 발생한다. 예를 들어서 $n=4$일 때, $\frac{(n+1)}{2}$은 2.5이며 2.5번째 자료는 존재하지 않는다. 따라서 n이 짝수일 때는 $\frac{(n+1)}{2}$번째의 전후에 위치한 자료의 평균을 중앙치로 한다.

예제 3-3

다음의 자료에 대한 중앙치를 구하시오.

(a) 1, 3, 5, 5, 8

(b) 1, 1, 2, 4, 5, 8

풀 이 (a)의 자료에서는 3번째가 중앙에 위치하므로 5가 중앙치가 되며, (b)의 자료에서는 3번째와 4번째에 위치한 자료의 평균인 3이 중앙치가 된다.

Excel 함수를 이용할 경우 (a)와 (b)에 대해 각각 그림 3-2와 같이 '수식-통계함수'에서 =MEDIAN(A1:A5), =MEDIAN(A1:A6)를 지정하면 각각 5와 3을 얻을 수 있다.

그림 3-2 엑셀함수를 이용한 중앙치 계산

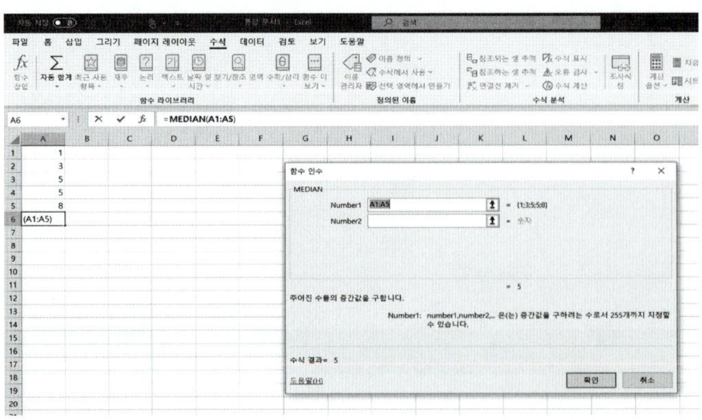

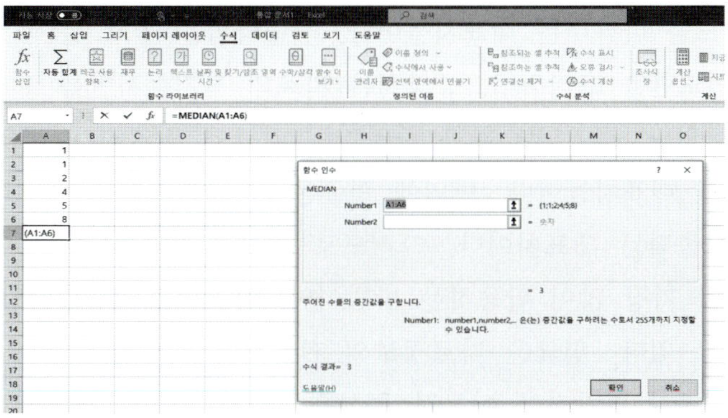

최빈치(M_o)

가장 빈도가 높은 자료를 최빈치(mode)로 정의한다.

예제 3-4

다음 자료의 최빈치를 구하시오.

(a) 5, 4, 1, 0, 0, 5, 5

(b) 0, 0, 4, 2, 5, 2

풀 이 자료 (a)의 최빈치는 5이며, 자료 (b)의 최빈치는 0과 2이다. Excel 함수를 이용할 경우 그림 3-3과 같이 '수식-통계함수'에서 =MODE.SNGL(A1:A7)을 지정하면 (a)의 최빈치 5를 구할 수 있다.

그림 3-3 엑셀함수를 이용한 최빈치 계산

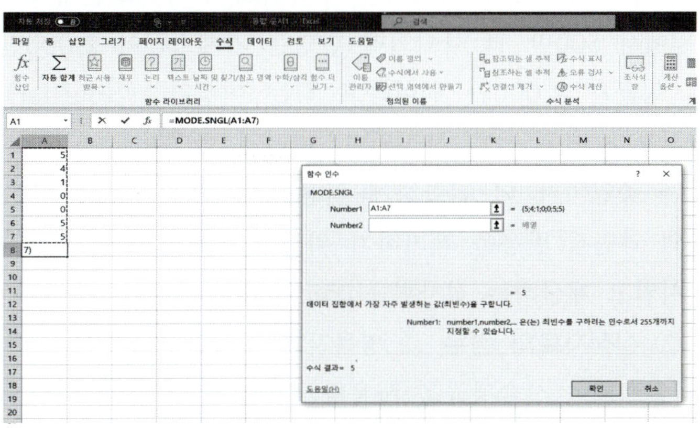

대표치의 비교 산술평균, 중앙치, 최빈치는 모두 주어진 자료의 중심경향도를 나타내는 대표치들이다. 산출방법을 놓고 볼 때, 최빈치는 단지 자료의 빈도만을 고려하며, 중앙치는 자료의 크기순서만을 고려하여 대표치를 제시하고 있다. 즉, 최빈치와 중앙치는 자료에 담겨진 정보의 일부만을 고려하여 산출된 대표치들이다. 반면에 평균은 자료의 크기뿐 아니라 도수까지도 고려하여 산출되는 대표치이다. 그러므로 평균은 이 세 가지 대표치 중에서 자료의 정보를 가장 많이 활용하는 방법이며, 따라서 가장 신뢰성 있는 대표치로서 선호되고 있다. 평균은 자료정보의 활용도뿐만 아니라 후에 제7장에서 설명되는 여러 가지 바람직한 이론적 특성을 가지고 있다. 그래서 통계분석에서는 대부분의 경우 평균이 대표치로 사용된다. 그러나 자료의 형태, 자료의 수, 대표치의 사용용도 등에 따른 다음의 몇몇 특수한 경우에는 중앙치나 최빈치가 대표치로서 더 적합할 수도 있다.

① 자료의 수가 적은 경우 뜨거운 여름날 운전을 하고 가던 사람이 은행 앞에 걸려 있는 온도계를 보니 30℃였다. 그런데 조금 더 가다가 어떤 건물의 온도계를 보니까 34℃였고, 다시 잠시 후에 세 번째 건물 앞에 있는 온도계는 30℃를 가리키고 있었다고 하자. 이때 이 운전자는 오늘의 온도를 얼마로 생각하겠는가? 세 수치의 평균보다는 아마 최빈치인 30℃를 오늘의 온도로 생각하는 것이 더 일반적일 것이다. 이와 같이 주어진 자료의 수가 제한적일 경우에는 최빈치나 중앙치가 일반적으로 대표치로서 더 적합하다.

② 극단적인 값을 갖는 자료가 섞여 있을 경우 학생이 10명인 학급에서 학생들의 가계소득의 대표치를 구하려고 한다. 그런데 9명의 가계소득은 300만 원에서 500만 원 사이인데 한명은 가계소득이 2,000만 원이라고 하자. 이 경우 평균은 2,000만 원이라고 하는 이상관찰치(outlier)에 의하여 대부분의 관찰치보다 매우 높게 산정되며, 따라서 합당한 대표치로 보기 어려우므로 최빈치나 중앙치가 더 적합하게 사용될 수 있다. 이와 같은 이상관찰치에 대한 평균의 과민적 반응을 제거하기 위하여 자료의 아래쪽과 위쪽에서 일정 비율을 제외시키고 계산하는 절사평균(trimmed mean)이 사용되기도 한다.

③ 질적자료의 경우 명목자료나 서열자료와 같은 질적자료는 연산의 개념이 없으므로 산술평균을 사용할 수 없다. 예를 들어서 통계학을 수강하는 학생들을 출신도별로 분류한 자료가 주어질 때, 출신도의 평균은 계산될 수 없다.

단지 어느 도 출신이 가장 많은지를 나타내는 최빈치가 적절한 대표치가 될 것이다. 또 경우에 따라서는 중앙치가 더 적합할 수도 있다.

④ **개방구간을 가진 도수분포자료의 경우** 자료가 도수분포의 형태로 주어져 있을 때, 만일 양쪽 끝 구간이 개방구간인 경우에는 평균을 구할 수 없다. 예를 들어서 표 2-2의 도수분포표에서 제일 첫 구간이 900 미만이고 마지막 구간이 1,500 이상으로 주어졌다면, 이 구간들에 대한 중간값을 결정할 수 없기 때문에 평균의 계산이 불가능하다. 그러나 이러한 경우에도 중앙치나 최빈치의 계산은 여전히 가능하다.

자료의 위치를 이용하는 대표치 평균, 중앙치, 최빈치는 주어진 자료가 어떤 값을 중심으로 분포하고 있는지를 측정하는 측도이다. 이 중에서 중앙치는 자료를 크기순으로 배열했을 때, 정중앙의 위치에 있는 자료를 말한다. 하지만 때로는 정중앙이 아닌 다른 위치에 있는 자료에 대한 정보가 필요한 경우가 있는데, 백분위수(percentile)와 사분위수(quartile)가 바로 자료의 상대적 위치를 측정하는 측도이다. 백분위수(percentile)란 주어진 자료를 크기순으로 배열한 후 백등분하였을 때, 각 등분점에 위치하는 자료를 말한다. 예를 들어서 10번째 백분위수 P_{10}은 주어진 자료 중에서 10%는 P_{10}보다 작거나 같고, 90%의 자료는 P_{10}보다 크거나 같은 위치에 있는 자료를 말한다. 백분위수 중에서 25번째 백분위수는 1사분위수(first quartile), 50번째 100분위수는 2사분위수 또는 중앙치 그리고 75번째 백분위수는 3사분위수(third quartile)라고 부르기도 한다. n개의 자료가 있을 때 1사분위수(Q_1)와 3사분위수(Q_3)는 다음의 방법에 의해서 결정할 수 있다.

1사분위수와 3사분위수의 위치

$$Q_1\text{의 위치} = \frac{[M_e\text{의 위치}]+1}{2}$$

$$Q_3\text{의 위치} = [M_e\text{의 위치}] + \frac{[M_e\text{의 위치}]+1}{2}$$

위에서 '[ ]'는 '[ ]'안의 수치에서 소수점 이하는 절사한다는 것을 의미하며, 중앙치의 위치는 $\frac{(n+1)}{2}$이다.

예제 3-5

자료의 개수가 40인 경우와 45인 경우에 Q_1과 Q_3의 위치는?

풀 이 $n=40$의 경우, 중앙치의 위치는 $\frac{(40+1)}{2}=20.5$이다. 그러므로

$$Q_1\text{의 위치}=\frac{[20.5]+1}{2}=\frac{20+1}{2}=10.5$$

$$Q_3\text{의 위치}=[20.5]+\frac{[20.5]+1}{2}=20+\frac{20+1}{2}=30.5$$

$n=45$의 경우, 중앙치의 위치는 $\frac{(45+1)}{2}=23$이다. 그러므로

$$Q_1\text{의 위치}=\frac{[23]+1}{2}=\frac{23+1}{2}=12$$

$$Q_3\text{의 위치}=[23]+\frac{[23]+1}{2}=23+\frac{23+1}{2}=35$$

3.2 산 포 도

중심경향도는 자료분포의 특성을 나타내는 중요한 측도이다. 그러나 중심경향도만으로는 자료의 특성을 충분하게 요약할 수 없다. 왜냐하면 평균을 비롯한 여러 대표치는 수집된 자료의 중심위치만을 제시할 뿐, 자료의 흩어진 정도 또는 산포도(degree of dispersion)에 대해서는 아무것도 말해주지 않기 때문이다. 예를 들어서 그림 3-4의 두 자료는 똑같은 평균을 가지지만 자료의 분포상태는 전혀 다른 경우이다. 두 자료 모두 평균은 6이지만 두 번째 자료가 훨씬 더 넓은 범위에 걸쳐서 흩어져 있다.

그림 3-4 평균은 같으나 분산이 다른 두 자료

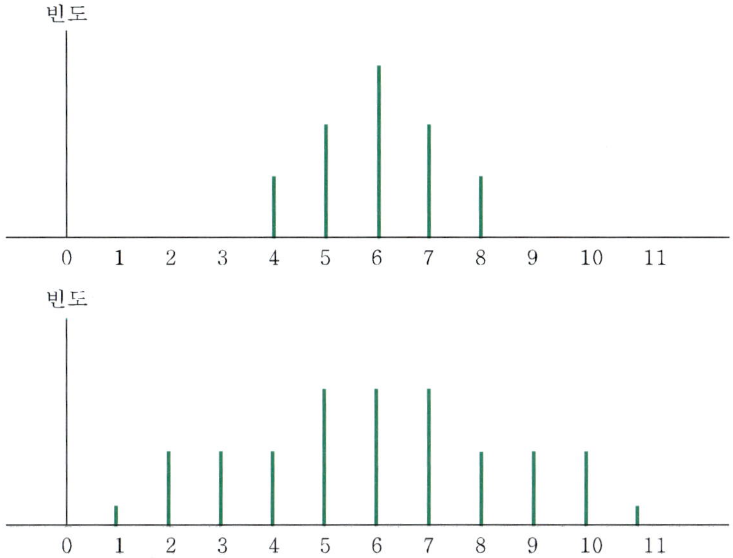

자료의 산포도를 나타내 주는 요약특성치로는 범위, 중간범위, 평균절대편차, 분산, 표준편차, 변동계수 등이 있다.

분산과 표준편차 분산(variance)은 주어진 모든 자료의 정보를 활용하며 몇 가지 통계이론에 부합된 특성을 가지기 때문에 산포도를 측정하는 데 가장 일반적으로 쓰인다. 대상집단이 모집단이냐 표본이냐에 따라 분산은 모분산 σ^2 또는 표본분산 S^2이라고 부른다. 그리고 표준편차(standard deviation)는 분산의 양의 제곱근이다. 주어진 자료 x_1, x_2, x_3, …, x_n이 있을 때, 분산은 다음과 같이 계산한다.

분 산

$$\sigma^2 = \frac{\sum^{N}(x_i-\mu)^2}{N} = \frac{\sum^{N}x_i^2}{N} - \mu^2; \quad S^2 = \frac{\sum^{n}(x_i-\overline{X})^2}{n-1} = \frac{\sum^{n}x_i^2 - n\overline{X}^2}{n-1}$$

여기에서 N: 모집단의 크기

n : 표본의 크기

위의 식에서 볼 수 있듯이 분산이란 주어진 자료가 평균값 가까이에 얼마나 집중되어 있는가를 나타낸다. 따라서 큰 값의 분산은 자료들이 평균으로부터 멀리 떨어져 흩어진 상태로 분포되어 있음을 의미하고, 작은 값의 분산은 자료들이 평균 가까이에 집중되어 있음을 의미한다. 그런데 분산은 각 자료의 평균으로부터의 편차의 제곱으로 계산되기 때문에 원래의 자료보다 큰 단위로 계산되어 해석상 불편한 점이 있다. 이에 따라 원래의 자료단위로 조정하기 위해서 분산의 양의 제곱근인 표준편차를 주로 이용하여 자료의 산포도를 설명하게 된다.

표본분산이 모분산과 다른 점은 다음의 두 가지가 있다.

① 모분산의 분모는 모집단의 크기 N인 반면에 표본분산의 분모는 표본의 크기에서 1을 뺀 $(n-1)$이다.

② 모분산은 모평균으로부터의 편차에 기초를 두나, 표본분산은 표본평균으로부터의 편차에 기초하여 계산된다.

표본분산의 분모가 왜 n이 아닌 $(n-1)$인지 그리고 모평균 대신에 표본평균으로부터의 편차에 기초하여 계산되는 의미가 무엇인지에 대해서는 8.2절에서 상세히 설명하기로 한다.

예제 3-6

한 도시에서 7일 동안의 교통사고 발생건수는 다음과 같다.

일 자	1	2	3	4	5	6	7
건 수	52	44	30	36	26	40	31

이 표본자료의 분산과 표준편차를 구하라.

풀 이 위의 계산자료로부터 $\overline{X}$는 $=\frac{(52+44+30+36+26+40+31)}{7}=\frac{259}{7}=37$이다.

$$S^2=\frac{\sum^{n}(x_i-\overline{X})^2}{n-1}$$
$$=\frac{(52-37)^2+(44-37)^2+(30-37)^2+(36-37)^2+(26-37)^2+(40-37)^2+(31-37)^2}{7-1}$$
$$=81.67$$

또는 $S^2 = \dfrac{\sum x_i^2 - n\overline{X}^2}{n-1} = \dfrac{10{,}073 - 7 \cdot 37^2}{7-1} = 81.67$

$S = \sqrt{81.67} = 9.04$

	1	2	3	4	5	6	7	합 계
x	52	44	30	36	26	40	31	259
x^2	2,704	1,936	900	1,296	676	1,600	961	10,073

도수분포표로부터 표본분산을 구할 때에는 다음의 공식을 사용한다.

도수분포자료에 대한 분산

$$S^2 = \frac{\sum^{n}(m_i - \overline{X})^2 f_i}{n-1} = \frac{\sum^{n} m_i^2 f_i - n\overline{X}^2}{n-1}$$

여기에서 $m_i = i$번째 계급구간의 중간값
$f_i = i$번째 계급구간의 도수

범 위 범위(range)는 산포도를 측정하는 가장 단순한 방법으로써, 주어진 자료의 최대값과 최소값의 차이로 정의된다. 범위는 계산과 해석이 매우 쉽다는 장점이 있으나, 다음의 몇 가지 문제점으로 인해서 많은 경우에 산포도에 대한 적절한 측도가 되지 못한다.

① 동일한 모집단으로부터 추출한 표본이더라도 소표본의 범위가 일반적으로 대표본의 범위보다 작다. 즉, 범위는 관찰치의 개수에 쉽게 영향을 받는다.

② 범위는 대다수 자료의 분포상태와는 상관이 없이 최대치와 최소치에만 의존하여 결정된다. 따라서 범위가 같은 두 군의 자료라도 대다수 자료의 분포상태는 현저히 다를 수 있다.

③ 최대치와 최소치 중에서 어느 하나라도 극단적인 값을 갖는 경우에는 산포도에 대한 왜곡된 정보를 줄 수 있다.

이와 같은 범위의 문제점으로 인해서 중간범위라고 하는 다소 수정된 형태의 범위가 사용되기도 한다. 중간범위(mid-range)란 자료의 중간 부분만을 취하여 범위를 구한 것을 말한다. 중간범위의 예로는 90번째 백분위수와 10번째 백분위수의 차이($P_{90}-P_{10}$), 또는 3사분위수와 1사분위수의 차이(Q_3-Q_1) 등을 들 수 있다. 그러나 이러한 중간범위도 단지 두 개의 관찰치에 의하여 결정되기 때문에 자료의 전체적인 분포형태를 나타내는 데는 한계가 있다.

평균절대편차 개별자료와 평균과의 차이인 $(x_i-\mu)$를 편차라고 부르는데, 평균절대편차(mean absolute deviation, MAD)란 이 편차의 절대값들의 평균을 말하며 다음과 같이 계산된다.

$$MAD=\frac{\sum^{N}|x_i-\mu|}{N}$$

평균절대편차는 자료들이 평균으로부터 얼마나 떨어져 있는가를 측정하는 데 있어서, 주어진 모든 자료를 활용하므로 산포도를 측정하는 효과적인 측도라고 할 수 있다. 그러나 절대값을 계산해야 하므로 수학적인 유도가 쉽지 않아 통계이론에서는 자주 사용되지 않는다.

변동계수 표준편차나 분산은 한 가지 자료의 산포도를 측정하는 데는 매우 효과적이다. 그러나 단위가 다른 두 자료군의 산포도를 비교하는 데에는 부적절하다. 예를 들어서 A회사의 주가는 평균이 50이고 표준편차가 4인 반면, B회사의 주가는 평균이 20이고 표준편차가 3이라고 하자. 이 경우 두 회사의 주가변동을 비교하기는 쉽지 않다. 왜냐하면 두 회사의 주가단위에 상당한 차이가 있기 때문에 표준편차의 단순비교만으로 두 자료의 상대적 변동을 파악할 수 없다. 이러한 어려움을 극복하기 위하여 개발된 측도가 바로 변동계수(coefficient of variation)이다. 상대적 표준편차라고도 불리우는 이 변동계수는 표준편차와 평균과의 비율로 정의되며 다음과 같이 계산된다.

변동계수

$$CV=100\times\frac{\text{표준편차}}{\text{평균}}$$

변동계수는 측정단위가 같은 표준편차를 평균으로 나누어 줌으로써 더 이상 개별자료군의 측정단위에 제약을 받지 않게 된다. 위의 예에서 A회사의 변동계수는 8%이며 B회사의 변동계수는 15%이므로, 우리는 B회사의 주가가 A회사의 주가보다 더 변동이 크다고 말할 수 있다.

상자-수염 그림 상자-수염 그림(box and whisker diagram)은 자료의 크기순위를 나타내는 다섯 가지 대표치, 즉 최소치, 1사분위수, 중앙치, 3사분위수, 최대치를 이용하여 자료분포의 특성을 그래프로 요약하는 방법으로 그림 3-5와 같은 형태를 가진다.

그림 3-5 상자-수염 그림

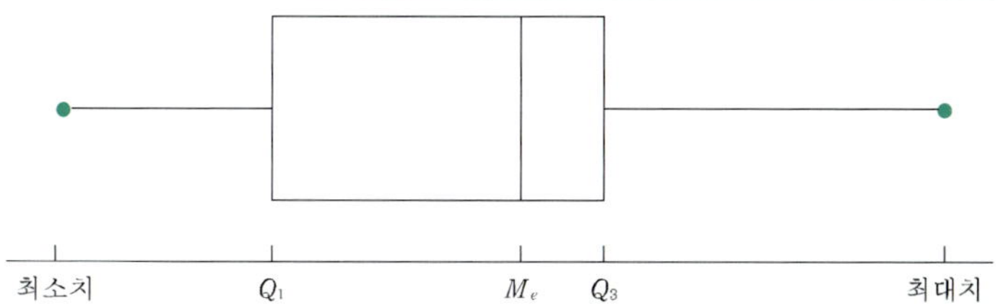

예제 3-7

표 2-4의 자료를 이용하여 상자-수염 그림을 그리시오.

풀 이 상자-수염 그림을 그리기 위해서는 먼저 다섯 가지 순위대표치를 결정하여야 한다. 표 2-4의 줄기-잎 그림으로부터 자료의 최소치와 최대치는 각각 18과 64임을 알 수 있다. 또한 $n=60$이므로 M_e, Q_1, Q_3의 위치는

$$M_e\text{의 위치}=\frac{(60+1)}{2}=30.5$$

$$Q_1\text{의 위치}=\frac{[30.5]+1}{2}=\frac{(30+1)}{2}=15.5$$

$$Q_3\text{의 위치}=[30.5]+\frac{[30.5]+1}{2}=30+\frac{(30+1)}{2}=45.5$$

가 된다. 따라서 M_e는 30번째와 31번째 자료의 평균, Q_1은 15번째와 16번째 자료의 평균 그리고 Q_3는 45번째와 46번째 자료의 평균에 의하여 결정된다. 그러므로

$$M_e = \frac{(35+36)}{2} = 35.5$$

$$Q_1 = \frac{(27+27)}{2} = 27$$

$$Q_3 = \frac{(47+47)}{2} = 47$$

이제 상자-수염 그림은 다음과 같다.

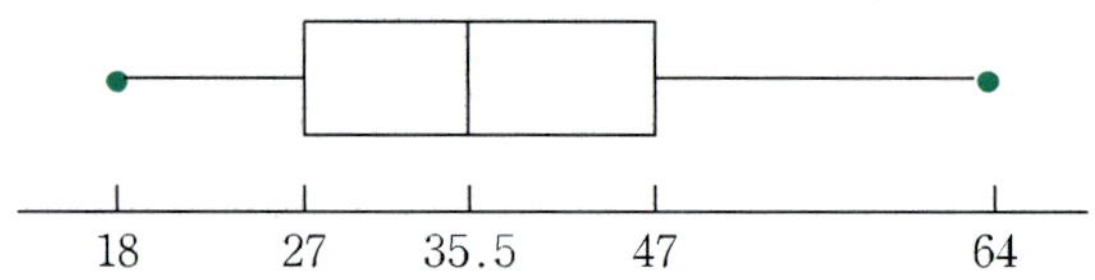

3.3 비대칭도

중심경향도와 산포도는 자료집단이 어떤 값을 중심으로 분포하고 있는지, 또 흩어진 정도는 얼마나 되는지를 나타내 준다. 그러나 이들 두 요약특성치는 자료집단이 대표치를 중심으로 좌우대칭으로 분포하는지 또는 어느 한 쪽으로 치우쳐 있는지에 대한 정보는 제시하지 못한다. 비대칭도(skewness)는 자료집단의 분포가 어느 쪽으로 치우쳐 있는지 그리고 얼마나 치우쳐 있는지를 요약하는 측도로, 자료의 분포를 보다 명확히 파악하는 데 도움을 준다. 그림 3-6은 비대칭도가 다른 세 개의 자료집단에 대한 분포를 보여 준다.

그림 3-6은 자료의 비대칭도에 따른 평균, 중앙치 그리고 최빈치의 관계를 나타내고 있는데 이를 요약하면 다음과 같다.

그림 3-6 분포의 비대칭도와 대표치의 관계

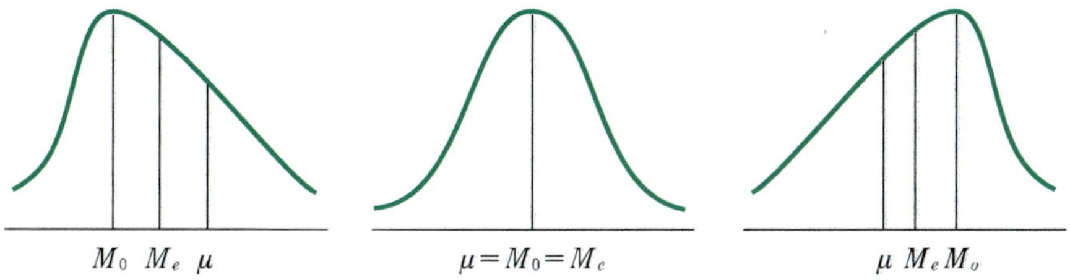

(a) 분포가 왼쪽으로 치우친 경우 (b) 분포가 좌우대칭인 경우 (c) 분포가 오른쪽으로 치우친 경우

① 그림 (a)와 같이 자료집단의 분포가 왼쪽으로 치우친 경우:

$$\mu \geq M_e \geq M_o$$

② 그림 (b)와 같이 자료집단의 분포가 좌우대칭인 경우:

$$\mu = M_e = M_o$$

③ 그림 (c)와 같이 자료집단의 분포가 오른쪽으로 치우친 경우:

$$\mu \leq M_e \leq M_o$$

④ 치우침의 정도가 커질수록 μ, M_e, M_o 간의 차이는 더 커진다.

컴퓨터 활용 I

03 EXCEL

평균과 분산 등의 요약특성치를 얻기 위해 예제 3-6의 교통사고 발생건수를 입력한 후 '데이터-데이터 분석'에서 기술통계법을 선택한다(그림 3-7 참조).

그림 3-7 기술통계법 선택

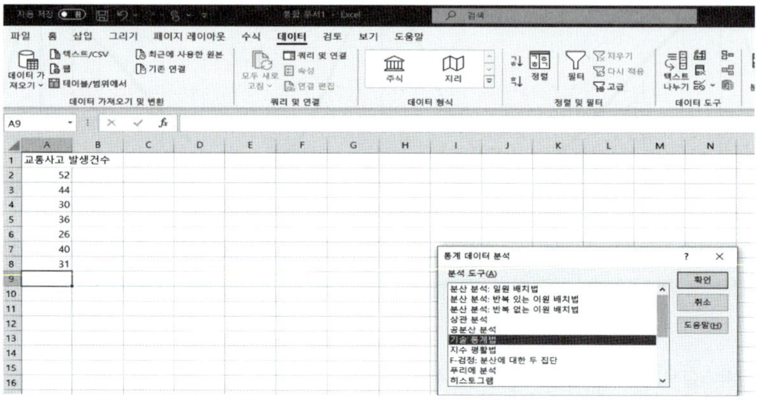

그림 3–7에서 확인을 누르면 그림 3–8과 같은 기술통계법 대화상자가 나타난다. A열에 입력한 데이터를 입력범위로 설정하고(A1:A8) 데이터의 방향은 열로, 첫째 행의 '교통사고 발생건수'는 이름표로 사용한다. 출력옵션에서 출력범위(D1)를 지정한 후 요약통계량을 선택한다.

그림 3-8 기술통계법 대화상자

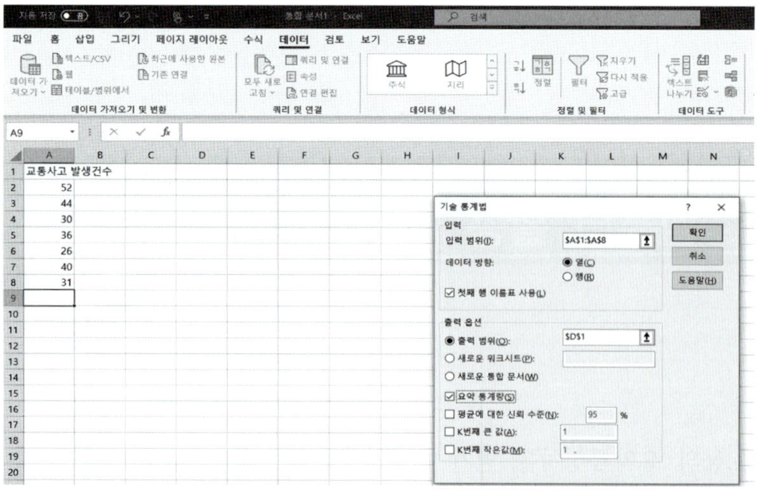

그림 3–8과 같이 기술통계법 대화상자에 정보를 입력한 후 확인을 누르면

그림 3-9의 기술통계량이 주어진다.

그림 3-9 기술통계법의 결과

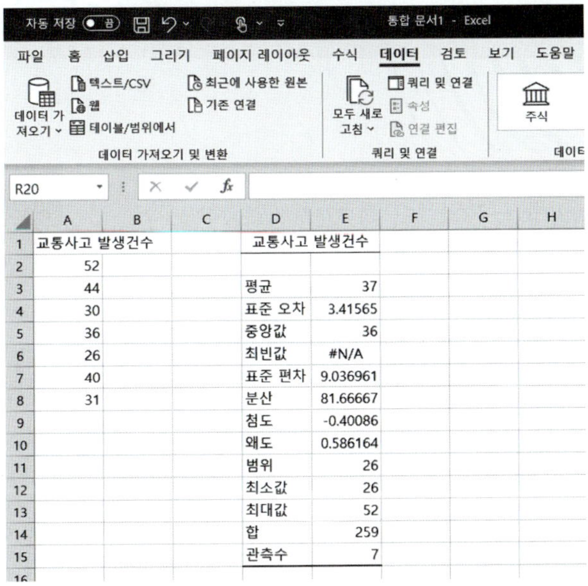

	A	B	C	D	E
1	교통사고 발생건수			교통사고 발생건수	
2	52				
3	44			평균	37
4	30			표준 오차	3.41565
5	36			중앙값	36
6	26			최빈값	#N/A
7	40			표준 편차	9.036961
8	31			분산	81.66667
9				첨도	-0.40086
10				왜도	0.586164
11				범위	26
12				최소값	26
13				최대값	52
14				합	259
15				관측수	7

03 통계학개론

연습문제

01 자료분포의 특성을 파악하는 기준 세 가지를 설명하시오.

02 산포의 다섯 가지 측도에 대해 설명하시오.

03 중앙치나 최빈치가 평균보다 대표치로서 더 적합한 경우를 설명하시오.

04 비대칭도에 대해 설명하고, 이를 평균, 중앙치, 그리고 최빈치의 관계를 이용하여 설명하시오.

05 즉석복권의 당첨금과 당첨자 수에 대한 내용은 다음과 같다.

1등: 천만 원(1명)	2등: 오백만 원(2명)
3등: 백만 원(5명)	4등: 십만 원(10명)
5등: 천 원(100명)	아차상: 삼백만 원(1명)

당첨금액의 중앙치, 최빈치, 평균을 계산하시오.

06 다음의 자료는 청운백화점에서 계산을 위해 기다리는 고객의 평균 대기시간(단위: 분)을 나타낸다.

2.6	3.4	4.3	4.2	3.5	2.7
4.0	2.6	2.3	2.6	2.1	2.5
2.9	2.3	1.9	2.2	2.5	3.0
1.8	1.9	3.1	3.8	3.0	2.7
2.4	3.7	3.3	2.6	2.7	3.4

① 평균, 중앙치 그리고 최빈치를 계산하시오.

② 범위, 1사분위수, 3사분위수를 계산하시오.

07 명동의 레스토랑 20군데에 대해 오전 11시부터 오후 2시까지의 손님의 수를 조사한 결과 다음과 같았다. 이 자료에 대한 평균과 표준편차를 계산하시오.

손님 수(명)	빈 도
25~34	2
35~44	6
45~54	4
55~64	4
65~74	2
75~84	2

08 아래의 표는 의약품 도매상에서 지난 1년간(50주)의 주별 판매실적을 정리한 자료이다.

판매액(천원)	빈 도
0~999	11
1,000~1,999	15
2,000~2,999	18
3,000~3,999	6

① 10^6으로 각 판매액을 나누고, 평균과 분산을 계산하시오.

② ① 문제의 평균과 분산을 이용하여 원자료의 평균과 분산을 계산하시오.

09 자동차의 주행거리와 가솔린의 연비에 관한 측정을 위해 3개 회사의 13종류의 자동차들로 대도시와 지방도시에서 각각 300km의 주행시험을 실시하였다. 그 결과는 다음과 같다.

대도시	16.2	16.7	15.9	14.4	13.2	15.3	16.2	16.0	16.1	15.3	15.2	15.3	16.2
지방도시	19.4	20.6	18.3	18.6	19.2	17.4	17.2	18.6	19.0	21.1	19.4	18.5	18.7

각각의 경우에 대한 주행거리의 평균, 표준편차 그리고 변동계수를 계산하여 비교하시오.

10 다음의 자료는 고려전자의 지난 10개월 동안 서비스센터에 접수되는 월별 고객불만횟수를 정리한 것이다. 이를 이용하여 평균, 표준편차, 평균절대편차를 계산하시오

월	1월	2월	3월	4월	5월	6월	7월	8월	9월	10월
건수	18	14	42	32	65	43	25	41	83	51

04

확률이론

John Steinbeck

위대해지고 싶은 사람이 위대하게 되는 것은 당연한 일이다.

It is the nature of man to rise to greatness if greatness is expected of him.

제 4 장

확률이론

확률실험과 표본공간의 개념이해 –
기초적인 집합이론 –
세 가지 개념의 확률 및 확률의 기본법칙 –
조건부확률과 독립사상 –
복원추출과 비복원추출의 비교설명 –
순열과 조합의 정의 및 응용 –

key point

확률이론이란 불확실성하의 의사결정을 다루는 수학의 한 분야이다. 하나의 장으로 확률이론을 깊이 있게 다루기는 불가능하며, 또한 본 서의 범위를 벗어난다. 그러나 통계적 추론이 확률이론에 기초하고 있기 때문에 의미 있는 통계적 추론을 위하여 기본적인 확률이론에 대한 이해가 필요하다. 따라서 본 장에서는 통계적 추론을 위해 필요한 확률의 몇 가지 기초적인 개념을 제시하고자 한다.

4.1 확률실험과 표본공간

유사한 조건하에서 반복적으로 자료를 수집하는 과정을 실험(experiment)이라고 하며, 특히 사전에 실험의 결과를 확실하게 예측하지 못하는 실험을 확률실험이라고 한다. 표본공간(sample space)이란 확률실험의 결과로 얻을 수 있는 모든 가능한 결과치의 집합을 말하며, 보통 S로 나타낸다. 표본공간은 그 집합을 구성하는 원소의 성격에 따라서 유한집합과 무한집합으로 나눌 수 있다. 유한집합이란 원소의 수가 얼마나 많은지에 상관없이 구성원소들을 하나하나 따로 떼어서 헤아릴 수 있는 경우를 말하며, 무한집합이란 키, 몸무게 등과 같은 연속자료에 의해서 구성된 집합을 말한다.

예제 4-1

실 험	표본공간
주사위던지기(주사위를 던지고 매번 던진 주사위의 결과를 기록하는 과정)	$S_1 = 1,\ 2,\ 3,\ 4,\ 5,\ 6$
월간 매출액의 집계	(만일 월간 매출액 X가 최소 0원에서 최대 1,000만원 사이의 정수라면) $S_2 = \{x \mid 0 \le x \le 1{,}000$만, 정수$\}$
품질검사(출하되는 완제품을 검사하여 각 제품의 상태를 양호 또는 불량으로 기록)	$S_3 = \{$양호, 불량$\}$
전구의 수명 측정	$S_4 = \{x \mid 0 \le x \le 10{,}000\}$

위 표에서 처음 세 개의 실험은 유한표본공간을 구성하고 마지막 실험은 무한표본공간을 구성함을 알 수 있다.

x가 표본공간 S를 구성하는 원소일 때, $x \in S$라고 쓰고 'x는 S의 원소'라고 읽는다. 예제 1에서 3은 S_1의 원소이므로 $3 \in S_1$이라고 표기할 수 있다. 그러나 7은 S_1의 원소가 아니므로, 이 경우에는 $7 \notin S$라고 쓴다.

표본공간 S의 임의의 부분집합을 사상 또는 사건(event)이라고 한다. 이중에서 하나의 원소로 구성된 사상을 단일사상(simple event)이라고 하며, 단일사상의 집합을 복합사상(composite event)이라고 한다. 예를 들어서 주사위던지기에서 짝수가 나오는 것을 사상 A라고 할 때, 사상 A는 복합사상으로써 2, 4, 6을 원소로 하는 S의 부분집합 즉, $A = \{2,\ 4,\ 6\}$이 된다. A가 S의 부분집합이라는 사실은 기호로 $A \subset S$라고 쓴다.

표본공간은 실험의 모든 가능한 결과치를 포함하여야 하며(포괄적), 또 각 구성원소는 상호배타적이어야 한다. 동시에 발생할 수 없는 두 개의 사상이 있을 때, 우리는 이 두 사상이 상호배타적이라고 한다. 예를 들어서 동전던지기 실험의 경우 발생할 수 있는 모든 가능한 실험의 결과치는 앞면과 뒷면이며, 앞면과 뒷면은 동시에 함께 발생할 수 없으므로 상호배타적이다. 따라서 표본 공간은 $S=\{$앞면, 뒷면$\}$이 된다.

4.2 집합이론

교집합과 합집합 A와 B가 동일한 표본공간 S에 대하여 정의된 두 개의 사상이라고 할 때, A와 B의 교집합(또는 $A\cap B$)은 A와 B에 공통적으로 속하는 원소들로 구성된 사상을 말하고 A와 B의 합집합(또는 $A\cup B$)은 A와 B에 속하는 모든 원소들로 구성된 사상을 말한다.

예제 4-2

사상 A가 '주사위를 던져서 홀수가 나올 사건'이라고 하자. 그러면 사상 A는 $A=\{1, 3, 5\}$가 된다. 또 사상 B는 '3의 배수가 나올 사건'이라고 정의하면 $B=\{3, 6\}$이 된다. $A\cap B$와 $A\cup B$를 구하시오.

풀 이

$$A\cap B=\{3\}$$
$$A\cup B=\{1, 3, 5, 6\}$$

상호배타적 사상 동일한 표본공간 S에 대하여 정의된 두 개의 사상 A와 B 간에 공통된 원소가 하나도 없다면, 즉 $A\cap B=\varnothing$이라면, 두 사상을 상호배타적인 사상이라고 한다.

예제 4-3

예제 4-2의 실험에서 주사위를 던진 결과가 짝수이면 사상 A, 홀수이면 사상 B라고 정의하자. 그러면, $A=\{2, 4, 6\}$, $B=\{1, 3, 5\}$가 된다. 이 경우 $A\cap B=\varnothing$이므로, A와 B는 동시에 발생할 수 없는 상호배타적인 사상이다. 그러나 예제 4-2의 경우에는 $A\cap B=\{3\}$이므로, 두 사상이 동시에 발생할 수도 있음을 알 수 있다. 따라서 예제 4-2에서의 사상 A와 B는 상호배타적이 아니다.

여집합 표본공간 S 내의 임의의 사상 A의 여집합은 A^c라고 쓰며, A^c는 S 내에서 A에 속한 원소를 제외한 나머지 모든 원소들로 구성된다. 즉,

$$A^c = \{x | x \notin A, \; x \in S\}$$

예제 4-4

예제 4-3에서 $S = \{1, 2, 3, 4, 5, 6\}$ 그리고 $A = \{2, 4, 6\}$이다. 그러므로

$$A^c = \{1, 3, 5\} = B$$

벤다이어그램을 이용하면 합집합, 교집합, 여집합, 상호배타적인 사상의 의미를 쉽게 이해할 수 있다. 그림 4-1은 교집합, 합집합, 여집합 그리고 상호배타적인 두 사상을 벤다이어그램에 의해서 보여주고 있다.

그림 4-1 벤다이어그램

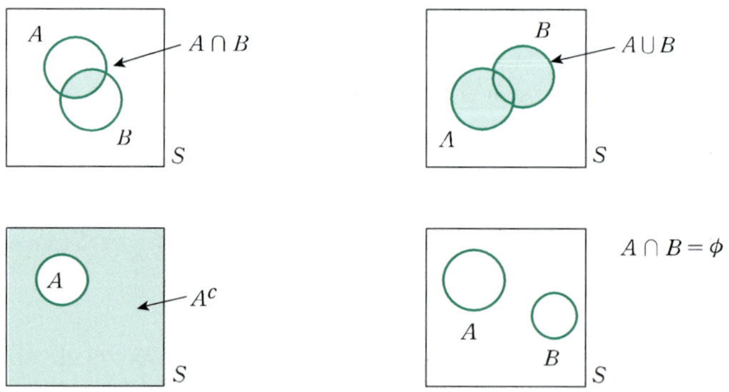

4.3 확률의 정의

확률(probability)이란 사상이 발생할 가능성을 나타내는 0과 1 사이의 수

로 정의할 수 있다. 어떤 사상의 확률이 0이라는 것은 그 사상이 발생할 가능성이 전혀 없다는 것을 의미한다. 반면에 어떤 사상의 확률이 1이라면 그 사상이 반드시 발생한다는 것을 의미한다.

확률은 그 확률을 어떻게 측정하느냐에 따라 확률의 개념이 달리 해석될 수 있다. 즉, 확률을 측정하는 방법에 따라 확률개념은 크게 세 가지로 대별되는데, 이들을 고전적 확률개념, 상대도수적 확률개념 그리고 주관적 확률개념이라고 한다.

고전적 확률개념

고전적 확률개념(classical concept of probability)은 17세기 중엽 라플라스(Laplace)에 의하여 정립된 확률개념으로써 다음과 같이 정의된다.

고전적 확률개념

N개의 상호배타적인(mutually exclusive) 원소로 구성된 표본공간 $S=\{o_1, o_2, o_3, \cdots, o_N\}$이 있을 때 그리고 각각의 원소가 발생할 가능성이 모두 같을 때(equally likely), m개의 원소로 구성된 임의의 사상 A의 확률은

$$P(A) = \frac{m}{N} = \frac{\text{사상 } A\text{의 원소의 개수}}{\text{표본공간의 원소의 개수}}$$

으로 정의한다.

라플라스의 확률개념은 실험결과에 대한 경우의 수가 유한하고, 각 결과의 발생가능성이 동일한 경우에 한하여 적용이 가능하다. 그러나 경우의 수는 무한히 많을 수 있으며, 또한 동일발생 가능성(equally likely)의 가정 그 자체가 확률의 문제에 해당한다. 예를 들어서 동전던지기 실험에서 동전 앞면이 나올 확률을 측정한다고 하자. 고전적 확률개념에 따르면 실험결과의 가짓수가 2이고 동일발생 가능성의 가정에 의하여 앞면이 나올 확률은 $\frac{1}{2}$이 된다. 즉, 우리가 측정하려고 하는 것이 가정에 의해서 결정되는 것이다. 그러나 동전이 특수하게 제조되어 앞뒷면이 나올 확률이 다르다면, 고전적 확률개념에 의한 확률

측정은 오류를 범하게 된다. 이에 따라 보다 일반적인 확률개념이 필요하게 되었으며, 이것이 콜모고로프(Kolmogorov)가 정의한 상대도수적 확률개념이다.

예제 4-5

시티콤 기획(주)는 송부된 우편엽서를 기재하여 회신한 사람 중 50명을 무작위로 추첨하여 상품을 증정한다고 한다. 마감일까지 회신된 엽서가 10,000장일 때, 엽서를 보낸 사람이 상품을 받을 확률은 얼마인가? 고전적 확률개념에 의하여 구하시오.

풀 이

$$P(\text{상품을 받음}) = \frac{50}{10{,}000}$$

상대도수적 확률개념

상대도수적 확률개념

실험을 n회 장기적으로 반복시행할 때 특정 사상 A가 m회 발생하였다면, 사상 A의 확률은 상대도수의 극한치인

$$P(A) = \lim_{n \to \infty} \frac{m}{n}$$

로 정의한다.

위 정의에서 '$n \to \infty$'는 실험을 무수히 많이 반복시행함을 의미한다. 예를 들어서 동전던지기 실험에서 동전 앞면이 나올 확률을 측정할 때, 동전던지기를 무수히 반복시행(n회)한 후 앞면이 나온 횟수(m)를 헤아려 m과 n의 비율인 $\frac{m}{n}$을 앞면이 나올 확률로 결정하게 된다. 그림 4-2는 케릭(Kerrick)이 시행한 동전던지기의 실험결과를 도표로 보여주고 있다. 동전던지기의 시행을 세 번만 하는 실험에서는 앞면이 한 번도 나오지 않을 수도 있으나, 시행의 횟수가 증가함에 따라 앞면과 뒷면의 발생횟수가 고르게 발생하여 0.5의 수치에 점차적으로 수렴하게 된다. 이와 같이 상대도수적 확률개념하에서 사상의 확률이란 시행의

그림 4-2 Kerrick의 동전던지기 실험

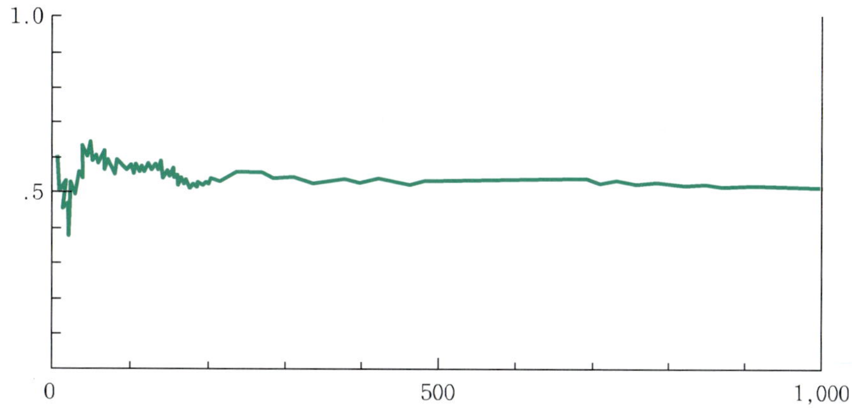

횟수가 증가함에 따라 얻어지는 상대도수의 수렴치를 의미한다.

예제 4-6

한 음료수 제조업체는 특정 수퍼마켓에서 손님이 그 회사 제품 중의 하나를 구입(사상 A)할 확률을 측정하려고 한다. 일정 기간 동안 1,500명의 손님을 관찰한 결과 그중 500명이 그 회사 제품을 하나 또는 그 이상 구입하였다. 이러한 정보를 기초로 할 때, 사상 A가 발생할 확률의 가장 적절한 수치는 무엇인가?

풀 이

$$P(A) = \frac{500}{1,500}$$

상대도수적 확률개념은 가장 흔히 적용되는 확률개념이다. 그럼에도 불구하고 이 개념에도 문제점이 없는 것은 아니다. 실험을 무수히 반복한다고 할 때, '무수히'라는 말이 얼마나 많은 것을 의미하는지 알 수 없으며, 또 현실적으로 실험을 무수히 반복하는 것은 불가능하기 때문이다. 또한 상대도수적 확률개념은 실험의 반복시행 가능성을 가정하고 있으나, 모든 실험의 반복시행이 항상 가능한 것은 아니다.

주관적 확률개념

주관적 확률(subjective probability)은 객관적으로 타당성이 있는 수학적 체계정립이 곤란하다는 이유로 오랫동안 무시되어 왔으나, 50년대 초반 새비지(Savage)의 연구 이후 점차 관심의 대상이 되어 왔다. 이 개념은 특정 명제의 사실 여부에 대한 개인의 신뢰정도로 확률을 측정한다는 견해이다. 즉, 주관적 확률개념은 확률을 개인의 지식, 정보, 경험 등의 주관적 요소에 의하여 측정하는 방법이다. 따라서 동일한 사상에 대하여 개인의 성향이나 능력에 따라 상이한 확률을 제시하게 되므로, 일관성이 결여된 비과학적인 방법이라고 말할 수 있다. 그러나 반복적 실험이 불가능한 상황에서는 주관적 확률이 확률측정을 위한 유일한 방법이다. 또한 주관적 확률의 비일관성도 평가자의 지식과 경험이 축적됨에 따라 객관성이 증가하게 된다. 베이지안 의사결정이론(Bayesian decision theory)은 주관적 확률을 보다 합리적이고 체계적으로 측정하기 위한 다양한 이론과 방법을 제시하고 있다.

주관적 확률의 예로써 1988년에 우리나라에서 개최된 올림픽 게임을 들 수 있다. 우리나라에서 올림픽을 개최한다고 결정하였을 때, 이는 우리나라 사상 처음 있는, 즉 실험이 전무한 사상에 대한 의사결정이었다. 따라서 개인마다 올림픽의 성공 여부에 대한 견해가 상이하였다. 어떤 사람이 올림픽이 성공할 확률로써 0.7을 제시하였다면, 이는 그 사람의 지식, 정보, 직관 등에 의해 평가된 주관적 확률이며, 다른 사람은 다른 견해를 가질 수도 있는 것이다.

4.4 확률의 기본법칙

확률이 어떠한 개념에 의하여 측정되든지, 확률은 다음의 세 가지 공리(axiom)에 입각하여 정의되어야 한다.

확률의 세 가지 공리

1. 표본공간 S에서의 임의의 사상 A의 확률 $P(A)$는

$$0 \le P(A) \le 1$$

2. $P(S)=1$, $P(\varnothing)=0$
3. 상호배타적인 k개의 사상 E_1, E_2, E_3, $\cdots$, E_k가 있을 때, 이들 중 어느 하나의 사상이 발생할 확률은 각 사상이 발생할 확률의 합과 같다.

$$P(E_1,\ E_2,\ E_3,\ \cdots,\ E_k \text{ 중의 하나 발생}) = P(E_1)+P(E_2)+\cdots+P(E_k)$$

공리 1은 어떤 사상도 그 확률이 1을 초과할 수 없으며 또한 음수가 될 수 없다는 것을 의미한다. 공리 2에서 $P(S)=1$은 매번 실험을 시행할 때마다 표본공간 내의 원소 중의 하나가 반드시 발생한다는 것을 의미하며, $P(\varnothing)=0$은 표본공간 내의 원소 이외의 다른 어떤 것이 발생할 가능성이 전혀 없다는 것을 말한다. 예를 들어서 동전던지기 실험에서 표본공간을 $S=\{$앞면, 뒷면$\}$으로 정의하였다면, 이는 동전을 매번 던질 때마다 앞면이나 뒷면 중의 하나가 반드시 발생하며[$P(S)=1$], 앞면도 아니고 뒷면도 아닌 다른 어떤 결과치가 발생할 가능성이 없다는 것[$P(\varnothing)=0$]을 의미하는 것이다. 공리 3은 동시에 발생할 수 없는 n개의 상호배타적인 사상 E_1, E_2, E_3, $\cdots$, E_n에 대하여, 그 합집합의 확률은 각 사상의 확률의 합과 같다는 것을 의미한다.

예제 4-7

주사위 2개를 동시에 던지는 실험에서 사상 A, B, C를

A : 두 주사위의 합이 9 이상인 사건
B : 첫 번째 주사위가 5가 나오는 사건
C : 두 주사위의 곱이 2인 사건

이라고 할 때, 사상 A, B, C는

$$A=\{(3,\ 6),\ (4,\ 5),\ (4,\ 6),\ (5,4),\ (5,\ 5),\ (5,\ 6),\ (6,\ 3),(6,\ 4),\ (6,\ 5),\ (6,\ 6)\}$$
$$B=\{(5,\ 1),\ (5,\ 2),\ (5,\ 3),\ (5,4),\ (5,\ 5),\ (5,\ 6)\}$$
$$C=\{(1,\ 2),\ (2,\ 1)\}$$

이 된다. 여기서 괄호 안의 첫 번째 숫자는 첫 번째 주사위의 결과를, 두 번째 숫자는 두 번째 주사위의 결과를 나타내고 있다. 주사위의 각 숫자가 나올 확률이 동일하다고 할 때, 각 사상의 확률은 그림 4-3으로부터

$$P(A)=\frac{10}{36},\ P(B)=\frac{6}{36},\ P(C)=\frac{2}{36}$$

가 됨을 알 수 있다.

그림 4-3 주사위 2개 던지기 실험의 표본공간

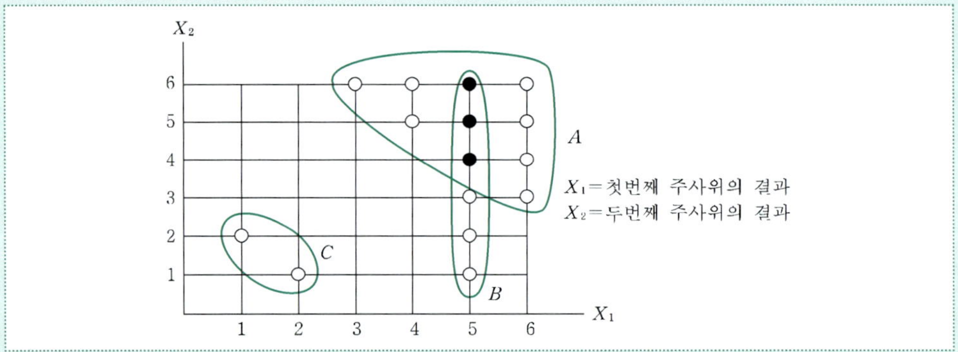

세 개의 사상 A, B, C에서 $A\cap C=\varnothing$, $B\cap C=\varnothing$이므로 사상 A와 C, B와 C는 상호배타적이나, $A\cap B=\{(5,\ 4),\ (5,\ 5),\ (5,\ 6)\}$이므로 사상 A와 B는 상호배타적이 아니다. 따라서

$$P(A\cap C)=0$$
$$P(B\cap C)=0$$
$$P(A\cap B)=\frac{3}{36}$$
$$P(A\cup C)=P(A)+P(C)=\frac{12}{36}$$
$$P(B\cup C)=P(B)+P(C)=\frac{8}{36}$$
$$P(A\cup B)=P\{(3,\ 6),\ (4,\ 5),\ (4,\ 6),\ (5,1),\ (5,\ 2),\ (5,\ 3),\ (5,\ 4)\ (5,\ 5),\ (5,\ 6),\ (6,\ 3),\ (6,4),\ (6,\ 5),\ (6,\ 6)\}$$
$$=\frac{13}{36}$$

위의 세 가지 공리와 집합이론에 의거하여 다음의 확률법칙을 도출할 수 있다.

확률법칙

A와 B가 표본공간 S 내에 정의된 임의의 두 사상이라고 할 때, 다음의 확률법칙이 성립한다.

1. $P(A^c) = 1 - P(A)$
2. $A \subset B$이면 $P(A) \leq P(B)$
3. $P(A \cup B) = P(A) + P(B) - P(A \cap B)$

위의 세 가지 확률법칙은 이들을 증명하는 과정이 집합이론과 확률의 개념을 보다 깊이 이해하는 데 유용하므로, 세 가지 법칙에 대한 증명을 살펴보기로 하자.

법칙 1의 증명

여집합의 정의와 공리 2에 의하여 $P(S) = P(A \cup A^c) = 1$이 성립한다. 그러나 A와 A^c는 상호배타적이므로, 공리 3에 의해서

$$P(A \cup A^c) = P(A) + P(A^c) = 1$$

이 된다. 여기서 $P(A)$를 우변으로 이항하면 법칙 1이 성립한다.

법칙 2의 증명

사상 B는 다음과 같이 표기할 수 있다.

$$B = A \cup (B \cap A^c)$$

그런데 A와 $(B \cap A^c)$는 상호배타적이므로,

$$P(B) = P(A) + P(B \cap A^c)$$

위 식에서 $P(B \cap A^c) \geq 0$이므로, 법칙 2가 성립한다.

법칙 3의 증명

법칙 3은 '덧셈의 일반법칙'이라고도 불린다. 예제 4-7의 그림 4-3으로부터 법칙 3이 성립하는 것은 명확하다. 그러나 이를 수식적으로 증명하기 위해, 우선 A를 다음과 같이 놓는다.

$$A = (A \cap B^c) \cup (A \cap B)$$

그런데 $(A \cap B^c)$와 $(A \cap B)$는 상호배타적이므로,

$$P(A) = P(A \cap B^c) + P(A \cap B)$$

가 된다. 유사한 방법으로

$$P(B) = P(B \cap A^c) + P(B \cap A)$$

가 됨을 보일 수 있다. 위의 두 식을 더하면,

$$P(A) + P(B) = [P(A \cap B^c) + P(B \cap A^c) + P(A \cap B)] + P(A \cap B)$$

그런데 위 식에서 대괄호 안의 확률의 합은 $P(A \cup B)$가 됨이 벤다이어그램으로부터 명확하므로(각자 벤다이어그램을 그려 보시오), 법칙 3이 성립함을 알 수 있다.

4.5 조건부확률

본 절에서는 어떤 사상 B가 이미 발생했다는 것을 확실히 알고 있을 때, 이를 이용하여 임의의 사상 A의 확률을 계산하는 방법을 알아보기로 하자. 즉, 사상 B가 이미 발생하였다는 부가적인 정보를 가지고 있을 때 사상 A의 확률은 어떻게 결정되는가?

그림 4-4 조건부 표본공간

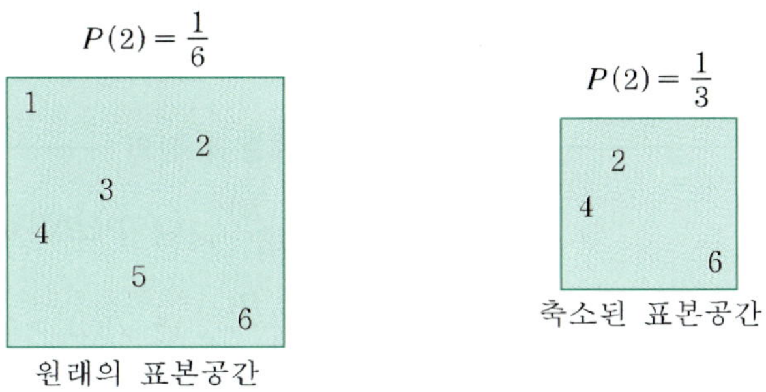

주사위던지기 실험에서 사상 A를 '주사위던지기의 결과가 2인 사건'이라고 한다면, 사상 A의 확률은 분명히 $\frac{1}{6}$이다. 그러나 주사위를 던진 사람이 얼핏 주사위를 보니까 숫자가 2인지 아닌지는 모르겠지만 '분명히 짝수였다'(사상 B)고 하자. 이 경우 사상 A의 확률은 얼마인가? 사상 B가 이미 발생한 것을 알고 있으므로 주사위의 결과는 2, 4, 6 중의 하나임이 분명하다.

그러므로 사상 A의 확률은 $\frac{1}{3}$이 된다. 여기서 우리는 부가적인 정보가 그림 4-4에서와 같이 표본공간을 실질적으로 축소시키는 역할을 하고 있음을 알 수 있다.

사상 B가 발생하였다는 것을 알고 있는 조건하에 사상 A의 확률은 $P(A|B)$로 표기하며 '사상 B가 주어졌을 때, 사상 A의 확률'이라고 읽는다. 만일 조건부 확률을 축소된 표본공간이 아닌 원래의 표본공간에서 바로 계산할 수 있다면 편리할 것이다. 이를 위해서 보다 일반적인 상황을 고려하여 보자. 표본공간 S가 발생가능성이 동일한 n개의 원소로 구성되어 있다고 하자. 그리고 사상 A와 B가 각각 a개와 b개의 원소로 구성되며, A와 B의 교집합은 c개의 원소를 가진다고 하자. 그러면 $P(A|B)$는 방금 위에서 설명한 바에 따라 $\frac{c}{b}$가 된다. 여기서

$$\frac{c}{b} = \frac{\frac{c}{n}}{\frac{b}{n}} = \frac{P(A \cap B)}{P(B)}$$

가 됨을 알 수 있다. 즉, 조건부확률 $P(A|B)$는 A와 B에 대한 교집합의 확률을 B의 확률로 나눈 것으로 정의할 수 있다.

조건부확률의 정의

$$P(A|B) = \frac{P(A \cap B)}{P(B)}, \text{ 단 } P(B) > 0$$

$$P(B|A) = \frac{P(A \cap B)}{P(A)}, \text{ 단 } P(A) > 0$$

만일 교집합의 확률이 알려져 있다면, 위 식을 이용하여 조건부확률을 쉽게 구할 수 있다. 그러나 교집합의 확률을 모르는 경우가 종종 있으므로, 위 식을 약간 변형하여 교집합의 확률을 구할 수 있는 유용한 결과를 얻을 수 있다. 위의 정의 중 첫 번째 식의 양변에 $P(B)$를, 두 번째 식의 양변에 $P(A)$를 곱하여 정리하면, 다음의 식을 도출할 수 있는데 이를 곱셈의 일반법칙이라고 한다.

곱셈의 일반법칙

$$\begin{aligned} P(A \cap B) &= P(A|B)P(B) \\ &= P(B|A)P(A) \end{aligned}$$

예제 4-8

산업자원부는 에너지 문제를 해결하기 위하여 알제리아로부터 LNG 가스의 수입을 고려하고 있다. 그런데 이 LNG 가스는 휘발성이 매우 강하여 안전사고의 위험이 높은 것으로 알려져 있다. 만일 사고로 LNG 가스가 내항에서 대량 방출된다면, 화재로 인한 재해가 발생할 수도 있다. 그러므로 정책입안자가 이 대안을 택할지의 여부는 가스방출 가능성의 정도에 달려 있다. 여기서 두 가지의 사항이 고려되어야 하는데, 하나는 유조선이 내항에서 사고가 날 확률이며, 다른 하나는 사고가 발생했을 때 가스가 대량방출될 가능성이다. 산업자원부는 세계 각국의 자료를 통해서 한 번 항해할 때, 내항에서 유조선에 사고가 발생할 확률은 $\frac{8}{50,000}$인 것으로 산정하였다. 또 내항에서 사고가 발생했을 때, LNG 가스가 대량방출될 확률은 $\frac{3}{15,000}$인 것으로 추정하고 있다. 이러한 수치가 정확하다고 할 때, 유조선이 한 번 항해하는 도중에 내항에서 가스가 대량방출될 확률은 얼마인가?

풀 이

$$P(\text{사고발생} \cap \text{대량방출}) = P(\text{대량방출} \mid \text{사고발생})P(\text{사고발생})$$
$$= \left(\frac{3}{15,000}\right)\left(\frac{8}{50,000}\right)$$
$$= 3.2 \times 10^{-8}$$

곱셈의 일반법칙은 보다 포괄적인 정리인 총확률정리(total probability theorem)로 그 개념을 확장할 수 있다. 표본공간 S가 상호배타적인 사상 A_1, A_2, A_3, $\cdots$, A_k에 의하여 분할되어 있다고 하자. 다시 말해서 표본공간 내의 각 원소는 k개의 A_i 중 오직 하나의 사상에만 속한다. 그리고 사상 B가 표본공간 S 내에 정의된 또 다른 하나의 사상이라고 하자(그림 4-5 참조). 이제 총확률정리는 다음과 같이 요약할 수 있다.

총확률정리

표본공간 S가 상호배타적인 사상 A_1, A_2, A_3, $\cdots$, A_k에 의하여 분할되어 있을 때, 임의의 사상 B의 확률 $P(B)$는

$$P(B) = \sum_{i=1}^{k} P(B|A_i)P(A_i)$$

총확률정리는 임의의 사상 B의 확률을 k개의 조건부확률에 의하여 계산하는 방법을 제시하는데, 실질적인 의사결정의 문제에서 그 활용도가 대단히 높다.

그림 4-5 표본공간의 분할

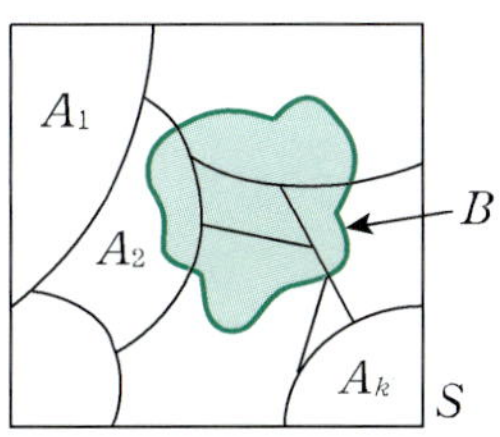

예제 4-9

성창기업은 장난감을 제조하는 중소업체이다. 이 기업은 세 개의 다른 공급업체 갑, 을, 병으로부터 볼 베어링을 조달하여 장난감의 부속품으로 사용하고 있다. 구입하는 볼 베어링 중 50%는 갑으로부터, 30%는 을로부터 그리고 나머지 20%는 병으로부터 온다. 과거의 경험으로 볼 때, 이 세 공급자의 품질관리 상태는 약간씩 차이가 있는데, 갑, 을, 병 세 공급업체가 생산하는 볼 베어링의 불량률은 각각 2%, 3%, 4%로 알려져 있다. 그렇다면 성창기업이 구입한 볼 베어링 재고의 불량률은 얼마나 되는가?

풀 이 우선 임의로 추출한 볼 베어링에 대하여 다음과 같이 네 개의 사상을 정의하여 보자.

A_1 = 볼 베어링을 공급자 갑으로부터 구입한 사상
A_2 = 볼 베어링을 공급자 을로부터 구입한 사상
A_3 = 볼 베어링을 공급자 병으로부터 구입한 사상
B = 볼 베어링이 불량인 사상

그러면

$$P(A_1)=0.5,\ P(A_2)=0.3,\ P(A_3)=0.2$$

그리고

$$P(B|A_1)=0.02,\ P(B|A_2)=0.03,\ P(B|A_3)=0.04$$

이제 총확률정리에 의해서 위의 확률들을 결합하면,

$$\begin{aligned} P(B) &= P(B|A_1)P(A_1)+P(B|A_2)P(A_2)+P(B|A_3)P(A_3) \\ &= (0.02)(0.5)+(0.03)(0.3)+(0.04)(0.2) \\ &= 0.027 \end{aligned}$$

즉, 성창기업의 볼 베어링 재고 중에 2.7%가 불량이다.

본 절에서 설명할 마지막 개념은 베이즈정리이다. 베이즈정리는 이를 개발한 영국의 철학자 베이즈(Bayes)의 이름을 딴 것으로, 그의 사후 2년 뒤인 1763년에 발표된 논문의 내용이다. 이 정리는 조건부확률의 정의를 약간 확장시킨 개념으로써, 의사결정이론(decision theory)의 가장 핵심적인 이론이라고 할 수 있다. 특히 베이즈정리는 새롭게 얻어진 부가적인 정보를 기초로 통계적 의사결정을 하는 데 매우 유용한 정리이다.

표본공간 S가 상호배타적인 사상 A_1, A_2, A_3, …, A_k에 의하여 분할되어 있다고 하자. 그리고 사상 B가 표본공간 S 내에 정의된 또 다른 하나의 사상이라고 하자(그림 4-5 참조). 만일 $P(A_i)>0$, $P(B)>0$이라면, 조건부확률의 정의와 곱셈의 일반법칙, 총확률정리로부터 다음의 베이즈정리를 도출할 수 있다.

베이즈정리

표본공간 S를 분할하는 k개의 상호배타적인 사상 A_1, A_2, A_3, …, A_k에 대하여 임의의 사상 B가 주어졌을 때, 조건부확률 $P(A_j|B)$는

$$P(A_j|B)=\frac{P(B|A_j)P(A_j)}{\sum_i P(B|A_i)P(A_i)}$$

단, $P(A_i)>0$, $P(B)>0$, $i=1, 2, \cdots, k$

$P(A)$가 기존의 정보하에 산정된 임의의 사상 A의 확률이었다고 하자. 그런데 만일 새로운 정보 B가 부가적으로 알려진다면, 부가적인 정보 B에 기초하여 사상 A의 확률을 수정할 필요가 발생한다. 추가적인 정보(사상 B)가 주어졌다는 조건하에 산출되는 사상 A의 확률은 조건부확률 $P(A|B)$로, 베이즈정리는 이와 같은 조건부확률을 구하는 데 유용한 공식이다. 여기서 $P(A)$는 추가적인 정보가 주어지기 전의 확률이므로 사전적 확률(prior probability)이라 하고, $P(A|B)$는 새로운 정보가 주어졌다는 것을 조건으로 구한다하여 사후적 확률(posterior probability)이라고 부른다. 그림 4-6은 방금 설명한 상황을 보여준다.

그림 4-6 사전적 확률과 사후적 확률

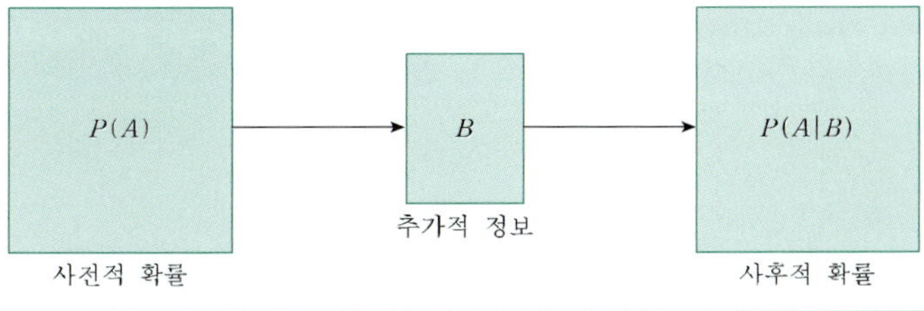

예제 4-10

예제 4-9에서 볼 베어링 재고품 중에 불량품이 하나 관찰되었다(사상 B의 발생)고 하자. 이 불량품이 병이 생산한 볼 베어링일 확률은 얼마인가?

풀 이

$$P(A_3|B)=\frac{P(B|A_3)P(A_3)}{\sum_{i=1}^{3}P(B|A_i)P(A_i)}$$
$$=\frac{(0.04)(0.2)}{(0.02)(0.5)+(0.03)(0.3)+(0.04)(0.2)}$$
$$=0.296$$

예제 4-11

하나은행은 대출원리금 상환능력을 정확히 측정하기 위하여 새로운 시스템을 도입하였다. 과거 20년간 신용대출고객의 데이터를 분석한 결과 신용불량자가 0.005라는 것을 알게 되었다. 만약 신용대출 거래처 중 신용불량자가 되면 시스템상 98%는 부도가 나서 대손이 발생되나 2%는 정상적으로 대출원리금 회수가 가능하다. 그러나 신용대출 거래처가 신용불량자가 되지 않는다면 시스템상 99%는 대출원리금 회수가 가능하며 1%는 대출원리금 회수가 불가능한 것으로 나타났다.

이에 대하여 신용대출 거래처에 대한 시스템 분석결과 대손이 발생하였다고 할 때 이 거래처가 실제로 신용불량자일 확률은 얼마인가?

풀 이 문제에서 주어진 조건을

S_1: 신용불량자의 경우 R_1: 대손 발생

S_2: 신용불량자가 아닌 경우 R_2: 대손 미발생

라고 하면 대손이 발생하였을 때 실제로 신용불량자인 경우는 $P(S_1|R_1)$으로 표시된다.

따라서 문제에서 주어진 확률값을 정의하면 다음과 같다.

$$P(S_1)=0.005 \quad P(R_1|S_1)=0.98 \quad P(R_1|S_2)=0.01$$
$$P(S_2)=0.995 \quad P(R_2|S_1)=0.02 \quad P(R_2|S_2)=0.99$$

베이즈정리에 따라

$$P(S_1|R_1)=\frac{P(R_1|S_1)P(S_1)}{P(R_1|S_1)P(S_1)+P(R_1|S_2)P(S_2)}$$

$$= \frac{0.98 \times 0.005}{0.98 \times 0.005 + 0.01 \times 0.995}$$
$$= 0.330$$

4.6 독 립 성

우리는 위에서 어떤 사상이 발생했다는 추가적인 정보를 활용하여 주어진 사상의 확률을 재평가하는 방법을 살펴보았다. 그러나 때로는 다른 사상(사상 B)이 발생하던 하지 않던 특정 사상(사상 A)의 확률에 영향을 미치지 않는 경우도 있다. 즉, $P(B)>0$일 때, $P(A|B)=P(A)$인 관계를 가지는 사상들이 있다. 이와 같이 한 사상의 발생이 다른 사상의 확률에 영향을 미치지 않을 때, 우리는 두 사상이 상호독립(mutually independent)하다고 한다. 상호독립한 두 개의 사상 A와 B는 조건부확률의 정의에 따라 다음의 관계가 성립한다.

$$P(A|B) = \frac{P(A \cap B)}{P(B)} = P(A), \quad P(B) > 0$$

또는

$$P(A \cap B) = P(A)P(B)$$

이상을 요약하면 다음과 같다.

독립사상

사상 A와 B가 독립이기 위한 조건은 $P(A \cap B) = P(A)P(B)$, $P(A)>0$, $P(B)>0$이므로, 이 조건이 만족될 때 다음이 항상 성립한다.

$$P(A|B) = P(A)$$
$$P(B|A) = P(B)$$

독립사상의 정의는 세 개 이상의 사상에 대하여도 마찬가지로 적용할 수 있다. 다시 말해서 사상 A_1, A_2, A_3, $\cdots$, A_n이 서로 독립이라면,

$$P(A_1 \cap A_2 \cap A_3 \cap \cdots A_n) = P(A_1)P(A_2)P(A_3)\cdots P(A_n)$$

이 항상 성립한다.

예제 4-12

갑을회사에 고용된 외판원 중 대략 20%가 1년 내에 그만둔다. 두 명의 외판원이 고용되었는데, 이 둘의 행동은 서로 독립이라 가정하자. 이때 (a) 둘 다 1년 내에 그만둘 확률과, (b) 정확히 한 외판원이 1년 내에 그만둘 확률을 구하시오.

풀 이 (a) 독립인 사건에 대한 정리를 이용한다. A={첫 번째 외판원이 그만두는 것}이라 하고, B={두 번째 외판원이 그만두는 것}이라 하자.

$$\begin{aligned} P(\text{둘 다 그만둠}) &= P(A \cap B) \\ &= P(A)P(B) = (0.2)(0.2) = 0.04 \end{aligned}$$

이다.

(b) A^c={첫 번째 외판원이 계속 있음}이고, B^c={두 번째 외판원이 계속 있음}이라 하자. 여집합에 대한 법칙을 적용하면 $P(A^c) = 1 - P(a) = 0.8$이고 $P(B^c)$도 0.8이 된다.

$$\begin{aligned} P(\text{정확히 한 외판원이 그만둠}) &= P(\text{첫 번째 외판원이 그만두고 두 번째 외판원이 계속 있음}) \\ &\quad + P(\text{첫 번째 외판원이 계속 있고 두 번째 외판원이 그만둠}) \\ &= P(A \cap B^c) + P(A^c \cap B) \\ &= P(A)P(B^c) + P(A^c)P(B) \\ &= (0.2)(0.8) + (0.8)(0.2) = 0.32 \end{aligned}$$

4.7 복원추출과 비복원추출

실험을 시행한다는 것은 연속적으로 관찰치를 얻는 과정이라고 할 수 있

다. 예를 들어서 흰 공 4개와 붉은 공 6개가 들어 있는 상자로부터 매번 하나의 공을 무작위로 추출하여 그 결과를 기록하는 실험을 생각하여 보자. 이때 이 실험을 시행하는 과정은 두 가지가 있을 수 있다. 하나는 시행의 결과로 추출된 공을 관찰한 후, 다시 상자에 넣고 다음 공을 추출하는 방법이다. 다른 방법은 일단 추출된 공은 제외시키고, 상자에 남은 공 중에서 다음 공을 추출하는 것이다. 우리는 전자의 방법을 복원추출법(sampling with replacement)이라고 부르고, 후자의 방법을 비복원추출법(sampling without replacement)이라고 부른다.

복원추출의 경우에는 각각의 시행이 독립이다. 왜냐하면 이 경우 이전 시행의 결과가 무엇이든지에 상관없이 매번 시행 시 흰 공 또는 붉은 공이 추출될 확률은 항상 동일하기 때문이다. 즉, 어떤 시행의 결과가 다른 시행에서 특정 사상이 발생할 확률에 영향을 미치지 않는다. 반면에 비복원추출에서는 각 시행이 서로 독립이지 않다. 왜냐하면 비복원추출의 경우에는 어느 한 시행의 결과가 다음 번 시행에 발생하는 특정 사상의 확률에 영향을 미치기 때문이다.

예제 4-13

흰 공 4개와 붉은 공 6개가 들어 있는 상자로부터 두 개의 공을 연속적으로 추출하려고 한다. 사상 R_1은 '첫 번째 추출의 결과가 붉은 공인 사건'이라고 하고, 사상 R_2는 '두 번째 추출의 결과가 붉은 공인 사건'이라고 하자.

(a) 복원추출의 경우, 두 개의 공이 모두 붉은 공일 확률과 두 번째 공이 붉은 공일 확률은 얼마인가?

(b) 비복원추출의 경우, 두 개의 공이 모두 붉은 공일 확률과 두 번째 공이 붉은 공일 확률은 얼마인가?(W_1 = 첫 번째 추출의 결과가 흰 공인 사건)

풀 이 (a) $P(R_1 \cap R_2) = (0.6)(0.6) = 0.36$

$P(R_2) = 0.6$

(b) $P(R_1 \cap R_2) = \left(\frac{6}{10}\right)\left(\frac{5}{9}\right) = \frac{1}{3}$

$$\begin{aligned} P(R_2) &= P(R_2 | W_1)P(W_1) + P(R_2 | R_1)P(R_1) \\ &= \left(\frac{6}{9}\right)\left(\frac{4}{10}\right) + \left(\frac{5}{9}\right)\left(\frac{6}{10}\right) \\ &= 0.6 \end{aligned}$$

4.8 순열과 조합

표본공간을 구성하는 원소의 수가 많은 경우에는 발생하는 사상의 가짓수가 증가할 뿐 아니라 일일이 따지기도 복잡하여 확률의 계산이 어려워진다. 그러나 정확한 확률의 계산을 위해서는 실험의 결과에 대한 모든 경우의 수를 다 헤아릴 필요가 있다. 각 경우에 대한 확률이 모두 동일할 때, 임의의 사상 A의 확률은 다음과 같은 원리에 의하여 계산하게 된다.

$$P(A) = \frac{\text{사상 } A\text{의 조건을 만족하는 모든 경우의 수}}{\text{표본공간 내의 모든 가능한 경우의 수}}$$

순열(permutation)과 조합(combination)은 경우의 수를 따지는 일종의 계수기법(counting technique)으로서 복잡한 확률계산문제에 유용한 개념이다.

순 열

순열이란 n개의 대상물 중에서 x개의 대상물을 임의로 선출해서 순서대로 나열하는 방법의 가짓수를 말하며, ${}_nP_x$로 표시한다. 이때 순열 ${}_nP_x$의 총가지수는 n개로부터 x개를 취하는 가짓수와 선출된 x개의 대상물에 대한 순차적 배열의 가짓수를 모두 포함한다. ${}_nP_x$는 다음과 같이 계산된다.

$${}_nP_x = \frac{n!}{(n-x)!} = n(n-1)(n-2)\cdots(n-x+1)$$

예제 4-14

25명으로 구성된 어느 단체에서 3명을 선출하여 회장, 부회장 그리고 총무로 임명하는 경우의 수는 모두 몇 가지인가?

풀 이 아래 그림에서 자리는 세 개 밖에 없다. 회장을 먼저 선출한다고 할 때, 첫 번째 자리에 앉을 사람은 25명 중에 한 명이 될 것이다. 한 명을 선출해서 회장자리에 앉히고 나면, 이제 부회장 자리에 앉을 사람은 나머지 24명 중에 한 명이 될 것이다. 마지막으로 총무는 회장, 부회장이 안 된 나머지 23명 중에 한 명이 될 것이다.

회 장	부회장	총 무
25	24	23

따라서 ${}_{25}P_3 = 25 \times 24 \times 23$이 된다. 여기서 25를 n, 3을 x라고 놓으면,

$$25 \times 24 \times 23 = \frac{25!}{22!} = \frac{25!}{(25-3)!} = {}_{25}P_3$$

가 되어 순열계산공식의 도출원리를 이해할 수 있다.

예제 4-15

200명의 학생이 통계학을 수강하고 있다고 하자. 이 학생들 중에서 적어도 2명 이상의 생일이 같을 확률은 얼마인가? 단, 1년은 365일로 한다.

풀 이 다음과 같이 두 개의 사상을 정의하자.

A = 적어도 2명 이상의 생일이 같을 사상,
B = 모두 다 다른 생일을 가질 사상

$P(A)$를 직접 구하기는 다소 복잡하나, $P(B)$를 먼저 구한 후, 이를 1에서 빼면 훨씬 쉽게 $P(A)$를 구할 수 있다. 각 학생의 생일은 1년 365일 중 어느 날이라도 될 수 있으므로, 200명의 학생들이 가질 수 있는 생일의 총가지수는 365^{200}이 된다. 이 중에서 200명이 모두 다른 생일을 가지는 가짓수는 365개의 다른 숫자 중에서 200개를 뽑아 순서대로 나열하는 것과 유사하다. 따라서

$$P(A) = 1 - P(B) = 1 - \frac{{}_{365}P_{200}}{365^{200}}$$

조합은 순열과 달리 n개의 대상물에서 x개를 선출하는 경우의 수만 고려하지 추출된 개체들의 순서는 고려하지 않는다. 따라서 다음과 같이 정의할 수 있다.

조 합

조합이란 n개의 대상물에서 x개를 취하는 가짓수를 말하며, ${}_nC_x$로 표시한다. ${}_nC_x$는 다음과 같이 계산된다.

$${}_nC_x = \frac{n!}{x!(n-x)!} = {}_nP_x \frac{1}{x!}$$

예제 4-16

병원 연구실에는 10명의 기술자가 근무하고 있다. 새로운 컴퓨터에 대한 교육을 위해 3명의 기술자가 선택되어져야 한다. 몇 가지의 서로 다른 표본이 가능한가?

풀 이

$${}_{10}C_3 = \frac{10!}{(10-3)!3!} = \frac{10!}{7!3!} = \frac{10 \times 9 \times 8}{3 \times 2 \times 1} = 120$$

예제 4-17

남학생 30명, 여학생 15명으로 구성된 학급에서 10명을 임의로 추출하였을 때, 이 중 3명이 여학생일 확률 P는 얼마인가?

풀 이 45명에서 10명을 선출하는 조합의 수는 ${}_{45}C_{10}$이다. 그리고 선출된 10명 중에서 3명이 여학생이라는 것은 7명의 학생은 남학생 그룹 30명에서 선출되고, 나머지 3명이 15명의 여학생 그룹에서 선출되었다는 것을 의미한다. 따라서 구하고자 하는 확률 P는

$$P = \frac{{}_{30}C_7 \cdot {}_{15}C_3}{{}_{45}C_{10}} = 0.2904$$

04 통계학개론 연습문제

01 상호배반인 사건의 예를 들어 보시오.

02 베이즈정리에 대해 설명하시오.

03 정부는 용문시에 대단위 유통센터를 신축하여 인근 농산물의 효율적인 관리에 이용하고자 한다. 이 시에서 1,000명의 임의로 선택된 거주자를 대상으로 유통센터의 건립에 찬성하는지의 여부를 질문한 결과 300명이 건립에 찬성하였다. 임의로 선택된 한 사람이 유통센터의 건립에 찬성할 확률을 상대도수접근법을 이용하여 추정해 보시오.

04 고려백화점의 자체조사에 의하면 75%의 고객이 서비스에 만족하는 것으로 나타났다. 임의로 두 명의 고객에게 서비스 만족 여부를 물어 보았을 때, 적어도 한 명이 서비스에 불만을 가질 확률은?

05 아래의 자료는 신상품에 대한 남 · 여의 선호도를 보여준다.

선호도 / 성 별	아주 선호함	보 통	선호하지 않음	합 계
남	12	18	10	40
여	8	6	2	16
합 계	20	24	12	56

① 한 사람이 추출되었을 때, 이 사람이 남자일 확률은?

② 추출된 사람이 신상품을 선호하지 않을 때, 이 사람이 남자일 확률은?
③ ①과 ②에서 결과에 차이가 난 이유는?

06 혜민병원은 신생아들이 정신적 장애를 가지고 있는지를 검사하기 위한 장비를 갖고 있다. 이전의 기록으로부터 의사는 아기가 정신적 장애를 가질 확률이 0.003이라는 것을 알고 있다. 만약 아기가 정신적 장애를 갖고 있다면 테스트의 98%는 양성반응을 나타내고, 2%는 음성반응을 나타낼 것이다. 만약 아기가 정신적 장애를 갖고 있지 않다면 테스트의 99%는 음성반응을 나타내고, 1%는 양성반응을 나타낼 것이다. 이제 신생아에 대해 수행된 검사가 양성으로 나타났다고 할 때, 아기가 실제로 정신적 장애를 가질 확률은 얼마인가?

07 고려산업 종업원의 10%는 고졸자이다. 종업원의 50%는 남자이고, 50%는 여자이며 고졸자 모두 남자라고 가정하자. 임의로 선택된 한 사람이 고졸자이거나 여자일 확률을 구하시오.

08 세 종류의 커피 브랜드에 대해 시내 네 곳에서 시음회를 실시하였다. 각 지역별로 다음과 같은 결과가 나왔다고 할 때 물음에 답하시오.

지역 1: 브랜드 A가 브랜드 B보다 선호되었다.
지역 2: 브랜드 A가 가장 높게 선호되었다.
지역 3: 브랜드 A가 두 번째로 높게 선호되었다.
지역 4: 브랜드 A가 세 번째로 높게 선호되었다.

실제로 각 브랜드 간에 맛의 선호에 대한 차이가 없이 무작위하게 선호되었다고 할 때, 지역 1의 결과와 지역 2, 3, 4의 결과 간의 독립성에 대해 평가하시오.

09 민주기업은 올해 임금인상에 대한 종업원 투표를 실시하여 다음과 같은 결과를 얻었다.

구 분	찬 성	반 대
비노조원	7.8%	22.2%
노조원	18.2%	51.8%

① P(찬성)을 구하시오.

② P(찬성 | 노조원)을 구하시오.

③ 종업원의 노조가입 여부와 투표결과의 독립성을 검정하시오.

10 신도산업의 기획부서에는 7명의 직원이 있는데 이 중 4명을 차출하여 신제품 개발팀에 편성하려고 한다. 개발팀 편성의 총 가짓수는 얼마인가?

05

확률변수와 확률함수

Arthur Schopenhauer

우리는 흔히 가진 것은 생각 못하고 부족한 것만 따진다.

We seldom think of what we have, but always of what we lack.

제 5 장

확률변수와 확률함수

확률변수와 확률함수의 개념이해 –
질량함수와 밀도함수의 비교설명 –
결합확률함수의 개념이해 –
기댓값과 분산의 계산 –

key point

확률실험의 결과치는 수치적(quantitative) 자료 또는 알파벳이나 어떤 부호에 의해서 나타나는 질적(qualitative) 자료로 나타난다. 그러나 통계분석은 기본적으로 수치자료에 대한 분석이므로, 실험의 결과를 수치자료로 바꾸어 주는 체계적인 방법이 필요하다. 이와 같이 실험의 결과를 실수에 대응시키는 함수 또는 방법을 확률변수(random variable)라고 한다. 본 장에서는 확률변수의 개념과 종류 그리고 확률변수의 분포상태를 나타내 주는 확률함수에 대하여 설명하기로 한다.

5.1 확률변수

확률변수

확률변수란 확률실험의 결과(또는 표본공간을 구성하는 개별원소)를 하나의 실수에 대응시키는 함수 또는 방법을 말한다. 확률변수는 대문자 알파벳 X, Y, Z 등으로 나타내고, 이들 변수가 취하는 실수값은 소문자 알파벳 x, y, z 등으로 나타내기로 한다.

예제 5-1

동전을 세 번 던지고 그 결과를 기록하는 실험의 표본공간 S는 다음과 같다.

$$S = \{HHH, HHT, HTH, THH, TTH, THT, HTT, TTT\}$$

위의 표본공간에 대하여 확률변수 X를 '동전 앞면의 수'라고 정의하자. 그러면 표본공간 S는 X라고 하는 함수 또는 방법에 의하여 그림 5-1과 같이 여러 개의 실수값에 대응된다.

그림 5-1 확률변수

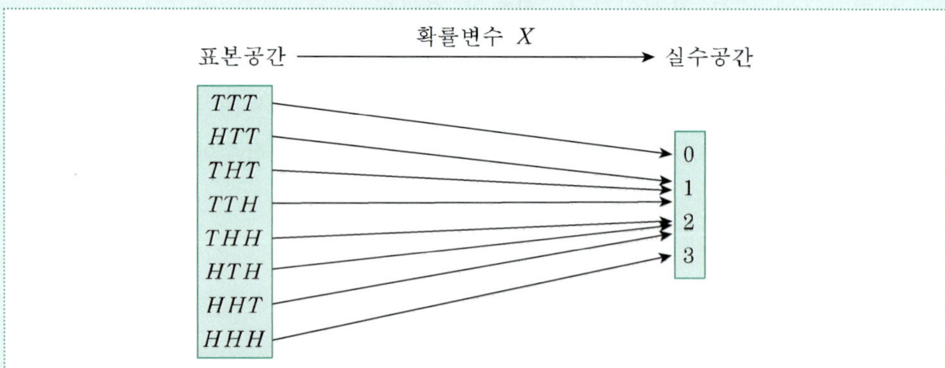

즉, 확률변수 X가 취할 수 있는 실수, 또는 X의 표본공간 S_X는 {0, 1, 2, 3}이다.

예제 5-2

직교좌표 위의 한 점을 임의로 찍고 그 결과를 기록하는 실험을 고려하여 보자. 이 실험에 의하여 임의로 선택된 한 점 A는 그림 5-2와 같이 X축 위의 실수값 x와 Y축 위의 실수값 y에 대응된다. 이제 확률변수 Z를 다음과 같이 정의하여 보자.

$$
\begin{aligned}
Z &= \text{실험의 결과로 선택된 임의의 점 } A\text{로부터 원점까지의 거리} \\
&= \sqrt{X^2 + Y^2}
\end{aligned}
$$

그림 5-2 확률변수 Z

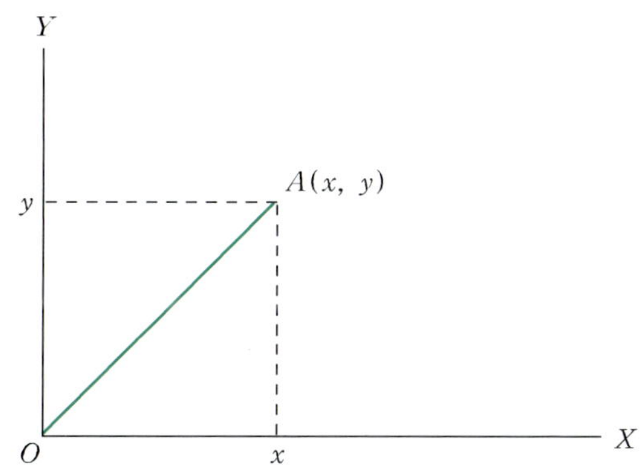

그림 5-2에서 점 A는 실험을 통해서 얻을 수 있는 무수히 많은 결과 중의 하나이며, 확률변수 Z는 실험의 결과를 실수에 대응시키는 함수인 것이다. 이 경우 Z가 취할 수 있는 값(Z의 표본공간)은 모든 양의 실수이다. 즉,

$$S_Z = \{z | z \geq 0\}$$

확률변수는 이산확률변수와 연속확률변수로 나눌 수 있다.

이산확률변수와 연속확률변수

변수가 취할 수 있는 값을 하나하나 헤아려 열거할 수 있을 때, 그 변수를 이산확률변수(discrete random variable)라 하고, 주어진 실수구간 내에 속하는 어떠한 실수도 취할 수 있는 확률변수를 연속확률변수(continuous random variable)라고 한다.

그림 5-3 확률함수

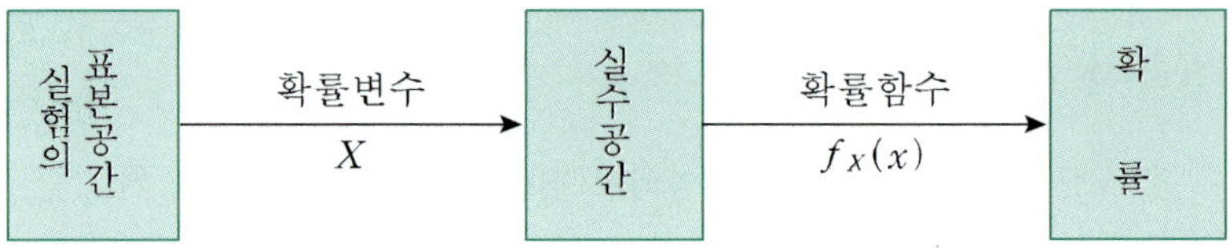

이산확률변수의 예:

① 예제 5-1의 변수 X; $X=0,\ 1,\ 2,\ 3$

② 한 주일 동안에 발생한 특정 제품의 판매량; $X=0,\ 1,\ 2,\ 3,\ \cdots$

③ 회계장부의 각 쪽당 오류횟수; $X=0,\ 1,\ 2,\ 3,\ \cdots$

연속확률변수의 예:

① 예제 5-2의 변수 Z; $0 \le Z \le \infty$

② 집에서 회사까지의 운전시간; 만일 집에서 회사까지 운전하는 데 걸리는 시간이 최소 20분에서 최대 1시간 30분 사이에서 발생한다면, $20 \le X \le 90$

③ 생산라인에서 출하되는 완제품의 불량률; $0 \le X \le 1$

5.2 확률함수

확률함수(probability function)란 확률변수 X가 어떤 특정 실수 x를 취할 확률을 함수로 나타낸 것으로, $P(X=x)$ 또는 $f_X(x)$로 표시한다. 확률변수가 실험의 결과치를 실수에 대응시키는 함수인 데 반하여, 확률함수는 확률변수에 대하여 정의된 실수를 0과 1 사이의 수치 또는 확률에 대응시키는 함수이다. 그림 5-3은 확률변수와 확률함수와의 관계를 보여준다. 이러한 확률함수를 표

(table) 또는 도표(figure)로 나타낸 것을 확률분포표라고 한다. 확률함수는 그 대상이 되는 변수가 이산변수이냐 연속변수이냐에 따라 확률질량함수(probability mass function) 또는 확률밀도함수(probability density function)로 분류할 수 있다. 이들 두 함수는 정의상 약간의 차이가 있으므로 따로 분리하여 설명하기로 하자.

확률질량함수

확률질량함수

확률질량함수는 이산확률변수 X가 취할 수 있는 각각의 실수값에 확률을 대응시키는 방법 또는 규칙을 말하며, $P(X=x)$나 $p_X(x)$로 표기한다.

확률질량함수는 다음의 두 가지 조건에 만족되도록 정의되어야 한다.

확률질량함수의 조건

1. 모든 실수값 x에 대하여, $P(X=x) \geq 0$
2. 이산변수 X가 취할 수 있는 모든 가능한 값에 대한 확률의 합은 1이다. 즉,

$$\sum_{\text{모든 } x} P(X=x) = 1$$

예제 5-3

천일기업의 기획부서는 6명의 남자와 4명의 여자로 구성되어 있다. 기획부장은 이 중 3명을 선출하여 신사업에 대한 사업계획서 작성업무를 맡기려고 한다. 선출된 3명 중 여자의 수를 Y라고 하자. 만일 부장이 3명의 직원을 무작위로 선출한다고 할 때, 변수 Y의 확률분포는 무엇인가?

풀 이 10명 중에서 3명을 무작위로 선출하는 가짓수는 ${}_{10}C_3 = 120$이다. 그러므로 표본공간 S는 동일한 확률을 갖는 120개의 원소로 구성된다. 또한 변수 Y가 취할 수 있는 값은 0, 1, 2, 3 중의 하나이며, 선출된 3명 중 y명이 여자일 가짓수는 ${}_4C_y \times {}_6C_{(3-y)}$가 된다. 따라서 Y의 확률함수는

$$p_Y(y) = \frac{{}_4C_y \times {}_6C_{(3-y)}}{120}, \quad y = 0,\ 1,\ 2,\ 3$$

이 된다. 그리고 위의 확률함수를 확률분포표로 나타내면 **표 5-1**과 같다.

표 5-1 변수 Y의 확률분포표

$Y=y$	$P(Y=y)$
0	$\frac{{}_4C_0 \times {}_6C_3}{120} = \frac{20}{120}$
1	$\frac{{}_4C_1 \times {}_6C_2}{120} = \frac{60}{120}$
2	$\frac{{}_4C_2 \times {}_6C_1}{120} = \frac{36}{120}$
3	$\frac{{}_4C_3 \times {}_6C_0}{120} = \frac{4}{120}$
계	1

예제 5-4

다음의 함수가 확률함수임을 보이시오.

$$p_Y(y) = \frac{{}_4C_y \times {}_6C_{(3-y)}}{120}, \ y = 0,\ 1,\ 2,\ 3$$

풀 이 함수 $p_Y(y)$가 확률함수임을 보이기 위해서는 함수 $p_Y(y)$가 확률함수의 두 가지 조건을 만족하는지를 보여야 할 것이다. 변수 Y가 취할 수 있는 각 점에서

$$p_Y(0) = \frac{{}_4C_0 \cdot {}_6C_3}{120} = \frac{1}{6}$$

$$p_Y(1) = \frac{{}_4C_1 \cdot {}_6C_2}{120} = \frac{1}{2}$$

$$p_Y(2) = \frac{{}_4C_2 \cdot {}_6C_1}{120} = \frac{3}{10}$$

$$p_Y(3) = \frac{{}_4C_3 \cdot {}_6C_0}{120} = \frac{1}{30}$$

이 된다. 따라서 조건 1이 만족되며,

$$p_Y(0) + p_Y(1) + p_Y(2) + p_Y(3) = 1$$

이므로, 조건 2도 만족되어 함수 $p_Y(y)$는 확률함수이다.

확률밀도함수

확률밀도함수

확률밀도함수는 연속확률변수 X가 취할 수 있는 실수구간에 대하여 확률을 대응시키는 방법 또는 규칙을 말하며, $f_X(x)$로 표시한다.

확률밀도함수의 조건

1. 모든 x에 대하여, $f_X(x) \ge 0$
2. 모든 x에 대한 확률의 합은 1이다. 즉, $\int_{-\infty}^{\infty} f_X(x)dx = 1$

이산변수의 경우에는 그 변수가 취할 수 있는 어떤 실수에 대하여 0보다 큰 확률값을 계산할 수 있었다. 즉, 확률질량함수 $P(X=x)$는 이산변수 X가 실수값 x를 취할 확률을 의미하였다. 그러나 연속변수는 취할 수 있는 실수의 수가 무한히 많기 때문에, 이 무한히 많은 수 중에서 어떤 한 실수를 취할 확률은 거의 0에 가까우며 실제로 측정할 방법이 없다. 따라서 연속변수에 대한 확률계산은 그 변수가 어떤 실수구간에 속할 확률을 구하는 것을 의미한다. 확률밀도함수가 $f(x)$인 연속변수 X가 임의의 두 실수 x_0와 x_n 사이에 속할 확률 $P(x_0 \le X \le x_n)$을 생각하여 보자. 이는 그림 5-4 (a)의 색칠한 부분의 면적을 구하는 것과 같다. 그러나 이 면적을 직접 구하는 것이 곤란하므로, 그림 5-4 (b)와 같이 실수구간 $(x_0,\ x_n)$을 n개의 소구간으로 등분한 후, 각 소구간$(x_i - x_{i-1} = \Delta x)$에서 만들어진 직사각형들의 면적을 구하는 근사치 계산방법을 생각해 볼 수 있다. 즉,

$$P(x_0 \le X \le x_n) \cong \sum_{k=1}^{n} f(x_k)\Delta x$$

그림 5-4 (b)로부터 소구간의 간격 Δx를 좁게 잡을수록 구하고자 하는 확률의 값을 보다 정확하게 계산할 수 있음을 알 수 있다. 그리고 Δx의 값을 무한히 0에 접근시킬 때, 그림 5-4 (a)의 색칠한 면적을 정확하게 계산할 수 있다. 그러므로

그림 5-4 확률밀도함수

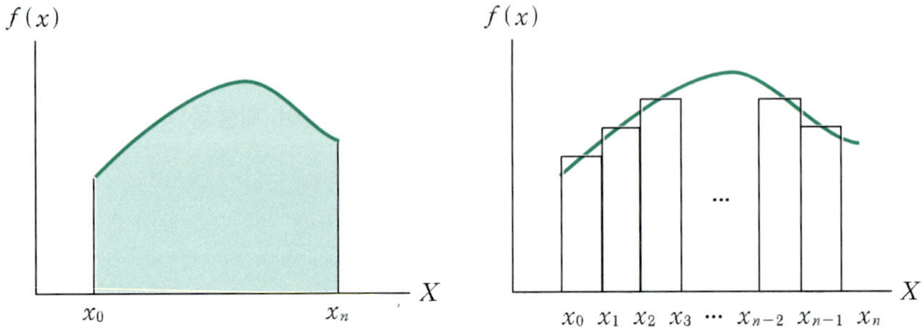

(a) X가 구간 (x_0, x_n)에 속할 확률　　(b) 연속확률의 근사치 계산

$$P(x_0 \le X \le x_n) = \lim_{\Delta x \to 0} \sum_{k=1}^{n} f(x_k)\Delta x$$
$$= \int_{x_0}^{x_n} f(x)dx$$

즉, 연속변수 X가 실수구간 (x_0, x_n)에 속할 확률은 밀도함수 $f(x)$를 적분함으로써 얻어진다. 또한 X가 임의의 소구간 $(x_k, x_k+\Delta x)$에 속할 확률 $P(X \le x_k+\Delta x)-P(X \le x_k)$는 그림 5-4 (b)에서 k번째 막대의 면적인 $f(x_k)\Delta x$에 해당하므로

$$f(x_k)\Delta x \cong P(X \le x_k + \Delta x) - P(X \le x_k)$$
$$f(x_k) \cong \frac{P(X \le x_k + \Delta x) - P(X \le x_k)}{\Delta x}$$

관계가 성립한다. 따라서 $f(x_k)$는 구간 $(x_k, x_k+\Delta x)$에서 확률의 평균변화율이라고 볼 수 있다. 그러나 $f(x)$는 Δx를 무한히 0에 접근시킬 때의 개념이므로 X의 변화에 따른 확률의 순간변화율로 해석하는 것이 보다 정확하다. 다시 말해서 확률밀도함수 $f_X(x)$는 연속변수 X가 실수값 x를 취할 확률을 의미하는 것이 아니라, X의 값이 어떤 실수값 x에서 아주 극소량 순간적으로 변화할 때

확률의 변화 정도를 나타낸다.

예제 5-5

한국과 중국과의 관계가 개선되어 양국 간의 경제교류가 활발해짐에 따라 제일컴퓨터 주식회사는 중국에 퍼스널 컴퓨터를 수출하기로 결정하였다. 제일기업은 연간 판매량 X(단위: 1,000)가 다음의 확률함수에 따라 발생할 것으로 추정하고 있다.

$$f_X(x) = \begin{cases} \dfrac{(x-30)}{450}, & 30 \le x \le 60 \\ 0, & \text{다른 구간에서} \end{cases}$$

위의 확률함수를 그래프로 나타내고, 연간 판매량이 50,000대 이상일 확률을 구하시오.

풀 이

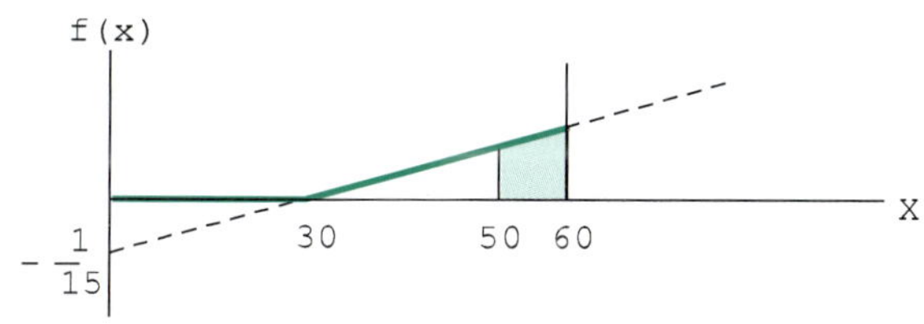

위의 그림에서 색칠한 부분의 면적이 구하고자 하는 확률이다. 이 면적은 다음과 같이 계산된다.

$$\begin{aligned} P(X \ge 50) &= \int_{50}^{60} \frac{(x-30)}{450}\,dx = \left[\frac{x^2}{900} - \frac{x}{15}\right]_{50}^{60} \\ &= \left[\frac{60^2}{900} - \frac{60}{15}\right] - \left[\frac{50^2}{900} - \frac{50}{15}\right] \\ &= \frac{5}{9} \end{aligned}$$

누적확률함수

확률계산을 할 때, 확률변수가 어떤 실수값 또는 특정 실수구간 내일 확률을 구하기도 하지만, 때에 따라서는 그 변수가 어떤 실수값보다 작거나 같을 확률을 구하기도 한다. 이와 같이 확률변수 X가 특정 실수값 또는 그 이하일 확률을 나타내는 함수를 누적확률함수(cummulative probability distribution function)라고 하며, $F_X(x)$로 표시한다.

누적확률함수

누적확률함수 $F_X(x)$는 변수 X가 x 이하의 값을 취할 확률을 나타낸다.
즉, $F_X(x) = P(X \leq x)$로 정의한다.

1. 이산변수의 경우

$$F_X(x) = \sum_{X \leq x} P(X = x)$$

2. 연속변수의 경우

$$F_X(x) = \int_{-\infty}^{x} f_X(x)dx$$

누적확률함수는 다음의 조건이 만족되도록 정의되어야 한다.

① 모든 실수값 x에 대하여, $0 \leq F_X(x) \leq 1$

② $x_1 < x_2$이면, $F_X(x_1) \leq F_X(x_2)$

③ $F_X(-\infty) = 0$이고, $F_X(\infty) = 1$이다.

예제 5-6

X는 연속확률변수이며, 다음의 밀도함수를 갖는다.

$$f_X(x) = \begin{cases} 3x^2, & 0 \leq x \leq 1 \\ 0, & \text{다른 구간에서} \end{cases}$$

변수 X의 누적확률함수 $F_X(x)$를 구하고, $f_X(x)$와 $F_X(x)$를 그려 보시오.

풀 이

$$F_X(t) = \int_0^t f_X(x)dx = \int_0^t 3x^2 dx = \left[x^3\right]_0^t = t^3, \ 0 \leq t \leq 1$$

여기서 t는 임의의 실수이므로, 누적확률함수는

$$F_X(x) = x^3, \ \ 0 \le x \le 1$$

이 된다. $f_X(x)$와 $F_X(x)$를 그래프로 나타내면 다음과 같다.

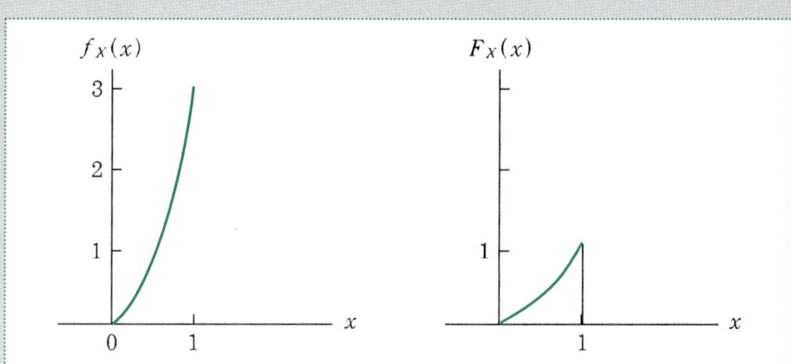

5.3 결합확률분포

이제까지 우리는 단일확률변수의 확률분포만을 고려하였다. 그런데 만일 실험의 결과에 영향을 미치는 변수의 수가 2개 이상인 경우 또는 한 변수의 행태가 다른 변수와 연관되어 발생할 경우에는 개별확률변수의 확률함수만을 아는 것으로는 불충분하다. 예를 들어서 매출액을 분석한다고 할 때, 단순히 매출액의 분포자료에만 의존하는 것은 불충분한 분석이 될 수 있다. 광고, 품질, 고객서비스 등 매출액에 영향을 미치는 여타 변수를 매출액과 함께 연관지어 고려할 때, 보다 정확한 분석이 가능하게 된다. 그러므로 이 경우 매출액과 광고, 매출액과 품질수준 등의 결합적 행태를 나타낼 수 있는 결합확률분포(joint probability distribution)에 대한 정보가 필요하다. 변수 간의 결합적 관계는 세 개 이상의 변수 간에도 나타날 수 있으나, 5.3절에서는 두 변수 간의 결합적 분포형태를 나타내는 이변량 확률분포(bivariate probability distribution)를 주로 다루기로 한다.

결합확률함수

결합확률(joint probability)은 제4장에서 본 교집합의 확률과 기본적으로 동일한 개념이라고 생각하면 된다. 교집합의 확률은 두 사상이 동시에 발생할 확률을 말한다. 유사하게 결합확률은 임의의 두 변수 X, Y가 동시에 어떤 실수구간에 속할 확률을 의미한다. 두 변수 X, Y는 이산변수일 수도 있고 연속변수일 수도 있는데, 여기서는 이산변수 간의 결합확률만을 살펴보기로 하자.

이산변수의 결합확률함수

두 이산변수 X와 Y의 결합확률질량함수 $p_{X,\ Y}(x,\ y)$는 두 변수 X와 Y가 결합적으로 취할 수 있는 임의의 실수값 x와 y에 확률을 대응시키는 방법 또는 함수이다. 즉,

$$p_{X,\ Y}(x,\ y) = P(X=x,\ \ Y=y)$$

결합확률함수의 조건

1. 모든 실수값 x, y에 대하여, $p_{X,\ Y}(x,\ y) \geq 0$
2. 변수 X와 Y가 취할 수 있는 모든 가능한 값에 대한 확률의 합은 1이다. 즉,

$$\sum_{x}\sum_{y} p_{X,\ Y}(x,\ y) = 1$$

즉, 결합확률함수 $p_{X,Y}(x,y)$는 변수 X가 실수값 x 그리고 변수 Y가 실수값 y를 취할 확률을 나타낸다. 누적결합확률함수 $F_{X,Y}(x,y)$는 $p_{X,Y}(x,y)$로부터 다음과 같이 정의할 수 있다.

$$F_{X,\ Y}(x,\ y) = P(X \leq x,\ \ Y \leq y) = \sum_{X \leq x}\sum_{Y \leq y} p_{X,\ Y}(x,\ y)$$

예제 5-7

보문관광단지 내 H호텔은 경주에서 휴가를 보낼 만한 사람들의 특성을 파악하기 위하여 설문조사를 실시하였다. H호텔은 가족들이 가지고 있는 신용카드의 수가 경주에서 휴가를 보낼 사람들을 예측하는

데 유용할 것이라고 생각하였다. 이에 따라 최근 5년 동안 경주에 여행한 가족들을 조사하여 **표 5-2**와 같은 결합확률분포표를 작성하였다.

표 5-2 결합확률분포표 (단위: 천 원)

여행횟수(X) \ 소지카드수(Y)	0	1	2	합 계
1	0.32	0.18	0.04	0.54
2	0.12	0.14	0.06	0.32
3	0.01	0.03	0.10	0.14
합 계	0.45	0.35	0.20	1.00

표 5-2는 경주에 여행 온 각 가족의 여행횟수(X)와 그 가족이 소지한 신용카드의 수(Y)의 결합확률을 보여준다. 예를 들어 여행횟수가 3이고 소지카드수가 1일 확률은 $p_{X,Y}(3, 1) = P(X=3, Y=1) = 0.03$이다. $F_{X,Y}(3, 1)$은 얼마인가?

풀 이

$$\begin{aligned} F_{X,Y}(3, 1) &= P(X \le 3, Y \le 1) = P(X=1, Y=0) + P(X=2, Y=0) \\ &\quad + P(X=3, Y=0) + P(X=1, Y=1) + P(X=2, Y=1) \\ &\quad + P(X=3, Y=1) \\ &= 0.32 + 0.12 + 0.01 + 0.18 + 0.14 + 0.03 \\ &= 0.80 \end{aligned}$$

표 5-2의 확률분포표에서 보면 각 개별변수에 관한 확률은 표의 가장자리 또는 주변(margin)에 나타나 있다. 예를 들어서 X가 1일 확률은 0.54, 2일 확률은 0.32 등이다. 이와 같이 개별변수의 확률은 확률분포표의 주변에 표기된다고 하여 이를 결합확률과 구분하여 주변확률(marginal probability)이라고 부른다. 다음의 정리는 결합확률로부터 주변확률을 산출하는 방법을 요약하고 있다.

주변확률

결합확률함수 $p_{X,Y}(x, y)$를 가지는 이산변수 X와 Y가 있을 때, 변수 X와 변수 Y의 주변확률함수는 다음과 같다.

$$p_X(x) = \sum_{\text{모든 } y} p_{X,Y}(x, y); \ p_Y(y) = \sum_{\text{모든 } x} p_{X,Y}(x, y)$$

위의 결과는 제4장에서 설명한 총확률정리와 동일한 개념이므로 비교하여 참조하면 도움이 될 것이다.

예제 5-8

표 5-2에서 X의 주변확률을 위의 주변확률의 정의에 의하여 구하시오.

풀 이

$$p_X(1) = \sum_{\text{모든 } y} p_{X,Y}(1,\ y) = p_{X,Y}(1,\ 0) + p_{X,Y}(1,\ 1) + p_{X,Y}(1,\ 2)$$
$$= 0.32 + 0.18 + 0.04 = 0.54$$
$$p_X(2) = \sum_{\text{모든 } y} p_{X,Y}(2,\ y) = p_{X,Y}(2,\ 0) + p_{X,Y}(2,\ 1) + p_{X,Y}(2,\ 2)$$
$$= 0.12 + 0.14 + 0.06 = 0.32$$
$$p_X(3) = \sum_{\text{모든 } y} p_{X,Y}(3,\ y) = p_{X,Y}(3,\ 0) + p_{X,Y}(3,\ 1) + p_{X,Y}(3,\ 2)$$
$$= 0.01 + 0.03 + 0.10 = 0.14$$

변수 간의 독립성

변수 간의 독립성에 대한 정의는 제4장에서 소개한 독립사상의 개념을 그대로 적용할 수 있다. 두 변수가 있을 때, 이 두 변수가 상호독립이라는 말은 어느 한 변수가 어떤 값을 취했다는 사실이 다른 변수가 어떤 특정값을 취할 확률에 영향을 미치지 않는다는 것을 의미한다. 주어진 두 변수 간의 독립성은 두 변수의 결합확률이 개별변수의 주변확률을 곱한 것과 일치하는가에 의해 확인할 수 있다.

변수 간의 독립성에 대한 정의는 다음과 같이 요약할 수 있다.

독립성

두 개의 확률변수 X와 Y의 결합분포에서, 모든 $(x,\ y)$에 대하여

$$p_{X,Y}(x,\ y) = p_X(x)\,p_Y(y)$$

가 성립할 때, 변수 X와 Y는 서로 독립이다.

X와 Y가 취할 수 있는 모든 실수값에 대하여 위의 조건이 모두 충족되면 두 변수는 독립이다. 그러나 어느 한 경우라도 위의 조건이 충족되지 않으면 두 변수는 독립이 아니다. 두 변수가 독립이지 않다는 말은 한 변수가 다른 변수가 취할 값에 영향을 미친다는 사실을 의미한다.

예제 5-9

[표 5-2]의 확률분포표를 이용하여 여행횟수와 소지카드수가 독립인지를 검토하시오.

풀 이 $X=2$이고, $Y=1$인 경우를 검토하여 보자.

$$p_{X,\ Y}(2,\ 1)=0.14$$
$$p_X(2)\,p_Y(1)=(0.32)(0.35)=0.11$$

$p_{X,\ Y}(2,\ 1)\neq p_X(2)\,p_Y(1)$이므로 두 변수는 독립이지 않다. 즉, 소지카드수가 여행횟수에 영향을 미친다.

변수 간의 조건부확률

제4장에서 우리는 이미 사상 간의 조건부확률에 대하여 정의한 바가 있다. 즉, $P(A|B)$는 사상 B가 이미 발생하였다는 조건하에 사상 A가 발생할 확률을 의미한다. 여기서 다루는 변수 간의 조건부확률도 $P(A|B)$와 개념상으로 동일하며 다음과 같이 정의할 수 있다.

조건부확률

이산변수 X와 Y가 있을 때, 변수 Y의 값이 y로 주어졌다는 조건하에 변수 X가 실수값 x를 취할 확률 $P(X=x\,|\,Y=y)$는

$$P(X=x\,|\,Y=y)=\frac{P(X=x,\ \ Y=y)}{P(Y=y)}=\frac{p_{X,\ Y}(x,\ y)}{p_Y(y)}$$

예제 5-10

예제 5-8에서 신용카드가 하나인 고객의 여행횟수가 2회 이하일 확률 즉, $P(X\leq 2\,|\,Y=1)$은 얼마인가?

풀 이

$$P(X \le 2 | Y=1) = \frac{P(X \le 2,\ Y=1)}{P(Y=1)}$$
$$= \frac{P(X=1,\ Y=1) + P(X=2,\ Y=1)}{P(Y=1)}$$
$$= \frac{0.18+0.14}{0.35} = 0.914$$

이제 우리가 지금까지 살펴본 결합확률의 여러 개념을 종합적으로 응용할 수 있는 예제를 고려하여 보자.

예제 5-11

천일맥주 대리점은 갑과 을이라는 두 명의 고객을 갖고 있다. 이 대리점에서 평가하는 이 두 고객의 수요분포는 다음과 같다.

갑의 수요분포

수요량(상자)	확 률
200	0.2
100	0.4
0	0.4

을의 수요분포

수요량(상자)	확 률
100	0.4
0	0.6

천일은 이 두 고객의 수요가 종속적이라고 생각하고 있다. 만일 갑이 200상자를 구입하면 을이 맥주 100상자를 구입할 확률이 0.5로 증가하며, 갑의 구입량이 0이면 을이 구입하지 않을 확률도 0.5로 감소한다고 평가하고 있다. 갑의 수요량을 X, 을의 수요량을 Y라고 하자. 그러면 갑과 을에 대한 천일의 총판매량 Z는 $(X+Y)$가 된다. 변수 Z의 확률분포를 구하시오.

풀 이 이 문제에서 변수 Z가 취할 수 있는 값은 0, 100, 200, 300의 네 실수값이다. 이들 값 중에서 0과 300에 대한 확률은 주어진 정보에 의해 다음과 같이 구할 수 있다.

$$P(Z=0) = P(X=0,\ Y=0) = P(Y=0 | X=0)P(X=0)$$
$$= (0.5)(0.4) = 0.2$$
$$P(Z=300) = P(X=200,\ Y=100) = P(Y=100 | X=200)P(X=200)$$
$$= (0.5)(0.2) = 0.1$$

이제까지 얻은 자료를 종합하여 다음의 이변량 확률분포표를 만들 수 있다.

표 5-3 미완성 결합확률분포표

Y \ X	200	100	0	주변확률
100	0.1			0.4
0			0.2	0.6
주변확률	0.2	0.4	0.4	1.0

위의 확률분포표는 아직 미완성이다. 주어진 정보를 가지고는 더 이상 빈 칸을 채워 넣을 수가 없다. 그러나 총확률정리(total probability theorem)에 의하여 우리는 쉽게 위의 미완성표를 완성시킬 수 있다. 총확률정리란 각 행 또는 열의 결합확률의 합은 주변확률과 같아야 한다는 것이다. **표 5-4**는 **표 5-3**의 완성판이다.

표 5-4 완성된 결합확률분포표

Y \ X	200	100	0	주변확률
100	0.1	$(0.1)_3$	$(0.2)_2$	0.4
0	$(0.1)_1$	$(0.3)_4$	0.2	0.6
주변확률	0.2	0.4	0.4	1.0

위 표에서 괄호 안의 수치는 새롭게 채워진 수치이며, 괄호 밖의 아래 첨자는 그 수치가 채워진 순서를 나타내고 있다. 이제 위 표로부터 변수 Z의 확률분포표를 다음과 같이 얻을 수 있다.

Z	확 률
0	0.2
100	0.5
200	0.2
300	0.1
계	1.0

5.4 기 댓 값

우리가 앞에서 살펴본 바와 같이 확률함수는 특정 확률변수의 분포형태를 제시하여 준다. 변수 X가 이산변수인 경우에는 확률질량함수에 의하여 임의의 실수 x에 대한 확률 $P(X=x)$를 파악할 수 있다. 만일 변수 X가 연속인 경우에는 확률밀도함수에 의하여 임의의 실수구간 A에 대한 확률을 다음과 같이 산출할 수 있다.

$$P(X \in A) = \int_A f_X(x)dx$$

그러나 우리는 확률분포와 같은 자료의 전체적 분포를 알려주는 상세한 정보를 항상 필요로 하지는 않는다. 때에 따라서는 기댓값과 같은, 확률변수의 행태를 하나의 수치로 요약해 주는 측도가 자료의 특성을 이해하는 데 더 유용할 수 있다. 기댓값(expected value)은 자료의 중심적 경향(central tendency)을 나타내 주는 수치적 측도로써, 확률변수가 취할 수 있는 모든 값의 평균을 의미한다.

제3장에서 우리는 도수분포표에 정리된 자료의 평균을 구하기 위하여 다음의 공식을 사용하였다.

$$X\text{의 평균} = \sum \frac{x_i f_i}{N} = \sum x_i \left(\frac{f_i}{N}\right)$$

즉, 변수 X의 평균은 X가 취할 수 있는 각 실수값 x_i에 대하여 상대도수 $\left(\frac{f_i}{N}\right)$를 가중치로 하여 계산하였다. 확률변수에 대한 기댓값도 유사하게 정의된다. 그러나 상대도수 $\left(\frac{f_i}{N}\right)$ 대신에 그의 극한치인 확률로 대체하여 다음의 정의와 같이 산출된다.

기댓값의 정의

확률변수 X의 기댓값 $E[X]$는 다음과 같다.

1. X가 이산변수인 경우: $E[X] = \sum_{\text{모든 } x} x\,p(x)$
2. X가 연속변수인 경우: $E[X] = \int_{\text{모든 } x} xf(x)dx$

위의 정의로부터 기댓값이란 평균의 극한치 또는 장기적 평균치로 해석할 수 있다. 다시 말해서 변수 X를 무수히 반복하여 관찰할 때 기대되는 평균값이라고 할 수 있다.

예제 5-12

예제 5-3에서 선출되는 사람 중 여직원 수(Y)의 기댓값을 구하시오.

풀 이 예제 5-3으로부터 변수 Y의 확률함수는 다음과 같다.

$$p_Y(y) = \frac{{}_4C_y \times {}_6C_{(3-y)}}{120}, \quad y = 0,\ 1,\ 2,\ 3$$

따라서

$$E[Y] = \sum_{\text{모든 } y} yp(y) = 0 \cdot \frac{{}_4C_0 \times {}_6C_3}{120} + 1 \cdot \frac{{}_4C_1 \times {}_6C_2}{120} + 2 \cdot \frac{{}_4C_2 \times {}_6C_1}{120} + 3 \cdot \frac{{}_4C_3 \times {}_6C_0}{120}$$

$$= \frac{0 \times 20 + 1 \times 60 + 2 \times 36 + 3 \times 4}{120} = 1.2$$

예제 5-13

예제 5-5에서 연간 판매량의 기댓값은 얼마인가?

풀 이 연간 판매량 X는 다음의 확률함수를 갖는다.

$$f_X(x) = \begin{cases} \dfrac{(x-30)}{450}, & 30 \le x \le 60 \\ 0, & \text{다른 구간에서} \end{cases}$$

그러므로,

$$E[X] = \int_{\text{모든 } x} xf(x)dx = \int_{30}^{60} \frac{x(x-30)}{450} dx$$

$$= \left[\frac{x^3}{3 \times 450} - \frac{30x^2}{2 \times 450} \right]_{30}^{60}$$

$$= \left(\frac{60^3}{3 \times 450} - \frac{30 \times 60^2}{2 \times 450} \right) - \left(\frac{30^3}{3 \times 450} - \frac{30 \times 30^2}{2 \times 450} \right) = 50$$

다음은 몇 가지 중요한 기댓값의 특성을 요약한 것이다.

기댓값의 특성

다음의 식에서 a와 b는 상수이며, X와 Y는 확률변수이다.

1. $E(a) = a$
2. $E(bX) = bE(X)$
3. $E(a+bX) = a+bE(X)$
4. $E(X+Y) = E(X)+E(Y)$
5. $E(aX+bX) = aE(X)+bE(Y)$

위의 정리로부터 상수의 기댓값은 상수 그 자체임을 알 수 있다(특성 1). 또한 상수와 변수의 곱에 대한 기댓값은 변수의 기댓값에 상수를 곱한 것과 같다(특성 2). 특성 3과 4에서는 합에 대한 기댓값이 각각의 기댓값의 합과 같음을 나타내고 있다. 특성 5는 특성 4의 일반화된 형태이다. 위의 다섯 가지 특성 중에서 특성 1은 그 자체로써 명백히 성립하며, 또한 특성 3과 5는 특성 2와 4의 단순응용이므로, 여기서는 특성 2와 4에 대한 증명만을 제시한다.

특성 2의 증명:

$$E(bX) = \sum_{\text{모든 } x} bx\,p_X(x) = b\sum_{\text{모든 } x} x\,p_X(x) = bE(X)$$

특성 4의 증명:

$$\begin{aligned}
E(X+Y) &= \sum\sum(x+y)p_{X,\,Y}(x,\ y)\\
&= \sum_{\text{모든 } x}\sum_{\text{모든 } y} x\,p_{X,\,Y}(x,\ y) + \sum_{\text{모든 } x}\sum_{\text{모든 } y} y\,p_{X,\,Y}(x,\ y)\\
&= \sum_{\text{모든 } x} x\,[\sum_{\text{모든 } y} p_{X,\,Y}(x,\ y)] + \sum_{\text{모든 } y} y\,[\sum_{\text{모든 } x} p_{X,\,Y}(x,\ y)]\\
&= \sum_{\text{모든 } x} x\,p_X(x) + \sum_{\text{모든 } y} y\,p_Y(y)\\
&= E(X)+E(Y)
\end{aligned}$$

예제 5-14

예제 5-11에서 갑과 을에 대한 천일의 총판매량 Z의 기댓값을 구하시오.

풀 이 이 문제에서 변수 Z의 기댓값을 구하는 방법은 두 가지가 있다. 먼저 기댓값의 특성 4에 의하여 Z의 기댓값을 구해보자.

$$\begin{aligned} E(Z) = E(X+Y) &= E(X) + E(Y) \\ &= [200(0.2)+100(0.4)+0(0.4)]+[100(0.4)+0(0.6)] \\ &= 80+40 \\ &= 120 \end{aligned}$$

특성 4를 이용하면 변수 Z의 분포를 알 필요도 없이 변수 X와 Y의 분포를 이용하여 Z의 기댓값을 구할 수 있다. 변수 Z의 기댓값을 산출하는 두 번째 방법은 예제 5-11에서 구한 변수 Z의 확률분포를 이용하는 것이다. 즉,

$$E(Z) = 0(0.2)+100(0.5)+200(0.2)+300(0.1) = 120$$

이상으로 변수 Z의 기댓값을 구하는 두 가지 방법을 살펴보았다. 이 예제에서처럼 만일 우리가 원하는 것이 단지 Z의 기댓값뿐이라면 기댓값의 특성 4를 이용하여 Z의 기댓값을 훨씬 쉽게 구할 수 있음을 알 수 있다.

앞에서 우리는 $(a+bX)$ 또는 $(X+Y)$ 등과 같이 단순한 형태의 함수에 대한 기댓값을 구하는 것에 대하여 알아보았다. 이제 보다 일반적인 형태의 함수에 대한 기댓값을 구하는 방법을 살펴보도록 하자. 일반적인 형태의 함수에 대한 기댓값도 다음에 정리된 바와 같이 기본적으로 앞에서와 동일한 방법이 적용된다.

$g(X)$와 $g(X, Y)$의 기댓값

1. 확률변수 X의 함수인 $g(X)$의 기댓값은

이산변수의 경우: $E[g(X)] = \sum_{\text{모든 } x} g(x) p_X(x)$

연속변수의 경우: $E[g(X)] = \int_{\text{모든 } x} g(x) f_X(x) dx$

2. 확률변수 X와 Y의 함수인 $g(X, Y)$의 기댓값 $E[g(X, Y)]$는

$$E[g(X, Y)] = \sum_{\text{모든 } x} \sum_{\text{모든 } y} g(x, y) p_{X, Y}(x, y)$$

예제 5-15

변수 X는 표본공간이 $S_X=\{-2,\ 1,\ 2\}$인 이산변수이며, 각 값에 대한 확률은 $p_X(-2)=\frac{5}{8}$, $p_X(1)=\frac{1}{8}$, $p_X(2)=\frac{2}{8}$이다. 이를 이용하여 함수 $g(X)=X^2$의 기댓값을 구하시오.

풀 이

$$E[g(X)]=\sum_{\text{모든 } x} x^2 p_X(x)$$
$$=(-2)^2\left(\frac{5}{8}\right)+(1)^2\left(\frac{1}{8}\right)+(2)^2\left(\frac{2}{8}\right)=\frac{29}{8}$$

예제 5-16

다음과 같은 밀도함수를 가지는 연속함수가 있다고 하자.

$$f_X(x)=\begin{cases}2(1-x), & 0\le x\le 1\\ 0, & \text{다른 구간에서}\end{cases}$$

$g(X)=X^2$의 기댓값을 구하시오.

풀 이

$$E[g(X)]=\int_{\text{모든 } x} x^2 f_X(x)dx=\int_0^1 x^2\,2(1-x)dx=2\int_0^1(x^2-x^3)dx$$
$$=2\left\{\left[\frac{x^3}{3}\right]_0^1-\left[\frac{x^4}{4}\right]_0^1\right\}=\frac{1}{6}$$

예제 5-17

동화기업은 MDF를 제조하여 가구업체에 판매하는 가공목재 제조업체이다. 동화에서 제조되는 MDF는 두께가 모두 5cm이며, 가로와 세로의 길이는 제품에 따라 상이하다. 가로(Y)는 1m, 2m, 3m, 5m의 네 가지가 있으며, 세로(X)는 1m, 2m, 3m의 세 가지 길이로 판매한다. 지난달에 판매된 MDF 제품은 10,000개이며, 제품별 분포는 다음의 표와 같다고 하자.

세로(X) \ 가로(Y)	1	2	3	5	$P(X)$
1	0.10	0.15	0.12	0.08	0.45
2	0.05	0.10	0.08	0.02	0.25
3	0.06	0.14	0.06	0.04	0.30
$P(Y)$	0.21	0.39	0.26	0.14	1.00

$g(X, Y) = xy$일 때, $g(X, Y)$의 기댓값을 구하라. 그리고 $g(X, Y)$의 기댓값은 무엇을 의미하는가?

풀 이

$$\begin{aligned} E[g(X, Y)] &= \sum\sum xy f_{X, Y}(x, y) \\ &= 1\times1\times(0.10)+1\times2\times(0.15)+1\times3\times(0.12)+1\times5\times(0.08) \\ &\quad +2\times1\times(0.05)+2\times2\times(0.10)+2\times3\times(0.08)+2\times5\times(0.02) \\ &\quad +3\times1\times(0.06)+3\times2\times(0.14)+3\times3\times(0.06)+3\times5\times(0.04) \\ &= 4.5\text{㎡} \end{aligned}$$

여기서 함수 $g(X, Y)$는 판매된 MDF 제품의 면적을 말하며, 따라서 $E[g(X, Y)]$는 판매된 제품의 평균면적을 의미한다.

5.5 분　산

기댓값은 주어진 변수가 어떤 값을 중심으로 하여 분포하는가를 나타내 주는 측도인 데 반하여, 분산(variance)은 변수의 분포가 얼마나 흩어져 있는가를 측정한다. A학점과 C학점을 받은 학생(갑)과 두 과목 다 B학점을 받은 학생(을)이 있다고 하자. 이 경우 갑과 을의 성적분포에는 명백한 차이가 있으나 평균만 고려해서는 두 분포의 차이를 알 수가 없다. 따라서 변수의 분포를 보다 자세히 파악하기 위해서는 기댓값뿐만 아니라 자료의 산포도(degree of dispersion)를 측정하는 분산에 대한 이해가 필요하다. 그림 5-5는 기댓값은 같으나 분산이 다른 두 개의 분포를 그림으로 보여주고 있다.

그렇다면 산포도는 어떻게 측정하는 것이 바람직할 것인가? 한 가지 쉬운 방법은 각 관찰치와 기댓값 μ_X사이의 편차를 구하여 이들의 평균 $E(X-\mu_X)$를 구하는 것이다. 여기서 μ_X는 변수 X의 모평균을 의미하는 부호이지만 μ_X와 X의 기댓값인 $E(X)$는 동일한 값이므로 두 부호를 구분 없이 사용하도록 한다. 그러나 이러한 방법은 아래에서 보이는 바와 같이 자료의 산포도를 평가하는 데 전혀 도움이 되지 않는다.

$$E(X-\mu_X) = E(X) - \mu_X = \mu_X - \mu_X = 0$$

그림 5-5 $\mu_X = \mu_Y,\ \sigma_X^2 < \sigma_Y^2$

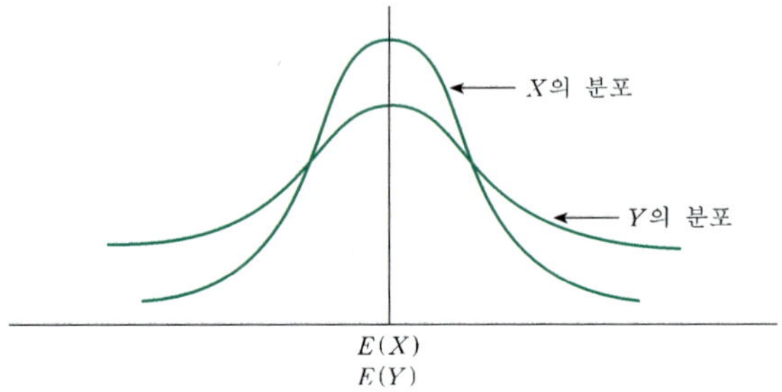

위와 같은 결과가 나타나는 이유는 정(+)의 편차와 부(−)의 편차가 서로 상쇄되기 때문이다. 이와 같은 편차 간의 상쇄효과를 없애기 위하여 절대편차의 기댓값 $E(|X-\mu_X|)$를 산포도의 측도로 생각할 수 있다. 실제로 $E(|X-\mu_X|)$는 자료의 산포도를 측정하는 중요한 측도 중의 하나로 자주 이용된다. 그러나 $E(|X-\mu_X|)$는 절대값의 계산이 필요하며, 절대값은 대수나 미분공식의 적용이 어려워 수식적 유도가 복잡하다. 이와는 달리 편차의 제곱에 대한 기댓값인 분산은 편차 간의 상쇄효과를 제거할 수 있으며 동시에 수식적인 유도가 용이하다.

X의 분산

확률변수 X의 분산은 σ^2 또는 $Var(X)$로 표시하며, X와 μ_X의 편차를 제곱한 $(X-\mu_X)^2$의 기댓값으로 정의한다. 여기서 $\mu_X = E(X)$이다.

$$\sigma^2 = E[(X-\mu_X)^2]$$
$$= \sum_{\text{모든 } x} (X-\mu_X)^2 p_X(x), \text{ 이산변수의 경우}$$
$$= \int_{\text{모든 } x} (X-\mu_X)^2 f_X(x)dx, \text{ 연속변수의 경우}$$

위의 정의에서 한 가지 유의할 것은 변수 X의 분산이 X의 제곱으로부터 얻어진다는 것이다. 만일 X의 측도가 ㎝라면 분산의 측도는 ㎠이 되어 해석상의 문제점이 있다. 그래서 산포도의 측도로는 분산의 양의 제곱근인 표준편차 σ_X가 사용된다.

$$\sigma_X = \sqrt{Var(X)}$$

분산의 정의는 다음과 같이 좀 더 실용적인 계산공식이 이용된다.

$$\begin{aligned} Var(X) &= E[(X-\mu_X)]^2 \\ &= E[(X^2 - 2\mu_X X + \mu_X^2] \\ &= E[X^2] - 2\mu_X^2 + \mu_X^2 \\ &= E[X^2] - \mu_X^2 \end{aligned}$$

예제 5-18

예제 5-3에서 변수 Y의 확률분포와 기댓값은 다음과 같다. 변수 Y의 분산을 구하시오.

$Y=y$	$P(Y=y)$
0	$\frac{{}_4C_0 \times {}_6C_3}{120} = \frac{20}{120}$
1	$\frac{{}_4C_1 \times {}_6C_2}{120} = \frac{60}{120}$
2	$\frac{{}_4C_2 \times {}_6C_1}{120} = \frac{36}{120}$
3	$\frac{{}_4C_3 \times {}_6C_0}{120} = \frac{4}{120}$
계	1

$E[Y] = 1.2$

풀 이

$$\begin{aligned} Var(Y) &= E[Y^2] - \mu_Y^2 \\ &= \left[0^2 \times \left(\frac{20}{120}\right) + 1^2 \times \left(\frac{60}{120}\right) + 2^2 \times \left(\frac{36}{120}\right) + 3^2 \times \left(\frac{4}{120}\right)\right] - (1.2)^2 \\ &= 0.56 \end{aligned}$$

예제 5-19

예제 5-5에서 X의 분산을 구하시오.

풀 이

$$E(X^2) = \int x^2 f_X(x)dx = \int_{30}^{60} x^2 \frac{(x-30)}{450} dx$$
$$= \left[\frac{x^4}{4\times 450} - \frac{30x^3}{3\times 450}\right]_{30}^{60}$$
$$= \left(\frac{60^4}{4\times 450} - \frac{30\times 60^3}{3\times 450}\right) - \left(\frac{30^4}{4\times 450} - \frac{30\times 30^3}{3\times 450}\right) = 2,550$$

그러므로, $Var(X) = E[X^2] - \mu_X^2 = 2,550 - 50^2 = 50$이다.

다음의 분산에 관한 성질은 통계분석에서 매우 유용하게 사용된다.

분산의 성질

1. a와 b가 상수일 때, $Var(aX+b) = a^2 Var(X)$
2. 변수 X와 Y가 독립일 때, $Var(X+Y) = Var(X) + Var(Y)$

예제 5-20

변수 X는 기댓값이 μ_X이고 분산이 σ_X^2인 연속확률변수이다. 그리고 변수 Z는 X의 함수로써 다음과 같이 정의된다.

$$Z = \frac{X-\mu_X}{\sigma_X}$$

변수 Z의 기댓값과 분산은 무엇인가?

풀 이

$$E(Z) = E\left[\frac{X-\mu_X}{\sigma_X}\right] = E\left[\frac{X}{\sigma_X} - \frac{\mu_X}{\sigma_X}\right] = \frac{1}{\sigma_X}E(X) - \frac{\mu_X}{\sigma_X} = 0$$

$$Var(Z) = Var\left[\frac{X-\mu_X}{\sigma_X}\right] = Var\left[\frac{X}{\sigma_X} - \frac{\mu_X}{\sigma_X}\right] = \frac{1}{\sigma_X^2} Var(X) = 1$$

위 예의 $Z = \frac{X-\mu_X}{\sigma_X}$는 기댓값이 0 그리고 분산이 1이 되는 특수한 변수이다. 이와 같이 어떤 변수에서 기댓값을 빼고 그것을 다시 표준편차로 나눈 Z와 같은 변수를 표준화변수(standardized variable)라고 부르는데, 이 개념은 후에 설명할 추측통계에서 아주 중요한 역할을 하게 된다.

5.6 공 분 산

공분산(covariance)은 두 변수 사이의 관계가 어느 정도 밀접한가를 측정하는 측도이다. 예를 들어서 매출액과 광고비는 밀접한 관계에 있다. 그런데 이 관계가 정(+)의 관계인지 또는 부(−)의 관계인지, 선형관계인지 또는 다른 복잡한 관계인지 그리고 그 관계가 얼마나 밀접한지를 수치로 나타낼 수 있다면 유용할 것이다. 공분산은 두 변수 간의 선형관계의 정도를 수치로 나타내 주는 측도이며, 다음과 같이 정의한다.

공분산, $Cov(X, Y)$

두 변수 X와 Y의 공분산 $Cov(X, Y)$는

$$\begin{aligned} Cov(X, Y) &= E[\{X-E(X)\}\{Y-E(Y)\}] \\ &= E(XY)-E(X)E(Y) \end{aligned}$$

그림 5-6 (a)는 두 변수 X, Y가 개략적으로 정(+)의 선형관계에 있음을 보여준다. 대개의 자료들을 보면 큰 값의 X는 큰 값의 Y와, 작은 값의 X는 작은 값의 Y와 연관되어 있다. 이 경우 $Cov(X, Y)$의 값은 0보다 큰 어떤 실수값을 취하게 될 것이다. 예를 들어서 그림 5-6 (a)의 점 A의 경우 평균과의 편차는 X와 Y 모두 음수이며, 따라서 편차들의 곱은 다음과 같이 양수가 된다.

$$[\underbrace{\{x-E(X)\}}_{\text{음 수}}\underbrace{\{y-E(Y)\}}_{\text{음 수}}]>0$$

그림 5-6 변수 X와 Y의 관계

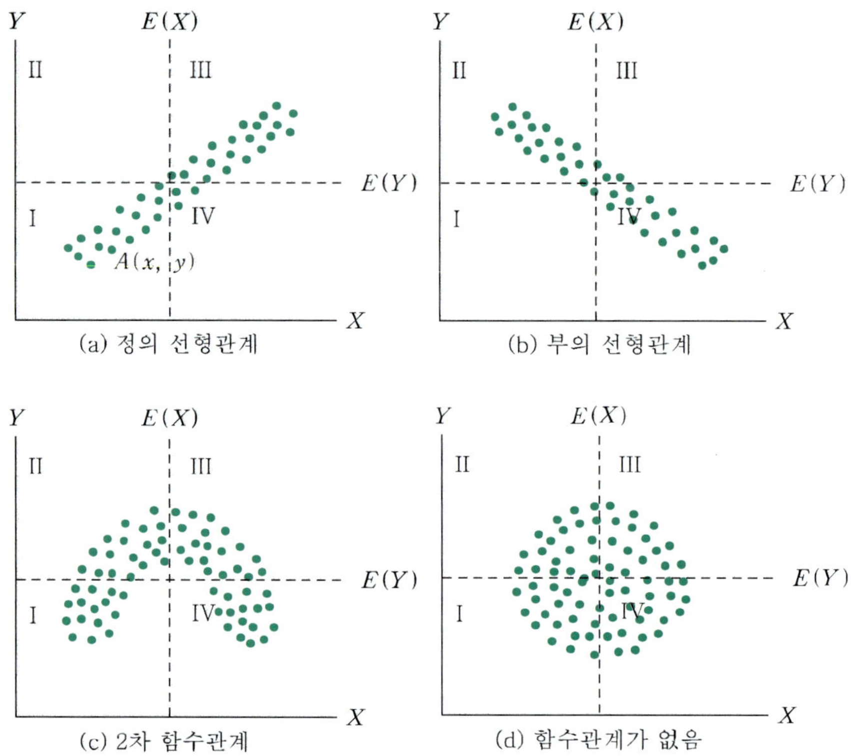

마찬가지로 Ⅰ구간에 있는 모든 점에서 편차들의 곱은 모두 양수이다. 유사하게 Ⅲ구간에 있는 모든 점에서도 편차들의 곱이 모두 양수가 됨을 알 수 있다. Ⅱ구간과 Ⅳ구간의 점들에서는 편차의 곱을 구하면 음수가 되나, 그림 5-6 (a)의 경우는 대다수의 점들이 Ⅰ, Ⅲ구간에 있다. 따라서 모든 점에서 편차의 곱을 구한 후, 이들의 평균 즉, 공분산을 계산하면 상당히 큰 양의 실수가 됨을 기대할 수 있다. 그림 5-6 (b)의 경우 X와 Y의 관계가 대략 부(−)의 선형관계에 있음을 보이는데, 대개의 점들이 Ⅱ와 Ⅳ구간에 속해 있으므로, $Cov(X, Y)$의 값은 음의 값을 취할 것으로 기대된다. 그림 5-6 (c)와 (d)의 경우는 자료들이 네 개의 각 구간에 골고루 속해 있으므로 $Cov(X, Y)$의 값은 0에 매우 가까운 값이 될 것으로 기대된다.

이상과 같이 $Cov(X, Y)$의 값은 다음의 세 가지 중 하나가 되며, 그 값은

X와 Y의 관계를 나타내 준다.

$$Cov(X,\ Y) > 0 \text{(}X\text{와 } Y\text{가 정의 선형관계)}$$
$$Cov(X,\ Y) < 0 \text{(}X\text{와 } Y\text{가 부의 선형관계)}$$
$$Cov(X,\ Y) = 0 \text{(}X\text{와 } Y\text{는 선형관계가 없음)}$$

특히 유의할 것은 그림 5-6 (c)의 경우 변수 X와 Y는 2차함수 형태의 밀접한 관계를 가짐에도 $Cov(X,\ Y)$가 0에 가까운 값이 된다는 것이다. 이는 $Cov(X,\ Y)$가 X와 Y 간에 선형관계의 정도만을 나타내 주는 지표이기 때문이다. $Cov(X,\ Y)$가 0에 가깝다는 것은 두 변수 간에 선형관계가 없다는 것이지 그 외에 다른 함수형태의 관계마저도 없다는 것을 의미하지는 않는다.

공분산의 단점은 X와 Y 간에 선형관계가 있는지 그리고 그것이 정의 관계인지 또는 부의 관계인지는 알려주지만, 공분산의 값이 얼마나 커야 밀접한 선형관계에 있는지를 제시하지 못한다. 예를 들어 $Cov(X,\ Y)=5$라고 할 때, 이 5라는 값은 X와 Y가 정의 관계에 있음은 알려주지만 얼마나 밀접한 선형관계를 가지는지에 대한 객관적인 지표를 제시하지 못한다. 공분산의 이러한 단점을 보완하기 위하여 다음의 상관계수(correlation coefficient)가 개발되었다.

$$\rho_{XY} = \frac{Cov(X,\ Y)}{\sigma_X \sigma_Y};\ -1 \le \rho_{XY} \le 1$$

상관계수 ρ_{XY}는 공분산의 값을 X와 Y의 표준편차로 나눈 것으로 다음의 특징을 가진다.

$$\rho_{XY} = \begin{cases} 1 & \text{(}X\text{와 } Y\text{가 완전한 정의 선형관계에 있을 때)} \\ 0 & \text{(}X\text{와 } Y\text{가 선형관계가 전혀 없을 때)} \\ -1 & \text{(}X\text{와 } Y\text{가 완전한 부의 선형관계에 있을 때)} \end{cases}$$

ρ_{XY}는 X와 Y가 완전한 정의 선형관계에 있을 때 최대값인 1이 되며, 완전한 부의 선형관계에 있을 때 최소값인 -1이 된다. 그리고 ρ_{XY}의 값이 0에 가까울수록 선형관계가 미약함을 나타낸다.

예제 5-21

표 5-4의 자료를 이용하여 X와 Y의 공분산과 상관계수를 구하시오.

풀 이

$$E(X)=200(0.2)+100(0.4)+0(0.4)=80$$

$$E(Y)=100(0.4)+0(0.6)=40$$

$$\begin{aligned}\sigma_X^2&=E(X-E(X))^2=\sum(x-\mu_X)^2\cdot p(x)\\&=(200-80)^2(0.2)+(100-80)^2(0.4)+(0-80)^2(0.4)\\&=2{,}880+160+2{,}560\\&=5{,}600\end{aligned}$$

$$\begin{aligned}E(XY)&=200\cdot 100(0.1)+200\cdot 0(0.1)+100\cdot 100(0.1)+100\cdot 0(0.3)+0\cdot 100(0.2)+0\cdot 0(0.2)\\&=3{,}000\end{aligned}$$

$$\begin{aligned}\sigma_Y^2&=E(Y-E(Y))^2=\sum(y-\mu_Y)^2\cdot p(y)\\&=(100-40)^2(0.4)+(0-40)^2(0.6)\\&=1{,}440+960=2{,}400\end{aligned}$$

$$\begin{aligned}Cov(X,\ Y)&=E(XY)-E(X)E(Y)\\&=3{,}000-80\cdot 40\\&=-200\end{aligned}$$

$$\begin{aligned}\rho_{XY}=\frac{Cov(X,\ Y)}{\sigma_X\cdot\sigma_Y}&=\frac{-200}{\sqrt{5{,}600}\cdot\sqrt{2{,}400}}\\&=-0.055\end{aligned}$$

예제 5-22

두 변수 X와 Y의 관계는 다음과 같다.

$$Y=a+bX,\ b>0$$

X와 Y의 상관계수를 구하시오.

풀 이

$$\begin{aligned}Cov(X,\ Y)&=Cov(X,\ a+bX)\\&=E[(X-E(X))(a+bX-E(a+bX))]\\&=E[(X-E(X))(a+bX-a-bE(X))]\\&=E[b(X-E(X))^2]\end{aligned}$$

$$= b\sigma_X^2$$

$Var(Y) = Var(a+bX) = b^2\sigma_X^2$, 따라서 $\sigma_Y = b\sigma_X$

$$\rho_{XY} = \frac{Cov(X,\ Y)}{\sigma_X \cdot \sigma_Y} = \frac{b\sigma_X^2}{\sigma_X \cdot b\sigma_X} = 1$$

05 통계학개론

연습문제

01 기댓값의 특성에 대해 설명하시오.

02 분산의 성질에 대해 설명하시오.

03 다음의 함수가 확률함수가 될 수 있는지를 보이시오.

① $f(x) = \dfrac{x-2}{5}$, $x = 1, 2, 3, 4, 5$ ② $f(y) = \dfrac{y^2}{30}$, $y = 0, 1, 2, 3, 4$

04 다음 함수가 확률밀도함수가 되기 위한 상수 c의 값을 결정하시오.

$$f(y) = \begin{cases} cy, & 0 \le y \le 2 \\ 0, & \text{다른 구간에서} \end{cases}$$

05 신라병원의 내과진은 어떤 질병이 감염된 후 1년이 지나야 발견되며, 완치율은 아래와 같은 시간(x)의 함수를 따른다는 사실을 알았다.

$$f(x) = \begin{cases} \dfrac{1}{x^2}, & 1 \le x \le \infty \\ 0, & \text{다른 구간에서} \end{cases}$$

함수가 확률밀도함수임을 보이시오.

06 천음레코드는 증가하는 수요에 대처하기 위해 고속녹음용 기계를 구입하였다. 이 기계의 수명은 10년이고, 고장이 발생할 확률은 다음의 확률분포를 따르는 것으로 추정되었다.

$$f(x) = \begin{cases} \dfrac{18x^2}{6,000}, & 0 \le x \le 10 \\ 0, & \text{다른 구간에서} \end{cases}$$

기계가 2년에서 5년 사이에 고장 날 확률을 구하시오.

07 최신백화점은 고객 140명을 상대로 연령층과 혼인 여부에 대한 조사를 실시하였다. 연령층은 30세 이상과 30세 미만의 두 그룹으로 분류하였다. 조사결과 30세 이상에서는 기혼이 20명이고 미혼이 30명으로 나타났고, 30세 미만에서는 기혼이 27명이고 미혼이 63명으로 나타났다.

① 주어진 자료를 이용하여 결합확률분포표를 작성하시오.
② 고객의 혼인 여부에 대한 주변확률을 구하시오.
③ 나이가 30세 이상인 사람 중 한 명을 뽑았을 때, 미혼인 사람이 뽑힐 확률을 계산하시오.

08 한 증권회사에서는 학력과 주식투자의 성과 간의 관계를 알아보기 위해 총 3,000명의 고객을 대상으로 조사를 실시하였다. 조사결과가 아래와 같을 때, 다음의 물음에 답하시오.

성과 \ 학력	대 졸	전문대 졸	고 졸
우 수	300	150	150
보 통	300	600	300
저 조	150	450	600

① 이 자료에 대한 결합확률분포표를 작성하고 주변확률을 계산하시오.
② 학력과 주식투자성과 간의 독립성 여부를 검정하시오.

09 문제 6에 대해서 다음의 물음에 답하시오.

① 고장이 발생할 시기(X)에 대한 기댓값을 구하시오.

② X에 대한 표준편차를 계산하시오.

10 임의의 변수 Y가 아래와 같은 확률함수를 따를 때, $E(Y)$, $E\left(\frac{1}{Y}\right)$, $E(Y^2-1)$를 구하시오.

$$f(y)=\begin{cases} \dfrac{5-y}{10}, & y=1,\ 2,\ 3,\ 4 \\ 0, & \text{그 외의 값에 대해} \end{cases}$$

06

확률분포

Dostoevsky

행복은 따로 있는 것이 아니라 성취하는 데서 오는 것이다.

Happiness does not lie in happiness, but in the achievement of it.

제 6 장

확률분포

베르누이 시행과 이항분포의 관계 –
이산변수의 확률분포 중 이항분포, 초기하분포, 포아송분포의 비교설명 –
연속변수의 확률분포 중 균등분포, 지수분포와 정규분포에 대한 이해 –
이항변수의 정규근사화에 대한 설명 –

key point

모든 변수들은 각기 나름대로의 독특한 확률분포를 가지며, 통계분석은 기본적으로 이러한 확률분포에 근거하여 이루어지게 된다. 그러나 특정 변수가 어떠한 확률분포를 따르는가를 확인하는 것은 장시간 동안 많은 양의 자료를 수집하여야 하므로 쉬운 작업이 아니다. 다행히 우리 주변에서 흔히 발생하는 대부분의 현실적인 상황들은 이미 그 특성이 잘 알려진 소수의 확률분포에 의하여 설명될 수 있다. 따라서 이러한 몇 가지 주요 확률분포의 특성을 이해하고, 또 어떤 상황에 어떤 분포를 적용하는가를 파악해 두면 통계분석에 대단히 유용하다.

본 장에서는 먼저 베르누이 시행에 대하여 설명한 후, 현실적인 상황에 자주 적용되는 이항분포, 초기하분포, 포아송분포, 균등분포, 지수분포, 정규분포에 대하여 살펴보도록 한다. 이 여섯 개의 분포 중에서 처음 세 개(이항분포, 초기하분포, 포아송분포)는 이산변수의 확률분포이다. 그 외에 정규분포는 연속변수의 확률분포로, 통계분석에서 가장 많이 활용되는 분포이고, 균등분포는 이산변수의 경우에도 정의할 수 있으나 여기서는 연속변수의 경우만을 고려하기로 한다. 지수분포는 포아송분포와 관련이 있어 포아송분포와 연결시켜 알아두면 좋을 것이다.

6.1 베르누이 시행

베르누이 시행

베르누이 시행이란 표본공간이 단지 두 개의 상호배타적인 원소로 구성된 실험의 시행을 말하며, 매번 시행마다 이 두 개의 원소 중에서 하나만이 실험의 결과로서 나타난다.

예를 들어서 동전던지기는 그 결과가 '앞면' 또는 '뒷면' 중의 하나로 나타나는 베르누이 시행이며, 생산된 제품을 하나 추출하여 그것이 양품 또는 불량품인지를 검사하는 실험도 베르누이 시행이다. 베르누이 시행에서는 분석의 목적에 맞추어 시행의 결과치 중의 하나를 '성공', 다른 하나는 '실패'라고 부르기도 한다. 동전던지기 실험에서 동전 앞면의 수를 분석하고자 하는 경우, 결과가 앞면이면 성공, 뒷면이면 실패가 발생했다고 한다.

예제 6-1

4개의 불량품이 섞여 있는 건전지가 7개 있는데, 이 중 3개를 임의추출하여 양품인가 불량품인가를 검사한다고 하자.

풀 이 (a) 복원추출의 경우: 복원추출이므로 매번 하나의 건전지를 임의추출하여 결과를 기록한 다음, 이를 다시 섞은 후 다음번의 실험을 하는 과정을 거치게 된다. 이 경우 우리는 세 번의 실험을 하게 되는데, 각각의 시행은 베르누이 시행임을 알 수 있다. 또한 매번 시행 시 불량건전지가 추출될 확률은 $\frac{4}{7}$로 항상 동일하다. 다시 말해서 한 시행에서 어떤 결과가 나오든 다음 시행에서 불량건전지가 추출될 확률에 영향을 미치지 않는다. 그러므로 이 세 번의 베르누이 시행은 각각 독립이다.

(b) 비복원추출의 경우: 일단 추출된 건전지는 복원되지 않는다. 그러므로 최초의 시행에서는 불량건전지가 추출될 확률이 $\frac{4}{7}$이지만, 두 번째는 첫 번째의 결과가 무엇이었는지에 따라 시행의 결과에 대한 확률이 달라진다. 세 번째 시행의 결과도 첫 번째와 두 번째 시행의 결과에 영향을 받는다. 따라서 이 세 번의 베르누이 시행은 독립이 아니다.

예제 6-2

10,000개의 건전지가 있는데, 이 중 100개가 불량이라고 하자. 그리고 10개의 건전지를 비복원으로 임의추출하여 품질검사를 한다고 하자.

풀 이 비복원이기 때문에 엄밀히 말하면 예제 6-1 (b)의 경우와 같이 이 실험은 10번의 비독립적인 베르누이 시행을 하는 것이라고 할 수 있다. 그러나 여기서는 모집단의 규모(N=10,000개)가 표본크기(n=10개)에 비하여 대단히 크기 때문에 몇 개를 추출한 후 복원시키지 않는다고 해서 양품이나 불량품이 추출될 확률에 별로 영향을 미치지 않는다. 일반적으로 $\frac{n}{N}$이 0.05 이하일 경우, 비복원추출을 한다고 해도 베르누이 시행들이 독립이라고 간주하여 분석을 한다.

베르누이 시행의 결과에 대한 확률분포를 베르누이분포라 부르며, 베르누이분포를 따르는 변수를 베르누이변수라고 한다.

베르누이변수의 정의

확률변수 X가 단지 두 개의 값 중에 하나를 취할 때, 즉 표본공간 $S_X=\{0,\ 1\}$이고 $P(X=1)=p$일 때, 변수 X는 모수가 p인 베르누이분포를 따른다고 한다.

$$X=\begin{cases}1, & \text{실험의 결과가 성공일 때}\\ 0, & \text{실험의 결과가 실패일 때}\end{cases}$$

위의 정의에서 X의 값 0과 1은 수치적인 의미보다는 대개 특정 속성을 부호화한 것이다. 성공이라고 칭한 사상이 발생했을 때 X의 값을 1로 주고, 실패라고 칭한 사상이 발생하면 X의 값을 0으로 주는 것이 일반적이다. 베르누이변수의 특성은 다음과 같다.

베르누이변수의 특성

1. 확률함수: $p_X(x)=p^x(1-p)^{1-x},\ x=0,\ 1$
2. 기댓값: $E(X)=\sum_{x=0}^{1} x\,p^x(1-p)^{1-x}=p$
3. 분 산: $Var(X)=\sum_{x=0}^{1}[x-E(X)]^2p^x(1-p)^{1-x}=pq$ (단, $q=1-p$)

6.2 이항분포

이항분포(binomial distribution)란 일련의 반복적인 베르누이 시행의 결과로써 도출되는 이산확률분포의 하나로, 통계분석에 널리 이용되는 확률분포이다. 이항변수는 베르누이 시행을 다음의 조건에 맞추어 반복적으로 시행할 때 얻어진다.

이항분포의 세 가지 조건

1. 베르누이 시행을 n번 시행한다(예: 동전을 n번 던진다).
2. 각 시행마다 성공(예: 동전의 앞면)의 확률 p는 항상 일정하다.
3. 각 시행은 통계적으로 독립이다. 즉, 어느 한 시행이 다른 시행의 결과에 영향을 미치지 않는다.

이제 변수 X를 n번의 베르누이 시행 중 발생한 성공의 횟수라 놓으면, 변수 X는 모수 n과 p를 갖는 이항변수가 된다. 그리고 이때 변수 X가 취할 수 있는 값은 0과 n 사이의 정수값이다. 다시 말해서 이항변수 X는 다음의 식과 같이 n개의 독립적인 베르누이변수의 합으로 정의된다.

$$X = X_1 + X_2 + X_3 + \cdots + X_n$$

위 식에서 X_i는 i번째 시행의 결과가 성공이면 1을, 실패면 0의 값을 갖는 베르누이변수이다. 다시 말해서 이항변수는 동일한 모수 p를 갖는 n개의 독립적인 베르누이변수들을 더하여 얻어진다. 제5장의 기댓값과 분산의 정리에 따라 이항변수 X의 기댓값과 분산은 다음과 같이 구할 수 있다.

이항변수의 기댓값과 분산

X_1, X_2, X_3, …, X_n이 상호독립이고 동일한 모수 p를 가지는 베르누이변수일 때, 이들의 합인 변수 $X = X_1 + X_2 + X_3 + \cdots + X_n$의 기댓값과 분산은

$$E(X) = E(X_1 + X_2 + X_3 + \cdots + X_n) = \sum_{i=1}^{n} E(X_i) = np$$

$$Var(X) = \mathrm{Var}(X_1 + X_2 + X_3 + \cdots + X_n) = \sum_{i=1}^{n} Var(X_i) = npq$$

이다(단, $q = 1 - p$).

이항분포에 대한 기댓값이 np임을 다음과 같이 보일 수도 있다.

$$E(X) = \sum_x x p(x) = \sum_x x\, {}_nC_x\, p^x (1-p)^{n-x}$$

$$= \sum_x x \frac{n!}{x!(n-x)!} p^x (1-p)^{n-x}$$

$$= \sum_x \frac{n!}{(x-1)!(n-x)!} p^x (1-p)^{n-x}$$

$(n-1)$번 시행에서 $(x-1)$번 성공이 나올 확률함수는

$${}_{n-1}C_{x-1}\, p^{x-1} (1-p)^{n-x}$$

로 표시된다. 물론 이 확률함수의 합은 1이다. 즉,

$$\sum_x \frac{(n-1)!}{(x-1)!\,(n-x)!} p^{x-1} (1-p)^{n-x} = 1$$

이를 이용해 $E(X)$를 다시 쓰면 다음과 같다.

$$E(X) = \sum_x \frac{n(n-1)!}{(x-1)!\,(n-x)!} p\, p^{(x-1)} (1-p)^{n-x}$$

여기서 ◯로 표시된 부분을 제외하면 이 값은 1이 됨을 위 식을 통해 알 수 있다. 따라서

$$E(X) = np$$

이다

그리고 분산은 $V(X) = E(X^2) - E^2(X) = E[X(X-1)] + E(X) - E^2(X)$인데 $E[X(X-1)]$을 다음과 같이 구할 수 있다.

$$\begin{aligned} E[X(X-1)] &= \sum_x x(x-1)\,{}_nC_x\,p^x(1-p)^{n-x} \\ &= \sum_x x(x-1)\frac{n!}{x!\,(n-x)!}\,p^x(1-p)^{n-x} \\ &= \sum_x \frac{n!}{(x-2)!\,(n-x)!}\,p^x(1-p)^{n-x} \end{aligned}$$

$(n-2)$번 시행에서 $(x-2)$번 성공이 나올 확률함수는

$${}_{n-2}C_{x-2}\,p^{x-2}(1-p)^{n-x}$$

로 표시된다. 물론 이 확률함수의 합은 1이다. 즉,

$$\sum_x \frac{(n-2)!}{(x-2)!\,(n-x)!}\,p^{x-2}(1-p)^{n-x} = 1$$

이를 이용해 $E[X(X-1)]$을 다시 쓰면 다음과 같다.

$$E[X(X-1)] = \sum_x \frac{n(n-1)(n-2)!}{(x-2)!\,(n-x)!}\,p^2 p^{x-2}(1-p)^{n-x}$$

여기서 ◯로 표시된 부분을 제외하면 이 값은 1이 됨을 위 식을 통해 알 수 있다. 따라서

$E[X(X-1)] = n(n-1)p^2$이다.

최종적으로 구하고자 하는 분산은

$$
\begin{aligned}
V(X) &= E(X^2) - E^2(X) = E[X(X-1)] + E(X) - E^2(X) \\
&= n(n-1)p^2 + np - (np)^2 \\
&= np - np^2 \\
&= np(1-p)
\end{aligned}
$$

예제 6-3

다음은 이항변수에 대한 예이다.

(a) 한 제조회사에서 생산되는 제품의 2%가 불량품이다. 이 회사에서 생산되는 제품 중에서 임의로 100개를 추출하여 불량인가 양품인가를 시험하였다. 제품은 임의로 추출되고 시험의 결과는 서로 독립이라고 가정하자. 변수 X를 100개의 표본 중 발생한 불량품의 개수라고 정의하면, 변수 X는 모수 $n=100$, $p=0.02$인 이항변수이다.

(b) 자료에 따르면 콘텍트렌즈를 구입한 사람의 20%가 부작용 때문에 1년 이내에 렌즈 착용을 중지하는 것으로 나타났다. 콘텍트렌즈를 구입한 사람 중에서 $n=500$의 확률표본을 추출하였다. 변수 X를 500명 중 1년 이내에 렌즈 착용을 중지한 사람의 수라 하자. 그러면 X는 모수 $n=500$, $p=0.2$를 갖는 이항변수이다.

이항변수의 확률계산 n과 p를 모수로 갖는 이항변수 X의 확률계산을 고려하여 보자. 이항변수는 성공의 횟수를 의미하므로, 확률계산은 n번 시행 중 정확하게 x번 성공할 확률이 얼마인가를 계산하는 것이다. 이를 계산하기 위해서는 우선 x번 성공하고 $(n-x)$번 실패하는 사상의 확률을 구한 후에 발생가능한 총 가짓수를 구하여 곱하면 된다. x번 성공하고 $(n-x)$번 실패하는 사상의 한 예로써, 처음 x번의 베르누이 시행은 성공이고, 마지막 $(n-x)$번의 시행은 실패인 경우를 고려하여 보자. 성공을 S라 놓고 실패를 F라고 표시하면, 이 특정 사상은 다음과 같이 나타낼 수 있다.

$$
\underbrace{S\,S\,S\,\cdots\,S}_{x\text{번}}\ \underbrace{F\,F\,F\,\cdots\,F}_{(n-x)\text{번}}
$$

위 사상의 확률계산은 각각의 베르누이 시행이 독립이므로 n개의 독립된 사상의 결합확률계산과 같다. 따라서

$$
\begin{aligned}
P(SSS\cdots S\ FFF\cdots F) &= \overbrace{P(S)P(S)P(S)\cdots P(S)}^{x\text{개}}\overbrace{P(F)P(F)P(F)\cdots P(F)}^{(n-x)\text{개}} \\
&= ppp\cdots pqqq\cdots q \\
&= p^x q^{n-x}
\end{aligned}
$$

성공과 실패의 순서가 어떻던 n번 시행 중 x번 성공하고 $(n-x)$번 실패하는 사상의 확률이 모두 위와 같음을 쉽게 알 수 있다.

그렇다면 이제 x번 성공하고 $(n-x)$번 실패하는 사상의 총 가짓수는 몇이나 될 것인가? 이 질문의 답은 제4장에서 살펴보았던 n개의 대상으로부터 x개를 선출하는 조합의 수, 즉 ${}_nC_x$를 계산하는 것이다. 그러므로 이항변수의 확률함수는 다음과 같이 요약할 수 있다.

이항변수의 확률함수

변수 X가 모수 n과 p를 가지는 이항변수이면, X의 확률질량함수 $p_X(x)$는

$$p_X(x) = P(X=x) = {}_nC_x p^x (1-p)^{n-x},\ x=0,\ 1,\ 2,\ 3,\ \cdots,\ n$$

이다.

위에서 본 이항분포의 확률함수는 제5장에서 정의한 확률질량함수의 두 가지 조건을 만족한다.

예제 6-4

과거의 자료에 따르면 어떤 특정한 지질구조를 갖는 지역을 개발하면 온천수가 발견될 확률이 대략 30%로 알려져 있다. 조양회사는 온천개발을 위해 이러한 지질구조를 갖는 5개의 지역을 선정하였다. 이 지역들은 서로 멀리 떨어져 있기 때문에 온천이 나올 가능성에 관해서는 상호독립이라고 할 수 있다. 선정된 지역을 개발했을 때 실제로 온천이 나오는 지역의 수를 X라고 할 때, 변수 X의 확률분포를 구하고 기댓값과 분산을 계산하시오.

풀 이 성공의 확률이 0.3인 베르누이분포로부터 5회의 베르누이 시행($n=5$)을 하였다. 따라서 변수 X의 확률함수 $p_X(x)$는

$$p_X(x) = {}_5C_x(0.3)^x(0.7)^{5-x},\ x=0,\ 1,\ 2,\ 3,\ 4,\ 5$$

가 되며 이를 확률분포표로 나타내면 다음과 같다.

x	$P(X=x)$
0	${}_5C_0(0.3)^0(0.7)^5 = 0.17$
1	${}_5C_1(0.3)^1(0.7)^4 = 0.36$
2	${}_5C_2(0.3)^2(0.7)^3 = 0.31$
3	${}_5C_3(0.3)^3(0.7)^2 = 0.13$
4	${}_5C_4(0.3)^4(0.7)^1 = 0.03$
5	${}_5C_5(0.3)^5(0.7)^0 = 0.00$

$$E(X) = np = 5(0.3) = 1.5$$
$$Var(X) = npq = 5(0.3)(0.7) = 1.05$$

예제 6-5

연구결과에 따르면 특정 질병에 감염된 사람이 완쾌될 확률은 0.3이다. P제약회사에서는 이 병에 대한 새로운 백신을 개발하였다. 10명을 임의로 추출하여 이 백신을 투약한 결과 그 중 8명이 얼마 후에 완쾌되었다. 이 백신의 치료효과가 전혀 없다고 가정할 때, 백신을 투약한 10명 중 적어도 8명이 완쾌될 확률은 얼마인가?

풀 이 백신의 치료효과가 전혀 없다는 말은 백신을 투약해도 병에 걸린 사람이 완쾌될 확률이 30%라는 것을 의미한다. X를 '백신을 투약한 10명 중 완쾌된 사람의 수'라고 할 때, 구하고자 하는 확률은

$$P(X \geq 8) = P(X=8) + P(X=9) + P(X=10)$$

$$= {}_{10}C_8(0.3)^8(0.7)^2 + {}_{10}C_9(0.3)^9(0.7) + {}_{10}C_{10}(0.3)^{10}$$
$$= 0.0016$$

효능이 전혀 없는 백신을 복용한 10명 중 적어도 8명이 완쾌될 확률은 위에서 보듯이 극히 작다. 이와 같은 결과에 대한 해석은 둘 중에 하나이다. 아주 희귀한 표본이 관찰되었거나 아니면 실제로 백신의 치료효과가 매우 높은 경우이다. 후자의 가능성이 더 높은 것으로 생각된다.

표본의 크기가 커짐에 따라 그리고, 특히 누적확률을 구하고자 할 때, 이항확률함수에 의한 확률계산은 많은 계산량을 요구하게 된다. 이러한 경우에는 부록 1의 누적이항확률분포표를 이용할 수 있다.

예제 6-6

예제 6-5의 확률을 부록 1을 이용하여 구하라. 또한 이를 엑셀함수를 이용하여 구하시오.

풀 이 부록 1에는 누적이항확률 $P(X \le c)$들이 주어져 있다. 따라서 이 표에 적합한 형태로 확률식을 변형시켜 확률을 구한다. 즉,

$$P(X \ge 8) = 1 - P(X \le 7) = 1 - 0.998 = 0.002$$

위의 답은 끝수 반올림에 의해 예제 6-5의 답과 약간의 오차가 발생하였다.

그림 6-1 이항분포 입력식과 결과물

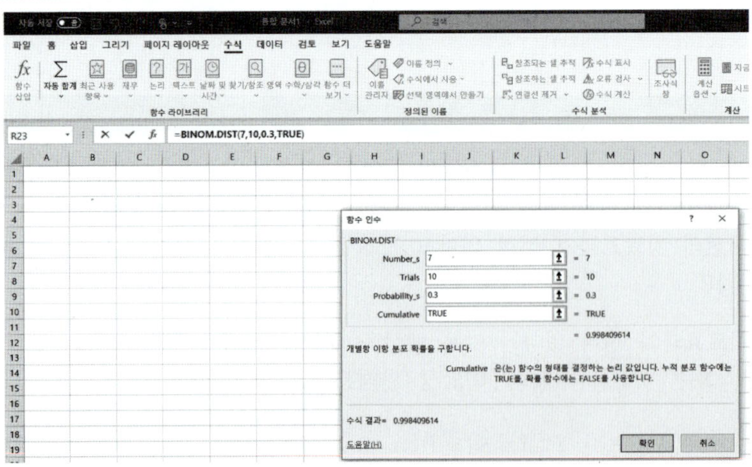

이를 엑셀함수를 이용하여 구하기 위해 '수식–통계–BINOM.DIST'를 이용한다. =BINOM.DIST(7, 10,0.3,TRUE)를 이용하여 $P(X \le 7)$의 값을 그림 6-1과 같이 구한다. 확률 전체 1의 값에서 $P(X \le 7)$ $=0.998$의 값을 빼면 위 확률식과 동일한 값이 나옴을 알 수 있다.

이항분포의 형태 이항분포의 형태는 모수 n과 p에 따라서 변한다. $p=0.5$에 대해서 이항분포의 그래프는 서로 대칭이다. 즉, n번 시행에서 0번 성공과 n번 실패를 얻을 확률은 n번 시행에서 n번 성공과 0번 실패를 얻을 확률과 같다.

그림 6-2 n과 p의 값에 대한 이항분포의 그래프

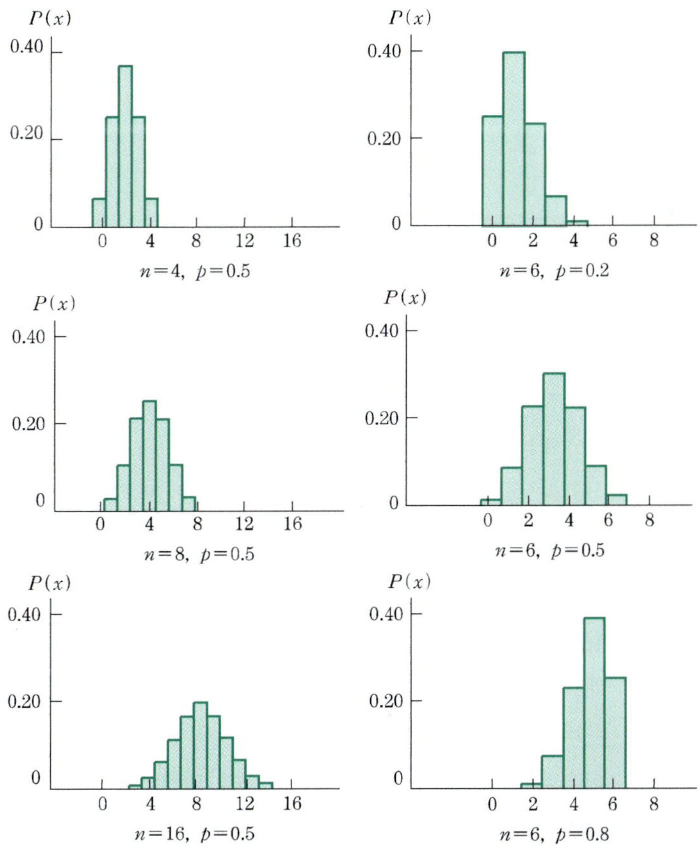

(a) $p=0.5$(일정) (b) $n=6$(일정)

p가 0.5보다 크면 성공이 실패보다 더 많이 일어날 것이고, 이항분포의 그래프는 대칭이 아니다. 그래프의 오른편에 있는 확률이 왼쪽에 있는 확률보다 클 것이다. p가 0.5보다 작으면 반대로 된다.

p가 0.5에 가까운 이항분포 그래프의 특징은 종모양 형태이다. 시행횟수 n이 커지면 커질수록 이항분포의 그래프는 p의 값에 관계없이 종모양 형태가 된다. p가 0.5에 매우 근접하면 n이 비록 작더라도 종모양 형태가 분명해진다. 일반적으로 $np \geq 5$이고 $nq \geq 5$이면, n과 p에 대한 이항분포의 확률을 근사시키는 데 종모양의 정규곡선이 이용된다. 이것은 본 장의 끝 부분에서 자세하게 논의될 것이다.

그림 6-2는 여러 가지 n과 p의 값에 대한 이항분포의 그래프를 보여 준다. p가 증가함에 따라 확률이 오른쪽으로 이동하고, 또한 p가 0.5이면 분포는 대칭이 됨을 유의하자.

6.3 초기하분포

N개의 공이 들어 있는 상자로부터 n개의 공을 비복원으로 임의추출하는 실험(그림 6-3 참조)을 생각하여 보자. N개의 공 중에서 M개는 파란 공이고, 나머지 $(N-M)$개는 흰 공이라고 하자. 그리고 공을 하나 추출했을 때 그 공이 파란 공이면 성공, 흰 공이면 실패가 발생했다고 하기로 하자. 이 실험에서 n개의 공을 추출할 때 발생한 성공의 횟수(또는 파란 공의 개수) X는 초기하분포(hypergeometric distribution)를 따르는 확률변수이다.

초기하변수는 이항변수와 매우 유사함을 알 수 있다. 두 변수 모두 일련의 반복적인 베르누이 시행의 과정에서 발생한 성공의 횟수로 정의된다. 그러나 초기하분포는 비복원추출을 하기 때문에 각각의 시행에서 성공의 확률이 동일하지 않다. 그 이유는 한 번의 시행에서 성공이 발생하면 비복원으로 공이 추출되기 때문에 다음번의 시행에서 성공이 발생할 가능성이 하나만큼 감소하기 때문이다.

그림 6-3 초기하변수

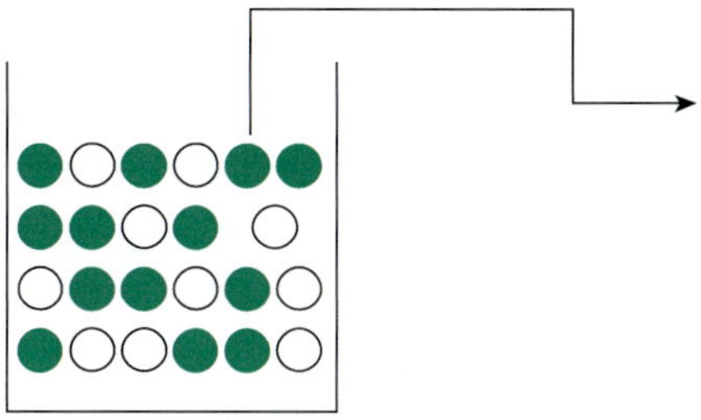

따라서 그림 6-3의 실험에서 각각의 베르누이 시행은 독립이 아니다. 이항분포는 독립적인 베르누이 시행을 반복한 결과로 얻어지는 데 반하여, 초기하분포는 비독립적인 베르누이 시행의 반복적인 결과로 얻어진다. 예제 6-1 (b)의 경우가 초기하분포의 전형적인 예라고 할 수 있다.

베르누이 시행을 n번 반복했을 때, 초기하변수 X가 특정 실수값 x를 취할 확률을 고려하여 보자. n번 시행 중 성공의 횟수가 x번일 경우의 수는 M개의 공 중에서 x개를 뽑고 나머지 $(N-M)$개 중에서 $(n-x)$개를 뽑는 경우의 수이므로, ${}_{M}C_{x} \cdot {}_{N-M}C_{n-x}$개가 된다. 또한 총 N개로부터 n개를 추출하는 경우의 수는 ${}_{N}C_{n}$개이다. 따라서 초기하변수 X가 실수값 x를 취할 확률은 $\dfrac{{}_{M}C_{x} \cdot {}_{N-M}C_{n-x}}{{}_{N}C_{n}}$가 된다.

초기하분포의 확률함수

변수 X가 초기하변수이면, X의 확률함수 $p_X(x)$는

$$p_X(x) = P(X=x) = \frac{{}_{M}C_{x} \cdot {}_{N-M}C_{n-x}}{{}_{N}C_{n}}, \quad X=0,\ 1,\ 2,\ \cdots,\ \min\{n,\ M\}$$

가 된다. 여기서 N = 모집단의 크기
M = 모집단에서 성공의 속성을 가지는 개체의 개수
n = 표본의 크기
x = 추출된 표본에서 성공의 속성을 가지는 개체의 개수

위의 확률함수에서 X가 취할 수 있는 최대값은 n이나 M을 초과할 수 없다. 초기하분포의 기댓값과 분산은 다음과 같다.

초기하변수의 기댓값과 분산

$$E(X)=np,\ 단\ p=\frac{M}{N}$$

$$Var(X)=npq\left[\frac{N-n}{N-1}\right],\ 단\ q=1-p$$

위의 결과로부터 초기하변수의 기댓값은 이항변수와 동일함을 볼 수 있다. 또한 분산에서 $\left[\frac{N-n}{N-1}\right]$은 수정계수라고 불리는데, 이 수정계수의 값은 N이 표본크기 n에 비하여 상당히 커질 때, 1에 수렴함을 알 수 있다. 따라서 N이 n에 비하여 상당히 큰 경우 (보통 $\frac{n}{N}\leq 0.05$인 경우)에는 초기하변수의 분석을 이항분포에 의해서 수행한다고 해도 무리가 없다. 예제 6-2의 문제에서 N과 n의 값이 각각 10,000과 10이며 수정계수의 값이 거의 1에 가까우므로, 이항분포에 의해 근사적 분석을 할 수 있다.

이제 초기하분포의 기댓값이 $n\frac{M}{N}$임을 다음과 같이 보일 수 있다.

$$\begin{aligned}
E(X) &= \sum_x x\,\frac{{}_MC_x\ {}_{N-M}C_{n-x}}{{}_NC_n} \\
&= \sum_x x\,\frac{\dfrac{M!}{x!\,(M-x)!}\ \dfrac{(N-M)!}{(n-x)!\,(N-M-n+x)!}}{\dfrac{N!}{n!\,(N-n)!}} \\
&= \sum_x \frac{\dfrac{M!}{(x-1)!\,(M-x)!}\ \dfrac{(N-M)!}{(n-x)!\,(N-M-n+x)!}}{\dfrac{N!}{n!\,(N-n)!}}
\end{aligned}$$

이제 아래와 같은 초기하분포를 생각하면 확률함수는

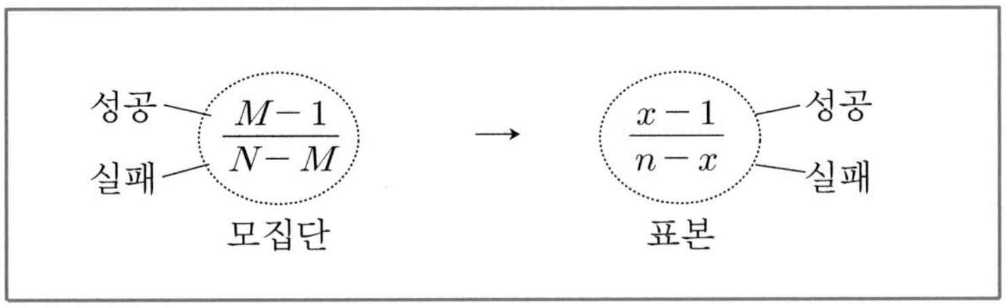

$$\frac{{}_{M-1}C_{x-1}\ {}_{N-M}C_{n-x}}{{}_{N-1}C_{n-1}}$$

로 표시된다. 물론 이 확률함수의 합은 1이다. 즉,

$$\sum_x \frac{\dfrac{(M-1)!}{(x-1)!\,(M-x)!} \times \dfrac{(N-M)!}{(n-x)!\,(N-M-n+x)!}}{\dfrac{(N-1)!}{(n-1)!\,(N-n)!}} = 1$$

이를 이용해 $E(X)$를 다시 쓰면 다음과 같다.

$$E(X) = \sum_x \frac{\dfrac{M(M-1)!}{(x-1)!\,(M-x)!} \cdot \dfrac{(N-M)!}{(n-x)!\,(N-M-n+x)!}}{\dfrac{N(N-1)!}{n(n-1)!\,(N-n)!}}$$

여기서 ◌로 표시된 부분만 제외하면 이 값은 1이 됨을 위 식을 통해 알 수 있다. 따라서

$$E(X) = \frac{M}{\dfrac{N}{n}} = n\frac{M}{N} = np$$

이다.

그리고 분산은 $V(X) = E(X^2) - E^2(X) = E[X(X-1)] + E(X) - E^2(X)$인데 뒤에서 사용한 $E[X(X-1)]$을 다음과 같이 구할 수 있다.

$$
\begin{aligned}
E[X(X-1)] &= \sum_x x(x-1)\frac{{}_{M}C_{x}\ {}_{N-M}C_{n-x}}{{}_{N}C_{n}} \\
&= \sum_x x(x-1)\frac{\dfrac{M!}{x!\,(M-x)!}\ \dfrac{(N-M)!}{(n-x)!\,(N-M-n+x)!}}{\dfrac{N!}{n!\,(N-n)!}} \\
&= \sum_x \frac{\dfrac{M!}{(x-2)!\,(M-x)!}\ \dfrac{(N-M)!}{(n-x)!\,(N-M-n+x)!}}{\dfrac{N!}{n!\,(N-n)!}}
\end{aligned}
$$

이제 아래와 같은 초기하분포를 생각하면 확률함수는

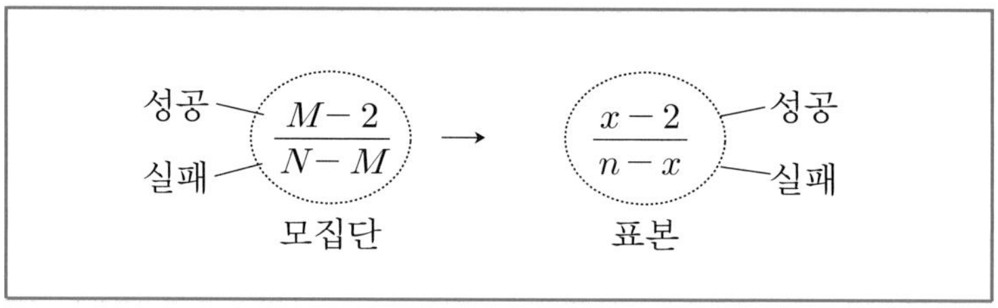

$$
\frac{{}_{M-2}C_{x-2}\ {}_{N-M}C_{n-x}}{{}_{N-2}C_{n-2}}
$$

로 표시된다. 물론 이 확률함수의 합은 1이다. 즉,

$$
\sum_x \frac{\dfrac{(M-2)!}{(x-2)!\,(M-x)!} \times \dfrac{(N-M)!}{(n-x)!\,(N-M-n+x)!}}{\dfrac{(N-2)!}{(n-2)!\,(N-n)!}} = 1
$$

이를 이용해 $E[X(X-1)]$을 다시 쓰면 다음과 같다.

$$
E[X(X-1)] = \sum_x \frac{\dfrac{M(M-1)(M-2)!}{(x-2)!\,(M-x)!} \times \dfrac{(N-M)!}{(n-x)!\,(N-M-n+x)!}}{\dfrac{N(N-1)(N-2)!}{n(n-1)(n-2)!\,(N-n)!}}
$$

여기서 ◌로 표시된 부분만 제외하면 이 값은 1이 됨을 위 식을 통해 알 수 있다. 따라서

$$E[X(X-1)] = \frac{\frac{M(M-1)}{N(N-1)}}{n(n-1)} = \frac{M(M-1)}{N(N-1)}n(n-1)$$

최종적으로 구하고자 하는 분산은

$$V(X) = E(X^2) - E^2(X)$$

이다. 여기서

$$\begin{aligned}
E(X^2) &= E[X(X-1)] + E(X) \\
&= \frac{M(M-1)}{N(N-1)}n(n-1) + n\frac{M}{N} \\
&= \frac{nM(nM-n-M+1) + nM(N-1)}{N(N-1)} \\
&= \frac{n^2M^2 - n^2M - nM^2 + nM + nNM - nM}{N(N-1)} \\
&= \frac{n^2M^2 - n^2M - nM^2 + nNM}{N(N-1)}
\end{aligned}$$

이다. 따라서

$$\begin{aligned}
V(X) &= E(X^2) - E^2(X) \\
&= \frac{n^2M^2 - n^2M - nM^2 + nNM}{N(N-1)} - \left(n\frac{M}{N}\right)^2 \\
&= \frac{n^2M^2N - n^2MN - nM^2N + nN^2M - n^2M^2(N-1)}{N^2(N-1)} \\
&= \frac{nM(-nN - MN + N^2 + nM)}{N^2(N-1)} \\
&= \frac{nM(N-M)(N-n)}{N^2(N-1)}
\end{aligned}$$

$$= n \cdot \frac{M}{N} \frac{N-M}{N} \cdot \frac{N-n}{N-1}$$

$$= n \cdot \frac{M}{N}(1 - \frac{M}{N})(\frac{N-n}{N-1})$$

$$= npq(\frac{N-n}{N-1})$$

예제 6-7

예제 6-1의 (b)에서 변수 X를 실험의 결과 관찰된 '불량건전지의 개수'라고 할 때, X의 값이 0, 1, 2일 확률은 각각 얼마인가? 그리고 변수 X의 기댓값과 분산은 얼마인가?

풀 이 $n=3$, $M=4$, $N=7$이므로, 구하고자 하는 확률은

$$P(X=0) = \frac{{}_4C_{0(7-4)}C_{(3-0)}}{{}_7C_3} = \frac{1}{35}$$

$$P(X=1) = \frac{{}_4C_{1(7-4)}C_{(3-1)}}{{}_7C_3} = \frac{12}{35}$$

$$P(X=2) = \frac{{}_4C_{2(7-4)}C_{(3-2)}}{{}_7C_3} = \frac{18}{35}$$

기댓값과 분산은

$$E(X) = n\frac{M}{N} = 3\left(\frac{4}{7}\right) = \frac{12}{7}$$

$$Var(X) = npq\left[\frac{N-n}{N-1}\right]$$

$$= 3\left(\frac{4}{7}\right)\left(\frac{3}{7}\right)\left(\frac{4}{6}\right)$$

$$= \frac{24}{49}$$

이제 기하분포(geometric distribution)에 대해 알아보자. 기하분포를 나타내는 확률변수 X는 첫 번째의 성공이 나올 때까지의 총 시행횟수로 정의된다. 이 상황을 그림으로 나타내면 다음과 같다.

$$\overbrace{\underbrace{(1-p)(1-p)\cdots(1-p)}_{(x-1)\text{번의 실패}}\underbrace{p}_{\text{1번의 성공(이 성공은 반드시 마지막에 나타내야 함)}}}^{\text{총 시행횟수} = x}$$

따라서 $p(X=x) = (1-p)^{x-1}p$이다. 여기서 $x = 1, 2, \cdots$이다.

기하분포의 기댓값 $E(X)$는

$$\begin{aligned} E(X) &= \sum_x xp(x) = \sum_x x(1-p)^{x-1}p \\ &= p\sum_x x(1-p)^{x-1} \end{aligned}$$

여기서 $(1-p)^x$을 p에 대해 미분하면

$$\begin{aligned} \frac{d(1-p)^x}{dp} &= x(1-p)^{x-1}(-1) \\ &= -x(1-p)^{x-1} \end{aligned}$$

즉, $x(1-p)^{x-1} = -\dfrac{d(1-p)^x}{dp}$

이다. 따라서

$$\begin{aligned} E(X) &= -p\sum_x \frac{d(1-p)^x}{dp} \\ &= -p\frac{d}{dp}\sum_x (1-p)^x \\ &= -p\frac{d}{dp}\left[\frac{1-p}{1-(1-p)}\right] \\ &= -p\frac{d}{dp}\ \frac{1-p}{p} \\ &= -p\frac{-p-(1-p)}{p^2} \\ &= \frac{1}{p} \end{aligned}$$

이다.

그리고 분산은

$$V(X) = E(X^2) - E(X)^2 = E[X(X-1)] + E(X) - E(X)^2$$

인데,

$$E[X(X-1)] = \sum x(x-1)(1-p)^{x-1}p$$

이다.

여기서 $(1-p)^x$을 p에 대해 미분하면 $-x(1-p)^{x-1}$이고 다시 p에 대해 한 번 더 미분하면 $x(x-1)(1-p)^{x-2}$이 된다. 즉,

$$x(x-1)(1-p)^{x-2} = \frac{d(1-p)^x}{dp^2}$$

이다. 따라서

$$\begin{aligned} E[X(X-1)] &= p(1-p)\sum_x \frac{d(1-p)^x}{dp^2} \\ &= p(1-p)\frac{d}{dp^2}\sum_x (1-p)^x \\ &= p(1-p)\frac{d}{dp^2}\frac{1-p}{1-(1-p)} \\ &= p(1-p)\frac{d}{dp^2}\frac{1-p}{p} \end{aligned}$$

$\frac{d}{dp^2}\frac{1-p}{p}$를 구하기 위해 $\frac{d}{dp}\frac{1-p}{p}$를 먼저 구하면

$$\frac{d}{dp}\frac{1-p}{p} = \frac{-p-(1-p)}{p^2} = \frac{-1}{p^2}$$

이다. 따라서

$$\frac{d}{dp^2}\frac{1-p}{p} = \frac{d}{dp^2}\left(\frac{-1}{p^2}\right) = \frac{2p}{p^4} = \frac{2}{p^3}$$

이다. 따라서

$$\begin{aligned} E[X(X-1)] &= p(1-p)\frac{2}{p^3} \\ &= \frac{2(1-p)}{p^2} \end{aligned}$$

이다. 최종적으로 구하고자 하는 분산은

$$\begin{aligned} V(X) &= E[X(X-1)] + E(X) - E^2(X) \\ &= \frac{2(1-p)}{p^2} + \frac{1}{p} - \left(\frac{1}{p}\right)^2 \\ &= \frac{2(1-p)+p-1}{p^2} \\ &= \frac{1-p}{p^2} \end{aligned}$$

이다.

6.4 포아송분포

이산확률분포 중에서 이항분포 다음으로 현실문제에 대한 응용도가 높은 분포가 포아송분포(Poisson distribution)이다. 포아송분포는 1837년 이 분포에 대한 논문을 발표한 프랑스 수학자 포아송(Poisson)의 이름을 딴 것으로, 단위시간, 단위구간 또는 단위면적에서 발생하는 사건발생수의 분석에 주로 활용되고 있다. 다음의 예는 포아송분포를 적용할 수 있는 몇 가지 변수의 예를 보여준다.

예제 6-8

(a) 오전 9:00~10:00 사이에 은행창구에 도착한 고객의 수(단위시간: 1시간)
(b) 퇴근시간(오후 6:00~8:00) 동안 학교 앞 신호등을 지나간 자동차의 수(단위시간: 2시간)
(c) 비단 1필당 결함의 수(단위면적: 1필)
(d) 국어교과서 한 쪽당 오자의 수(단위면적: 한 쪽)
(e) 카세트테이프의 매 10cm당 잡음의 수(단위구간: 10cm)

예제 6-8에서 보듯이 포아송변수는 대개 단위시간, 단위면적 또는 단위구간당 발생하는 사건의 횟수로 정의된다. 그러나 포아송분포를 적용할 수 있기 위해서는 다음의 세 가지 조건이 만족되어야 한다.

① 단위구간은 무수히 많은 소구간으로 쪼개어질 수 있으며, 여기서 소구간이란 2개 또는 그 이상의 사건이 발생할 확률이 거의 0에 가까운 정도로 짧은 구간을 의미한다.
② 각각의 단위구간은 독립적이다. 즉, 한 단위구간에서 발생하는 사건발생수는 다른 단위구간에서 발생하는 사건발생수에 영향을 미치지 않는다.
③ 각 소구간에서 사건이 1회 발생할 확률은 그 구간의 길이에 비례하며 전구간을 통하여 일정하다.

위의 세 가지 조건은 얼핏 생각하면 대단히 까다롭고 현실적으로 만족시키기 어렵다고 느낄 수 있다. 그러나 많은 현실적인 문제들이 이들 세 조건을 크게 위배하지 않는 것으로 알려져 있으며, 예제 6-8에 열거된 변수들은 이들 조건을 대체로 만족시킨다. 예컨대 1시간 동안 은행창구에 도착하는 고객의 수에 관한 문제에서 단위시간인 1시간은 3,600개의 소구간(1초)으로 쪼개어질 수 있다. 그리고 1초 내에 고객이 2명 또는 그 이상 도착할 확률은 거의 0에 가깝다고 할 수 있다. 조건 3은 1초 동안에 고객이 1명 도착할 확률이 9:00와 10:00 사이의 모든 구간에서 동일하다는 것을 의미한다. 이 조건은 단위구간을 어떻게 정의하느냐에 따라 대체로 만족시킬 수 있다. 조건 2가 만족되는지를 검증하기는 대단히 어려우나, 사건이 대체로 무작위로 발생한다면 이 조건이 만족되고 있다고 보아도 무리가 없다.

포아송분포의 세 가지 조건이 만족될 때, 우리는 다음의 확률함수를 갖는 포아송변수를 정의할 수 있다.

포아송변수의 정의

이산확률변수 X의 기댓값이 λ(단, $\lambda > 0$)이고, 다음의 질량함수를 갖는 경우, 변수 X는 포아송분포를 따른다고 말한다.

$$p_X(x) = \begin{cases} \dfrac{e^{-\lambda}\lambda^x}{x!}, & x = 0,\ 1,\ 2,\ \cdots \\ 0, & \text{다른 구간에서} \end{cases}$$

이제 이항분포에서 n이 무한대로 갈 때 위의 포아송분포가 됨을 보이려고 한다. 이항분포의 경우

$${}_nC_x p^x (1-p)^{n-x} = \frac{n!}{x!(n-x)!} p^x (1-p)^{n-x}$$

이다. 이제 이항분포의 평균 np를 포아송분포의 평균 λ로 두면

$$np = \lambda$$

따라서 $p = \dfrac{\lambda}{n}$이고 이를 위 식에 대입하면

$$\frac{n!}{x!(n-x)!} \left(\frac{\lambda}{n}\right)^x \left(1 - \frac{\lambda}{n}\right)^{n-x}$$

인데 이를

$$= \frac{\lambda^x}{x!} \cdot \frac{n(n-1)(n-2)\cdots(n-x+1)}{n^x} \cdot \frac{\left(1 - \dfrac{\lambda}{n}\right)^n}{\left(1 - \dfrac{\lambda}{n}\right)^x}$$

와 같이 나타낼 수 있다. 여기서

$$\lim_{n\to\infty}\frac{n(n-1)(n-2)\cdots(n-x+1)}{n^x}=1\text{이고}$$

$$\lim_{n\to\infty}\left(1-\frac{\lambda}{n}\right)^x=1\text{이고}$$

$$\lim_{n\to\infty}\left(1-\frac{\lambda}{n}\right)^n=\lim_{n\to\infty}\left[\left(1-\frac{\lambda}{n}\right)^{-\frac{n}{\lambda}}\right]^{-\lambda}$$

$$=e^{-\lambda}$$

이다. 왜냐하면

$$\lim_{h\to 0}(1+h)^{\frac{1}{h}}=e$$

로 정의되어 있기 때문이다. 따라서 주어진 이항분포는

$$\frac{\lambda^x}{x!}\times 1\times\frac{e^{-\lambda}}{1}$$

로 최종 정리하면

$$\frac{\lambda^X e^{-\lambda}}{x!}$$

로 위의 포아송분포가 됨을 알 수 있다.

예제 6-9

어떤 공장에서 발생하는 안전사고에 대한 연구결과에 따르면, 1년 동안 이 공장에서 발생하는 사고는 대체로 포아송분포를 보이고 있다. 또한 1년 동안 발생하는 1인당 평균사고수(λ)는 0.3회로 분석되고 있다. 임의로 추출된 종업원이 다음 해에 전혀 사고를 당하지 않을 확률은 얼마인가? 또 사고가 1회 발생할 확률은? 2회 미만일 확률은 얼마인가?

풀 이 변수 X를 1년 동안 발생하는 1인당 사고수라고 정의하면,

$$p_X(0) = P(X=0) = \frac{e^{-0.3}(0.3)^0}{0!} = 0.741$$

$$p_X(1) = P(X=1) = \frac{e^{-0.3}(0.3)^1}{1!} = 0.222$$

$P(X<2)$는 위에서 구한 $P(X=0)$와 $P(X=1)$을 더하여 구할 수 있으나, 부록 2의 누적포아송분포표를 이용하면 간단히 구할 수 있다. $P(X<2)$는 $P(X=0)$과 $P(X=1)$의 합이므로 $P(X \leq 1)$을 찾으면 된다.

$$P(X \leq 1) = 0.963$$

이를 엑셀함수를 이용하여 구하면 그림 6-4와 같이 =POISSON.DIST(1, 0.3, TRUE)를 이용하여 구한다. 그림 6-4에서 X의 경우는 사건의 수 1, Mean의 경우 기댓값 0.3, Cumulative는 확률분포의 형태가 누적포아송확률값이므로 TRUE를 입력하여 구한다. 또는 $P(X=0)$=POISSON.DIST(0, 0.3, FALSE)와 $P(X=1)$=POISSON.DIST(1, 0.3, FALSE)를 합하여 구할 수 있다.

그림 6-4 포아송분포 입력식과 결과물

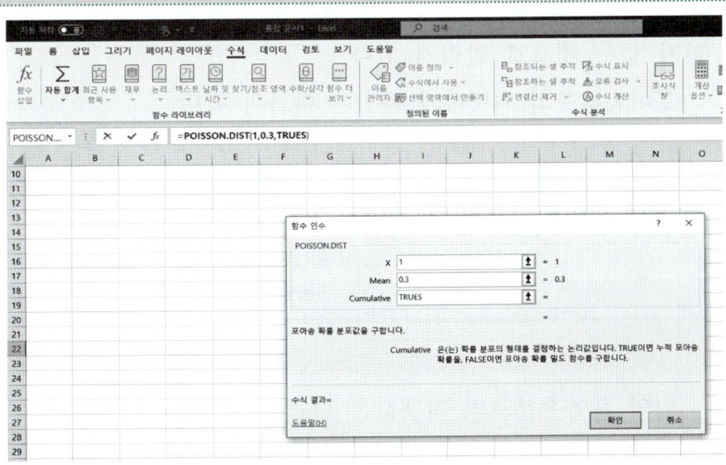

예제 6-10

안암생명보험(주)의 조사에 따르면, 한 사람이 1년 동안에 암으로 죽을 확률이 0.0001이다. 안암생명의 보험가입자가 8만이라고 할 때, 1년 동안에 암으로 인한 사망자에게 지급되는 보험건수가 4회에서 8회 사이일 확률은 얼마인가?

풀 이 이 문제는 8만 번(n)의 베르누이 시행을 하고, 성공(보험금 지급)의 확률이 0.0001인 이항분포의 문제이다. 그러나 $n=80,000$, $p=0.0001$에 대한 이항분포표가 없으므로 이항분포를 적용하는 대신, $\lambda=np=80,000\times0.0001=8$인 포아송분포를 이용하여 확률을 구한다.

$$\begin{aligned} P(4 \le X \le 8) &= P(X \le 8) - P(X \le 3) \\ &= 0.593 - 0.042 \\ &= 0.551 \end{aligned}$$

위의 값에 대해 엑셀함수를 이용하여 구하면 다음과 같다.

$P(4 \le X \le 8) = P(X \le 8) - P(X \le 3)$=POISSON.DIST(8,8,TRUE)−POISSON.DIST(3,8,TRUE)
=0.593 −0.042=0.551

예제 6-10은 이항분포의 문제를 포아송분포에 의해서 분석할 수도 있다는 것을 보여주는 좋은 예이다. 실제로 모수 (n, p)를 가지는 이항변수 X는 앞에서 보았듯이 n이 무한히 커짐에 따라 모수가 $\lambda=np$인 포아송변수가 된다. 그런데 실제 문제에서 n이 무한히 클 수는 없으며, 경험적 연구에 따르면 $n \ge 30$이고 $p \le 0.05$일 때, 이항변수를 포아송분포에 의해 근사적으로 계산하여도 별 무리가 없는 것으로 알려져 있다.

포아송분포의 기댓값과 분산은 다음과 같다.

포아송변수의 기댓값과 분산

$$E(X) = \lambda$$
$$Var(X) = \lambda$$

위의 포아송분포의 기댓값은 다음과 같이 구할 수 있다.

$$
\begin{aligned}
E(X) &= \sum_{x=0} x \frac{\lambda^x e^{-\lambda}}{x!} \\
&= \sum_{x=1} \frac{\lambda^x e^{-\lambda}}{(x-1)!} \\
&= \sum_{x=1} \lambda \frac{\lambda^{x-1} e^{-\lambda}}{(x-1)!} \\
&= \lambda \sum_{x=1} \frac{\lambda^{x-1} e^{-\lambda}}{(x-1)!}
\end{aligned}
$$

여기서 $x-1=t$로 두면 위의 식은

$$\lambda \sum_{t=0} \frac{\lambda^t e^{-\lambda}}{t!}$$

로 λ의 오른편 값은 t에 대한 포아송 확률함수 형태로 1이 된다. 따라서

$$E(X) = \lambda$$

그리고 구하고자 하는 분산은

$$
\begin{aligned}
V(X) &= E(X^2) - E^2(X) \\
&= E[X(X-1)] + E(X) - E^2(X)
\end{aligned}
$$

인데, 여기서

$$
\begin{aligned}
E[X(X-1)] &= \sum_{x=0} x(x-1) \frac{\lambda^x e^{-\lambda}}{x!} \\
&= \sum_{x=2} \frac{\lambda^x e^{-\lambda}}{(x-2)!} \\
&= \sum_{x=2} \lambda^2 \frac{\lambda^{x-2} e^{-\lambda}}{(x-2)!} \\
&= \lambda^2 \sum_{x=2} \frac{\lambda^{x-2} e^{-\lambda}}{(x-2)!}
\end{aligned}
$$

여기서 $x-2=t$로 두면 위의 식은

$\lambda^2 \sum_{t=0} \frac{\lambda^t e^{-\lambda}}{t!}$로 λ^2의 오른편 값은 t에 대한 포아송 확률함수 형태로 1이 된다. 따라서

$$E[X(X-1)] = \lambda^2$$

이다. 최종적으로 구하고자 하는 분산은

$$\begin{aligned} V(X) &= E[X(X-1)] + E(X) - E^2(X) \\ &= \lambda^2 + \lambda - \lambda^2 = \lambda \end{aligned}$$

이다.

참고로 이항변수는 2개의 모수(n과 p)를 가지나 포아송변수는 단지 하나의 모수 λ에 의하여 그 분포에 관한 완전한 기술이 가능하다. 즉, λ만 주어지면 확률함수를 결정할 수 있고, 또한 λ 그 자체가 포아송변수의 기댓값이고 분산이다. 따라서 포아송분포는 수식적인 유도가 매우 간편하며, 이러한 이유로 해서 이항분포가 더 적절한 경우에도 근사적으로 포아송분포를 이용하기도 한다.

6.5 균등분포

균등분포(uniform distribution)는 모든 확률분포 중에서 가장 단순한 형태의 분포이다. 이산변수도 균등분포를 가질 수 있으나, 본 절에서는 연속변수의 균등분포만을 다루기로 한다.

균등분포의 정의

변수 X의 표본공간이 임의의 실수구간 $[a, b]$일 때(즉, $S_X = \{x | a \le x \le b\}$) 그리고 X가 S_X 내의 어떤 소구간에 속할 확률이 그 소구간의 길이에 비례할 때, 변수 X는 실수구간 $[a, b]$에서 균등분포를 갖는다고 한다.

그림 6-5는 위에서 정의한 균등분포변수의 분포형태를 그림으로 보여주고 있다. 변수 X가 취할 수 있는 값은 a와 b 사이의 실수값에 한하며, 변수 X가 구간 $[a, b]$ 내의 임의의 소구간에 속할 확률은 그 위치가 어디든지 소구간의 길이가 같은 한 항상 동일하다. 그림 6-5에서 보듯이 임의로 선택된 길이가 같은 두 개의 소구간 $[x_1, x_2]$과 $[x_3, x_4]$에 대한 확률(면적)이 동일하다. 그리고 이와 같은 특성은 $[a, b]$ 전구간에 대하여 동일하게 적용된다. 그러므로 균등분포변수의 확률밀도함수는 직사각형의 형태를 갖게 된다. 또한 전체 확률의 합이 1이 되어야 하므로, 균등분포변수의 확률밀도함수를 의미하는 직사각형의 높이는 $\frac{1}{b-a}$이 된다. 이제 균등분포의 확률밀도함수를 다음과 같이 요약할 수 있다.

그림 6-5 균등분포

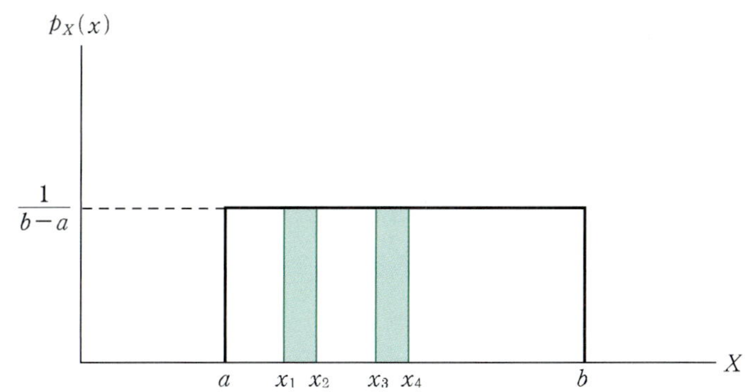

균등분포의 확률밀도함수

변수 X가 표본공간이 $S_X = \{x | a \le x \le b\}$인 균등분포변수일 때, 변수 X의 확률밀도함수 $p_X(x)$는

$$p_X(x) = \frac{1}{b-a}$$

예제 6-11

고려역에서 열차 출발시간은 매시간 0분과 20분의 2회이다. 열차를 타기 위해서 역에 오는 사람들은 0에서 60분 사이에 임의로 (균등하게) 도착한다고 하자.

(a) 어떤 사람이 역에 도착하는 시간이 30분에서 40분 사이일 확률은 얼마인가?

(b) 어떤 사람이 역에 도착해서 30분 이상 기다릴 확률은 얼마인가?

풀 이 (a) 변수 X를 어떤 사람이 역에 도착하는 시간이라고 정의하면, 이 변수는 0과 60 사이의 실수를 취하는 균등분포변수이며, 확률함수는 $f_X(x) = \frac{1}{60}$이 된다. 그러므로

$$\begin{aligned} P(30 \le X \le 40) &= \int_{30}^{40} \frac{1}{60} dx \\ &= \frac{1}{6} \end{aligned}$$

(b) 변수 Y를 어떤 사람이 역에 도착해서 열차를 타기 전까지 기다리는 시간이라고 하자. 그러면 변수 Y는 다음과 같이 나타낼 수 있다.

$$Y = \begin{cases} 20 - X, & 0 < X \le 20 \\ 60 - X, & 20 < X \le 60 \end{cases}$$

그림 6-6 역에서 기다리는 시간

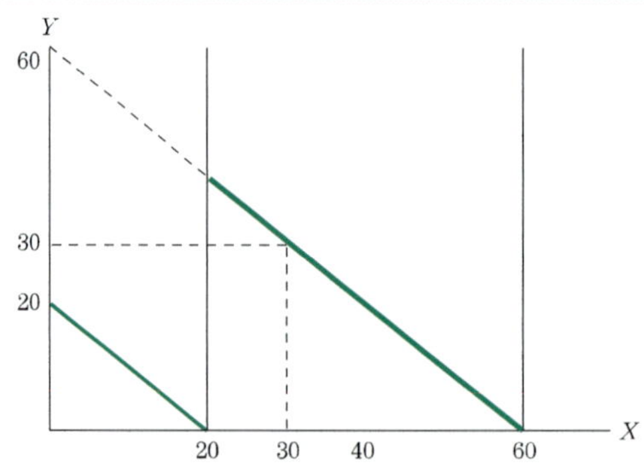

그림 6-6은 위의 함수를 그림으로 보여주고 있다.

위의 그림에서 보면 어떤 사람이 역에서 30분 이상 기다리게 되는 것은 그 사람의 역 도착시간이 20분에서 30분 사이인 경우에만 가능하다. 그러므로,

$$P(Y \geq 30) = P(20 \leq X \leq 30) = \frac{1}{6}$$

다음은 균등분포의 기댓값과 분산에 대하여 알아보자.

균등분포의 기댓값과 분산

변수 X가 구간 $[a, b]$에서 정의된 균등분포변수일 때,

$$E(X) = \frac{a+b}{2}$$

$$Var(X) = \frac{(b-a)^2}{12}$$

이다.

예제 6-12

예제 6-11에서 (a) 어떤 사람이 역에 도착하는 시간(X)의 기댓값과 분산을 구하라. 또 (b) 그 사람이 역에서 기다리는 시간의 기댓값과 분산을 구하시오.

풀 이

(a) $E(X) = \dfrac{60+0}{2} = 30$

$Var(X) = \dfrac{(60-0)^2}{12} = 300$

(b) 제5장의 기댓값에 대한 정의로부터 X의 함수인 $g(X)$의 기댓값은 아래와 같이 구할 수 있다.

$$E[g(X)] = \int_{-\infty}^{\infty} g(x) f_X(x) dx$$

그러므로, X의 함수인 변수 Y의 기댓값은

$$E[Y] = \int_0^{20} (20-x)\left(\frac{1}{60}\right)dx + \int_{20}^{60} (60-x)\left(\frac{1}{60}\right)dx$$
$$= \left[\frac{x}{3} - \frac{x^2}{120}\right]_0^{20} + \left[x - \frac{x^2}{120}\right]_{20}^{60}$$
$$= \frac{50}{3}$$

이 된다. 그리고 분산은 $Var(Y) = E(Y^2) - E^2(Y)$이므로, $E[Y^2]$을 먼저 구하면

$$E[Y^2] = \int_0^{20} (20-x)^2\left(\frac{1}{60}\right)dx + \int_{20}^{60} (60-x)^2\left(\frac{1}{60}\right)dx$$
$$= \int_0^{20}\left(\frac{400}{60} - \frac{40x}{60} + \frac{x^2}{60}\right)dx + \int_{20}^{60}\left(60 - 2x + \frac{x^2}{60}\right)dx$$
$$= 400$$

이 된다. 따라서 변수 Y의 분산은

$$Var(Y) = 400 - \left(\frac{50}{3}\right)^2 = \frac{1,100}{9}$$

6.6 지수분포

앞의 포아송분포가 단위시간상 사건발생 수와 관련이 있다면 지금 다룰 지수분포(exponential distribution)는 발생 사건과 사건 사이의 시간간격을 나타내는 분포로 연속분포이다.

지수분포는 다음과 같이 나타낼 수 있다.

지수함수의 확률밀도함수

$$f(t) = \lambda e^{-\lambda t}, \ t \geq 0$$

이 지수분포는 포아송 분포로부터 다음과 같이 유도할 수 있다. 지수분포에서의 확률변수 T가 t보다 크다는 것은 t 이내에는 사건의 발생 수가 없다는 것을 나타낸다. 이를 표시하면 다음과 같다.

$$P(T \geq t) = P\{N(t) = 0\}$$

위의 식에서 $N(t)$는 0에서 t 사이에 발생할 사건 수를 말한다. 이는

$$\frac{(\lambda t)^0 e^{-\lambda t}}{0!}$$

이다.

참고로 포아송분포는 단위시간당 발생 수가 λ이므로 단위시간이 t로 변경되면 t시간당 발생 수는 λt임을 유의해야 한다. 따라서

$$P(T \geq t) = e^{-\lambda t}$$

이다.

$$P(T \geq t) = 1 - F(t) = e^{-\lambda t}$$

인데 여기서

$$F(t) = P(T \leq t)$$

로 누적분포함수를 말한다. 이제 양변을 t에 관해 미분하면
$-f(t) = -\lambda e^{-\lambda t}$가 되어 $f(t) = \lambda e^{-\lambda t}$임을 알 수 있다.

적분을 이용해 기댓값 $E(T)$과 분산 $V(T)$을 구하면

$E(T) = \dfrac{1}{\lambda}$ 이고

$V(T) = \dfrac{1}{\lambda^2}$ 이다.

(각자 확인해 보기 바란다)

6.7 정규분포

본 절에서는 통계이론에서 가장 중요하며 현실적으로 가장 많이 적용되는 정규분포(normal distribution)에 대하여 알아보기로 한다. 정규분포의 수식은 드 므와브르(De Moivre)에 의하여 처음으로 발표되었으나, 각종 물리학 실험에 수반되는 계측오차의 분포에 정규분포를 광범위하게 적용한 독일의 수학자 가우스(Gauss)의 이름을 따서 가우스분포라고 부르기도 한다. 정규분포가 발견된 초기에는 각종 실험에서 발생하는 오차의 분포가 이 분포의 형태를 따라야지 그렇지 않으면 실험과정에 잘못이 있는 것으로 간주되었다. 이러한 이유로 이 분포에 정규(normal)라는 이름이 붙여지게 된 것이다. 물론 이는 그릇된 생각으로 실험대상에 따라서는 다른 분포가 더 합당한 경우도 많다. 그럼에도 불구하고 정규분포는 수많은 자연현상의 행태를 매우 양호하게 나타낼 수 있는 유용한 확률분포이며, 대부분의 통계기법들도 정규분포를 가정하고 있다.

정규분포는 두 개의 모수, 즉 평균 μ와 분산 σ^2에 의해 그 형태가 완전하게 결정되는 분포로써, 다음과 같은 밀도함수를 갖는다.

정규분포의 확률밀도함수

확률변수 X가 정규분포를 따르며, 평균과 분산이 각각 μ와 σ^2일 때, 확률변수 X의 확률밀도함수 $f(x)$는

$$f(x) = \frac{1}{\sqrt{2\pi} \cdot \sigma} exp\left[\frac{-(X-\mu)^2}{2\sigma^2}\right], \quad -\infty \leq x \leq \infty$$

이다.

위 식에서 π와 e는 그 값이 각각 3.14159…와 2.71828…인 무리수로서 상수이다.

따라서 이 함수의 형태는 μ와 σ^2에 의하여 결정된다는 것을 알 수 있다. 평균과 분산이 μ와 σ^2인 정규변수 X는 보통 줄여서 $X \sim N(\mu, \sigma^2)$라고 표기하

며, 이를 '변수 X는 평균이 μ이고 분산이 σ^2인 정규분포를 따른다'라고 읽는다. 정규분포의 밀도함수는 그림 6-7에 보이듯이 종모양의 형태를 취하며, 몇 가지 독특한 특성을 갖는다.

그림 6-7 정규분포의 밀도함수

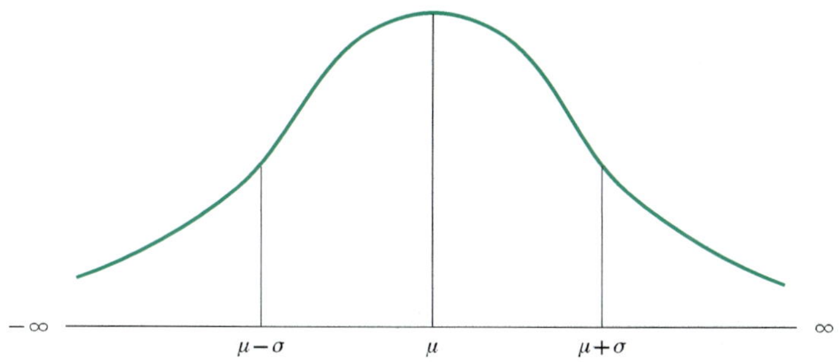

정규분포 밀도함수의 특성

① 종모양의 곡선을 가지며, 곡선아래의 면적은 1이다.

② 곡선의 모양은 평균 μ를 중심으로 좌우대칭이다. 따라서 평균=최빈치=중앙치가 성립한다.

③ 곡선의 최고 높이는 $\frac{0.399}{\sigma}$이다. 즉, 산포의 정도가 클수록(σ가 클수록) 종모양이 더 납작해지고, 반면에 산포의 정도가 작으면 뾰족하고 높은 형태의 종모양을 갖는다.

④ 곡선의 변곡점은 $(\mu-\sigma)$와 $(\mu+\sigma)$에 있다.

위의 여러 가지 특성에서 알 수 있듯이, 정규함수는 종모양의 형태를 갖는 함수로 그 위치 및 형태는 완전히 μ와 σ에 의하여 결정된다. 그림 6-8, 그림 6-9 그리고 그림 6-10은 평균과 분산이 다른 여러 가지 형태의 정규분포를 보여준다. 이들 그림에서 보면 평균은 정규분포곡선의 중심 위치를 결정하며, 분산은 곡선의 형태(퍼진 정도)를 결정한다는 것을 알 수 있다. 이와 같이 정규분포는 종모양의 밀도함수를 갖지만, 평균과 분산의 값에 따라 그 곡선의 형태와 위치가 조금씩 상이한 무수히 많은 정규분포들을 생각할 수 있다. 이러한 정규분포들 중에서 가장 중요한 의미를 갖는 분포는 제5장의 끝 부분에서 잠시 언급한 바가 있는 평균과 분산이 각각 0과 1인 표준정규분포이다.

그림 6-8 평균은 다르나 분산이 같은 정규분포

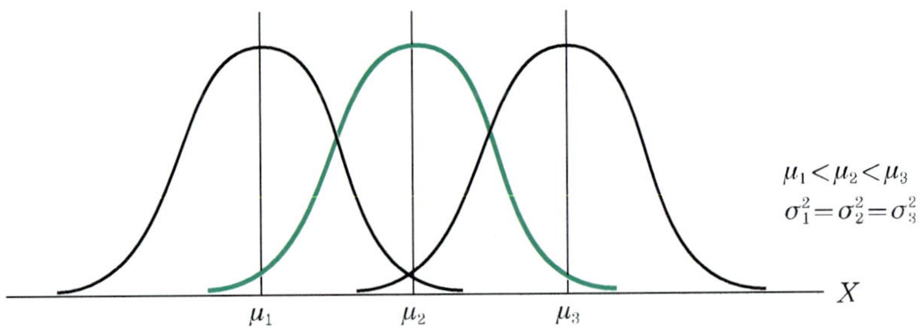

그림 6-9 평균은 같으나 분산이 다른 정규분포

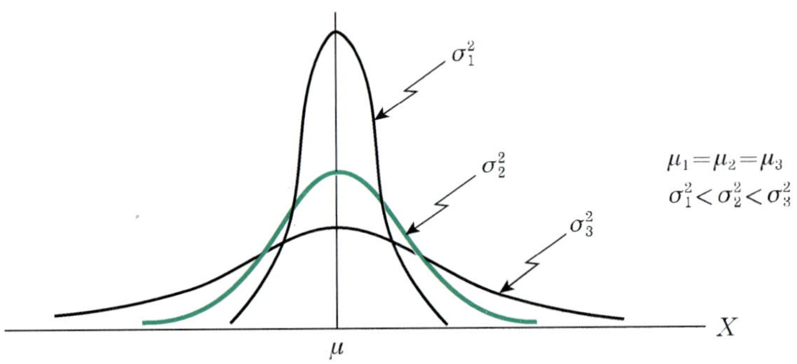

그림 6-10 평균과 분산이 서로 다른 정규분포

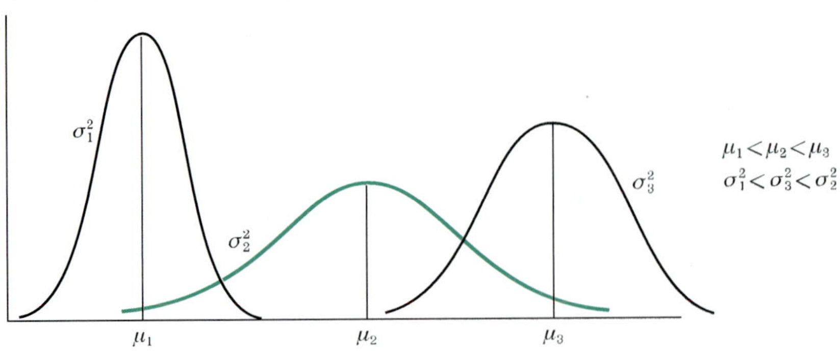

표준정규분포

기댓값이 0이고, 분산이 1인 정규분포는 표준정규분포라고 부른다. 표준정규분포를 갖는 확률변수는 보통 문자 Z로 표시하며, $Z \sim N(0,\ 1)$이라고 표현한다. 표준정규분포의 밀도함수는 다음과 같다.

$$g(z) = \frac{1}{\sqrt{2\pi}} exp\left[\frac{-z^2}{2}\right], \quad -\infty < z < \infty$$

표준정규분포의 밀도함수는 정규분포의 밀도함수에 $\mu = 0$, $\sigma^2 = 1$을 대입하여 얻을 수 있다. 표준정규분포가 중요한 이유 중의 하나는 표준정규분포를 갖는 확률변수의 확률값이 이미 부록 3과 같이 도표로 주어져 있다는 것이다. 표준정규변수의 확률계산을 몇 가지 예를 통하여 살펴보도록 하자.

예제 6-13

다음의 확률을 구하라.

(a) $P(0 \leq Z \leq 1.96)$

(b) $P(-1.96 \leq Z \leq 0)$

(c) $P(-1.96 \leq Z \leq 2.58)$

풀 이 (a) 이 문제는 그림 6-11의 빗금 친 부분의 면적을 구하는 것이다. 이를 위해 우선 부록 3의 왼쪽 편을 따라 1.9의 값이 있는 행으로 내려간다. 이제 그 행을 가로질러 숫자 0.06으로 표시된 소수 아래 둘째 자리 열까지 움직인다. 이 행과 열의 교점에 있는 숫자 0.4750이 0과 1.96 사이의 면적을 나타낸다. 따라서 $P(0 \leq Z \leq 1.96) = 0.4750$이다.

그림 6-11 표준정규곡선 아래의 0과 1.96사이의 면적

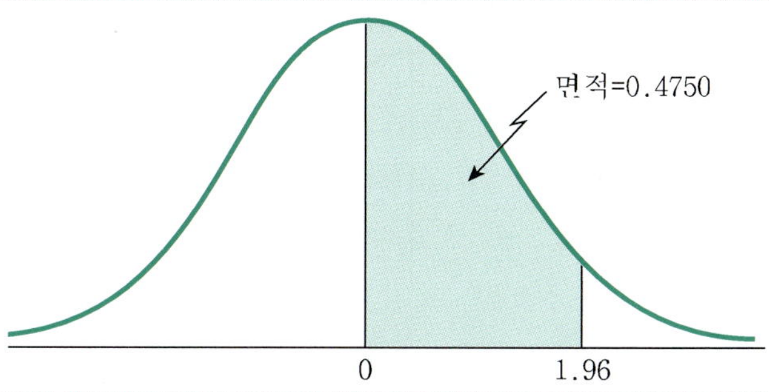

이를 엑셀을 이용하여 구하면 그림 6-12와 같이 구할 수 있다. =NORM.S.DIST의 함수는 표준정규분포에서 확률을 구하는 함수로 Z의 경우는 Z값 1.96과 Cumulative의 TRUE는 누적분포함수에서의 확률값이고 $-\infty$에서 1.96까지의 확률값을 나타내므로 =NORM.S.DIST(1.96, TRUE)의 0.975에서 0.5를 빼면 0.475를 구할 수 있다.

그림 6-12 표준정규분포함수 입력화면

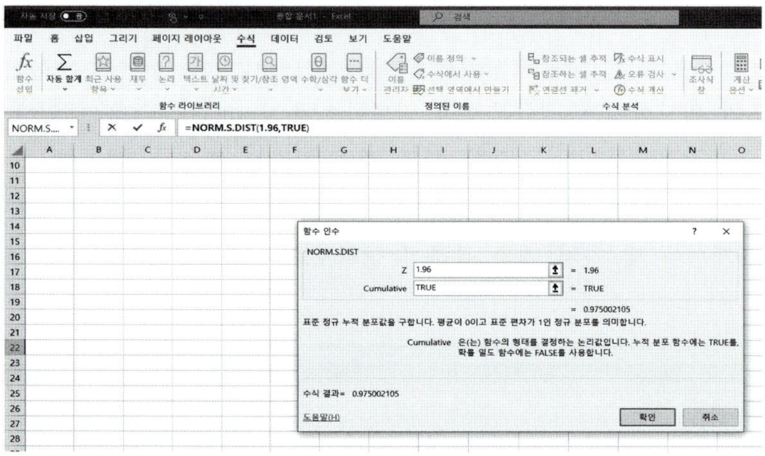

(b) 표준정규분포는 0을 중심으로 대칭이므로, 그림 6-11로부터 이 문제의 답은 (a)과 같다는 것을 쉽게 알 수 있다. 즉,

$$P(-1.96 \leq Z \leq 0) = P(0 \leq Z \leq 1.96)$$
$$= 0.4750$$

이다.

그림 6-13 표준정규곡선 아래의 -1.96과 2.58 사이의 면적

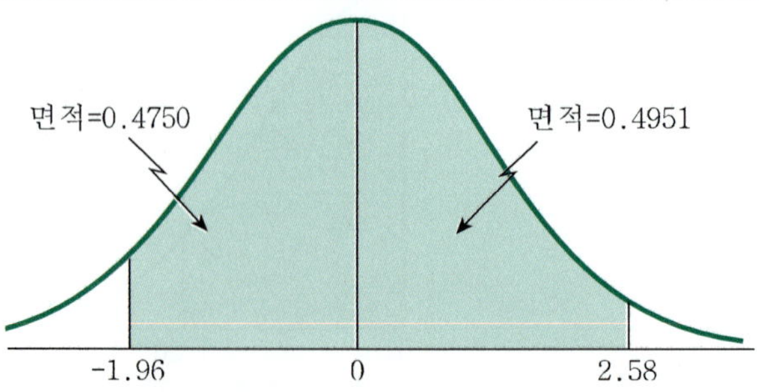

(c) 이 문제는 그림 6-13의 색칠한 부분의 면적을 구하는 것이다. 구하고자 하는 확률은

$$\begin{aligned} P(-1.96 \le Z \le 2.58) &= P(-1.96 \le Z \le 0) + P(0 \le Z \le 2.58) \\ &= P(0 \le Z \le 1.96) + P(0 \le Z \le 2.58) \\ &= 0.4750 + 0.4951 \\ &= 0.9701 \end{aligned}$$

이다.

위 식에서 $P(0 \le Z \le 2.58)$은 부록 3으로부터,

$$P(0 \le Z \le 2.58) = 0.4951$$

임을 알 수 있다.

이를 엑셀을 이용하여 구하면 ={NORM.S.DIST(2.58, TRUE)+NORM.S.DIST(1.96, TRUE)}−1=0.9701 이 된다.

정규분포의 또 하나의 특성은 정규분포를 따르는 모든 변수는 그 변수가 기댓값으로부터 특정표준편차값 이내에 위치할 확률이 같다는 것이다.

그림 6-14는 이러한 특성을 보여주기 위한 그림으로써, 분산과 기댓값이 다른 두 개의 정규변수 $X \sim N(\mu_X, \sigma_X{}^2)$와 $Z \sim N(0, 1)$가 각각 구간 $[(\mu_X - k\sigma_X), (\mu_X + k\sigma_X)]$와 $[(0-k\times 1), (0+k\times 1)]$에 속할 확률(곡선 아래의 면적)이 같음을 보여준다. 여기서 k는 임의의 상수이다. 따라서 정규변수에 대한 확률은 일단 이 변수를 표준정규변수로 변형한 다음 표준정규분포표를 이용하여 구할 수 있다.

정규분포의 정리(Ⅰ)

$X \sim N(\mu_X, \sigma_X^2)$이고 $Y = a + bX (b \ne 0)$이면, $Y \sim N(a + b\mu_X, b^2\sigma_X^2)$이 성립한다. 단, a와 b는 임의의 상수이다.

정리(Ⅰ)은 정규변수의 일차함수인 Y의 분포도 역시 정규분포를 따른다는 것을 의미하며, Y의 기댓값과 분산은 다음과 같이 유도한다.

$$E(Y) = E(a + bX) = a + bE(X) = a + b\mu_X$$

그림 6-14 정규분포곡선의 특성

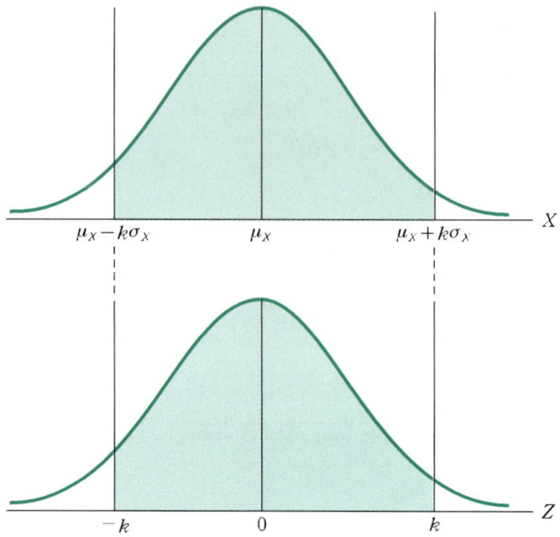

$$\begin{aligned} Var(Y) &= E[\{Y - E(Y)\}^2] \\ &= E[\{a + bX - (a + b\mu_X)\}^2] = E[b^2(X - \mu_X)^2] \\ &= b^2E[(X - \mu_X)^2] = b^2\sigma_X^2 \end{aligned}$$

예제 6-14

$X \sim N(\mu,\ \sigma^2)$이고 $Z = \dfrac{X-\mu}{\sigma}$일 때, 변수 Z는 어떤 분포를 가지는가?

풀 이 변수 Z는 $a = -\dfrac{\mu}{\sigma}$, $b = \dfrac{1}{\sigma}$인 X의 일차함수이다. 따라서 정리(Ⅰ)에 의하여 변수 Z는 정규분포를 가지며, 기댓값과 분산은 예제 5-20으로부터

$$E(Z) = a + b\mu = 0$$
$$Var(Z) = b^2\sigma^2 = 1$$

이 된다. 즉, 변수 Z는 평균이 0이고 분산이 1인 표준정규변수이다.

예제 6-14는 임의의 정규변수 X를 표준정규변수로 변형하는 공식을 제시

하고 있다. 즉, $X \sim N(\mu, \sigma^2)$일 때, X로부터 X의 기댓값 μ를 뺀 후 이를 다시 X의표준편차 σ로 나누어 주면, 평균과 분산이 0과 1인 표준정규변수로 변형된다. 이를 요약하면 다음과 같다.

정규변수의 표준화

확률변수 X가 $N(\mu, \sigma^2)$분포를 가질 때, 변수 X는 변환공식

$$Z = \frac{X-\mu}{\sigma}$$

를 통해 표준정규변수 Z로 변환될 수 있다.

예제 6-15

TOEFL 성적을 나타내는 확률변수 X가 평균이 480이고 분산이 900인 정규분포를 따른다고 하자. 한 학생의 TOEFL 성적이 $X_1 = 500$과 $X_2 = 520$ 사이일 확률 즉, $P(500 \leq X \leq 520)$를 구하시오.

풀 이 원 문제와 표준화된 형태로 변형된 문제가 그림 6-15와 그림 6-16에 각각 보여진다.
표준화변환을 이용하여

$$z_1 = \frac{x_1 - \mu}{\sigma} = \frac{500-480}{30} = 0.67$$

$$z_2 = \frac{x_2 - \mu}{\sigma} = \frac{520-480}{30} = 1.33$$

을 얻는다.

그림 6-15 정규분포 $N(480, 900)$ 아래 X_1=500과 X_2=520 사이의 면적

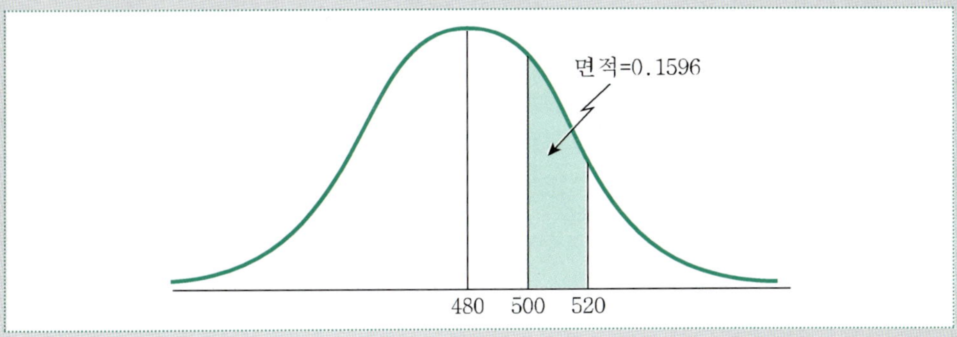

그림 6-16 표준정규분포 아래 Z_1=0.67과 Z_2=1.33 사이의 면적

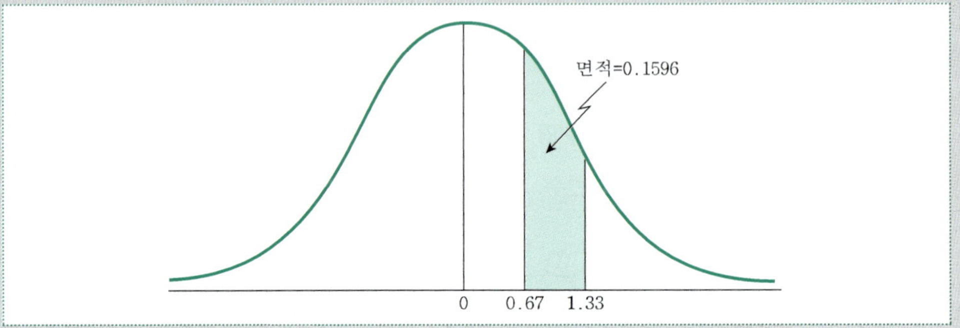

부록 3으로부터

$$P(500 \leq X \leq 520) = P(0.67 \leq Z \leq 1.33) = 0.4082 - 0.2486 = 0.1596$$

을 얻는다.

이를 엑셀을 이용하여 구하면 그림 6-17과 같이 NORM.DIST 엑셀통계함수를 이용하여 구할 수 있으며, =NORM.DIST(520,480,30,TRUE)−NORM.DIST(500,480,30,TRUE)를 이용한다.

그림 6-17 정규분포확률을 구하는 입력화면

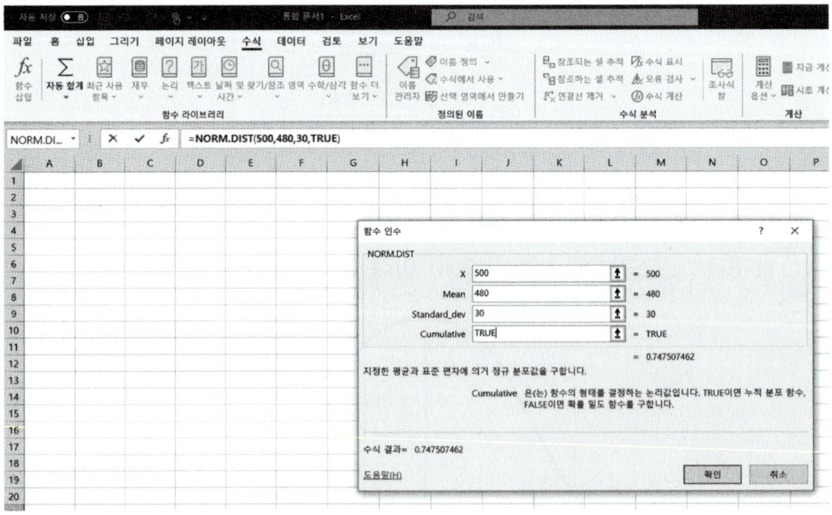

끝으로 정규분포의 중요한 정리를 하나 더 소개하기로 한다.

정규분포의 정리(Ⅱ)

확률변수 $X_1, X_2, X_3, \cdots, X_k$가 상호독립일 때, $X_i \sim N(\mu_i, \sigma_i^2)$이고, $Y=\sum_{i=1}^{k} X_i$이면,

$$Y \sim N\left(\sum_{i=1}^{k}\mu_i, \sum_{i=1}^{k}\sigma_i^2\right)$$

이 성립한다.

위의 정리는 정규변수의 합이 정규분포를 따르게 됨을 의미한다. 독립인 변수들의 합에 대한 기댓값과 분산을 구하는 것은 제5장에서 이미 설명한 바 있으므로, 정리(Ⅱ)에서 Y의 기댓값과 분산에 대한 유도는 생략하기로 한다.

예제 6-16

X는 남자 대학생의 키를, Y는 여자 대학생의 키를 나타내며, 이 두 변수의 분포는 다음과 같다.

$$X \sim N(174, 20)$$
$$Y \sim N(165, 16)$$

남학생과 여학생을 각각 1명씩 추출하였을 때, 여학생의 키가 남학생보다 클 확률은? 단, 변수 X와 Y는 독립이다.

풀 이 이 문제에서 우리가 구하고자 하는 확률은 $P(Y>X)$, 즉 $P(Y-X>0)$이다. 따라서 우리는 $(Y-X)$의 분포를 먼저 파악하여야 한다. 변수 X와 Y가 모두 정규변수이므로, 정리(Ⅱ)에 의하여

$$(Y-X) \sim N(\mu_Y-\mu_X, \sigma_Y^2+\sigma_X^2)=N(-9, 36)$$

그러므로,

$$\begin{aligned} P(Y-X>0) &= P\left(Z>\frac{0-(-9)}{6}\right)=P(Z>1.5) \\ &= 0.5-P(0 \le Z \le 1.5) \\ &= 0.5-0.4332 \\ &= 0.0668 \end{aligned}$$

6.8 정규분포에 의한 이항분포의 근사치 계산

제6장 2절에서 이항분포는 $np \geq 5$이고 $nq \geq 5$(여기서 $q = 1 - p$)일 때, 근사적으로 종모양(즉 정규분포를 닮음)이라는 것을 보았다.

이항분포에 대한 정규근사

이항분포를 근사시키기 위해 정규곡선을 사용하는 것은 $np \geq 5$와 $nq \geq 5$인 경우이다. 이항분포를 근사시킬 때, 평균 $\mu = np$와 분산 $\sigma^2 = npq$를 가진 정규분포를 사용한다. 여기서 $q = 1 - p$이다.

이항분포를 근사시키기 위해 정규분포를 사용할 때, 연속교정(continuity correction)이 필요하다. 이항변수 X의 상대도수 히스토그램을 그릴 때, $X = x_0$일 확률을 $(x_0 - 0.5)$로부터 $(x_0 + 0.5)$까지의 직사각형 면적으로 나타낸다. 따라서 이항분포를 근사시키기 위해 정규분포를 사용할 때, $X = x_0$일 확률을 $(x_0 - 0.5)$와 $(x_0 + 0.5)$ 사이의 정규곡선 아래 면적으로 근사시킨다.

연속교정

이산확률 $P(X = x)$를 연속확률 $P(x - 0.5 \leq X \leq x + 0.5)$로 근사시킬 때, 연속교정이 이루어진다.

예제 6-17

어떤 공급업자로부터 개인용 컴퓨터를 구입한 사람 중 약 60%는 외장 하드드라이브도 함께 주문한다. 이제 80명의 개인용 컴퓨터 구입자 가운데 외장 하드드라이브를 주문하는 사람이 50명을 초과할 확률을 구하시오.

풀 이 구입자들이 서로 독립이라 가정하면 X는 $n = 80$이고 $p = 0.6$을 가진 이항분포를 따른다. 이항에 대한 정규근사가 적절한지를 보기 위해 np와 nq를 조사하자. $np = 48$이고 $nq = 32$이다. 둘 다 5를 넘었기 때문에 정규분포에 의한 분석이 좋은 근사치를 줄 것으로 기대된다. 따라서 평균 $\mu = np = 48$과 분산 $\sigma^2 = npq = 19.2$를 갖는 정규분포를 사용한다. X가 50보다 클 이항확률은 X가 51, 52, 53, … 등일 확률로 $x = 50.5$의 오른편에 있는 정규곡선 아래의 면적으로 나타난다. 그림 6-18을 참고하라.

그림 6-18 정규분포 $N(48,\ 19.2)$ 아래 X=50.5 오른편의 면적

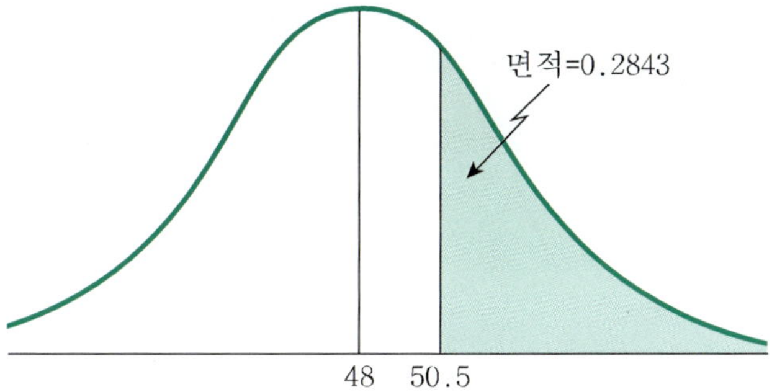

그림 6-19 표준정규분포 아래 0.57 오른편의 면적

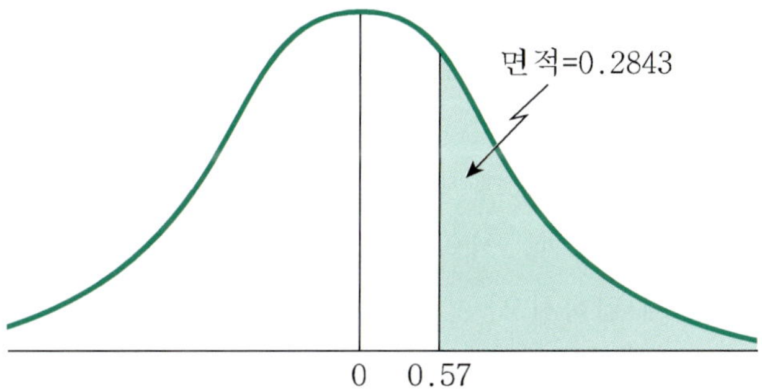

표준화변환을 사용하여 Z값을 얻으면

$$Z=\frac{x-\mu}{\sigma}=\frac{50.5-48}{\sqrt{19.2}}=0.57$$

이 된다.

원하는 확률은 $Z=0.57$의 오른편 면적이다(그림 6-19 참조). $Z=0$과 $Z=0.57$ 사이의 면적이 0.2157이므로 요구되는 면적은 $0.5-0.2157=0.2843$이다. 이 답은 80명의 고객 중 외장 하드드라이브와 함께 개인용 컴퓨터를 주문할 사람이 50명보다 많을 확률이 28.43%라는 것을 보여준다.

06 통계학개론 연습문제

01 이항분포, 초기하분포, 포아송분포의 특징을 비교설명하시오.

02 정규분포 밀도함수의 특성을 설명하시오.

03 자동차 판매원이 구매상담을 한 고객 중 실제 계약을 체결하는 사람의 비율은 30%라고 한다. 5명의 고객과 구매상담을 할 때, 계약을 체결하는 사람의 수를 X라고 하자. X가 이항확률변수라 하고, 다음 물음에 답하시오.

① 여기서 베르누이 시행은 무엇인가?
② 5명 중 2명이 계약을 체결할 확률, 즉 $X=2$일 확률은?
③ 계약체결 고객수의 기댓값과 표준편차는?

04 신기그룹의 영업부에는 현재 과장으로 30대가 3명, 40대가 4명 근무하고 있다. 내년 봄의 정기인사에서 이 중 4명을 부장으로 승진시키려고 한다. 승진될 부장들 중에서 30대의 수를 X라고 할 때, 변수 X의 확률분포를 보이시오. 이에 대한 기댓값과 표준편차를 구하시오.

05 대홍은행의 창구에 들어오는 고객의 수는 분당 평균 0.75인 포아송분포를 따른다고 한다. 다음의 확률을 구하시오.

① 앞으로 6분 동안에 두 명 이하의 고객이 들어옴
② 앞으로 2분 동안에 고객이 없음

06 어느 특정 작업장에 투입되는 불량자재의 수는 하루에 평균이 5개인 포아송분포를 따른다고 한다. 어느 하루 동안 그 작업장에 들어오는 불량자재의 수가 2개일 확률은 얼마인가? 또 2개 이상일 확률은 얼마인가?

07 X가 a와 b 사이에서 균등분포를 따를 때, X의 평균과 분산이 각각 $\frac{a+b}{2}$와 $\frac{(b-a)^2}{12}$임을 보이시오.

08 면적의 75%가 오른편에 있는 Z값 즉, 표준정규곡선상의 1사분위수를 구하시오.

09 태왕회사에서 만든 건전지의 수명은 평균이 400시간이고 표준편차가 120인 정규분포를 따른다. 수명이 300시간 이상 지속될 확률은 얼마인가?

10 Z가 표준정규분포 $N(0, 1)$을 따를 때, Z가 -1.21과 2.15 사이에 있을 확률, 즉

$$P(-1.21 \le Z \le 2.15)$$

를 구하시오.

07

표본분포

William Shakespeare

작은 촛불이 어둠을 밝히듯이 하나의 선행이 험한 세상을 아름답게 만든다.

How far that little candle throws its beams! So shines a good deed in a naughty world.

제 7 장

표본분포

단순확률표본과 난수표의 사용법 –
통계량과 통계량의 확률분포에 대한 이해 –
표본평균, 표본비율, 표본분산의 확률분포 –
χ^2분포와 표본분산의 관계 –
χ^2분포와 t분포와의 관계 –

key point

통계분석의 목적은 표본정보로부터 모수(parameter)를 추정하여 모집단에 대한 합리적인 의사결정을 하는 데 있다. 따라서 이러한 목적을 만족스럽게 달성하기 위해서는 우선 모수를 정확하게 추정할 수 있어야 한다. 모수를 정확하게 추정하기 위해서는 표본이 어떻게 추출되는지 그리고 표본으로부터 도출되는 통계량(statistic)이 어떤 분포를 따르는지에 대한 지식이 필요하다. 또한 이 통계량의 분포에 대한 지식을 모수의 추정에 어떻게 활용할 수 있는지에 대한 개념을 정립할 필요가 있다. 본 장에서는 특정 확률분포로부터 표본을 추출하는 방법인 단순확률표본추출과 이 방법에 의하여 추출되는 표본의 분포에 대한 특성을 먼저 살펴본 후, 표본정보에 의해 모수를 추정하는 방법을 알아보기로 한다.

7.1 단순확률표본

통계분석의 첫 번째 단계는 선정된 모집단으로부터 표본을 추출하는 것이다. 표본을 추출하는 목적은 표본정보의 분석을 통하여 모집단의 특성을 추정하는 데 있다. 따라서 모집단의 특성을 정확하게 추정하기 위한 전제조건은 합당한 절차에 의해 추출된 표본을 사용하는 것이라고 할 수 있다. 표본추출절차에 대한 상세한 설명은 제1장에서 이미 다루었으므로, 여기서는 단순확률표본(simple random sample)에 대해서만 설명하기로 한다. 단순확률표본은 통계분석에서 가장 흔히 사용되는 개념으로써, 대부분의 추측통계이론이 단순확률표본의 사용을 전제로 도출되었다.

단순확률표본

단순확률표본이란 매번 표본관찰치를 추출할 때마다 모집단의 각 원소들이 선택될 확률이 동일하도록 하여 얻어진 표본을 말한다.

예제 7-1

붉은 공이 6개, 흰 공이 4개 들어 있는 통으로부터 5개의 공을 복원으로 무작위추출한다고 하자. 이 경우 매번 공이 추출될 때마다 붉은 공이 추출될 확률은 0.6이고 흰 공이 추출될 확률은 0.4이지만, 개별적으로 볼 때 각각의 공이 선택될 확률이 $\frac{1}{10}$로 매 시행마다 동일하다. 따라서 이 실험의 결과로 얻어진 표본은 크기가 5인 단순확률표본이다.

예제 7-1에서처럼 단순확률표본을 구성하는 개개의 원소들은 이전에 추출된 것이 무엇이냐에 관계없이 동일한 확률함수의 적용을 받게 되며, 따라서 상호독립이다. 그러나 모집단의 크기가 작을 때, 비복원으로 표본을 추출하면 모집단의 모든 원소들이 동일한 확률에 의하여 선택되도록 하는 조건을 충족시킬 수가 없다. 예를 들어서 예제 1의 실험을 비복원으로 실시하면 첫 번째 공을 뽑을 때 각 공이 선택될 확률은 $\frac{1}{10}$이지만, 두 번째 공을 추출할 때는 상자 속의 각 공이 추출될 확률은 $\frac{1}{9}$이 된다. 따라서 이러한 실험에서 얻은 표본은 단순확률표본이라고 할 수 없다. 그러나 모집단의 크기가 표본의 크기에 비하여 상당히 크다면 비복원추출의 경우에도 단순확률표본의 정의에 가까운 표본을 얻을 수 있다.

단순확률표본을 얻는 방법은 표본관찰치들이 순수한 무작위성(pure randomness)에 의하여 추출되도록 하는 것이다. 복권 추첨이나 아파트 추첨이 대상자 모두에게 당첨될 확률이 동일하게 하는 무작위추출의 한 예이다. 무작위추출의 가장 대표적인 방법은 부록 9에 있는 난수표(random number table)를 사용하는 방법이다. 난수표란 순수한 무작위에 의하여 선택된 숫자들을 나열한 표이다.

예제 7-2

신호기업에는 현재 200명의 종업원이 근무하고 있다. 이 기업의 관리자는 이들 200명의 주간 작업량을 분석하기 위하여, 이들로부터 지난주의 작업량에 대한 단순확률표본을 얻고자 한다. 총무과에 각 종업원의 작업기록이 기록된 카드가 유지되고 있다. 이 카드들은 가나다순으로 철해져 있으며, 표 7-1에서 보이는 것처럼 001에서 200까지 번호가 매겨져 있다.

표 7-1의 모집단으로부터 부록 9의 난수표를 이용하여 크기가 10인 세 개의 표본들을 비복원으로 추출하여 보시오.

풀 이 난수표의 숫자를 왼편 위에서부터 시작하여 세 자리씩 아래로 읽어 나가면,

(a) 난수표상의 첫 번째 수는 126이며, 이에 따라 번호가 126인 종업원의 작업량이 첫 번째 표본관찰치가 된다.
(b) 두 번째 난수는 817인데, 이는 200을 초과하므로 사용할 수 없다. 따라서 001에서 200 사이의 숫자가 나올 때까지 아래쪽의 다음번 숫자로 이동한다. 두 번째의 사용가능한 난수는 140이다. 매번 표본관찰치를 얻을 때마다 난수표의 번호와 작업량을 같이 기록하여야 하는데, 그 이유는 한 숫자가 두 번 이상 사용되지 않도록 하기 위함이다.
(c) 위와 같이 차례로 난수표상의 숫자를 점검하면서 001과 200 사이의 숫자가 나오면 그 번호를 가진 종업원의 작업량을 표본관찰치로 선택한다. 그리고 표본관찰치의 수가 10개가 되면 종료한다.
(d) 표본 2와 표본 3은 앞의 표본추출에 사용한 마지막 난수의 다음부터 시작하여 유사한 방법으로 추출할 수 있다.

위 절차의 결과는 표 7-2에 나타나 있다.

표 7-1 종업원의 작업량

001.	30	041.	59	081.	65	121.	47	161.	62
002.	38	042.	56	082.	42	122.	64	162.	29
003.	33	043.	65	083.	73	123.	55	163.	37
004.	49	044.	50	084.	44	124.	50	164.	27
005.	33	045.	54	085.	54	125.	65	165.	36
006.	43	046.	61	086.	67	126.	53	166.	43
007.	60	047.	57	087.	49	127.	32	167.	30
008.	31	048.	55	088.	38	128.	44	168.	41
009.	34	049.	26	089.	59	129.	38	169.	59
010.	61	050.	41	090.	42	130.	37	170.	63
011.	49	051.	64	091.	46	131.	53	171.	55
012.	64	052.	25	092.	30	132.	44	172.	32
013.	62	053.	28	093.	64	133.	27	173.	32
014.	37	054.	49	094.	28	134.	40	174.	31
015.	25	055.	53	095.	64	135.	43	175.	35
016.	38	056.	25	096.	46	136.	45	176.	33
017.	65	057.	33	097.	59	137.	33	177.	58
018.	56	058.	28	098.	60	138.	60	178.	31
019.	55	059.	25	099.	46	139.	62	179.	38
020.	43	060.	60	100.	27	140.	30	180.	29
021.	58	061.	34	101.	59	141.	51	181.	43
022.	38	062.	25	102.	43	142.	49	182.	56
023.	71	063.	61	103.	50	143.	31	183.	53
024.	47	064.	42	104.	51	144.	29	184.	64
025.	65	065.	48	105.	39	145.	36	185.	38
026.	54	066.	57	106.	59	146.	50	186.	36
027.	74	067.	26	107.	33	147.	54	187.	59
028.	36	068.	55	108.	60	148.	38	188.	68
029.	62	069.	36	109.	26	149.	60	189.	26
030.	31	070.	33	110.	72	150.	65	190.	72
031.	48	071.	63	111.	25	151.	36	191.	29
032.	35	072.	48	112.	44	152.	25	192.	32
033.	26	073.	37	113.	58	153.	28	193.	73
034.	52	074.	49	114.	49	154.	56	194.	63
035.	51	075.	46	115.	31	155.	51	195.	69
036.	67	076.	31	116.	56	156.	53	196.	57
037.	30	077.	26	117.	37	157.	40	197.	38
038.	57	078.	28	118.	66	158.	33	198.	50
039.	50	079.	63	119.	55	159.	26	199.	60
040.	62	080.	37	120.	66	160.	42	200.	28

표 7-2 난수표에 의한 단순확률표본

관찰순서	표본 1		표본 2		표본 3	
	난수	작업량	난수	작업량	난수	작업량
1	126	53	178	31	054	49
2	140	30	199	60	165	36
3	154	56	026	54	065	48
4	186	36	107	33	164	27
5	111	25	110	72	020	43
6	151	36	191	29	057	33
7	149	60	011	49	157	40
8	053	28	104	51	090	42
9	088	38	102	43	113	58
10	185	38	116	56	114	49

예제 7-2에서는 단순확률표본을 얻기 위하여 난수표의 첫 숫자부터 이용하였으나, 몇 번째 숫자부터 시작할 것인가를 무작위로 추첨하여 그곳으로부터 시작할 수도 있다. 또 다음번에 난수표를 사용할 때는 지난번에 사용했던 난수의 다음부터 사용하는 것이 좋다. 이렇게 함으로써 표본추출의 무작위성을 더 높일 수 있다.

7.2 통 계 량

크기가 N인 모집단으로부터 n개의 표본자료를 추출하였다고 하자. 그리고 이 표본의 구성원소를 관찰된 순서에 따라 X_1, X_2, X_3, $\cdots$, X_n이라고 두자. 이 표본은 그림 7-1에서와 같이 모집단으로부터 얻을 수 있는 무수히 많은 표본 중에서 우연하게 구현된 하나의 표본이라는 사실을 유의해야 한다. 만일 가능한 다른 모든 표본을 얻어서, 각 표본으로부터 임의의 i번째 관찰치 X_i의 값을 비교한다면 표본마다 그 값이 상이한 것을 볼 수 있을 것이다. 표 7-3은 표 7-2의 표본자료를 다시 정리한 것인데, X_1, X_2, X_3, $\cdots$, X_{10}의 값이 표본마다 다른 것을 볼 수 있다.

그림 7-1 표본과 모집단

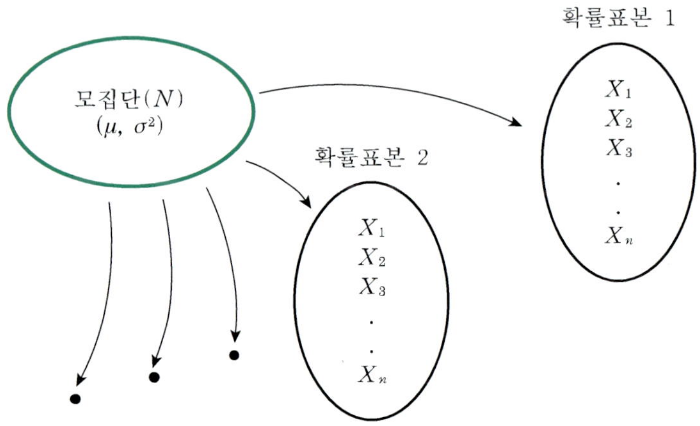

표 7-3에 관찰된 표본들은 모집단(200명의 종업원 자료)으로부터 얻을 수 있는 ${}_{200}C_{10}$개의 표본 중 세 개일 뿐이다. 다른 많은 표본들로부터 i번째 관찰치만을 살펴보면 이들은 어떤 분포를 가질까? 단순확률표본의 경우 이 분포는 모집단의 확률분포와 일치하게 된다. 즉, 단순확률표본의 구성원소 X_1, X_2, X_3, …, X_n은 모두 동일하게 모집단의 확률분포를 따르는 확률변수이다. 그리고 이 변수들은 서로의 값에 영향을 미치지 않는 상호독립인 변수들이다. 바꾸어 말해서, 크기가 n인 단순확률표본은 상호독립이며 동일한 확률분포를 갖는 n개의 확률변수로 구성된다고 할 수 있다. 만일 모집단의 확률분포가 평균이 μ이고 분산이 σ^2인 정규분포라면, 단순확률표본을 구성하는 개별원소(X_i)의 확률분포는

$$X_i \sim N(\mu,\ \sigma^2)$$

표 7-3 세 표본의 관찰치 비교

관찰치	X_1	X_2	X_3	X_4	X_5	X_6	X_7	X_8	X_9	X_{10}
표본 1	53	30	56	36	25	36	60	28	38	38
표본 2	31	60	54	33	72	29	49	51	43	56
표본 3	49	36	48	27	43	33	40	42	58	49

이 된다.

통계량(statistic)이란 표본의 특성을 요약하는 측도이다. 따라서 통계량은 표본자료 X_1, X_2, X_3, $\cdots$, X_n과 밀접한 관계를 갖으며, 다음과 같이 정의될 수 있다.

통계량

통계량이란 표본을 구성하는 확률변수 X_1, X_2, X_3, $\cdots$, X_n에 의해 정의된 함수를 말하며, 다음과 같은 일반식으로 나타낼 수 있다.

$$\text{통계량} = f(X_1,\ X_2,\ X_3,\ \cdots,\ X_n)$$

예제 7-3

다음은 자주 사용되는 몇 가지 통계량들이다.

(a) $\overline{X} = \dfrac{\sum X_i}{n}$

(b) $S^2 = \dfrac{\sum (X_i - \overline{X})^2}{n-1}$

(c) $X_{\min} = \min\{X_1,\ X_2,\ X_3,\ \cdots,\ X_n\}$

(d) $X_{\max} = \max\{X_1,\ X_2,\ X_3,\ \cdots,\ X_n\}$

(e) $M_e = \text{median}\{X_1,\ X_2,\ X_3,\ \cdots,\ X_n\}$

통계량은 확률변수들의 함수이므로 통계량 그 자체도 어떤 확률분포를 따르는 확률변수이다. 예를 들어서 예제 7-3에 열거된 통계량 중에서 표본평균의 공식을 표 7-3의 자료에 대입하면, 표본 1, 2, 3으로부터 각각 40.0, 47.8, 42.5라는 표본평균값을 얻는다. 이와 같이 크기가 10인 표본을 계속해서 추출하면서 $\overline{X}$의 값을 구하여 가면 무수히 많은 실수값을 얻을 수 있는데, 이 실수값들의 분포를 $n=10$인 $\overline{X}$의 표본분포라고 한다. 통계량이라는 함수에 표본관찰치를 대입하여 얻은 실수값을 통계치라고 한다. 표본평균의 경우 표본평균을 구하는 공식은 통계량이고, 이 공식에 실제 표본자료를 대입하여 얻은 실수값은 통계치라고 한다.

표본분포

표본분포란 통계량의 확률분포로서, 모집단으로부터 추출할 수 있는 크기(n)가 동일한 모든 표본을 통계량에 대입하여 얻은 실수값들의 분포를 말한다.

본 장의 나머지 부분에서는 표본분포 중에서 통계분석에 가장 자주 사용되는 표본평균과 표본비율에 대한 확률분포의 특징과 주요 관련 이론에 대해서 살펴보기로 한다.

7.3 표본평균의 확률분포

제2장에서 우리는 산술평균이 모집단의 중심경향(central tendency)을 측정하는 주요 측도 중의 하나임을 살펴본 바 있다. 분석의 대상이 되는 모집단이 선정되면 이 모집단이 과연 어떤 값을 중심으로 분포되어 있는가, 다시 말해서 모집단의 평균이 무엇인가를 파악하는 것이 모집단의 특성을 이해하는 데 중요하다. 그러나 모집단이 너무 크거나 또는 다른 제약적인 요인에 의하여 모집단의 모든 자료를 구하여 모평균을 산출하는 것은 일반적으로 불가능하다. 이에 따라 대상모집단으로부터 표본을 추출하고, 이 표본자료의 평균을 통하여 모평균 μ를 추정하게 된다. 모평균에 대한 유효한 추론을 위해서 우리는 표본평균의 특성에 대하여 보다 자세히 이해할 필요가 있다. 즉, 표본평균의 확률분포—표본평균의 기댓값과 분산 그리고 분포의 형태—가 관심의 대상이 되는 것이다.

표본평균 $\overline{X}_n$은 표본자료 X_1, X_2, X_3, …, X_n의 선형함수로서 다음과 같이 정의된다.

$$\overline{X}_n = \frac{1}{n}(X_1 + X_2 + X_3 + \ldots + X_n)$$

X_1, X_2, X_3, ⋯, X_n은 동일한 확률분포를 갖는 상호독립인 확률변수이다. 또한 확률변수의 함수인 표본평균도 역시 확률변수이다. 그렇다면 표본평균이 따르는 확률분포의 기댓값은 무엇인가? 확률변수의 합에 대한 기댓값의 정리에 따라, $E(\overline{X}_n)$은

$$\begin{aligned} E(\overline{X}_n) &= E\left[\frac{1}{n}(X_1 + X_2 + X_3 + \cdots + X_n)\right] \\ &= \frac{1}{n}E(X_1 + X_2 + X_3 + \cdots + X_n) \\ &= \frac{1}{n}[E(X_1) + E(X_2) + E(X_3) + \cdots + E(X_n)] \\ &= \mu \end{aligned}$$

가 된다. 표본평균 $\overline{X}_n$의 분산도 유사하게 유도할 수 있다. 독립변수의 합에 대한 분산의 정리에 따라, $Var(\overline{X}_n)$는

$$\begin{aligned} Var(\overline{X}_n) &= Var\left[\frac{1}{n}(X_1 + X_2 + X_3 + \cdots + X_n)\right] \\ &= \frac{1}{n^2}Var(X_1 + X_2 + X_3 + ... + X_n) \\ &= \frac{1}{n^2}[Var(X_1) + Var(X_2) + Var(X_3) + ... + Var(X_n)] \\ &= \frac{\sigma^2}{n} \end{aligned}$$

이 된다. 표본평균의 분산은 여러 표본에서 계산된 표본평균치들이 μ와 더 가까울수록 $Var(\overline{X}_n)$은 감소한다. 그러므로 $\overline{X}_n$의 분산은 $\overline{X}_n$(크기가 n인 표본의 평균)에 의해 μ를 추정하고자 할 때의 오차의 정도를 나타낸다고 할 수 있다. 이러한 이유로 해서 $Var(\overline{X}_n)$의 양의 제곱근인 표본평균의 표준편차는 표준오차(standard error, $\sigma_{\overline{X}}$)라고도 불리운다.

표본크기가 n일 때, 표본평균의 기댓값, 분산, 표준오차

$$E(\overline{X}_n)=\mu,\ \ Var(\overline{X}_n)=\frac{\sigma^2}{n},\ \ \sigma_{\overline{X}}=\frac{\sigma}{\sqrt{n}}$$

위에서 살펴본 표준오차 $\sigma_{\overline{X}}$의 공식으로부터 표본크기가 1인 경우에 비해 표본크기를 25로 증가시킬 때, 모수 μ에 대한 추정오차를 $\frac{1}{5}$ 수준으로 감소시킬 수 있음을 알 수 있다.

예제 7-4

제일대학교 남학생들의 신장은 평균(μ)이 173cm, 분산(σ^2)이 4cm이다. 9명의 학생을 임의로 추출하였을 때, 이들의 평균신장($\overline{X}_9$)의 기댓값과 표준오차는 무엇인가?

풀 이

$$E(\overline{X}_9)=173\text{cm}$$

$$\sigma_{\overline{X}}=\frac{2}{\sqrt{9}}=\frac{2}{3}\text{cm}$$

표본평균의 기댓값과 분산이 알려지면 이제 남은 문제는 표본평균이 어떠한 형태로 분포하는가를 파악하는 것이다. 먼저 모집단의 분포가 정규분포 $N(\mu,\ \sigma^2)$일 때, 표본평균은 어떤 분포를 가지는지 알아보도록 하자. 모집단의 분포가 정규분포 $N(\mu,\ \sigma^2)$이면, 표본자료 X_1, X_2, X_3, $\cdots$, X_n의 분포도 모두 $N(\mu,\ \sigma^2)$가 된다. 따라서 제6장의 정규분포의 정리(정규변수의 합은 정규분포를 따른다)에 의해 표본평균의 분포도 정규분포가 됨을 알 수 있다.

표본평균의 분포

모집단의 분포가 정규분포 $N(\mu,\ \sigma^2)$일 때, 표본평균의 분포는

$$\overline{X}_n \sim N(\mu,\ \frac{\sigma^2}{n})$$

또한 이 경우 $\overline{X}_n$를 표준화한 변수 Z는 표준정규분포를 따르게 된다.

$$Z = \frac{\overline{X}_n - \mu}{\sigma / \sqrt{n}} \sim N(0,\ 1)$$

따라서 만일 정규모집단의 분산 σ^2을 안다면 다음의 예에서와 같이 표준정규분포에 의해 모평균에 대한 추정이 가능하다.

예제 7-5

경영대학 구내의 커피자판기는 한 컵당 평균 μg씩의 커피가 나오도록 조정되어 있다. 이 기계에서 한 컵당 나오는 커피의 양은 표준편차가 1인 정규분포를 따르는 것으로 알려져 있다. 어느 날 이 자판기에서 나오는 컵 중에서 9개를 무작위로 추출하여 각각에 대한 무게를 측정하였다. 이때 계산되는 표본평균이 미지의 모수인 μ로부터 0.3g 이내일 확률은 얼마인가?

풀 이 X_1, X_2, $\cdots$, X_9를 표본자료라고 할 때, 이 변수들은 평균 μ와 분산 $\sigma^2=1$을 갖는 정규변수들이다. 또한 표본평균 $\overline{X}_9$은 μ와 분산 $\frac{\sigma^2}{n}=\frac{1}{9}$을 가지는 정규변수가 된다. 따라서 우리가 구하고자 하는 확률은

$$\begin{aligned} P(|\overline{X}_9 - \mu| \le 0.3) &= P(-0.3 \le \overline{X}_9 - \mu \le 0.3) \\ &= P\left(\frac{-0.3}{\sigma/\sqrt{n}} \le \frac{\overline{X}_9 - \mu}{\sigma/\sqrt{n}} \le \frac{0.3}{\sigma/\sqrt{n}}\right) \\ &= P(-0.9 \le Z \le 0.9) \\ &= 0.6318 \end{aligned}$$

이 된다. 여기서 확률 0.6318은 모분산이 알려져 있고, Z가 표준정규변수이기 때문에 구할 수 있었음을 알 필요가 있다.

위의 사실은 모집단의 분포가 정규분포가 아닐 때에는 일반적으로 성립되지 않는다. 그러나 모집단의 분포가 정규분포가 아니더라도 표본의 크기 n이 커짐에 따라 표본평균의 분포는 점차 정규분포에 근사하게 된다. 중심극한정리(central limit theorem)가 바로 이와 같은 사실을 뒷받침하는 이론적 근거이다.

중심극한정리

평균이 μ이고 분산이 σ^2인 모집단으로부터 표본자료 X_1, X_2, X_3, $\cdots$, X_n이 추출되었다고 하자. 그러면 표본평균 $\overline{X}_n$은 모집단의 분포에 상관없이 n이 충분히 클 때, 근사적으로 $N\left(\mu,\ \frac{\sigma^2}{n}\right)$의 분포를 따른다.

앞의 중심극한정리가 n이 대단히 큰 경우에만 적용된다면 실제적 활용가치가 거의 없을 것이다. 그러나 경험적 연구에 따르면, n이 약 30 이상이면 이 정리를 적용할 수 있는 것으로 알려져 있다. 만일 모집단이 정규분포이면 표본의 크기에 상관없이 $\overline{X}_n$의 분포는 정규분포이다. 그러나 모집단이 정규분포가 아니라고 해도 표본의 크기가 30 이상만 되면 $\overline{X}_n$의 분포는 정규분포에 거의 근사하게 된다. 그림 7-2는 $\overline{X}_n$의 분포가 모집단의 분포에 상관없이 n이 커짐에 따라 정규분포에 근사해 가는 것을 보여 준다.

예제 7-6

천마연구소는 연구원의 평균월급(단위: 천원)을 추정하고자 한다. 모평균을 추정하기 위하여 연구소는 50명의 연구원을 확률표본으로 취하였다. 모평균이 4,000이고 모분산은 400^2이라고 가정할 때, 표본평균과 모평균의 차가 80 이내일 확률은 얼마인가?

풀 이 $n=50$, $\mu=4{,}000$ 그리고 $\sigma=400$이다. 표본의 크기가 30보다 크므로 중심극한정리를 적용한다. 즉, 표본평균의 분포는 평균 $\mu=4{,}000$이고 표준편차가 $\frac{\sigma}{\sqrt{n}}=\frac{400}{\sqrt{50}}=56.57$인 정규분포이다. 그러므로

$$\begin{aligned}
P(|\overline{X_{50}}-\mu| \le 80) &= P(-80 \le \overline{X_{50}}-\mu \le 80) \\
&= P\left(\frac{-80}{56.57} \le Z \le \frac{80}{56.57}\right) \\
&= P(-1.41 \le Z \le 1.41) \\
&= 2\times P(0 \le Z \le 1.41) \\
&= 0.8414
\end{aligned}$$

위 확률을 엑셀함수인 NORM.S.DIST를 이용하면 쉽게 구할 수 있다.

=1−2×(1−NORM.S.DIST(1.89,TRUE))=0.8414

7.4 표본비율의 확률분포

분석의 대상이 모집단의 평균이 아니라 비율인 경우가 있다. 예를 들어 한 제조공정에서 생산되는 제품의 불량률이나 특정 선거후보자에 대한 투표자의

그림 7-2 $n=2,\ 5,\ 25$에 대한 $\overline{X}_n$의 표본분포

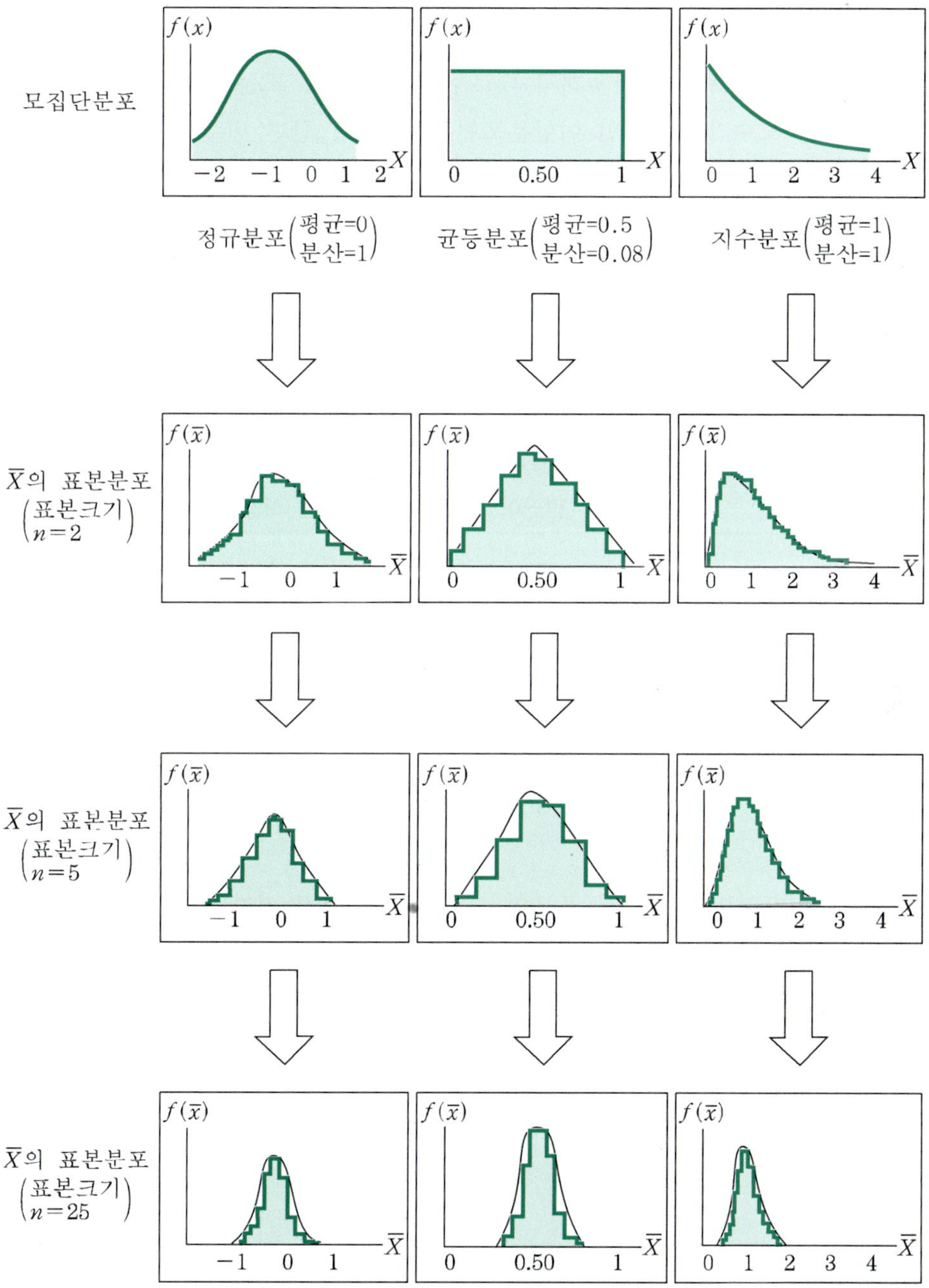

지지율 등이 비율과 관련된 경우이다. 성공의 비율이 p인 모집단으로부터 크기가 n인 단순확률표본 X_1, X_2, X_3, …, X_n을 추출하였다고 하자. 그러면 변수 X_1, X_2, X_3, …, X_n은 상호독립하며, 동일한 모수 p를 갖는 베르누이변수이다. 변수 X를 이들 n개의 베르누이변수의 합 또는 성공의 횟수라고 정의하면, X는 모수가 (n, p)인 이항분포변수가 된다. 한편 변수 X를 표본의 크기 n으로 나누어 주면 성공의 비율 또는 표본비율 $\hat{p}$를 얻을 수 있다.

표본비율

$$\hat{p} = \frac{X_1 + X_2 + X_3 + \cdots + X_n}{n} = \frac{X}{n}$$

여기서 n = 표본의 크기
X_i = 모수가 p인 베르누이변수
X = 평균이 np, 분산이 npq인 이항변수(단, $q = 1 - p$)

표본비율의 기댓값과 분산은 다음과 같이 구할 수 있다.

$$E(\hat{p}) = E\left(\frac{X}{n}\right) = \frac{1}{n}E(X) = p$$

$$Var(\hat{p}) = Var\left(\frac{X}{n}\right) = \frac{1}{n^2}Var(X) = \frac{pq}{n}$$

표본비율도 역시 표본의 크기 n이 충분히 커지면, 중심극한정리에 의해 정규분포에 근사하게 된다. 즉, 표본비율과 같이 베르누이변수의 합에 의하여 얻어지는 변수도 더해지는 변수의 개수(n)가 많아짐에 따라 정규변수화하게 된다. 경험적 연구결과에 따르면 $np \geq 5$이고 $nq \geq 5$일 때, 표본비율의 분포가 정규분포에 가깝게 근사하는 것으로 알려져 있다. 이는 표본비율의 분포가 n뿐만 아니라 p에도 영향을 받기 때문이다.

표본비율의 분포

모비율이 p이고 표본의 크기 n이 클 때($np \geq 5$이고 $nq \geq 5$), 표본비율 $\hat{p}$은 근사적으로 $N\left(p, \frac{p(1-p)}{n}\right)$을 따르게 된다. 즉, n이 클 때, 다음이 성립한다.

$$Z = \frac{\hat{p}-p}{\sqrt{p(1-p)/n}} \sim N(0,1)$$

여기서 $q = 1-p$이다.

예제 7-7

대통령 선거에서 유권자의 52%가 후보 K를 선호하는 것으로 나타났다. 200명의 유권자로 이루어진 확률표본을 취한다면 표본비율이 0.5보다 클 확률은 얼마인가?

풀 이 $n=200$, $p=0.52$이고 $q=(1-p)=0.48$이다. 먼저 $np \geq 5$이고 $nq \geq 5$인지를 검토하고, 그렇다면 정규분포를 사용한다.

$np = 200 \times 0.52 = 104 \geq 5$이고, $nq = 200 \times 0.48 = 96 \geq 5$이다.

따라서 $\hat{p}$은 평균이 $p=0.52$이고 분산이 $\frac{pq}{n} = \frac{0.52 \times 0.48}{200} = 0.0012$인 정규분포에 근사한다. $P(\hat{p} > 0.5)$를 구하고자 하므로 $\hat{p}=0.5$에 해당하는 Z값은

$$Z = \frac{0.5-0.52}{\sqrt{0.0012}} = -0.58$$

이다. 따라서 $P(\hat{p} > 0.5) = P(Z > -0.58) = 0.5 + 0.2190 = 0.7190$이다.

즉, 크기 200의 확률표본을 취하면 당선자를 제대로 예측할 확률이 0.7190이다.

7.5 카이제곱(χ^2)분포

χ^2분포는 이제까지 우리가 살펴본 분포에 비하여 대단히 복잡한 구조를 갖지만 통계이론에서 중요한 역할을 하고 있다. 예를 들면 χ^2분포는 모분산에 대한 추정 및 가설검정을 위한 유일한 통계적 도구이며, 분산분석이나 회귀분석에 필요한 t분포와 F분포가 이 χ^2분포로부터 정의된다. 이 외에도 χ^2분포를 통해 변수 간의 독립성 검정, 가정(assumption)에 대한 적합성 검정 등을 할 수 있다.

χ^2변수의 정의

앞에서 우리는 이항분포가 베르누이분포로부터 정의된다는 것을 보았다. 정의에 따르면 여러 개의 베르누이분포가 합쳐지면 이항분포를 이룬다. 여기에서 다루는 χ^2분포는 정규분포로부터 정의된다. 그러나 이항분포에서처럼 단순히 베르누이분포의 합으로 정의되는 것이 아니라 그 과정이 조금 더 복잡하다. k개의 변수 X_1, X_2, X_3, $\cdots$, X_k가 있는데, 이들은 서로 독립하는 정규분포변수들이며 임의의 i번째 변수의 분포는 $X_i \sim N(\mu_i, \sigma_i^2)$이라고 하자. 이들로부터 χ^2변수는 다음과 같이 정의될 수 있다.

χ^2변수의 정의

k개의 상호독립인 정규변수 $X_i \sim N(\mu_i, \sigma_i^2)$, $i=1, 2, 3, \cdots, k$가 있을 때,

$$\sum_{i=1}^{k} Z_i^2 = \left(\frac{X_1-\mu_1}{\sigma_1}\right)^2 + \left(\frac{X_2-\mu_2}{\sigma_2}\right)^2 + \left(\frac{X_3-\mu_3}{\sigma_3}\right)^2 + \cdots + \left(\frac{X_k-\mu_k}{\sigma_k}\right)^2$$

은 자유도가 k인 χ^2변수이다.

그림 7-3 자유도가 다른 χ^2분포

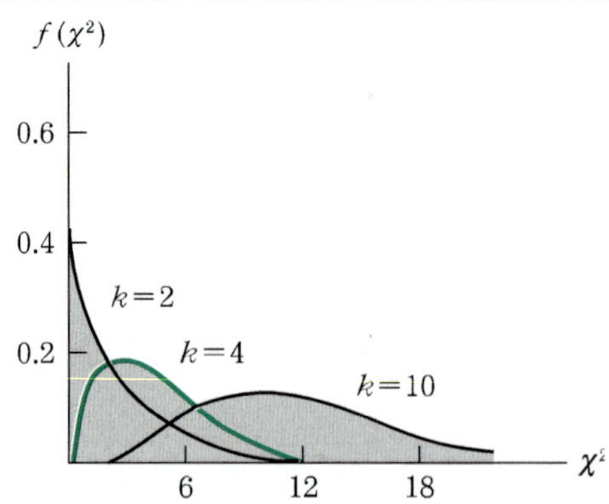

위에서 정의한 자유도가 k인 χ^2변수를 x_k^2라고 표기한다. 자유도(degree of freedom)란 자유스럽게 값을 취할 수 있는 변수의 개수를 의미한다. 따라서 자유도가 k인 χ^2변수란 이 변수가 k개의 독립된 변수 즉, 다른 변수에 구애됨이 없이 자유스럽게 값을 취할 수 있는 k개의 변수들로 구성되어 있다는 것을 의미한다. χ^2변수에 자유도를 표시하는 이유는 자유도에 따라 χ^2변수의 분포가 달라지기 때문이다. 그림 7-3은 자유도에 따른 χ^2변수의 분포를 보여 주고 있다.

χ^2분포의 형태를 나타내는 확률밀도함수, 기댓값, 분산은 모두 아래와 같이 자유도 k에 의하여 유일하게 결정된다.

χ^2변수의 특성

$$f_k(\chi^2) = \frac{(\chi^2)^{\frac{(k-2)}{2}} \exp\left(\frac{-\chi^2}{2}\right)}{\left(\frac{k-2}{2}\right)! 2^{(k-2)}}, \quad 0 < \chi^2 < \infty$$

$$E(\chi_k^2) = k\,; \ Var(\chi_k^2) = 2k$$

χ^2변수의 확률계산

χ^2변수의 확률계산은 부록 5의 표를 이용한다. 부록 5는 표준정규변수의 확률분포표(부록 3)에 비해 판이하게 다름을 알 수 있다. 이 표는 수치들이 자유도별로 분리되어 수록되어 있는데, 그 이유는 χ^2변수의 분포는 자유도에 따라 상이하여, 정규분포에서와 같이 공통적으로 적용할 수 있는 표준화된 분포가 존재하지 않기 때문이다.

예제 7-8

그림 7-4는 자유도가 5인 χ^2분포를 보여준다.

χ_5^2의 값이 어떤 실수 c보다 클 확률이 0.05(아래 그림의 색칠한 부분)일 때, c의 값은 얼마인가?

그림 7-4 자유도가 5인 χ^2분포

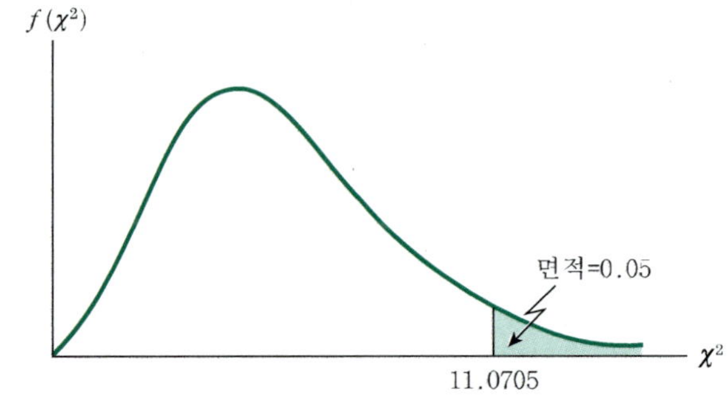

풀 이 이 문제는 $P(\chi_5^2 \geq c) = 0.05$가 성립되게 하는 c의 값을 찾는 문제이다.

c를 찾기 위해서는 우선 부록 5에서 자유도가 5인 행으로 간다. 그리고 표 상단의 확률이 0.05인 열까지 오른쪽으로 이동해 간다. 그 결과 주어진 표로부터 11.070이라는 수를 찾게 되는데, 이것이 바로 c의 값이다. 다시 말해서 χ_5^2이 11.070보다 클 확률은 0.05이다. 즉,

$$P(\chi_5^2 \geq 11.070) = 0.05$$

이를 엑셀함수를 이용하여 구하면 그림 7–5와 같으며, 함수 중 =CHISQ.INV.RT(0.05,5) 즉, χ^2분포의 역 우측검정확률을 구하는 함수인 CHISQ.INV.RT를 사용하고 Probability에는 우측 부분의 확률값 0.05와 Deg-freedom에서는 자유도 5를 넣어 구하면 11.070이 된다.

그림 7-5 자유도가 5인 χ^2분포 대화상자

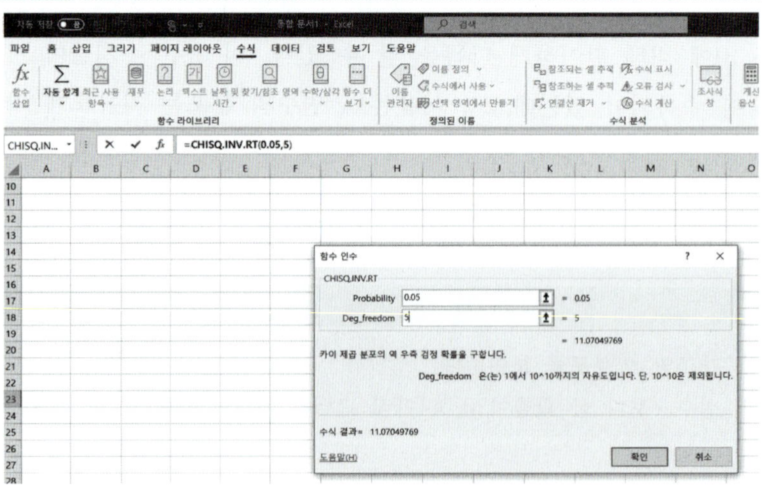

예제 7-9

다음의 확률을 구해보시오.

(a) $P(\chi_9^2 \leq 2.7)$

(b) $P(\chi_9^2 \leq 18)$

풀 이 (a) 부록 5의 자유도가 9인 행에서 오른쪽으로 가다 보면 2.7과 제일 가까운 수치가 세 번째의 2.700이다. 이 수치가 속해 있는 열의 상단에 있는 확률값은 0.975이며, 이는 $P(\chi_9^2 > 2.7) \cong 0.975$임을 의미한다. 그러므로

$$P(\chi_9^2 \leq 2.7) = 1 - P(\chi_9^2 > 2.7) = 1 - 0.975 = 0.025$$

가 된다.

엑셀함수로 구하기 위해서는 그림 7-6과 같이 =CHISQ.DIST.RT(2.7, 9)를 입력하면 0.975의 값을 구할 수 있다. 따라서 $1 - 0.975 = 0.025$이다.

그림 7-6 자유도가 9인 χ^2분포 대화상자

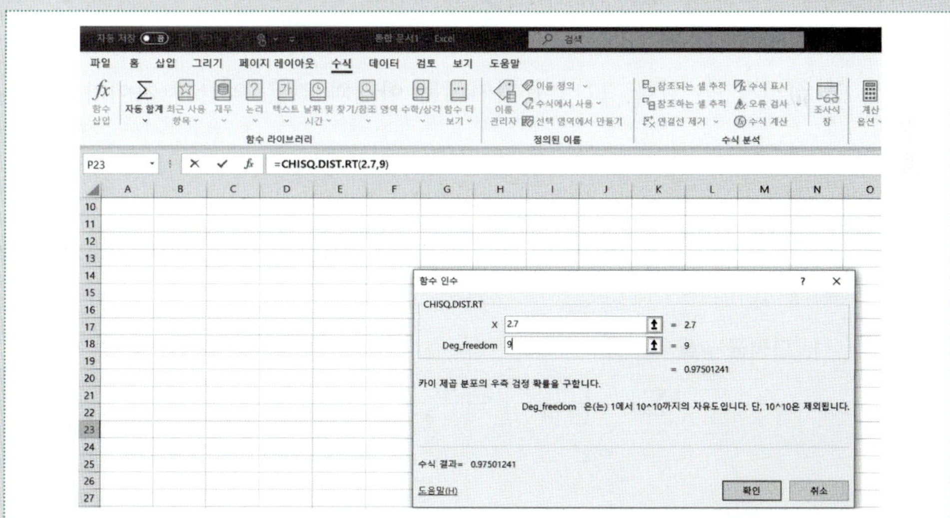

(b) 위와 마찬가지로 부록 5의 자유도가 9인 행을 따라 오른쪽으로 이동하면서 18과 가장 가까운 값을 찾는다. 그러나 이 경우에는 18에 거의 근사하는 값이 없다. 18은 7번째와 8번째 수치인 16.919과 19.023 사이에 놓이는데, 이는 이 세 수치에 관한 확률이 다음의 관계에 있음을 의미한다.

$$P(\chi_9^2 > 19.023) < P(\chi_9^2 > 18) < P(\chi_9^2 > 16.919)$$

$$0.025 < P(\chi_9^2 > 18) < 0.05$$

따라서 $P(\chi_9^2 \le 18) = 1 - P(\chi_9^2 > 18)$이므로

$$0.95 < P(\chi_9^2 \le 18) < 0.975$$

표본분포로서의 χ^2분포

χ_k^2변수를 정의할 때, 우리는 k개의 정규변수가 모두 평균과 분산이 다른 일반적인 경우를 적용하였다. 따라서 평균과 분산이 모두 같은 k개의 상호독립인 정규변수 $X_i \sim N(\mu, \sigma^2)$에 대해서도 χ_k^2가 정의될 수 있음을 알 수 있다. k개의 상호독립인 변수가 정규모집단으로부터 추출된 단순확률표본인 경우, χ_k^2변수는 표본변수 X_1, X_2, $\cdots$, X_k의 함수인 통계량이며, 따라서 χ^2분포는 하나의 표본분포인 것이다. χ_k^2변수는 모평균을 모른다 하더라도 표본평균으로 대체하여 정의될 수 있다. 그러나 거기에는 아래와 같은 약간의 차이가 있다.

χ^2분포의 정리

X_1, X_2, X_3, $\cdots$, X_n이 평균이 μ이고 분산이 σ^2인 정규모집단으로부터의 단순확률표본일 때,

1. 모평균 μ를 알 경우

$$\sum Z_i^2 = \left(\frac{X_1 - \mu}{\sigma}\right)^2 + \left(\frac{X_2 - \mu}{\sigma}\right)^2 + \left(\frac{X_3 - \mu}{\sigma}\right)^2 + \cdots + \left(\frac{X_n - \mu}{\sigma}\right)^2$$
$$= \chi_n^2$$

2. 모평균을 모를 경우

$$\left(\frac{X_1 - \overline{X}_n}{\sigma}\right)^2 + \left(\frac{X_2 - \overline{X}_n}{\sigma}\right)^2 + \left(\frac{X_3 - \overline{X}_n}{\sigma}\right)^2 + \cdots + \left(\frac{X_n - \overline{X}_n}{\sigma}\right)^2$$
$$= \frac{1}{\sigma^2}\sum (X_i - \overline{X}_n)^2$$
$$= \chi_{n-1}^2$$

위의 정리는 모평균을 모르더라도 표본평균으로 대체하여 χ^2변수를 정의할

수는 있으나, 모평균을 아는 경우에 비하여 자유도가 하나 감소한다는 것을 보여 주고 있다. 이는 χ^2변수를 정의하는 $(X_1-\overline{X}_n)$, $(X_2-\overline{X}_n)$, $(X_3-\overline{X}_n)$, $\cdots$, $(X_n-\overline{X}_n)$ 중에서 처음 $(n-1)$개가 알려지면 마지막 하나의 값이 자동적으로 결정되기 때문이다. 다시 말해서 μ 대신에 $\overline{X}_n$를 대체함으로써 χ^2변수를 정의하는 n개의 변수 중에서 자유스럽게 값을 취할 수 있는 변수는 $(n-1)$개가 되기 때문이다.

예제 7-10

표본평균으로 대체하여 도출한 χ^2변수는 자유도가 하나 감소한다는 사실을 $n=2$인 경우에 대하여 증명하시오.

풀 이 X_1과 X_2가 $N(\mu,\ \sigma^2)$의 분포를 가진 모집단으로부터 추출된 단순확률표본일 때, 만일 μ를 모른다면 표본평균인 $\overline{X_2}=(X_1+X_2)/2$로 대체하여

$$\begin{aligned}
&\left(\frac{X_1-\overline{X}_n}{\sigma}\right)^2+\left(\frac{X_2-\overline{X}_n}{\sigma}\right)^2\\
&=\frac{1}{\sigma^2}\left[\left\{X_1-\frac{(X_1+X_2)}{2}\right\}^2+\left\{X_2-\frac{(X_1+X_2)}{2}\right\}^2\right]\\
&=\frac{1}{\sigma^2}\left[\left(\frac{X_1-X_2}{2}\right)^2+\left(\frac{X_1-X_2}{2}\right)^2\right]\\
&=\frac{1}{\sigma^2}2\left(\frac{X_1-X_2}{2}\right)^2\\
&=\left(\frac{X_1-X_2}{\sigma\sqrt{2}}\right)^2
\end{aligned}$$

그런데 $(X_1-X_2)\sim N(0,\ 2\sigma^2)$이므로,

$$\left(\frac{X_1-X_2}{\sigma\sqrt{2}}\right)^2=Z^2$$

이 되어 자유도가 1인 χ^2변수가 된다.

χ^2변수와 표본분산의 관계 χ^2_{n-1}과 표본크기가 n인 표본분산 S^2 간에는 다음의 관계가 성립한다.

$$\chi^2_{n-1} = \frac{1}{\sigma^2}\sum(X_i - \overline{X}_n)^2 = \frac{1}{\sigma^2}(n-1)S^2 = \frac{(n-1)S^2}{\sigma^2}$$

즉, χ^2_{n-1}와 S^2은 선형함수의 관계를 갖는다. 따라서 다음의 예제에서와 같이 S^2의 표본분포에 대한 확률분석이 χ^2분포에 의해 이루어질 수 있음을 알 수 있다.

예제 7-11

경영대학 구내의 커피자판기는 한 컵당 μg씩의 커피가 나오도록 조정되어 있으며 표준편차가 1인 정규분포를 가지는 것으로 알려져 있다. 어느 날 커피자판기에서 나오는 커피의 양에 대해서 10개를 무작위로 추출하여 각각에 대한 무게를 측정하였다. 이때 계산되는 표본분산이 1.88보다 클 확률은 얼마인가?

풀 이

$$\begin{aligned} P(S^2 > 1.88) &= P\left(\frac{(n-1)S^2}{\sigma^2} > \frac{(10-1)(1.88)}{1^2}\right) \\ &= P(\chi^2_9 > 16.92) \\ &= 0.05 \end{aligned}$$

7.6 t분포

7.3절에서 설명한 것처럼 모집단이 정규분포이고 모분산이 알려진 경우에는 표준정규분포에 의하여 모평균에 대한 추정을 할 수 있었다. 그러나 모집단이 정규분포라고 하더라도 모분산이 알려져 있지 않으면 표준화를 할 수 없으므로 모평균의 추정에 표준정규분포를 더 이상 사용할 수 없게 된다. 이 경우에는 모표준편차 σ를 표본표준편차 S로 대체한 통계량 $\frac{\overline{X}_n - \mu}{S/\sqrt{n}}$를 μ에 대한 추론의 기초로 사용하게 된다. 통계량 $\frac{\overline{X}_n - \mu}{S/\sqrt{n}}$의 확률분포는 Student t분포(또는 줄여서 t분포)라고 알려진 확률밀도함수에 의하여 주어진다. 즉, t분포는 모분산을 모르는 경우에 정규모집단의 μ에 대한 추론을 하는 데 이용되는 확률분포

로, 일반적인 정의는 다음과 같다.

t분포

표준정규변수 Z와 자유도가 k인 χ^2변수가 상호독립일 때,

$$t_k = \frac{Z}{\sqrt{\frac{\chi_k^2}{k}}}$$

는 자유도가 k인 t분포를 따른다.

평균이 μ이고 분산이 σ^2인 정규모집단으로부터 표본자료 X_1, X_2, X_3, $\cdots$, X_n이 추출되었다고 하자. 그러면 $Z=\frac{\overline{X}_n-\mu}{\sigma/\sqrt{n}}$은 표준정규분포를 따르며, $\frac{(n-1)S^2}{\sigma^2}$은 자유도가 $(n-1)$인 χ^2변수가 된다. 따라서 이 두 변수의 함수인 t_{n-1}은 아래와 같이 자유도가 $(n-1)$인 t분포를 갖는 확률변수이다.

다시 말해서 표준정규변수 $Z=\frac{\overline{X}_n-\mu}{\sigma/\sqrt{n}}$에서 σ 대신에 S로 대체한 $\frac{\overline{X}_n-\mu}{S/\sqrt{n}}$는 자유도가 $(n-1)$인 t변수 t_{n-1}이 된다. 이에 따라 모집단이 정규분포이거나 모분산을 알 수 없는 경우에는 t분포에 의해 모평균에 대한 추론을 하게 된다. t변수도 χ^2변수와 같이 자유도에 따라 상이한 분포를 갖는다. 그래서 자유도를 항상 명시하며, 자유도가 k인 t변수는 t_k로 표기한다. t분포의 밀도함수는 매우 복잡하여 소개는 생략하기로 하고, 여기서는 t분포의 형태와 특징에 대해서만 살펴보기로 한다.

t분포의 특징

1. t변수는 χ^2변수와 마찬가지로 자유도에 따라 상이한 분포를 갖는다.
2. $k>2$인 경우 $Var(t_k)=\frac{k}{k-2}$이다. 즉, t변수의 기댓값은 자유도에 관계없이 항상 0이며, 분산은 자유도에 의해 결정된다.
3. t변수의 밀도함수는 정규분포와 같은 종모양을 가지며, 기댓값 0을 중심으로 대칭이다.

t변수의 분포는 대체로 표준정규변수와 유사한 종모양을 가지나 분산이 1보다 크기 때문에 정규분포에 비해 두꺼운 꼬리를 갖는다. 그림 7-7은 t분포

그림 7-7 정규분포와 t분포

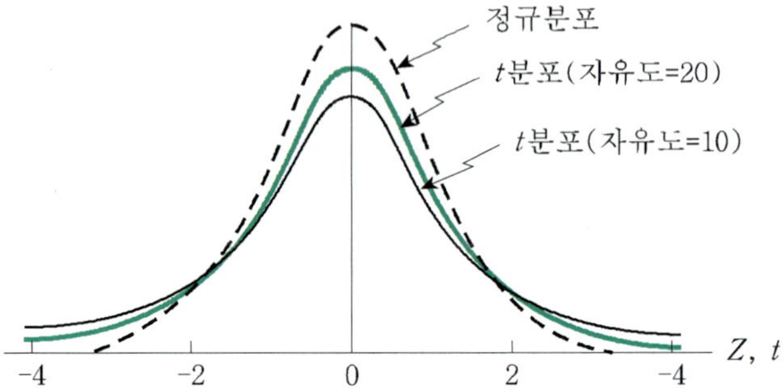

와 표준정규분포의 형태를 비교하여 준다. 여기서 한 가지 유의할 사항은 변수 t_k의 분산은 자유도가 증가함에 따라 점차 1에 수렴한다는 것이다. 이는 자유도가 커짐에 따라 t분포가 표준정규분포에 근사한다는 것을 말한다. 따라서 모집단이 정규분포이고, 모분산을 모를 경우에는 t분포를 사용하는 것이 일반적이나, 대표본($n \geq 30$)일 경우에는 모분산을 몰라도 표준정규분포에 의해 근사적 추론이 가능하다. 또한 7.3절에서 설명한 중심극한정리에 의해 설령 모집단이 정규분포가 아니더라도 대표본의 경우에는 표준정규분포에 의해 모평균에 대한 추론을 할 수 있음을 살펴보았다. 이상의 사실을 요약하면 표 7-4와 같다.

표 7-4 모평균 또는 모비율의 추론을 위해 사용되는 분포

추 론	대표본($n \geq 30$)	Z분포 사용		
	소표본($n < 30$)	정규모집단	σ^2을 알 경우	Z분포 사용
			σ^2을 모를 경우	t_{n-1}분포 사용
		비정규모집단	비모수통계	

부록 4에는 여러 가지 자유도에 대한 t변수의 확률분포가 주어져 있으며, 이를 이용하면 t변수에 대한 확률계산을 쉽게 할 수 있다.

예제 7-12

천호기업에서 생산하는 철사의 강도는 정규분포를 따른다. 생산공정으로부터 일정한 길이의 철사 6가닥을 임의로 추출하여 강도를 측정하였다. 표본평균을 $\overline{X}_6$, 표본분산을 S^2이라고 할 때, $\overline{X}_6$과 미지의 모수 μ와의 차이가 $\dfrac{2S}{\sqrt{n}}$ 이내일 확률은 얼마인가?

풀 이 구하고자 하는 확률은 다음과 같다.

$$P\left(\frac{-2S}{\sqrt{n}} \le \overline{X}_6 - \mu \le \frac{2S}{\sqrt{n}}\right) = P\left(-2 \le \frac{\overline{X}_6 - \mu}{\dfrac{S}{\sqrt{n}}} \le 2\right)$$
$$= P(-2 \le t_{n-1} \le 2)$$

부록 4에서 자유도($d.f.$)=5인 행의 두 번째 수치가 2.015이며, 이 수치에 대응하는 표 상단의 확률은 0.05이다. 이는 $P(t_5 \ge 2.015) = 0.05$임을 의미한다. 또한 t분포는 0을 중심으로 좌우대칭이므로

$$P(-2 \le t_5 \le 2) = 2P(0 \le t_5 \le 2)$$
$$= 2[0.5 - P(t_5 \ge 2)] \approx 2(0.5 - 0.05) = 0.90$$

이 된다.

그러므로 정확한 답은 0.90보다 약간 작은 값이 될 것이다.

이를 엑셀함수인 T.DIST.RT 함수를 이용하면 그림 7-8과 같이 구할 수 있다. 즉, 2×(0.5−T.DIST.RT)=2×(0.5−0.051)=0.898을 구할 수 있다.

그림 7-8 t분포의 확률값 입력화면

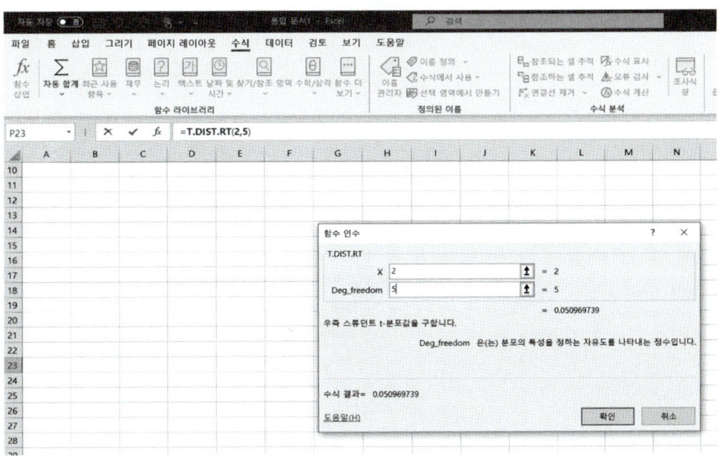

참고로 모분산 σ^2이 알려져 있을 때, $\overline{X}_6$와 미지의 모수 μ와의 차이가 $\frac{2\sigma}{\sqrt{n}}$ 이내일 확률은 다음과 같다.

$$P\left(\frac{-2\sigma}{\sqrt{n}} \le \overline{X}_6 - \mu \le \frac{2\sigma}{\sqrt{n}}\right) = P\left(-2 \le \frac{(\overline{X}_6 - \mu)}{\sigma/\sqrt{n}} \le 2\right)$$
$$= P(-2 \le Z \le 2) = 0.9544$$

07 통계학개론

연습문제

01 중심극한정리에 대하여 설명하시오.

02 표본의 크기에 따라 모평균을 추론하기 위해 사용되는 분포에 대해 설명하시오.

03 대영백화점에서 고객들이 소비하는 금액(단위: 천 원)은 평균이 40이고, 표준편차가 3인 정규분포를 따른다.

① 44 이상을 소비하는 고객의 비율은?

② 임의로 추출한 50명의 고객들이 평균적으로 39에서 41까지 소비할 확률은?

04 신라제과는 지난 5년 동안 하루 평균 250개의 빵을 판매했고, 표준편차는 45였다.

① 30일을 무작위로 추출하였을 때, 판매량의 표본평균에 대한 분포를 구하시오.

② 임의로 추출된 30일 동안 총 7,000개에서 8,000개 사이의 빵을 팔았을 확률을 구하시오.

③ 조사기간을 45일로 늘렸을 때, 임의로 추출된 45일 동안 총 12,000개 이상의 빵을 팔았을 확률은 얼마인가?

05 정밀주식회사는 드릴을 공급하는 업체로 직경이 3.5mm와 5.25mm인 제품을 생산한다. 각 제품은 독립적인 두 공정 A와 B로부터 생산되는데, 각 공정으로부터 하루 동안 생산되는 제품 중 불량품의 수를 각각 X_1과 X_2라고 하자. X_1은 평균이 12, 분산이 4이고, X_2는 평균

이 10, 분산이 1이다.

① 공정 A에서 30개의 표본을 추출하여 불량품의 수를 조사했을 때, 그 평균은 어떤 분포를 따르는가?

② 공정 B에서 40개의 표본을 추출하여 불량품의 수를 조사했을 때, 그 평균은 어떤 분포를 따르는가?

③ 위의 ①과 ②에서 조사한 표본평균의 차가 $P(\overline{X}_1 - \overline{X}_2 \le 3)$일 확률을 계산하시오.

06 대동백화점 고객의 20%가 신용카드로 대금을 지불하는 것으로 나타났다. 50명의 고객을 추출할 때, 25% 이상이 신용카드로 대금을 지불할 확률은?

07 자유도가 6인 χ^2분포의 오른쪽 꼬리면적이 0.05인 χ^2의 기각치를 구하시오.

08 백제대학의 신입생들의 지능지수는 평균이 125, 분산이 25인 정규분포를 따른다고 한다. 이 대학에서 열리는 수업을 임의로 선택하여 수강생 중 15명의 학생에 대해 지능지수를 조사했을 때, $P(8.32 \le S^2 \le 46.64)$를 계산하시오.

09 자유도 12를 갖는 t분포에서 아래의 범위에 대한 확률을 구하시오.

① 1.782의 왼쪽

② −1.356의 오른쪽

③ −2.179와 +2.179 사이

10 정규분포를 따르는 변수 X에 대하여 9개의 표본을 추출하였다. 이때

$$P\left(-c \le \frac{3(\overline{X}-\mu)}{S} \le c\right) = 0.90$$

을 만족시키는 상수 c의 값을 결정하시오.

08

추 정

8.1 … 점추정

8.2 … 점추정량의 바람직한 성질

8.3 … 모평균과 모비율에 대한 구간추정

8.4 … 표본크기의 결정

8.5 … 모분산에 대한 구간추정

Abraham Lincoln

착한 일을 하면 기분이 좋아진다. 그러나 악한 일을 하면 기분이 나빠진다.
이것이 나의 믿음이다.

When I do good, I feel good; when I do bad, I feel bad. That's my religion.

제 8 장

추 정

점추정과 구간추정 –
점추정량이 갖추어야 할 바람직한 특성 –
모평균, 모비율, 모분산의 구간추정 –
표본크기의 결정방법 –

key point

모수(parameter)란 모집단의 특성을 나타내는 측도로써 대표적인 모수로는 모평균(μ), 모분산(σ^2), 모비율(p) 등이 있다. 이러한 모수들은 일반적으로 알려지지 않은 수치이다. 모집단의 특성을 파악하기 위해서는 이 모수들을 산출할 필요가 있으나, 모집단 전체를 대상으로 하여 이들을 산출하기에는 모집단의 규모가 너무 방대하거나 시간, 비용 등의 제약으로 현실적으로 불가능한 경우가 많다. 이에 따라 모집단으로부터 표본자료를 추출하여, 이 표본정보를 통하여 모수를 추론(inference)하게 되는데 이 과정을 추정(estimation)이라고 한다.

모수와 대비되는 개념으로 통계량(statistic)이 있다. 통계량은 앞 장에서 정의한 바와 같이 표본의 구성원소인 X_1, X_2, X_3, …, X_n의 함수이다. 모수가 모집단의 특성을 나타내는 데 반하여 통계량은 표본의 특성을 요약하는 측도이다. 또한 모수가 미지의 상수인 데 반하여 통계량은 확률변수이다. 대표적인 통계량으로는 표본평균, 표본분산, 표본비율 등이 있다. 이 외에도 X_1, X_2, X_3, …, X_n의 함수인 다양한 형태의 통계량이 있을 수 있다. 이러한 통계량 중에서 모수를 추정하는 데 사용되는 통계량을 우리는 추정량(estimator)이라고 부른다. 예를 들어서 표본의 크기가 n인 표본평균 $\overline{X}_n$은 모평균의 추정량이며, 표본분산 S^2은 모분산의 추정량이다. 표본을 실제로 추출해서 표본관찰치들을 추정량에 대입하면 하나의 실수를 얻게 되는데, 이 실수를 그 추정량의 추정치(estimate)라고 한다. 추정량과 추정치의 관계는 확률변수 X와 실수값 x와의 관계와 유사하다.

추정의 방법에는 점추정(point estimation)과 구간추정(interval estimation)이 있다. 점추정은 표본평균이나 표본분산과 같은 추정량에 표본정보를 대입하여 얻은 단일추정치에 의하여 모수를 추정하는 방법이다. 반면에 구간추정은 표본정보를 통해 미지의 모수가 속할 것으로 기대되는 실수구간을 제시하는 방법을 말한다. 본 장에서는 추정량이 갖추어야 할 몇 가지 바람직한 성질에 대하여 살펴본 후, 주어진 추정량을 통해서 모수를 추정하는 절차에 대해서 알아보기로 한다.

8.1 점 추 정

점추정

점추정(point estimation)이란 선정된 추정량에 추출된 표본자료를 대입하여 얻은 단일추정치로 모수를 추정하는 방법을 말한다. 점추정에 사용된 통계량을 점추정량(point estimator)이라고 한다.

예제 8-1

대영은행은 고객이 서비스를 받는 데 걸리는 시간을 측정하기 위해서 40명의 고객을 무작위로 추출하여 다음의 표본자료(단위: 분)를 얻었다.

7.4	0.9	1.0	3.6	0.1	1.9	2.9	2.2
4.7	1.2	2.1	0.5	2.6	3.5	0.1	2.9
0.2	0.9	1.7	1.9	2.3	0.2	0.8	1.4
0.9	0.8	1.6	3.7	0.5	0.9	0.8	0.8
4.9	2.9	0.4	6.5	2.5	5.1	2.6	0.4

대영은행에서 알고자 하는 것은 은행에 출입하는 모든 고객이 서비스를 받는 데 걸리는 평균시간(μ)이다. μ를 추정하기 위해서는 추출된 40개의 서비스시간에 대한 평균($\overline{X}_{40}$)을 구하면 된다.

$$\overline{X}_{40} = \frac{\sum_{i=1}^{40} X_i}{40} = 2.0575$$

평균으로 계산된 2.0575에 의해 대영은행은 은행의 평균서비스시간이 2.0575일 것이라고 추정하게 된다. 이와 같이 표본으로부터 제시된 하나의 단일치에 의해 모수를 추정하는 것을 점추정이라고 한다.

점추정은 마치 과녁에 활을 쏘는 것과 유사하다. 아무리 명궁이라고 하더라도 항상 과녁의 중심을 맞힐 수는 없으며, 매번 시위를 당길 때마다 다소간의 오차가 생기기 마련이다. 이처럼 점추정은 아무리 좋은 점추정량을 사용한다고 해도 표본오차(sampling error)로 인하여 모수와 일치할 확률은 거의 0에 가깝다. 예제 1에서도 40명의 고객을 다시 추출하여 평균서비스시간을 계산하면 아마 2.0575와 상당히 다른 수치가 나올 수도 있다. 이와 같이 점추정치는 모수와 일치한다는 보장이 없을 뿐만 아니라, 불확실성의 정도를 측정하는 어떠한 방안도 제시하지 못한다. 이것이 바로 점추정의 문제점이다.

8.3절에서 설명할 구간추정은 이와 같은 점추정의 문제점을 보완해준다.

8.2 점추정량의 바람직한 성질

점추정에 의해 제시된 하나의 단일추정치가 모수와 일치할 확률은 거의 0에 가깝다. 따라서 우리는 가급적 모수를 더 잘 추정할 수 있는 점추정량을 사용하고자 한다. 이에 따라 하나의 모수에 대하여 여러 개의 다른 점추정량이 제시될 수 있다. 예를 들면 모평균의 점추정량으로는 표본평균 외에도 표본중앙치나 표본최빈치 등이 사용될 수 있다. 그렇다면 이러한 여러 개의 점추정량 중에서 어떤 특성을 가진 추정량이 가장 바람직한가? 점추정량이 구비해야 할 바람직한 특성으로는 불편성(unbiasedness), 효율성(efficiency) 그리고 일관성(consistency)을 들 수 있다. 통계학에서는 이와 같은 세 가지의 특성을 구비한 통계량을 대상모수의 점추정량으로 사용하고 있다.

불 편 성

불편성(unbiasedness)이란 추정량의 기댓값과 그 추정량이 추정하고자 하는 모수가 일치하는 것을 말한다. 추정량 $\hat{\theta}$이 있을 때, $\hat{\theta}$의 편의량(biasedness)은 다음과 같이 정의된다.

$$\hat{\theta}\text{의 편의량} = E(\hat{\theta}) - \theta$$

즉, $\hat{\theta}$의 편의량이란 $\hat{\theta}$의 기댓값과 $\hat{\theta}$이 추정하고자 하는 모수 θ와의 차이를 말하는데, 이 편의량이 0인 추정량을 불편추정량(unbiased estimator)이라고 하고, 그렇지 않은 추정량을 편의추정량(biased estimator)이라 한다. 앞에서 우리는 표본평균의 기댓값이 μ임을 보았다. 따라서 표본평균은 μ의 불편추정량이다. 또한 σ^2의 불편추정량은 표본분산(S^2)이 된다.

그림 8-1 불편추정량과 편의추정량

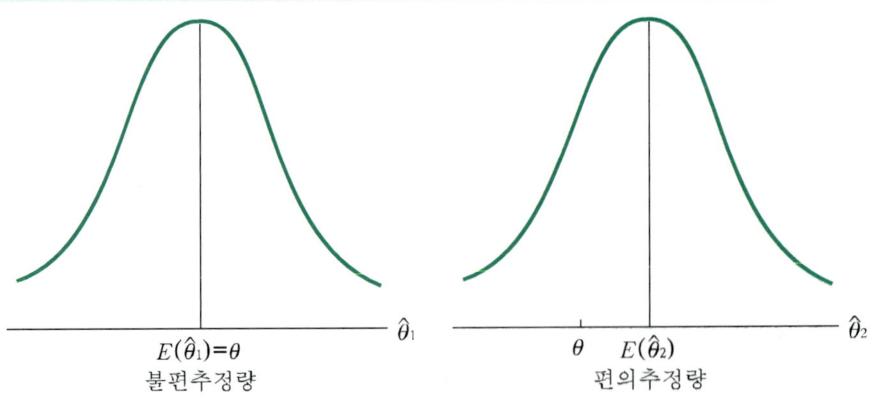

불편추정량

$\hat{\theta}$이 모수 θ의 추정량일 때, 만일 $E(\hat{\theta})=\theta$이면 $\hat{\theta}$은 θ의 불편추정량이라고 한다.

그림 8-1은 모수 θ의 불편추정량인 $\hat{\theta}_1$과 편의추정량인 $\hat{\theta}_2$의 분포상태를 보여주고 있다.

예제 8-2

표본자료 X_1, X_2, X_3에 의하여 모평균 μ를 추정하고자 다음의 세 가지 추정량을 고려하고 있다.

$$\hat{\mu}_1 = \frac{(X_1 + X_2 + X_3)}{3}$$
$$\hat{\mu}_2 = \frac{(X_1 + 2X_2 + X_3)}{4}$$
$$\hat{\mu}_3 = \frac{(X_1 + 2X_2 + 3X_3)}{5}$$

세 개의 추정량은 모두 불편추정량인가?

풀 이 각 추정량의 기댓값을 구하면,

$$E(\hat{\mu}_1) = E\left[\frac{X_1 + X_2 + X_3}{3}\right] = \mu$$
$$E(\hat{\mu}_2) = E\left[\frac{X_1 + 2X_2 + X_3}{4}\right] = \mu$$
$$E(\hat{\mu}_3) = E\left[\frac{X_1 + 2X_2 + 3X_3}{5}\right] = \frac{6\mu}{5}$$

따라서 $\hat{\mu}_1$과 $\hat{\mu}_2$만이 불편추정량이다.

제3장에서 우리는 표본분산 S^2을 다음과 같이 정의하였다. 표본자료 X_1, X_2, X_3, $\cdots$, X_n이 있을 때,

$$S^2 = \frac{\sum_{i=1}^{n}(X_i - \overline{X}_n)^2}{n-1}$$

위의 정의에서 표본분산은 n개의 편차를 제곱하여 더한 후 $(n-1)$로 나누었다. 그렇다면 왜 n으로 나누지 않고 $(n-1)$로 나누는가? 이제 그 이유를 살펴보도록 하자. 우선 표본분산의 분자인 $\sum(X_i-\overline{X}_n)^2$은 아래와 같이 정리할 수 있다.

$$\begin{aligned}\sum_{i=1}^{n}(X_i-\overline{X}_n)^2 &= \sum\{(X_i-\mu)-(\overline{X}_n-\mu)\}^2 \\ &= \sum(X_i-\mu)^2 - 2\sum(X_i-\mu)(\overline{X}_n-\mu) + \sum(\overline{X}_n-\mu)^2 \\ &= \sum(X_i-\mu)^2 - 2n(\overline{X}_n-\mu)(\overline{X}_n-\mu) + n(\overline{X}_n-\mu)^2 \\ &= \sum(X_i-\mu)^2 - n(\overline{X}_n-\mu)^2\end{aligned}$$

여기서 X_i는 모두 동일한 분포를 가지므로, $E[(X_i-\mu)^2]=\sigma^2$임을 기억하자. 따라서

$$\begin{aligned}E[\sum(X_i-\overline{X}_n)^2] &= E[\sum(X_i-\mu)^2 - n(\overline{X}_n-\mu)^2] \\ &= \sum E(X_i-\mu)^2 - nE(\overline{X}_n-\mu)^2 \\ &= n\sigma^2 - n\frac{\sigma^2}{n} \\ &= (n-1)\sigma^2\end{aligned}$$

이 된다. 그러므로

$$E(S^2) = \frac{E[\sum(X_i-\overline{X}_n)^2]}{(n-1)} = \sigma^2$$

이다. 따라서 S^2은 σ^2의 불편추정량임을 알 수 있다.

그림 8-2 표본분산의 분포

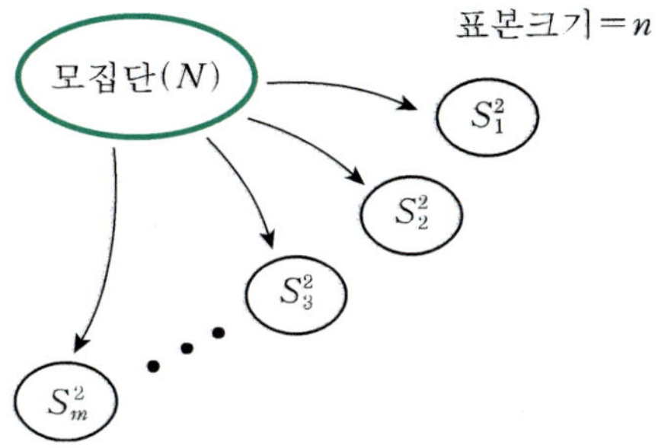

즉 표본분산은 $(n-1)$로 나눌 때, 표본분산의 기댓값이 추정하고자 하는 모수인 σ^2과 일치하는 불편추정량의 특성을 갖게 된다. 반면에 분모를 n으로 하면 기댓값이 $\frac{\sigma^2(n-1)}{n}$이 되어 모수를 과소추정하는 경향이 있다.

예제 8-3

표본분산 S^2은 σ^2의 불편추정량이다. 그렇다면 S는 σ의 불편추정량인가?

풀 이 그림 8-2와 같이 우리는 크기 N인 모집단으로부터 많은 동일한 크기(n)의 표본을 추출할 수 있고, 또 각 표본으로부터 S^2을 계산할 수 있다. 모집단의 크기가 N일 때, 이 모집단으로부터 뽑을 수 있는 크기 n인 표본의 총개수 m은 ${}_NC_n$이 된다. 따라서,

$$E(S^2) = \frac{S_1^2 + S_2^2 + \cdots + S_m^2}{m}$$

$$E(S) = \frac{S_1 + S_2 + \cdots + S_m}{m}$$

이 된다. 만일 $E(S) = \sigma$라면, $\{E(S)\}^2 = \sigma^2 = E(S^2)$이 성립하게 된다. 즉,

$$\frac{S_1^2 + S_2^2 + \cdots + S_m^2}{m} = \left(\frac{S_1 + S_2 + \cdots + S_m}{m}\right)^2$$

이 성립되어야 한다. 그러나 일반적으로

$$\frac{S_1^2+S_2^2+\cdots+S_m^2}{m} \neq \left(\frac{S_1+S_2+\cdots+S_m}{m}\right)^2$$

이므로 $\{E(S)\}^2 \neq E(S^2)$이 된다. 따라서 $E(S) \neq \sigma$이며, S는 σ의 불편추정량이 될 수 없다.

효 율 성

불편성은 바람직한 추정량의 필수조건이지만 충분조건은 아니다. 그림 8-3에서 보면 $\hat{\theta}_1$과 $\hat{\theta}_2$는 모두 θ의 불편추정량이다. 그러나 $\hat{\theta}_1$의 표준오차가 $\hat{\theta}_2$의 그것보다 작으며, 이것은 $\hat{\theta}_1$이 $\hat{\theta}_2$에 비해 θ에 더 가까운 추정치를 제시할 확률이 높다는 것을 의미한다. 이런 경우에 $\hat{\theta}_1$은 $\hat{\theta}_2$보다 θ를 추정하는 데 더 효율적이라고 말한다.

효율성과 상대적 효율성

$Var(\hat{\theta}_1) \leq Var(\hat{\theta}_2)$일 때, $\hat{\theta}_1$이 $\hat{\theta}_2$보다 θ를 추정하는 데 더 효율적이라고 한다.

$$\text{상대적 효율성} = \frac{Var(\hat{\theta}_2)}{Var(\hat{\theta}_1)}$$

불편추정량들의 효율성 비교는 종종 상대적 효율성으로 나타내기도 한다.

그림 8-3 $\hat{\theta}_1$과 $\hat{\theta}_2$의 분포로 본 효율성 비교

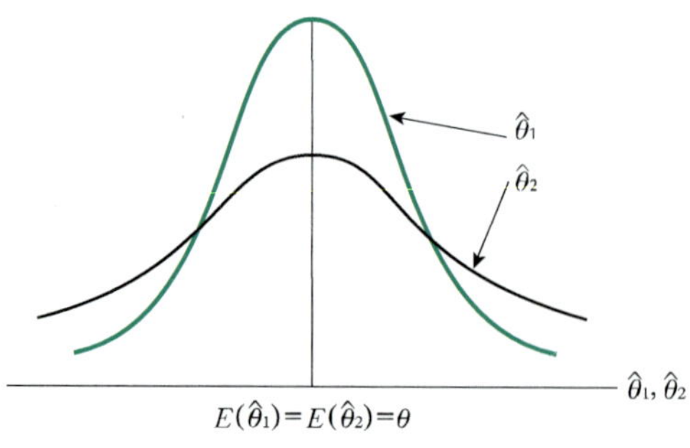

예를 들어서 표본평균과 표본중앙치(M_e)는 둘 다 μ의 불편추정량이다. 그런데 표본크기가 n일 때, $Var(\overline{X}_n)=\frac{\sigma^2}{n}$이고 $Var(M_e)=\frac{\pi\sigma^2}{2n}$이다. 그러므로 이 두 추정량 간의 상대적 효율성은

$$\text{상대적 효율성}=\frac{\pi\sigma^2/2n}{\sigma^2/n}=\frac{\pi}{2}=1.57$$

이다.

이는 M_e가 $\overline{X}_n$만큼 효율적이기 위해서는 57%의 관찰치가 더 필요하다는 것을 의미한다.

예제 8-4

예제 8-2의 $\hat{\mu}_1$과 $\hat{\mu}_2$는 모두 μ의 불편추정량이었다. 이 둘 중에서 어느 것이 더 효율적인 추정량인가? 그리고 $\hat{\mu}_1$과 $\hat{\mu}_2$의 상대적 효율성은 얼마인가?

풀 이

$$Var(\hat{\mu}_1)=Var\left(\frac{X_1+X_2+X_3}{3}\right)=\frac{\sigma^2}{3}$$

$$Var(\hat{\mu}_2)=Var\left(\frac{X_1+2X_2+X_3}{4}\right)=\frac{6\sigma^2}{16}=\frac{3\sigma^2}{8}$$

이므로 $\hat{\mu}_1$이 더 효율적이다.

$$\text{상대적 효율성}=\frac{\frac{3\sigma^2}{8}}{\frac{\sigma^2}{3}}=\frac{9}{8}=1.125$$

그러므로 $\hat{\mu}_2$가 $\hat{\mu}_1$만큼 효율적이기 위해서는 12.5%만큼의 관찰치가 더 필요하다.

하나의 모수에 대해 여러 개의 추정량이 도출될 수 있다. 이러한 여러 개의 추정량 중에서 불편추정량이면서 가장 효율성이 높은 추정량을 최소분산불편추정량(minimum variance unbiased estimator, MVUE)이라고 한다. 우리가

자주 사용하는 표본평균이나 표본분산과 같은 통계량은 MVUE의 전형적인 예이다. MVUE 중에는 표본자료 X_1, X_2, X_3, …, X_n의 일차함수의 형태인 BLUE라는 추정량이 있다. BLUE란 최량선형불편추정량(best linear unbiased estimator)이라고 일컬어지는데, 이는 통계학에서 가장 선호되는 형태의 추정량이다. 그 이유는 첫째로 선형함수는 수식적 유도가 간편하고, 둘째로 모집단이 정규분포이면 BLUE도 정규분포를 따르게 되므로 정규분포의 이론을 활용할 수 있기 때문이다. 예를 들어서 표본평균은 표본자료의 일차함수이며 MVUE이므로 BLUE이지만, 표본분산은 MVUE는 되지만 BLUE는 아니다.

일 관 성

표본의 크기가 커짐에 따라 모수의 참값에 더 근사하는 성격을 가진 추정량을 일관적 추정량(consistent estimator)이라고 한다. 일관적 추정량이 되기 위해서는 다음의 두 가지 조건 중 하나를 만족시켜야 한다.

일관적 추정량

1. $\lim_{n\to\infty} P[|\hat{\theta}_n - \theta| < \varepsilon] = 1$이면 $\hat{\theta}_n$은 일관적 추정량이다.
   단, ε는 0보다 큰 임의의 실수이다. 또는,

2. $\lim_{n\to\infty} MSE(\hat{\theta}_n) = 0$이면 $\hat{\theta}_n$은 일관적 추정량이다.
   여기에서 $MSE(\hat{\theta}_n) = E[(\hat{\theta}_n - \theta)^2]$이다.

위에서 1의 조건은 n이 커짐에 따라 $\hat{\theta}_n$과 θ 간의 차이가 0보다 큰 어떤 임의의 실수보다 작을 확률이 1에 수렴할 때, $\hat{\theta}_n$이 θ의 일관적 추정량이라는 것을 의미한다. 그러나 이 식은 일관성 검사를 위하여 적용하기가 쉽지 않다. 그래서 동일한 의미를 지니면서 보다 적용이 용이한 2의 조건이 추정량의 일관성 검사에 주로 사용된다. 2의 조건은 n이 증가할 때, 일관적 추정량 $\hat{\theta}_n$과 모수 θ 간의 편차에 대한 제곱의 기댓값이 0에 수렴한다는 것이다.

예제 8-5

$\overline{X}_n$의 분산은 $\frac{\sigma^2}{n}$, 그리고 S^2의 분산은 $\frac{2\sigma^4}{(n-1)}$이다. $\overline{X}_n$과 S^2의 일관성을 검사하시오.

풀 이 $\overline{X}_n$과 S^2은 불편추정량이므로 $E(\overline{X}_n)=\mu$, $E(S^2)=\sigma^2$이 성립한다. 그러므로,

$$\lim_{n\to\infty} MSE(\overline{X}_n)=\lim_{n\to\infty} E[(\overline{X}_n-\mu)^2]=\lim_{n\to\infty} E[\{\overline{X}_n-E(\overline{X}_n)\}^2]$$

$$=\lim_{n\to\infty} Var(\overline{X}_n)=\lim_{n\to\infty}\frac{\sigma^2}{n}=0$$

$$\lim_{n\to\infty} MSE(S^2)=\lim_{n\to\infty} E[(S^2-\sigma^2)^2]=\lim_{n\to\infty} E[\{S^2-E(S^2)\}^2]$$

$$=\lim_{n\to\infty} Var(S^2)=\lim_{n\to\infty}\frac{2\sigma^4}{(n-1)}=0$$

이 성립하여 둘 다 일관적 추정량임을 알 수 있다.

이상으로 추정량이 갖추어야 할 세 가지 특성에 대하여 모두 알아보았다. 그러나 이러한 세 가지 조건을 모두 만족하는 추정량을 찾기는 쉽지 않다. 예를 들어서 표본평균이나 표본비율은 불편추정량이면서, 여러 추정량 중에서 가장 효율적이며, 또한 일관적이다. 그러나 표본분산은 불편성과 일관성은 충족시키나 σ^2에 대한 가장 효율적인 추정량은 아니다. σ^2의 추정량으로 $A=\frac{\sum_{i=1}^{n}(X_i-\overline{X}_n)^2}{n-1}$과 $B=\frac{\sum_{i=1}^{n}(X_i-\overline{X}_n)^2}{n}$을 비교하여 보면, B는 불편성은 충족되지 않으나 표본분산 A에 비해 더 효율적임을 알 수 있다.

바람직한 추정량의 도출방법이나 추정량의 선택방법에 관한 이론은 기술통계의 중요한 부분이나 이는 이 책이 의도하는 수준 밖에 있으므로 생략하기로 한다.

8.3 모평균과 모비율에 대한 구간추정

구간추정(interval estimation)은 단일치에 의하여 모수를 추정하는 점추정(point estimation)과는 달리 실수구간에 의해 모수를 추정하는 방법이다. 따라서

구간추정은 실수구간의 상한치와 하한치의 값을 결정하는 두 개의 추정량으로 구성되며, 이 두 개의 추정량을 구간추정량이라고 한다. 구간추정이 점추정과 다른 또 하나의 차이는 구간추정에서는 단순히 모수에 대한 구간추정치만을 제시하는 것이 아니라, 구간추정량이 모수를 포함할 확률도 같이 제시한다는 것이다. 구간추정량이 모수를 포함할 확률은 신뢰수준(level of confidence)이라고 부른다.

두 개의 변수 A와 B에 의하여 구성되는 구간추정량 $(A,\ B)$가 있을 때, 이 구간추정량이 미지의 모수 θ를 포함할 확률 또는 신뢰수준은 다음과 같이 나타낼 수 있다.

$$\text{신뢰수준} = P(A \leq \theta \leq B) = 1-\alpha \qquad \text{단, } 0 \leq \alpha \leq 1$$

그리고 구간추정량 $(A,\ B)$를 추출된 표본자료에 대입하여 계산한 실수구간 또는 구간추정치를 $100(1-\alpha)\%$ 신뢰구간이라고 부른다.

모평균의 구간추정

모평균의 구간추정은 모분산이 알려져 있는지, 또는 표본이 대표본($n \geq 30$)인지 소표본($n<30$)인지에 따라 추정절차에 약간의 차이가 있다. 그러므로 각 경우를 나누어 살펴보기로 하자.

모분산이 알려진 경우 $X_1,\ X_2,\ X_3,\ \cdots,\ X_n$이 분포가 $N(\mu,\ \sigma^2)$인 모집단으로부터 추출된 단순확률표본이라고 하자. 그러면 확률변수 $\overline{X}_n$은 평균 μ와 분

그림 8-4 표준정규분포

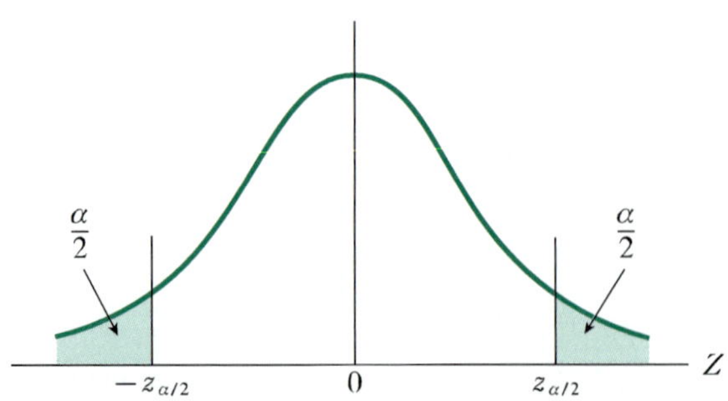

산 $\frac{\sigma^2}{n}$인 정규변수이다. 또한, $\frac{\overline{X}_n-\mu}{\sigma/\sqrt{n}}$은 표준정규분포를 따르게 된다. 이제 μ에 대한 구간추정량은 그림 8-4의 표준정규분포로부터 도출할 수 있다.

그림 8-4에서 양쪽 꼬리의 면적 $\frac{\alpha}{2}$에 해당하는 Z변수의 값을 각각 $z_{\alpha/2}$, $-z_{\alpha/2}$라고 하면

$$P(-z_{\alpha/2} \le Z \le z_{\alpha/2}) = 1-\alpha$$

$$P(-z_{\alpha/2} \le \frac{\overline{X}_n-\mu}{\frac{\sigma}{\sqrt{n}}} \le z_{\alpha/2}) = 1-\alpha$$

$$P(\underbrace{\overline{X}_n - z_{\alpha/2}\frac{\sigma}{\sqrt{n}}}_{\text{구간의 하한추정량}} \le \mu \le \underbrace{\overline{X}_n + z_{\alpha/2}\frac{\sigma}{\sqrt{n}}}_{\text{구간의 상한추정량}}) = 1-\alpha$$

가 된다. 그러므로 μ의 100(1−α)% 신뢰구간은 아래와 같이 주어진다.

μ의 100(1−α)% 신뢰구간

모분산이 알려져 있는 정규모집단인 경우,

$$\mu\text{의 } 100(1-\alpha)\% \text{ 신뢰구간} = \left(\overline{X}_n - z_{\alpha/2}\frac{\sigma}{\sqrt{n}},\ \overline{X}_n + z_{\alpha/2}\frac{\sigma}{\sqrt{n}}\right)$$

신뢰구간을 설정하는 방법에는 여러 가지가 있다. 그러나 똑같은 신뢰수준에서 폭이 더 좁은 신뢰구간을 제공하는 것이 더 바람직할 것이다. 위의 정의에서 신뢰수준 100(1−α)%는 표본을 반복적으로 추출하여 각 표본으로부터 구간추정치를 계산할 때, 이들 중 100(1−α)%개의 구간이 모수 μ를 포함한다는 것을 의미한다.

예제 8-6

회계사의 월평균수입(단위: 천 원)을 추정하고자 한다. 모집단은 정규분포이며, 표준편차(σ)는 800으로 알려져 있다. 25명의 회계사들에 대한 단순확률표본으로부터 $\overline{X}_{25}=3{,}500$을 얻었다. 모평균 μ에 대한

95% 신뢰구간을 구하시오.

풀 이 표준정규분포표로부터 $z_{0.025}=1.96$이므로, μ에 대한 95% 신뢰구간은

$$\left(3,500-1.96\frac{800}{5},\ 3,500+1.96\frac{800}{5}\right)=(3,186,\ 3,814)$$

신뢰구간을 엑셀함수를 이용하여 구하면 그림 8–5와 같다. $Z_{\alpha/2}\frac{\sigma}{\sqrt{n}}$의 값을 먼저 구하기 위해 CONFIDENCE 함수를 이용하여 =CONFIDENCE.NORM(0.05,800,25)를 구하면 313.59의 값을 구할 수 있다. 이 값을 이용하여 표본의 평균에서 더하고 빼면 그림 8–6과 같이 각각 상한값과 하한값을 구할 수 있다.

그림 8-5 신뢰구간을 구하기 위한 CONFIDENCE.NORM 함수 입력화면

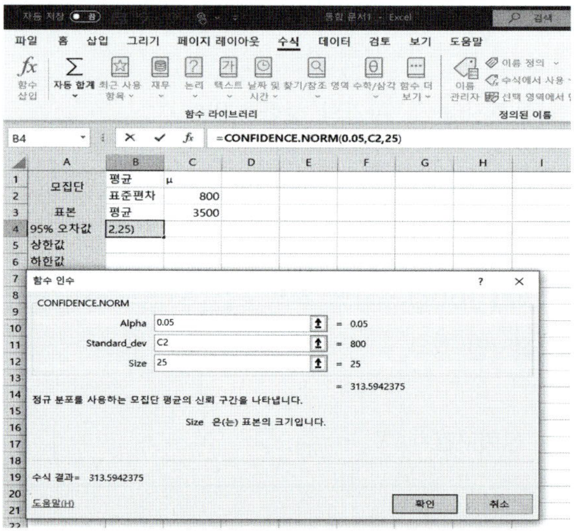

그림 8-6 95% 신뢰구간 계산결과

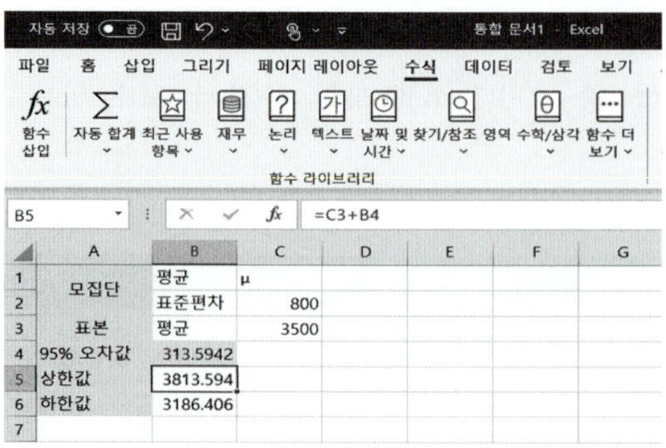

그림 8-7 평균에 대한 100개의 가능한 95% 신뢰구간

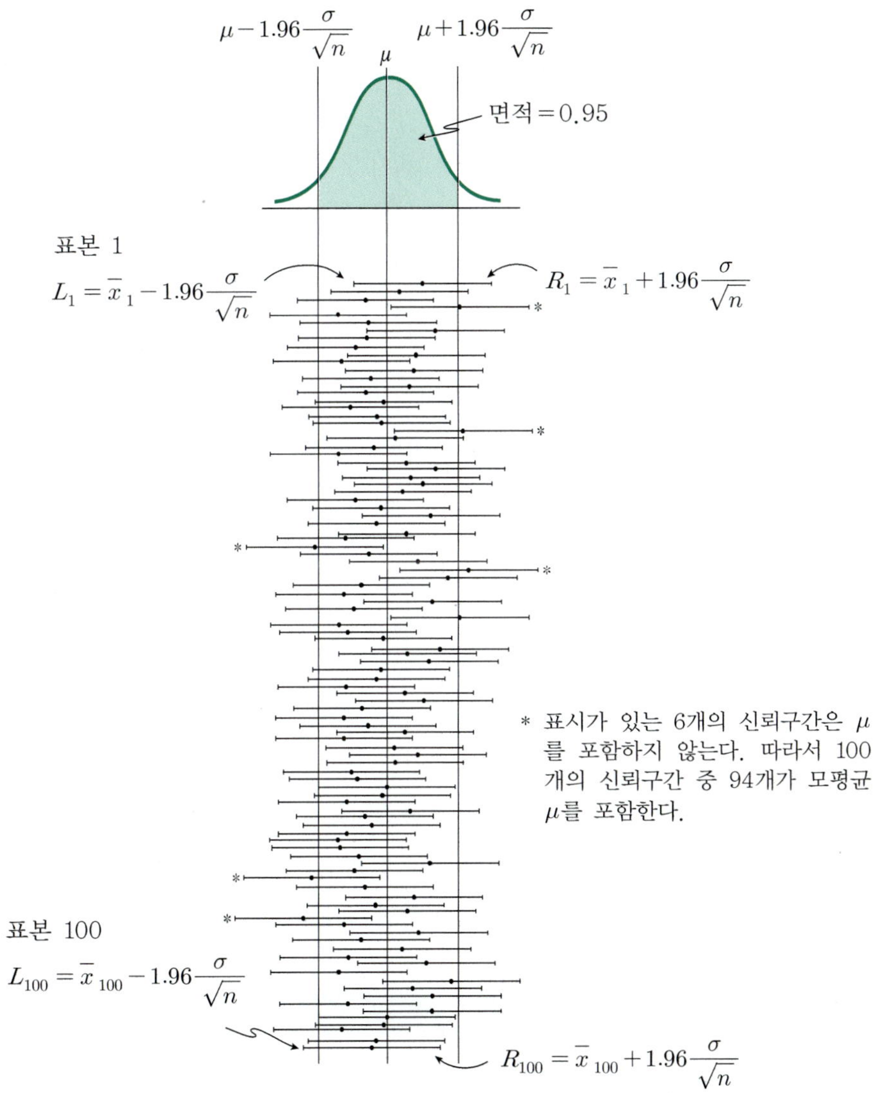

예제 8-6에서 회계사의 월평균수입(μ)에 대한 95% 신뢰구간으로 (3,186, 3,814)라는 실수구간을 얻었다. 그렇다면 이는 μ가 실수구간 (3,186, 3,814)에 포함될 확률이 95%라는 것을 의미하는가? 신뢰구간에 대한 해석은 통계학의

초보자가 종종 범하는 오류 중의 하나이다. 실제로 앞의 질문은 그 자체에 모순이 있다. 즉, 실수구간 (3,186, 3,814)도 상수이고 μ도 우리가 알지는 못하지만 하나의 상수이다. 그리고 상수 간의 비교에는 확률의 개념이 있을 수 없다.

그림 8-7은 크기가 25인 표본을 100개 추출한 후, 각 표본으로부터 산출된 신뢰구간을 도표화하고 있다.

100개의 신뢰구간 중에서 * 표시가 되어진 6개의 구간을 제외하고 나머지 94개는 모수를 포함하고 있는 것으로 나타나 있다. 여기에서는 정확하게 95%는 아니지만 표본추출횟수를 늘림에 따라 점차 95%에 접근하게 될 것이다. 다시 말해서 표본을 무수히 추출하여 신뢰구간을 계산할 때, 이 중에서 95%가 모수를 포함한다는 것이다.

구간추정을 할 때, 우리는 가급적 높은 신뢰수준을 원한다. 반면에 구간의 길이는 짧을수록 바람직하다. 신뢰구간의 폭은 $2z_{\alpha/2}\left(\frac{\sigma}{\sqrt{n}}\right)$으로 신뢰수준 $(1-\alpha)$, 표준편차 σ 그리고 표본크기 n에 의해 영향을 받는다. 이들의 관계를 요약하면 다음과 같다.

① σ와 n이 일정할 때, 신뢰수준 $(1-\alpha)$를 높이면 신뢰구간의 폭이 넓어진다. 다른 조건이 동일하다면 99% 신뢰구간이 95% 신뢰구간보다 넓다. 그러나 너무 넓은 신뢰구간은 추정치로서의 의미를 상실한다.

② 표준편차 σ가 작을수록 신뢰구간이 좁아진다. 즉, 모집단의 분포가 집중되어 있으면 평균의 구간추정치는 신뢰할 만하다.

③ 표본의 크기가 증가할수록 신뢰구간의 폭은 줄어든다. 예를 들어 신뢰구간의 폭을 반으로 줄이려면 표본의 크기를 4배 늘려야 한다.

예제 8-7

분산이 알려진 정규모집단에서 크기 n의 확률표본을 취했다고 하자. 모평균에 대한 99%, 95%, 90% 신뢰구간의 폭을 비교하시오.

풀 이 $z_{0.005}=2.576$, $z_{0.025}=1.960$, $z_{0.05}=1.645$이므로

$$W_1 = 99\%\ \text{신뢰구간} = 2(2.576)\frac{\sigma}{\sqrt{n}}$$

$$W_2 = 95\%\ \text{신뢰구간} = 2(1.960)\frac{\sigma}{\sqrt{n}}$$

$$W_3 = 90\%\ \text{신뢰구간} = 2(1.645)\frac{\sigma}{\sqrt{n}}$$

$\frac{W_1}{W_2} = 1.314$이며 $\frac{W_2}{W_3} = 1.192$이므로 99% 신뢰구간이 95% 신뢰구간보다 31.4% 더 넓고, 95% 신뢰구간은 90% 신뢰구간보다 19.2% 더 넓다는 것을 의미한다.

모분산이 알려지지 않은 경우 앞 절에서 제시된 미지의 모수에 대한 신뢰구간을 설정하는 방법은 모분산이 알려져 있다는 가정하에서 성립된다. 그러나 현실적으로 모평균을 모르는데 모분산을 아는 경우는 흔치 않을 것이다. 대부분의 통계분석 문제에서는 이 두 모수를 다 모르는 경우가 일반적이다.

만일 σ를 모른다면 앞에서 구한 신뢰구간은 더 이상 사용할 수 없게 된다. 왜냐하면 신뢰구간은 X_n을 표준화한 $Z = \frac{\overline{X}_n - \mu}{\sigma / \sqrt{n}}$에 의해서 도출되었으며, 이는 σ의 값이 알려져 있다는 전제가 필요했기 때문이다. σ를 모른다면 σ 대신에 S를 대체하여 $\overline{X}_n$를 표준화할 수 있다. 그러나 σ 대신에 S를 대체하여 $\overline{X}_n$을 표준화한 결과는 더 이상 표준정규분포를 따르지 않고 자유도가 $(n-1)$인 t분포를 따른다는 것을 7.6절에서 살펴본 바 있다. 따라서 모분산을 모를 때 정규모집단의 모평균에 대한 추정은 t분포에 기초하게 되며, 구간추정량도 t분포로부터 도출된다.

그림 8-8 t_{n-1}의 분포

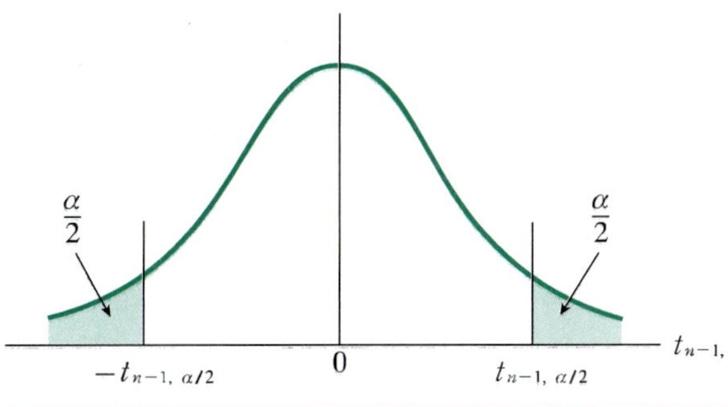

그림 8-8에서 양쪽 꼬리의 면적 $\frac{\alpha}{2}$에 해당하는 t_{n-1}변수의 값을 각각 $t_{n-1,\,\alpha/2}$, $-t_{n-1,\,\alpha/2}$라고 하자. 그러면

$$P(-t_{n-1,\,\alpha/2} \le t_{n-1} \le t_{n-1,\,\alpha/2}) = 1-\alpha$$

$$P\left(-t_{n-1,\,\alpha/2} \le \frac{\overline{X}_n - \mu}{S/\sqrt{n}} \le t_{n-1,\,\alpha/2}\right) = 1-\alpha$$

$$P\left(\underbrace{\overline{X}_n - t_{n-1,\,\alpha/2}\frac{S}{\sqrt{n}}}_{\text{구간의 하한추정량}} \le \mu \le \underbrace{\overline{X}_n + t_{n-1,\,\alpha/2}\frac{S}{\sqrt{n}}}_{\text{구간의 상한추정량}}\right) = 1-\alpha$$

가 된다. 그러므로 μ의 100(1−α)% 신뢰구간은 아래와 같이 주어진다.

μ의 100(1−α%) 신뢰구간

모분산이 알려져 있지 않은 정규모집단인 경우,

$$\mu\text{의 } 100(1-\alpha)\% \text{ 신뢰구간} = \left(\overline{X}_n - t_{n-1,\,\alpha/2}\frac{S}{\sqrt{n}},\ \overline{X}_n + t_{n-1,\,\alpha/2}\frac{S}{\sqrt{n}}\right)$$

예제 8-8

예제 8-6에서 σ를 모른다고 가정하자. 추출된 25명의 회계사들로부터 $S=800$을 얻었다고 하자. 모평균 μ에 대한 95% 신뢰구간을 구하시오.

풀 이 t분포표로부터 $t_{24,\,0.025}=2.064$이므로, μ에 대한 95% 신뢰구간은

$$\left(3{,}500 - 2.064\frac{800}{\sqrt{25}},\ 3{,}500 + 2.064\frac{800}{\sqrt{25}}\right) = (3169.76,\ 3830.24)$$

위의 신뢰구간을 보면 예제 8-6과 동일한 값의 표준편차가 사용되었는데도 예제 8-6의 신뢰구간보다 폭이 더 넓은 것을 알 수 있다.

t분포에서 신뢰구간은 그림 8-9와 같이 CONFIDENCE.T(0.05, 800, 25)를 이용하여 3500−CONFIDENCE.T(0.05, 800, 25), 3500+CONFID-ENCE.T(0.05, 800, 25)로 구할 수 있다.

그림 8-9 신뢰구간을 구하기 위한 CONFIDENCE.T 함수 입력화면

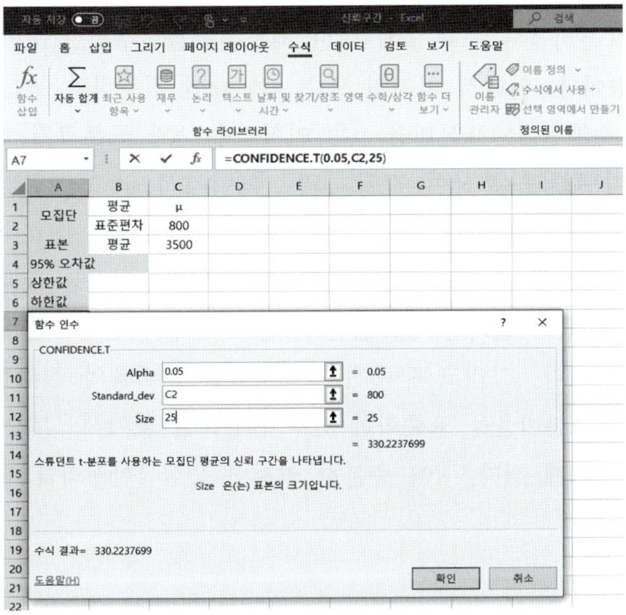

대표본($n \geq 30$)인 경우 대표본인 경우에는 중심극한정리에 따라 모집단의 분포에 상관없이 $\overline{X}_n$은 정규분포에 근사한다. 또한 t분포도 자유도가 증가함에 따라 표준정규분포에 근사함을 7.6절에서 살펴본 바 있다. 따라서 t_{n-1}의 분포는 표본의 크기가 커짐에 따라 근사적으로 표준정규분포화하게 된다.

이상의 사실로부터 대표본의 경우에는 모집단이 정규분포이든 아니든, 또는 모분산을 알든 모르든 표준정규분포에 의하여 신뢰구간을 도출하여 모수에 대한 근사적 추정을 할 수 있다.

대표본의 경우 μ의 $100(1-\alpha)$ 신뢰구간

$$\mu\text{의 } 100(1-\alpha)\% \text{ 신뢰구간}=\left(\overline{X}_n - z_{\alpha/2}\frac{\sigma}{\sqrt{n}},\ \overline{X}_n + z_{\alpha/2}\frac{\sigma}{\sqrt{n}}\right)$$

식에서 σ를 모를 경우에는 S로 대체한다.

모비율의 구간추정

표본비율은 모수 p에 대한 최소분산불편추정량(MVUE)이며 또한 일관적 추정량이다. 따라서 미지의 모수 p에 대한 점추정과 구간추정은 표본비율에 의해서 수행된다. 표본비율 $\hat{p}$은 이항변수 X와 표본크기 n의 비율 $\frac{X}{n}$로 정의되며, 기댓값과 분산이 각각 p와 $\frac{pq}{n}$(여기서 $q=1-p$임)인 확률변수임을 7.4절에서 다룬 바 있다.

모비율의 추정도 기본적으로 모평균을 추정하는 것과 동일한 절차에 의해서 진행된다. 먼저 대상모집단으로부터 n개의 단순확률표본을 추출하여 표본비율을 구한다. 그리고 구해진 표본비율을 모비율의 점추정치로 사용한다. 구간추정은 표본비율을 표준화한 변수의 분포를 찾아서 그 분포에 의해 구간추정량을 도출하게 된다. n이 충분히 커지면 중심극한정리를 적용하여 표본비율 $\hat{p}$을 표준화한

$$Z=\frac{\hat{p}-p}{\sqrt{pq/n}}$$

은 표준정규분포에 근사하게 된다. 따라서 모평균의 구간추정량과 같이 모비율의 구간추정량도 표준정규분포를 기초로 다음과 같이 도출할 수 있다.

$$P(-z_{\alpha/2} \le Z \le z_{\alpha/2})=1-\alpha$$

$$P\left(-z_{\alpha/2} \le \frac{\hat{p}-p}{\sqrt{pq/n}} \le z_{\alpha/2}\right)=1-\alpha$$

$$P\left(\hat{p}-z_{\alpha/2}\sqrt{\frac{pq}{n}} \le p \le \hat{p}+z_{\alpha/2}\sqrt{\frac{pq}{n}}\right)=1-\alpha$$

따라서 p에 대한 $100(1-\alpha)\%$ 신뢰구간$=\left(\hat{p}-z_{\alpha/2}\sqrt{\frac{pq}{n}},\ \hat{p}+z_{\alpha/2}\sqrt{\frac{pq}{n}}\right)$이다.

그러나 위의 신뢰구간에는 한 가지 문제가 있다. 모수 p를 모르기 때문에

$\sqrt{\frac{pq}{n}}$를 계산할 수가 없다. 이 문제를 해결하기 위하여 우리는 $\hat{p}$가 p의 일관적 추정량이라는 것을 상기할 필요가 있다. 즉, 표본의 크기가 증가함에 따라 $\hat{p}$와 p의 차이가 0에 근접하게 된다. 그러므로 대표본의 경우($n\hat{p} \geq 5$, $n\hat{q} \geq 5$ 여기서 $\hat{q}=1-\hat{p}$)에는 $\hat{p}$가 p에 매우 근접한 추정치를 제시하리라고 기대된다. 따라서 p 대신에 $\hat{p}$를 대체한 다음과 같은 신뢰구간을 p의 구간추정에 사용한다.

모비율의 신뢰구간

표본이 충분히 클 때($n\hat{p} \geq 5$, $n\hat{q} \geq 5$),

$$p\text{에 대한 } 100(1-\alpha)\% \text{ 신뢰구간} = \left(\hat{p} - z_{\alpha/2}\sqrt{\frac{\hat{p}\hat{q}}{n}},\ \hat{p} + z_{\alpha/2}\sqrt{\frac{\hat{p}\hat{q}}{n}}\right)$$

단, $\hat{q}=1-\hat{p}$

예제 8-9

정부는 월 100만 원 이하의 수입을 갖는 가구의 비율을 추정하고자 100가구로 이루어진 확률표본을 취하였다. 표본에서 40가구가 월수입이 100만 원 이하였다. 모비율 p에 대한 95% 신뢰구간을 구하시오.

풀 이 표본비율은 $\hat{p}=\frac{X}{n}=\frac{40}{100}=0.4$이고 $\hat{q}=(1-\hat{p})=0.6$이다.

95% 신뢰구간에 대하여 $\alpha=0.05$이고 $\frac{\alpha}{2}=0.025$이다. 따라서 $z_{0.025}=1.96$이다.

p에 대한 95% 신뢰구간은

$$\left(\hat{p} - z_{\alpha/2}\sqrt{\frac{\hat{p}\hat{q}}{n}},\ \hat{p} + z_{\alpha/2}\sqrt{\frac{\hat{p}\hat{q}}{n}}\right)$$

즉,

$$\left(0.4 - 1.96\sqrt{\frac{0.4\times 0.6}{100}},\ 0.4 + 1.96\sqrt{\frac{0.4\times 0.6}{100}}\right) = (0.30,\ 0.50)$$

으로 주어진다.

8.4 표본크기의 결정

통계분석을 위한 실험설계(experimental design)에서 분석자가 우선적으로 결정하여야 할 사항은 표본의 크기이다. 표본의 크기가 결정되어야 그 수만큼의 자료를 수집하여 후속적인 분석을 하게 된다. 그렇다면 표본의 크기를 얼마로 하는 것이 좋은가? 표본의 크기가 클수록 표본오차(sampling error)를 줄일 수 있으므로 더 많은 자료를 확보하면 더 정확한 분석이 가능하다. 그러나 표본의 크기가 커짐에 따라 그만큼 자료수집에 따른 비용과 시간이 증가하기 때문에 무작정 큰 표본만을 선호할 수는 없다.

표본의 크기를 결정하는 한 가지 방법은 의사결정자에게 추정오차의 범위를 명시하게 하는 것이다. 예를 들어서 중소기업 종업원의 월평균소득 μ를 추정하고자 하는 데 추정오차가 d 이하일 확률이 $(1-\alpha)$이기를 원한다고 하자. 그리고 결정될 표본의 크기가 중심극한정리를 적용할 수 있을 정도로 충분히 크다고 가정하자. 이를 수식으로 표현하면

$$P(|\overline{X}_n - \mu| \leq d) = 1 - \alpha$$

그림 8-10 표준정규분포

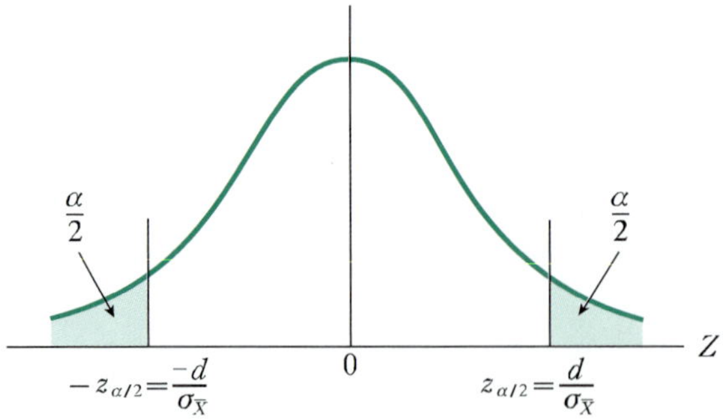

$$P(-d \le \overline{X}_n - \mu \le d) = 1 - \alpha$$

위 식에서 왼쪽의 각 항을 $\sigma_{\overline{X}} = \frac{\sigma}{\sqrt{n}}$으로 나누어 주면

$$P\left(\frac{-d}{\sigma_{\overline{X}}} \le \frac{\overline{X}_n - \mu}{\sigma_{\overline{X}}} \le \frac{d}{\sigma_{\overline{X}}}\right) = 1 - \alpha$$

$$P\left(\frac{-d}{\sigma_{\overline{X}}} \le Z \le \frac{d}{\sigma_{\overline{X}}}\right) = 1 - \alpha$$

가 된다. 그리고 그림 8-10으로부터 $\frac{d}{\sigma_{\overline{X}}} = \frac{d\sqrt{n}}{\sigma} = z_{\alpha/2}$로 표시할 수 있다. 그러므로 표본의 크기 n은 다음과 같이 결정될 수 있다.

$$n = \left(\frac{z_{\alpha/2} \cdot \sigma}{d}\right)^2$$

즉, 만일 σ를 안다면 주어진 추정오차에 합당한 표본크기는 위의 공식에 의해 결정할 수 있다. 그러나 σ의 값을 모를 경우에는 표본크기를 결정하는 데 위의 식을 적용할 수 없다. σ를 모르는 경우가 오히려 일반적이며, 이러한 경우에는 미지의 모수 σ 대신에 최선의 근사치를 구하여 대체하게 된다. σ에 대한 최선의 근사치는 S이다. 그런데 아직 표본을 추출하기 전이므로 S도 모르는 상태이다. 이 경우 σ에 대한 최선의 근사치를 구하는 데 흔히 사용되는 방법으로는 두 가지가 있다. 하나는 예비적으로 작은 크기의 표본을 추출하여 얻어지는 S'을 σ의 대용으로 하는 것이다. 또 하나는 지금까지 개략적으로 알려진 자료의 범위(range)를 사용하는 것이다. 경험적인 연구결과에 따르면 많은 경우 자료의 범위 R은 개략적으로 4σ 정도이다. 그러므로 σ 대신에 R을 사용하면 표본크기는

$$n = \left(\frac{z_{\alpha/2}\sigma}{d}\right)^2 \approx \left[\frac{z_{\alpha/2}(R/4)}{d}\right]^2$$

이 된다. 즉, 표본크기를 $\left[\frac{z_{\alpha/2}(R/4)}{d}\right]^2$로 결정할 때, 표본추정치와 대상모수의 차이가 d 이내일 확률은 대략 $(1-\alpha)$가 된다.

이상과 같은 표본크기의 결정방법을 요약하면 다음과 같다.

모평균의 추정에서 표본크기의 결정

결정될 n의 값이 충분히 크다는 가정하에서, μ와 $\overline{X}_n$의 차이가 d 이하일 확률이 $(1-\alpha)$가 되게 하는 n은

1. σ를 알 때

$$N=\left(\frac{z_{\alpha/2}\sigma}{d}\right)^2$$

2. σ를 모를 때

$$n=\left(\frac{z_{\alpha/2}\sigma}{d}\right)^2\approx\left[\frac{z_{\alpha/2}S'}{d}\right]^2$$

$$n=\left(\frac{z_{\alpha/2}\sigma}{d}\right)^2\approx\left[\frac{z_{\alpha/2}(R/4)}{d}\right]^2$$

여기서 S' =예비표본의 표준편차
R =자료의 범위

위의 방법에서 만일 모집단이 정규분포라면, 결정될 n의 값이 충분히 커야 한다는 가정이 필요 없게 된다.

표본비율의 추정과 관련하여 n을 결정할 때에는 모수 p를 모르면 분산도 알 수 없으므로 대표본의 경우에만 아래의 방법에 의하여 표본크기를 결정할 수 있다.

모비율의 추정에서 표본크기의 결정

결정될 n의 값이 충분히 크다는 가정하에서, p와 $\hat{p}$의 차이가 d 이하일 확률이 $(1-\alpha)$가 되게 하는 n은

$$n=\left(\frac{z_{\alpha/2}\sqrt{\hat{p}\hat{q}}}{d}\right)^2\approx\left(\frac{z_{\alpha/2}}{d}\right)^2\hat{p}\hat{q}$$

여기서 $\hat{p}$=예비표본의 표본비율, $\hat{q}=1-\hat{p}$

예제 8-10

천마시의 가구당 월평균수입(단위: 천원)을 추정하려고 한다. 시에서는 표본평균이 실제 모평균의 50 이내에 있을 확률이 0.95이기를 원한다. 만일 천마시의 가구당 월수입이 몇몇 예외적인 경우를 제외하고는 2,000에서 3,600 사이에 있다면, 표본의 크기는 얼마가 적절한가?

풀 이 신뢰수준이 $1-\alpha=0.95$이므로, $\frac{\alpha}{2}$는 0.025가 된다. 표준정규분포표로부터 0.025에 해당하는 z의 값이 1.96이므로

$$n=\left[\frac{z_{\alpha/2}(R/4)}{d}\right]^2=\left[\frac{(1.96)(1,600/4)}{50}\right]^2=246$$

예제 8-11

한 심리학 실험에서 자극에 대한 개인의 반응은 A형 또는 B형으로 나타난다고 하자. 실험자는 A형의 반응을 보이는 사람들의 비율 p를 추정하려고 한다. 그리고 그는 추정오차가 0.04 이하일 확률이 0.90이 되기를 원한다. 예비실험결과 A의 비율($\hat{p}$)이 0.6일 때, 표본의 크기는 얼마가 적당한가?

풀 이 신뢰수준이 $1-\alpha=0.90$이므로, $\frac{\alpha}{2}$는 0.05가 된다. 표준정규분포표로부터 0.05에 해당하는 z의 값이 1.645이므로

$$n=\left(\frac{1.645}{0.04}\right)^2(0.6)(0.4)=406$$

만일 $\hat{p}$의 값이 주어지지 않은 경우에는 0.5를 대신 사용한다. 왜냐하면 주어진 신뢰수준에서 n의 값은 $\hat{p}$이 0.5일 때 가장 크기 때문이다. n의 식을 p에 관해 미분해 보면 이를 알 수 있다. 이 예에서 $\hat{p}$를 0.5로 하면 n은 423이 된다.

8.5 모분산에 대한 구간추정

모분산은 모집단자료의 변화정도를 수치화한 것이다. 그러므로 모분산에 대한 지식은 모집단에 대한 의사결정을 하는 데 대단히 중요한 역할을 한다. 예를 들어서 냉장고 제조업자의 경우 자사 제품의 품질변화도를 정확히 파악할

그림 8-11 χ^2_{n-1}의 분포

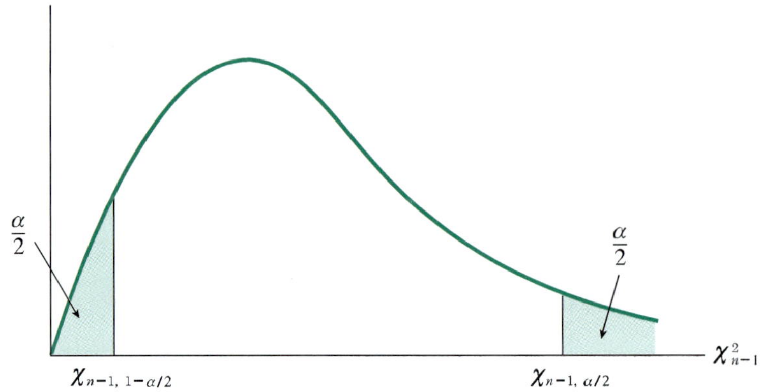

때, 고객에게 제시할 보증기간을 적절히 산정할 수 있다. 또한 도소매상 등의 유통업체에서 적정재고수준을 결정하기 위해서는 제조업자의 주문주기뿐만 아니라 변화도를 제대로 파악하여야 할 것이다. 그러나 모분산은 대부분의 경우에 알려져 있지 않으며, 따라서 표본정보를 통해서 추정하게 된다.

8.2절에서 우리는 표본분산이 추정량으로써 갖추어야 할 세 가지 바람직한 특성—불편성, 효율성, 일관성—을 모두 갖춘 모분산의 점추정량임을 알고 있다. 그리고 이것이 모평균을 추정할 때, 모분산을 모르면 S^2을 σ^2에 대체하여 구간추정을 하는 이유이다. 정규모집단으로부터 단순확률표본 X_1, X_2, X_3, $\cdots$, X_n을 추출하여 계산된 S^2은

$$S^2 = \frac{\sum(X_i - \overline{X}_n)^2}{n-1}$$

에 의해 미지의 모수 σ^2에 대한 점추정을 하게 된다. 그리고 $\frac{(n-1)S^2}{\sigma^2}$은 자유도가 $(n-1)$인 χ^2분포를 따르므로(7.5절 참조), σ^2에 대한 구간추정량은 χ^2분포를 기초로 다음과 같이 도출할 수 있다. 그림 8-11로부터

$$p\left[\chi^2_{n-1,\,1-\alpha/2} \le \chi^2_{n-1} \le \chi^2_{n-1,\,\alpha/2}\right] = 1-\alpha$$

$$p\left[\chi^2_{n-1,\,1-\alpha/2} \le \frac{(n-1)S^2}{\sigma^2} \le \chi^2_{n-1,\,\alpha/2}\right] = 1-\alpha$$

$$p\left[\frac{1}{\chi^2_{n-1,\,\alpha/2}} \le \frac{\sigma^2}{(n-1)S^2} \le \frac{1}{\chi^2_{n-1,\,1-\alpha/2}}\right] = 1-\alpha$$

$$p\left[\frac{(n-1)S^2}{\chi^2_{n-1,\,\alpha/2}} \le \sigma^2 \le \frac{(n-1)S^2}{\chi^2_{n-1,\,1-\alpha/2}}\right] = 1-\alpha$$

위의 식에서 $\chi^2_{n-1,\,1-\alpha/2}$와 $\chi^2_{n-1,\,\alpha/2}$는 그림 8-11의 양쪽 끝 색칠한 부분 $\frac{\alpha}{2}$에 해당하는 χ^2_{n-1}변수의 값을 말한다. σ^2에 대한 신뢰구간은 다음과 같이 요약할 수 있다.

모분산의 신뢰구간

모집단이 정규분포일 때,

$$\sigma^2\text{에 대한 } 100(1-\alpha)\% \text{ 신뢰구간} = \left[\frac{(n-1)S^2}{\chi^2_{n-1,\,\alpha/2}},\ \frac{(n-1)S^2}{\chi^2_{n-1,\,1-\alpha/2}}\right]$$

예제 8-12

경찰에서는 승용차의 속도를 측정할 수 있는 새로운 전자장비를 이용하려고 한다. 장비의 신뢰성을 측정하기 위해 30대의 승용차를 정확히 시속 100km로 관측점을 통과시키고 각 승용차의 속도를 새로운 장비에 의해 측정하였다. 모집단은 정규분포라고 가정한다. 표본분산은 $S^2=64$라고 할 때 σ^2에 대한 95% 신뢰구간을 설정하시오.

풀 이 원하는 신뢰수준은 $(1-\alpha)=0.95$이다. 따라서 χ^2분포의 각 꼬리는 같은 면적 0.025를 포함한다. 부록 5와 자유도 29를 사용하여 $\chi^2_{29,\,0.975}=16.047$과 $\chi^2_{29,\,0.025}=45.722$를 얻는다. 95% 신뢰구간은

$$\left[\frac{(29)(64)}{45.722},\ \frac{(29)(64)}{16.047}\right]$$

즉, (40.59, 115.66)이다.

08 통계학개론 연습문제

01 점추정량이 구비해야 할 바람직한 속성에 대해 설명하시오.

02 신뢰수준에 대해 설명하시오.

03 어떤 모집단으로부터 무작위표본 X_1, X_2, X_3를 추출하였다. 평균을 μ, 분산을 σ^2이라고 할 때, μ의 추정량 $\hat{\mu}_1$과 $\hat{\mu}_2$는 다음과 같다.

$$\hat{\mu}_1 = \frac{X_1 + 2X_2 + 3X_3}{6}, \quad \hat{\mu}_2 = \frac{X_1 + 4X_2 + X_3}{6}$$

① $\hat{\mu}_1$, $\hat{\mu}_2$가 불편추정량임을 보이시오.

② $\hat{\mu}_1$, $\hat{\mu}_2$ 중 어느 것이 더 효율적인가?

04 대양회사에서 생산되는 제품의 평균무게는 10.1kg이고 표준편차는 0.5이다. 100개의 제품을 임의로 추출하였을 때, 평균무게에 대한 95% 신뢰구간을 구하시오.

05 효성회사는 기존의 자동차용 배터리보다 평균수명이 더 긴 새로운 배터리를 개발하였다고 발표하였다. 이를 위해 16개의 새로운 배터리를 표본으로 취하여 조사한 결과 평균수명이 11개월

더 길고 분산은 6인 것으로 나타났다. 평균수명의 증가에 대한 95% 신뢰구간을 구하시오.

06 한주시는 어떤 교차로에 신호등의 설치가 타당한지를 조사하기 위해 그 교차점을 통과하는 차의 수를 8일간 조사한 결과 표본평균 1,500대와 표본표준편차 300을 얻었다. 모평균에 대한 99% 신뢰구간을 구하시오. 단, 모집단은 정규분포라고 가정한다.

07 한 회사의 인사관리자는 전통적으로 직업훈련에 응시한 지원자들의 태도점수가 28.2의 표준편차를 갖는 정규분포를 따른다는 것을 알고 있다. 올해 응시자 중 9명을 표본으로 추출한 결과는 다음과 같다.

93	98	147	128	115	162	135	108	115

① 올해 응시자의 모평균(μ)에 대한 90% 신뢰구간을 구하시오.

② 만일 모표준편차 28.2가 주어지지 않았다면, ①의 결과는 어떻게 달라지는가?

08 신라대학의 대학원생은 이 대학을 졸업한 지 5년이 되는 학생의 연간 수입(단위: 천 원)을 알려고 한다. 이 조사를 위해 20명의 졸업생을 표본으로 추출한 결과 평균이 34,400, 표준편차가 500으로 나타났다. 모평균에 대한 90% 신뢰구간을 구하시오. 단, 학생들의 연간 수입은 정규분포를 따른다.

09 천마시는 20대 남성의 실업률을 추정하고자 한다. 80명의 20대 남성을 임의로 추출하여 조사한 결과 15명이 실업자로 나타났다. 천마시의 실업률에 대한 95% 신뢰구간을 구하시오.

10 한 제조업체는 자사의 금속표면 코팅기술에 대한 분석을 실시하고자 한다. 이 회사에서 생산되는 제품들 중 임의로 9개를 선택하여 실측한 결과 아래와 같은 결과를 얻게 되었다(단위: 1/1,000mm).

19.8	21.2	18.6	20.4	21.6	19.8	19.9	20.3	20.8

이를 이용하여 모분산(σ^2)에 대한 90% 신뢰구간을 구하시오.

09

가설검정과 한 모집단의 모수에 대한 추론

Benjamin Franklin

남들에게 잘하는 것이 바로 자신을 위한 일이다.

When you are good to others, you are best to yourself.

제 9 장

가설검정과 한 모집단의 모수에 대한 추론

key point

- 가설검정의 절차
- 가설, 검정통계량, 기각역
- Z검정과 t검정
- 1종오류와 2종오류
- p값에 의한 가설검정
- χ^2검정

통계적 추론은 크게 두 가지로 나눌 수 있다. 하나는 점추정이나 구간추정과 같이 미지의 모수를 추정하는 것이고, 또 하나는 미지의 모수가 취하리라고 가정한 값의 진위를 표본정보를 이용하여 판정하는 가설검정(hypothesis test)이다. 이 두 가지 형태의 추론은 그 절차가 매우 유사하면서도 미묘한 차이가 있어 주의를 요한다. 추론의 대상이 되는 모수는 동일하지만, 가설검정의 목적은 모수에 대한 추정에 있는 것이 아니라 수집된 표본정보가 모수에 대하여 설정된 어떤 가설에 부합하는지의 여부를 가리는 데 있다. 그렇다면 모수에 대한 가설은 어떤 형태로 설정하는가? 수집된 표본정보가 설정된 가설에 부합되는지의 여부는 어떻게 판정하는가? 그리고 표본정보에 의한 판단은 표본오차로 인해 오류를 범할 위험이 존재하는데 이 위험의 정도는 어떻게 측정하는가? 본 장에서는 이상의 질문과 관련된 개념과 절차를 하나하나 살펴보기로 한다.

9.1 가설검정의 절차

가설검정의 절차를 파악하기 위해서는 우선 다음의 세 가지 개념을 명확하게 이해할 필요가 있다.

① 가 설
② 검정통계량
③ 기각역

가 설

가설(hypothesis)이란 과거의 경험, 지식, 연구의 결과 등으로 모수가 취할 것으로 알려진 값을 서술한 것을 말한다. 가설은 그 서술방법에 따라 단순가설(simple hypothesis)과 복합가설(composite hypothesis)로 나눌 수 있다. 단순가설이란 단일치에 의하여 모수의 값을 서술하는 것을 말하며, 복합가설은 여러 개의 값 또는 실수구간에 의하여 모수의 값을 서술하는 것을 말한다. 예를 들어서 'A회사 제품의 불량률 p는 0.04이다' 또는 '$p=0.04$'는 단순가설이며, 'A회사 제품의 불량률은 0.04보다 크다' 또는 '$p>0.04$'의 형태로 서술된 가설은 복합가설이다.

가설검정은 대상모수에 대하여 두 개의 상반되는 가설인 귀무가설(H_0)과 대립가설(H_A)을 설정하고, 이들 중 표본정보에 부합되는 것을 선택하는 형식으로 진행한다. 귀무가설(null hypothesis)과 대립가설(alternative hypothesis)은 서술되는 모수의 값들의 집합이 각기 서로 여집합의 관계를 가지도록 설정되는 것이 일반적이다. 귀무가설은 '다르지 않다'라는 의미를 갖는 가설로, 가설 속에 항상 $\geq$, $=$, $\leq$와 같이 등호가 포함된다. 가설검정의 목적은 원래 제기된 대립가설을 지지할 만한 통계적 증거를 확인하는 데 있다. 그러나 대립가설을 직접 검정하여 지지 여부를 결정하는 것이 아니라, 대립가설과 상반되는 귀무가설을 세

우고 귀무가설의 모순을 밝힘으로써 대립가설을 지지하는 형태로 가설검정이 진행된다. 이와 같이 대립가설이 가설검정의 연구대상이 된다하여 대립가설을 연구가설(research hypothesis)이라고 부르기도 한다. 가설검정을 하기 위해서는 우선 이 두 가설을 먼저 설정해야 하는데, 보통 연구의 대상이 되는 연구가설을 먼저 설정하고 다음에 이와 상반된 내용의 귀무가설을 세우게 된다. 대립가설과 귀무가설이 설정되는 기본적 형태로는 다음의 세 가지가 있다.

가설의 형태

1. $H_A : \theta \neq \theta_0$, "모수 θ가 어떤 실수값 θ_0와 같지 않다."
   $H_0 : \theta = \theta_0$, "모수 θ가 어떤 실수값 θ_0와 같다."
2. $H_A : \theta < \theta_0$, "모수 θ가 어떤 실수값 θ_0보다 작다."
   $H_0 : \theta \geq \theta_0$, "모수 θ가 어떤 실수값 θ_0보다 크거나 같다."
3. $H_A : \theta > \theta_0$, "모수 θ가 어떤 실수값 θ_0보다 크다."
   $H_0 : \theta \leq \theta_0$, "모수 θ가 어떤 실수값 θ_0보다 작거나 같다."

예제 9-1

보사부는 소비자단체로부터 어떤 제과업체의 제품내용물이 명시된 양($\mu = 132$g)에 미달한다는 제보를 받았다. 그래서 보사부는 이 회사의 제품내용물의 중량 μ가 정말 132g에 미달하는가를 검사하려고 한다. 대립가설과 귀무가설을 설정하시오.

풀 이 이 문제에서 연구의 대상은 제품내용물의 중량 μ가 132g에 미달하는가이다. 따라서

$$H_A : \mu < 132$$
$$H_0 : \mu \geq 132$$

예제 9-2

3년 전의 실업률은 3%였다. 통계청은 작년의 실업률이 3년 전과 다름없는지 조사하려고 한다. 대립가설과 귀무가설을 설정하시오.

풀 이

$$H_A : \mu \neq 0.03$$
$$H_0 : \mu = 0.03$$

검정통계량

검정통계량

검정통계량(test statistic)이란 가설검정을 위하여 사용되는 통계량을 말한다. 예를 들어서 가설검정의 대상이 모평균일 경우에는 표본평균이, 모비율일 경우에는 표본비율이 그리고 모분산일 경우에는 표본분산이 검정통계량이 된다.

검정통계량은 $\hat{\theta}$이라고 놓고 이의 대상모수는 θ라고 놓기로 하자. $\hat{\theta}$이 선정되면 이를 표준화시킨 후, 표준화된 검정통계량의 분포(Z, t 또는 χ^2분포)에 기초하여 가설검정을 하게 된다. 여기서 우리가 유의해야 할 한 가지 중요한 사항이 있다. 그것은 '가설검정은 항상 귀무가설이 사실이라는 전제하에 진행된다'는 것이다. 따라서 검정통계량의 분포도 귀무가설이 사실이라는 전제하에 구해지게 된다.

기 각 역

기각역

기각역(rejection region)이란 귀무가설을 기각(reject)할 수 있는 검정통계량값의 범위를 말하며, 앞으로 RR이라고 표시하기로 한다.

추출된 표본으로부터 계산된 검정통계량의 값이 이 기각역에 들어가면 귀무가설을 기각하고 대립가설을 채택하게 된다. 기각역의 설정은 그림 9–1에서와 같이 대립가설의 형태에 따라 달라지게 된다. 대립가설이 '$\neq$'의 형태일 때는 기각역이 검정통계량의 분포 양쪽 꼬리 부분에 대칭적으로 설정되며, 대립가설이 부등호($>$ 또는 $<$)의 형태일 때는 분포의 어느 한쪽 꼬리 부분에 설정된다. 기각역이 전자의 형태로 주어진 가설검정을 양측검정(two-sided test)이라고 하고, 후자의 형태인 경우에는 단측검정(one-sided test)이라고 한다. 단측검정은 다시 우측검정과 좌측검정으로 나뉘어지며, 기각역의 위치는 대립가설의 부등호 방향과 일치함을 유의하자.

그림 9-1 표본통계량의 분포와 기각역의 설정

(a) $H_A: \theta \neq \theta_0$; $H_0: \theta = \theta_0$

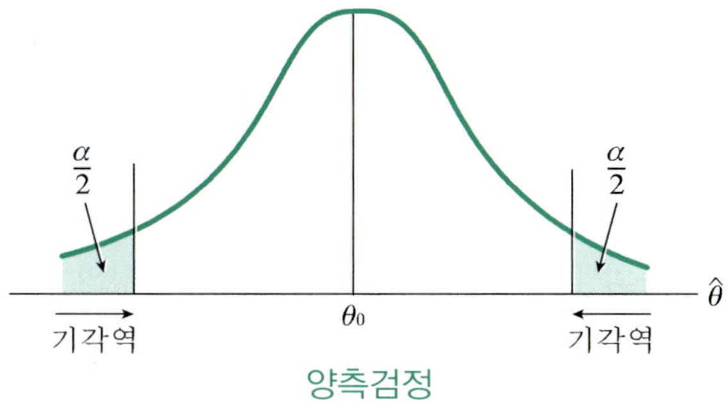

(b) $H_A: \theta < \theta_0$; $H_0: \theta \geq \theta_0$

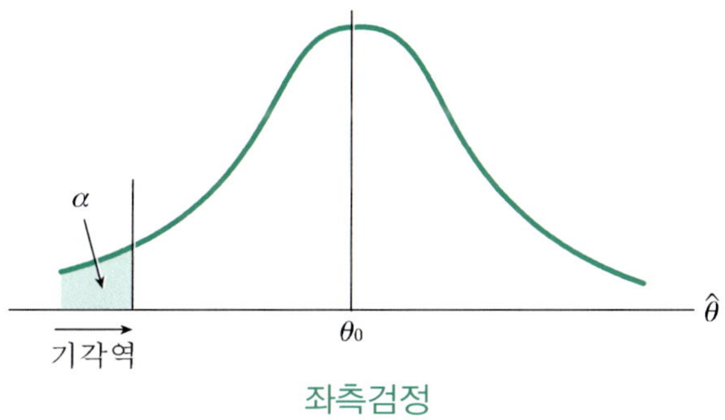

(c) $H_A: \theta > \theta_0$; $H_0: \theta \leq \theta_0$

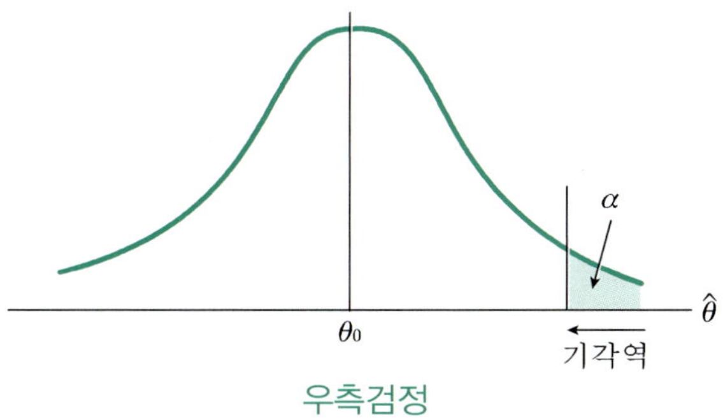

기각역이 넓게 설정되면 귀무가설을 기각할 가능성이 높아지고, 반면에 기각역이 좁게 설정되면 그만큼 귀무가설을 기각할 가능성이 줄어든다. 다시 말해서 기각역의 설정은 귀무가설이 기각될 확률에 영향을 미친다. 귀무가설이 기각될 확률을 유의수준(significance level)이라고 하는데, 그림 9–1의 색칠한 면적이 이에 해당한다. 의사결정자에 의하여 적절한 유의수준이 주어지면 분석자는 주어진 유의수준에 맞는 기각역을 설정하게 된다. 유의수준은 α로 표시하며, 가설검정에서 가장 흔히 사용되는 유의수준은 1%, 5% 그리고 10%이다.

이상의 논의를 토대로 하여 우리는 가설검정의 일반적인 절차를 다음과 같이 정리할 수 있다.

가설검정의 절차

1. H_A와 H_0를 설정한다.
2. 적절한 유의수준을 설정한다. 보통 1%, 5%, 10% 중의 하나가 된다.
3. 검정통계량(또는 표준화된 검정통계량)을 선정한다.
   이때 검정통계량의 분포는 귀무가설이 사실이라는 가정하에 구한다.
4. 주어진 유의수준에 부합하는 기각역을 계산한다.
5. 표본을 추출하여 선정된 검정통계량의 값을 구한다.
6. 기각역과 관찰된 검정통계량의 값을 비교하여 결론(귀무가설의 기각 또는 채택)을 내린다.

9.2 모평균 μ에 대한 가설검정–양측검정

가설검정도 앞 장에서 설명된 구간추정과 마찬가지로 모집단의 확률분포, 모분산값의 인지 여부 그리고 표본의 크기에 따라 Z분포 또는 t분포를 사용하게 된다.

먼저 가장 단순한 경우인 모집단이 정규분포이고 모분산 σ^2의 값을 알고 있는 경우 모평균 μ에 대한 양측검정을 하는 방법에 대해 알아보도록 한다. 표본변수 X_1, X_2, $\cdots$, X_n이 $N(\mu, \sigma^2)$인 정규모집단에서 추출된 단순확률표본이라고 하자. 이때 표본평균 $\overline{X}_n$은 $N(\mu, \sigma^2/n)$인 정규분포변수임을 유의하자.

이제 모평균 μ가 특정 실수값 μ_0와 같은지, 다른지에 대해 유의수준 α에서 양측검정하는 방법을 도출하도록 한다.

$$H_0 : \mu = \mu_0$$
$$H_A : \mu \neq \mu_0$$
$$\text{유의수준} = \alpha$$

모평균에 대한 가설검정이므로 검정통계량은 표본평균 $\overline{X}_n$이 되며, 앞 장의 구간추정에서 했던 것과 유사하게 표준정규변수의 부등식(식 1)으로부터 유도된다.

$$P[-z_{\alpha/2} \leq Z \leq z_{\alpha/2}] = 1-\alpha \qquad \text{(식 1)}$$

$$P\left[-z_{\alpha/2} \leq \frac{\overline{X}_n - \mu_0}{\sigma/\sqrt{n}} \leq z_{\alpha/2}\right] = 1-\alpha \qquad \text{(식 2)}$$

$$P\left[\overline{X}_n - z_{\alpha/2} \cdot \frac{\sigma}{\sqrt{n}} \leq \mu_0 \leq \overline{X}_n + z_{\alpha/2} \cdot \frac{\sigma}{\sqrt{n}}\right] = 1-\alpha \qquad \text{(식 3)}$$

$$P\left[\mu_0 - z_{\alpha/2} \cdot \frac{\sigma}{\sqrt{n}} \leq \overline{X}_n \leq \mu_0 + z_{\alpha/2} \cdot \frac{\sigma}{\sqrt{n}}\right] = 1-\alpha \qquad \text{(식 4)}$$

(식 2, 3, 4)는 양측검정을 하는 세 가지 방법을 보여준다. 양측검정을 하는 가장 전형적인 방법은 (식 4)를 이용하는 것이다. 그림 9-2에서 보면 상단의 그림은 (식 1)을, 하단의 그림은 (식 4)를 표현한 것이다.

그림 9-2에서 보여지듯이 양측검정이므로 기각역은 $\overline{X}_n$의 분포 양쪽 꼬리에 $\frac{\alpha}{2}$의 영역만큼 설정되며, 이 영역의 경계값은 (식 4)와 그림 9-2 (b)와 같다. 즉, 표본을 추출하여 계산한 표본평균 $\overline{X}_n$의 값이 $\mu_0 + z_{\alpha/2} \cdot \frac{\alpha}{\sqrt{n}}$보다 크거나 $\mu_0 - z_{\alpha/2} \cdot \frac{\alpha}{\sqrt{n}}$보다 작으면 주어진 귀무가설 $H_0 : \mu = \mu_0$를 기각하고, 그렇지 않으면 귀무가설을 채택하는 것이다.

그림 9-2 모평균 μ에 대한 양측검정

(a) (식 1)의 그림

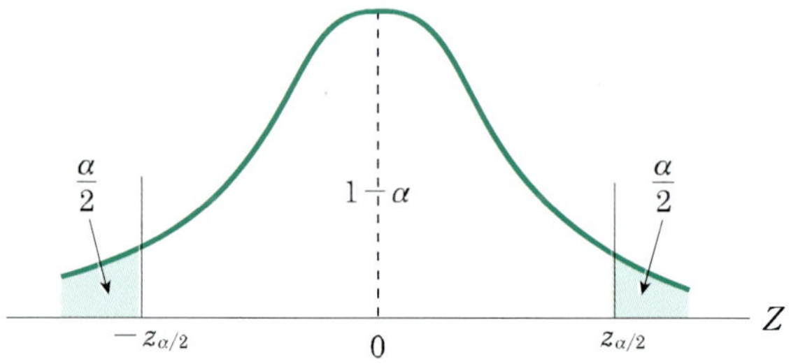

(b) (식 4)의 그림

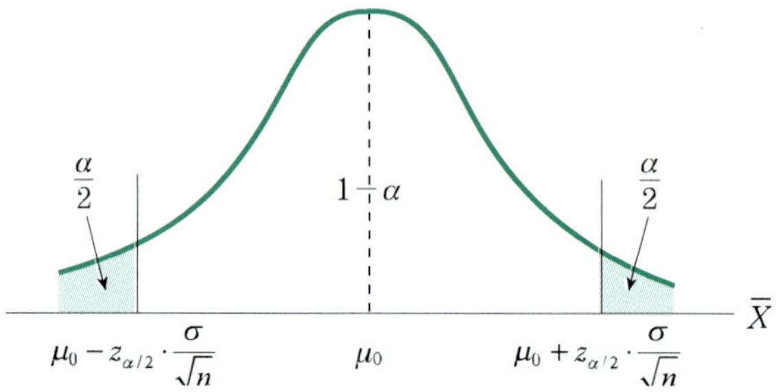

(식 3)은 제8장에서 도출했던 구간추정의 방법과 동일하며, 이 식을 이용해도 (식 4)와 동일한 결과의 양측검정을 수행할 수 있다. 왜냐하면 (식 3)이나 (식 4)는 형태는 다르지만 모두 (식 2)로부터 유도되는 동일한 내용의 식이기 때문이다. 즉 (식 3)이 만족되면 (식 4)도 만족되는 것이다. 따라서 $100(1-\alpha)\%$ 신뢰구간을 구한 후, 이 구간에 귀무가설에서 제시된 값 μ_0가 포함되면 귀무가설을 채택하고 그렇지 않으면 주어진 유의수준 α에서 귀무가설을 기각한다.

(식 2)를 이용해도 (식 4)와 동일한 내용의 식이므로 같은 결과가 나온다. 그러나 (식 2)는 관찰된 표본평균의 값을 표준화하여 $z_{\alpha/2}$와 비교하기 때문에 (식 4)에 비해 계산이 간결하여 더 선호되는 가설검정방법이라고 할 수 있다.

이상을 요약하면 다음과 같다.

모평균 μ에 대한 양측검정

가설 $H_0 : \mu = \mu_0$

$H_A : \mu \neq \mu_0$

$\overline{X}$의 분포 귀무가설이 사실이라는 전제하에 $\overline{X}_n \sim N(\mu_0, \frac{\sigma^2}{n})$

검정통계량 $Z = \dfrac{\overline{X}_n - \mu_0}{\sigma/\sqrt{n}}$

가설검정(식 2의 방법)

$|Z| > z_{\alpha/2}$이면 H_0 기각

예제 9-3

천일기업에서 생산하는 백열전구의 수명은 평균(μ)이 1,000시간 그리고 분산(σ^2)이 100^2인 것으로 알려져 왔다. 천일의 경영진은 최근의 잦은 노사분규로 인한 종업원의 근로의욕 저하로 지금까지 알려져 온 백열전구의 평균수명이 여전히 유지되고 있는지 의문을 제기하였다. 이에 따라 64개의 전구를 무작위로 추출하여 수명검사를 한 결과 평균시간이 975시간으로 나타났다. 이러한 표본정보는 천일기업에서 생산되는 전구의 평균수명이 1,000시간과 다르다는 것을 의미하는가? 1%의 유의수준에서 가설검정을 하시오.

풀 이 (a) 가설의 설정: μ가 1,000시간과 다른가를 검정하려고 하므로, 가설은 다음과 같다.

$$H_A : \mu \neq 1{,}000$$
$$H_0 : \mu = 1{,}000$$

(b) 검정통계량: 표본이 충분히 크므로 귀무가설이 사실이라고 할 때, 표분평균 $\overline{X}_{64}$의 분포는 $N\left(1{,}000,\ \frac{100^2}{64}\right)$이다. 이 문제의 경우에는 모분산이 알려져 있으므로 표본분산을 대용할 이유가 없다. 관찰된 $\overline{X}_{64}$의 값은 975이므로

$$Z = \frac{\overline{X}_n - \mu_0}{\sigma/\sqrt{n}} = \frac{975 - 1{,}000}{100/\sqrt{64}} = -2$$

(c) 기각역과 결론: 부록 3으로부터 $z_{\alpha/2} = z_{0.005} = 2.575$이므로 방법 2에 의한 기각역은 $|Z| > 2.575$가 된다. 그러므로 유의수준 0.01에서 귀무가설을 기각할 수 없다. 즉, 전구의 평균수명에 변동이 생겼다고 할 수 있는 충분한 근거가 제시되지 못했다.

참고로 기각역을 $\overline{X}_n$에 대하여 나타내면

$$\mu_0 \pm z_{\alpha/2}\frac{\sigma}{\sqrt{n}} = 1{,}000 \pm 2.575\left(\frac{100}{8}\right) = (967.8,\ 1{,}032.2)$$

가 된다. 이를 그림으로 표시하면 그림 9-3과 같다.

그림 9-3 예제 3에 대한 Z분포

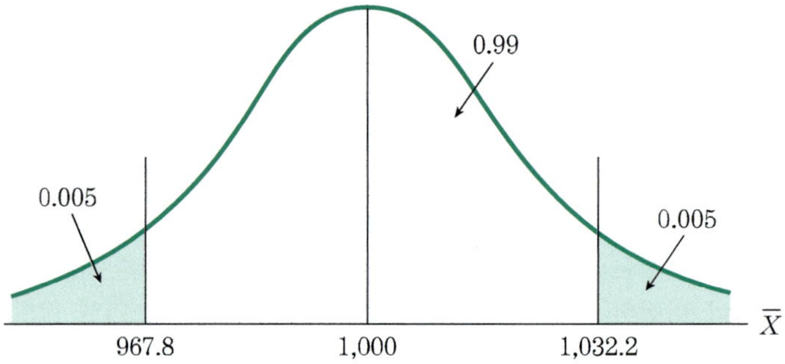

관찰된 표본평균의 값은 975이며, 이는 기각역에 속하지 않으므로 유의수준 0.01에서는 귀무가설을 기각할 수 없다.

9.3 모평균 μ에 대한 가설검정–단측검정

양측검정에서는 유의수준 α가 주어져 있을 때, 기각역이 $\frac{\alpha}{2}$만큼의 면적으로 검정통계량의 분포 양쪽 꼬리에 반씩 나뉘어져 설정되나, 단측검정은 기각역이 양쪽으로 나뉘는 것이 아니라 검정통계량의 분포 오른쪽 꼬리(우측검정) 또는 왼쪽 꼬리(좌측검정)에 α의 면적만큼 설정된다. 그리고 그 외의 모든 검정절차는 양측검정과 단측검정이 사실상 동일하다고 할 수 있다. 한 가지 유의해야 할 사항은 양측검정의 경우, 귀무가설이 단순가설($\mu = \mu_0$)이라 자연스럽게 검정통계량의 기댓값을 μ_0로 놓고 가설검정을 수행하는 데 문제가 없었다. 그러나 단측검정의 경우, 귀무가설이 복합가설로 주어지므로 μ의 값을 어느 값으로 정

하여 가설검정을 수행하여야 할지가 명확하지가 않다. 예를 들어서 우측검정의 경우 귀무가설이 $\mu \le 100$의 형태로 주어져 있다면, 이 가설의 의미는 μ가 100보다 작거나 같은 어느 한 실수값임을 의미하는 것이다. 그러나 이와 같이 복합가설의 형태로 귀무가설이 주어진 경우에도 μ의 값을 부등호의 경계값인 100으로 놓고, 즉 $\mu = 100$인 단순가설형태로 귀무가설을 설정해 가설검정을 해도 아무 문제가 없다. 모평균 μ에 대한 우측검정의 경우를 놓고 다음에서 그 이유에 대하여 설명하도록 한다.

표본변수 X_1, X_2, X_3, $\cdots$, X_n이 $N(\mu, \sigma^2)$인 정규모집단으로부터 추출된 단순확률표본이라고 하자. 그리고 모분산 σ^2은 알려져 있다고 하자. 이때 표본평균 $\overline{X}_n$은 $N(\mu, \sigma^2/n)$인 정규분포변수이며, 우측검정의 경우 귀무가설과 대립가설은 다음과 같다.

$$\text{가설} \quad H_0 : \mu \le \mu_0$$
$$H_A : \mu > \mu_0$$

위의 귀무가설은 μ의 값이 μ_0이거나 그보다 작은 어떤 실수값이 될 수 있음을 제시하고 있다. 이 귀무가설을 $\mu = \mu_0$와 $\mu < \mu_0$ 두 개로 나누어 그림 9-4와 같이 먼저 단순한 쪽($\mu = \mu_0$)을 귀무가설로 놓고 우측검정하는 것을 생각해 보자. 귀무가설($\mu = \mu_0$)이 사실일 때, $\overline{X}_n$은 μ_0를 중심으로 그림 9-4 (a)와 같이 정규분포를 따르며, 기각역은 주어진 유의수준 α의 면적만큼 분포의 우측 꼬리에 설정된다. 그리고 k는 유의수준 α에 해당하는 기각역의 임계치라고 하자. 이제 표본을 추출하여 계산된 $\overline{X}_n$의 값이 k보다 크다면 주어진 귀무가설을 기각하게 되는 것이다. 실제로 표본을 추출하여 표본평균의 값을 구하였더니 그 값이 k보다 큰 어떤 실수값 c가 나왔다고 하자. 이 경우 관찰된 표본평균의 값이 기각역에 들어가므로 가설검정의 결론은 주어진 유의수준 α에서 귀무가설($\mu = \mu_0$)을 기각하는 것이다.

그림 9-4 우측검정

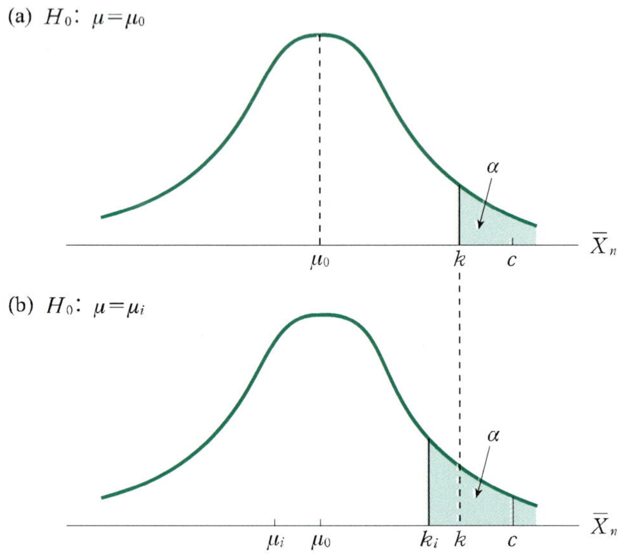

(μ_i는 μ_0보다 작은 임의의 실수 값임)

이번에는 $\mu<\mu_0$의 구간에 있는 임의의 값 μ_i를 가지고 귀무가설을 설정하도록 하자. 즉, $H_0:\mu=\mu_i$라고 하자. 가설검정은 주어진 귀무가설이 사실이라고 전제하고 수행되므로, 이때 $\overline{X}_n$의 분포는 그림 9–4 (b)에서 보여지는 것과 같이 μ_i를 중심으로 한 분포가 될 것이다. 유의수준 α에 해당하는 기각역의 임계치를 k_i라고 할 때, 이 값은 그림 9–4 (a)의 k보다 당연히 작은 값이 됨을 알 수 있다. 따라서 관찰된 표본평균값 c는 이 경우에도 기각역에 들어 있음을 알 수 있다. 즉, $H_0:\mu=\mu_0$가 기각된다면 μ_0보다 작은 다른 어떤 임의의 값 μ_i로 설정된 귀무가설도 기각이 됨을 알 수 있다. 이상의 설명을 통해 귀무가설이 $\mu\leq\mu_0$와 같이 복합가설로 주어져 있다고 하더라도 $\mu=\mu_0$에 대해서만 검토해 보고 이것이 기각되면 μ_0보다 작은 다른 값들은 검토해 볼 필요도 없이 주어진 귀무가설을 기각할 수 있는 것이다.

예제 9-4

안암산업의 부사장은 판매원의 성과에 불만을 표시하면서, 판매원의 계약체결실적이 평균적으로 많아야 주당 15건이라고 말하고 있다. 부사장의 주장을 검정하기 위하여 36명의 판매원을 임의로 추출하여 어느 한 주의 계약건수를 살펴보았더니, 평균이 16건이고 분산이 9로 나타났다. 이 표본자료는 부사장의 주장과 상반된다고 볼 수 있는가? 유의수준 0.05에서 검정하시오.

풀 이 (a) 가설의 설정: 이 문제에서는 주당 평균판매계약건수 μ가 관찰된 표본평균에서와 같이 15보다 큰지에 대하여 검정하려고 한다. 따라서 가설은

$$H_A : \mu > 15;\ H_0 : \mu = 15$$

(b) 검정통계량: 표본의 크기가 36이므로 중심극한정리가 적용되며, H_0가 사실이라고 전제할 때, 검정통계량은

$$Z = \frac{\overline{X}_{36} - \mu_0}{\sigma_{\overline{X}}} = \frac{\overline{X}_{36} - \mu_0}{\frac{\sigma}{\sqrt{n}}}$$

(c) 기각역: 유의수준 0.05에서의 기각역은 부록 3으로부터 $RR = \{Z > 1.645\}$가 된다. 이 문제의 경우 모분산 σ^2이 알려져 있지 않으나, 표본의 크기가 충분히 크므로 일관적 추정량 S^2이 σ^2을 매우 근사하게 추정한다고 보고 σ^2 대신에 S^2를 대체하여 사용한다. 그러므로 관찰된 검정통계량의 값은

$$Z \approx \frac{\overline{X}_{36} - \mu_0}{\frac{\sigma}{\sqrt{n}}} = \frac{16 - 15}{\frac{3}{\sqrt{36}}} = 2$$

(d) 결론: 관찰된 검정통계량의 값이 기각역에 있으므로 유의수준 0.05에서 귀무가설을 기각한다. 즉, 평균계약건수가 15에 미치지 못한다는 부사장의 주장은 잘못된 것으로 여겨진다.

필요한 경우 기각역을 $\overline{X}_{36}$에 대하여 다음과 같이 나타낼 수 있다.

$$\mu_0 + z_\alpha \sigma_{\overline{X}} = 15 + 1.645 \frac{3}{\sqrt{36}} = 15.823$$

이 경우 $RR = \{\overline{X}_{36} > 15.823\}$이 된다.

즉, 관찰된 표본평균의 값이 15.823보다 크면 귀무가설을 기각하게 되는데 관찰된 표본평균의 값이 16이므로 유의수준 0.05에서 귀무가설을 기각한다.

9.4 가설검정의 오류

추정(estimation)과 마찬가지로 가설검정(hypothesis test)도 표본에 의해 얻어진 부분적인 정보를 근거로 모수에 대한 결론을 내리게 되므로, 표본오차로 인한 오류의 가능성을 항상 갖고 있다. 가설검정에서 발생할 수 있는 오류에는 1종오류(type 1 error)와 2종오류(type 2 error)가 있다.

1종오류와 2종오류

1종오류란 사실인 귀무가설을 기각하는 오류를 말하며, 2종오류는 허위인 귀무가설을 채택하는 오류이다. 1종오류의 확률은 유의수준과 일치하며 α로 표시하고, 2종오류가 발생할 확률은 β로 표시한다.

그림 9-5은 유의수준 α에서 우측검정을 할 때 발생할 수 있는 1종오류와 2종오류의 확률을 보여준다. 만일 귀무가설이 사실이면 검정통계량 $\hat{\theta}_n$의 분포는 그림 9-5 (a)와 같다. 귀무가설이 사실이라고 하더라도 색칠한 부분에 속하는 $\hat{\theta}_n$의 값이 관찰될 수 있으며, 이 경우 귀무가설이 기각되므로 사실인 귀무가설을 기각하는 오류를 범하게 된다. 그리고 그 확률은 α이다. 그림 9-5 (b)는 귀무가설이 허위이고 θ의 값이 θ_0보다 큰 어떤 값 θ_A일 때, $\hat{\theta}_n$의 분포를 보여준다. 이 경우 옳은 의사결정은 귀무가설을 기각하는 것이다. 그러나 만일 $\hat{\theta}_n$의 값이 귀무가설의 채택역에서 발생한다면 허위인 귀무가설을 채택하는 2종오류를 범하게 된다. 그리고 그 확률은 그림 9-5 (b)의 색칠한 면적 β가 된다.

표 9-1은 가설검정의 네 가지 가능한 결과에 대하여 요약하고 있다. 귀무가설이 사실인지 허위인지에 대한 실제 상황은 미지이다. 따라서 이와 같은 불확실성하에서의 가설검정은 항상 두 가지 오류 중 하나의 오류를 범할 가능성을 갖고 있다.

그림 9-5 우측검정에서의 1종오류와 2종오류($H_A: \theta > \theta_0$; $H_0: \theta = \theta_0$)

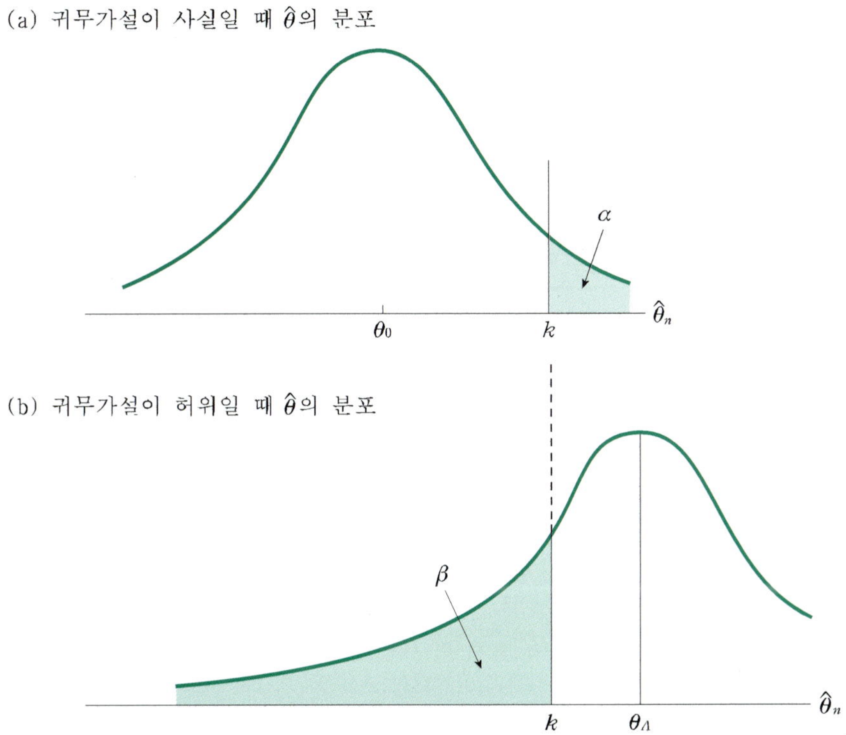

표 9-1 가설검정 네 가지 가능한 결과

실제상황 \ 의사결정	H_0 채택	H_0 기각
H_0가 사실	올바른 결정 확률$=1-\alpha$	1종오류 확률$=\alpha$
H_0가 허위	2종오류 확률$=\beta$	올바른 결정 확률$=1-\beta=$검정력

Z검정의 경우에 β의 계산 연구가설 $H_A: \theta > \theta_0$에 대해 귀무가설 $H_0: \theta = \theta_0$를 검정하는 우측검정의 경우에 2종오류의 확률을 계산하는 방법에 대하여 알아보도록 하자. 1종오류의 확률(α)이 θ가 θ_0로 주어졌을 때 결정될 수 있었던 것처럼, β도 θ에 대한 어떤 실수값이 주어져야 계산이 가능하다. 예를

들어서 대립가설이 복합가설이 아닌 단순가설로 $H_A : \theta = \theta_A$와 같이 주어졌다고 하자. 그러면 기각역(RR)의 임계치가 k일 때, β는 다음과 같이 정의할 수 있다.

2종오류의 확률계산

$$\beta = P(\text{대립가설이 사실일 때, } \hat{\theta}_n \text{의 값이 } RR\text{에 속하지 않음})$$
$$= P(\hat{\theta}_n \le k | \theta = \theta_A)$$
$$= P\left(\frac{\hat{\theta}_n - \theta_A}{\sigma_{\hat{\theta}}} \le \frac{k - \theta_A}{\sigma_{\hat{\theta}}}\right) = P\left(Z \le \frac{k - \theta_A}{\sigma_{\hat{\theta}}}\right)$$

한편 $(1-\beta)$는 허위인 귀무가설을 기각할 확률을 의미하며, 귀무가설이 허위일 때, 이를 제대로 기각할 수 있는 힘의 정도를 나타낸다고 하여 검정력(power of test)이라고도 불린다.

예제 9-5

모분산이 16으로 알려진 모집단에 대하여 다음의 가설을 검정하려고 한다.

$$H_0 : \mu = 18;\ H_A : \mu > 18$$

$\mu_A = 19.5$일 때, 2종오류의 확률은 다음 각각의 경우에 얼마인가?

(a) $\alpha = 0.10,\ n = 36$
(b) $\alpha = 0.05,\ n = 36$
(c) $\alpha = 0.05,\ n = 64$

풀 이 (a) $n = 36$일 때, 유의수준 0.10에 대한 임계치 k는

$$k = \mu_0 + z_{0.10}\sigma_{\overline{X}} = 18 + 1.285\frac{4}{\sqrt{36}} = 18.86$$

이 된다. 따라서

$$\beta = P(\overline{X}_{36} \le 18.86 | \mu = 19.5)$$
$$= P\left[\frac{\overline{X}_{36} - \mu}{\sigma_{\overline{X}}} \le \frac{18.86 - 19.5}{4/\sqrt{36}}\right]$$
$$= P(Z \le -0.96)$$
$$= 0.1685$$

(b) $n=36$일 때, 유의수준 0.05에 대한 임계치 k는

$$k=\mu_0+z_{0.05}\sigma_{\overline{X}}=18+(1.645\frac{4}{\sqrt{36}})=19.1$$

이 된다. 따라서

$$\begin{aligned}\beta&=P(\overline{X}\leq 19.1|\mu=19.5)\\&=P\left[\frac{\overline{X}-\mu}{\sigma_{\overline{X}}}\leq\frac{19.1-19.5}{4/\sqrt{36}}\right]\\&=P(Z\leq-0.6)\\&=0.2743\end{aligned}$$

(c) $n=64$일 때, 유의수준 0.05에 대한 임계치 k의 값은

$$k=\mu_0+z_{0.05}\sigma_{\overline{X}}=18+1.645\frac{4}{\sqrt{64}}=18.82$$

가 된다. 따라서

$$\begin{aligned}\beta&=P(\overline{X}_{64}\leq 18.82|\mu=19.5)\\&=P\left[\frac{\overline{X}_{64}-\mu}{\sigma_{\overline{X}}}\leq\frac{18.82-19.5}{4/\sqrt{64}}\right]\\&=P(Z\leq-1.36)\\&=0.0869\end{aligned}$$

그림 9-6 (a)는 예제 9-5 (a)에서 발생하는 두 가지 종류의 오류에 대한 확률을 보여주고 있다. 또한 그림 9-6 (b)는 α를 0.10에서 0.05로 감소(또는 임계치를 18.86에서 19.1로 증가)시켰을 때, 이것이 β에 미치는 영향을 보여주고 있다. 즉, α의 감소는 β의 증가를 초래한다. 마찬가지로 β의 감소는 α의 증가를 초래한다. 즉, α와 β 간의 관계는 그림 9-7에 보여지는 바와 같이 주어진 표본정보에서 1종오류와 2종오류 중의 어느 하나를 줄이려고 하면 이는 필연적으로 다른 한쪽의 증가를 유발하게 된다. 다른 쪽의 증가를 야기하지 않으면서 어느 한쪽의 오류를 줄이는 유일한 방법은 표본정보의 양을 늘리는 것이다. 즉, 더 많은 자료를 수집하는 것이다. 그림 9-6 (c)는 표본의 크기를 36에서 64로 증가시

그림 9-6

(a) 예제 5 (a)에서의 1종오류와 2종오류

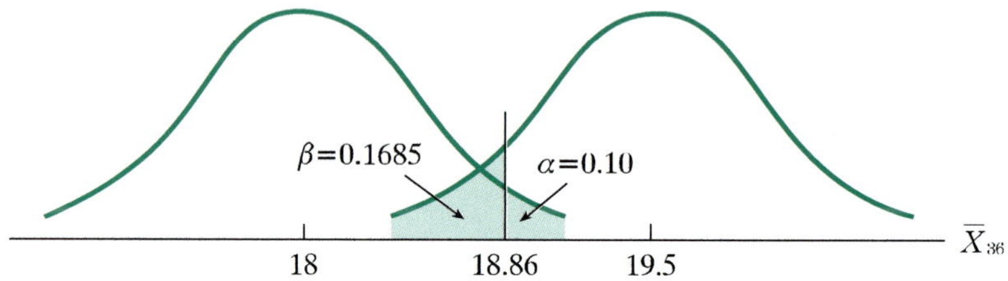

(b) α의 감소에 따른 β의 증가

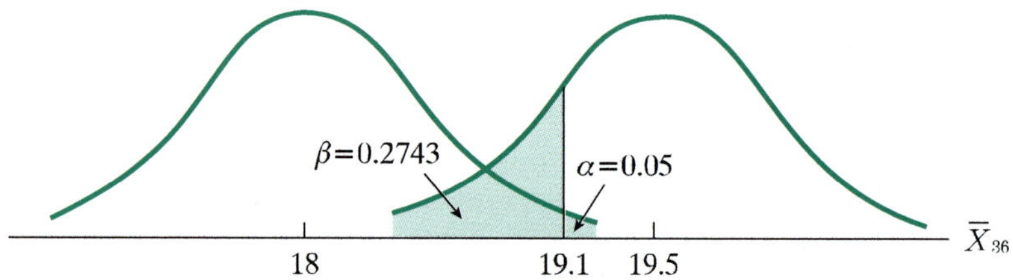

(c) 표본크기 증가의 효과

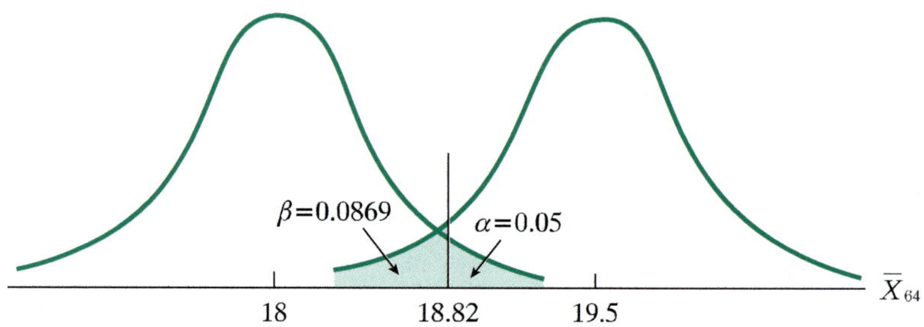

그림 9-7 α와 β간의 상충관계

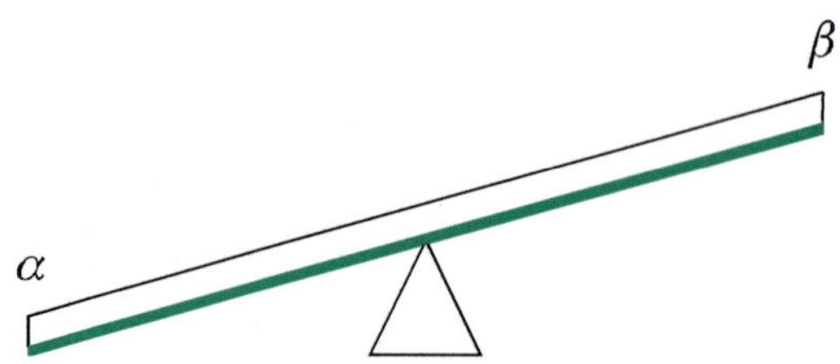

켰을 때, α는 증가하지 않으면서 β가 감소되는 것을 보여준다.

유의수준은 귀무가설을 기각할 확률이다. 그러므로 유의수준을 높게 잡느냐 낮게 잡느냐에 따라 똑같은 귀무가설이 기각되기도 하고 채택되기도 한다. 귀무가설을 기각할 때 1종오류의 문제가 대두되고, 귀무가설을 채택할 때 2종오류의 문제가 제기된다. 만일 유의수준을 아주 낮게 잡았는데도 불구하고 귀무가설을 기각하게 되면, 1종오류의 가능성이 아주 낮으므로 귀무가설이 사실일 가능성이 희박하며, 대립가설이 사실일 가능성이 높은 것이다. 따라서 이러한 경우에는 '귀무가설을 기각하고 대립가설을 채택한다'고 하는 다소 강한 결론을 내릴 수 있다. 반면에 유의수준을 낮게 잡은 상황에서 귀무가설을 채택하는 경우에는 정확히 계산할 수는 없으나 2종오류를 범할 확률이 매우 높을 것이 틀림없다. 따라서 이러한 경우에는 '귀무가설을 채택한다'라는 단호한 결론보다는 '주어진 유의수준에서는 귀무가설을 기각할 만한 충분한 근거가 없다'라고 결론을 내리는 것이 더 적합하다.

9.5 p값에 의한 가설검정

유의수준(α)을 어떻게 결정하느냐에 대해 일정한 규칙은 존재하지 않는다. 따라서 유의수준의 결정은 다분히 임의적이다. 즉, 한 실험에서는 유의수준 0.05에서 가설검정을 할 수도 있고 다른 실험에서는 0.01을 사용할 수도 있다. 또한 사람에 따라 동일한 자료를 사용한다고 해도 한 사람은 유의수준 0.05에서 귀무가설을 기각할 수도 있고, 다른 사람은 유의수준을 0.01로 하여 귀무가설을 기각하지 않는 결론을 내릴 수도 있다. 또 유의수준의 값에 대한 결정이 세심한 분석의 결과가 아닌 평소의 관행적 결과일 수도 있다. 이에 따라 유의수준을 임의로 결정하여 귀무가설에 대한 어떤 확정적 결론을 내리는 것은 바람직하지 않은 경우가 많다. 이보다 p값이라고 하는 어떤 통계치를 계산하여 의사결정자에게 제시함으로써 가능한 여러 값의 유의수준과 비교하도록 하는 것이 더 효과적인 가설검정방법이라고 할 수 있다. 그렇다면 p값은 무엇인가?

p값이란 검정통계량 $\hat{\theta}$이 이미 관찰된 검정통계량의 값보다 θ_0에서 더 멀리 발생할 확률로써 귀무가설이 사실이라는 전제하에 산출된다.

예제 9-6

예제 9-4에 대해서 p값을 계산하여 유의수준 0.05에서 검정하시오.

풀 이 예제 9-4에서 관찰된 검정통계량의 값은 16이다. 따라서

$$\begin{aligned} p\text{값} &= (H_0\text{가 사실일 때, } \overline{X}_{36}\text{이 관찰된 표본평균 16보다 클 확률}) \\ &= P(\overline{X}_{36} > 16 \mid \mu = \mu_0) = P\left(\frac{\overline{X}_{36} - \mu_0}{\sigma_{\overline{X}}} > \frac{16-15}{3/\sqrt{36}}\right) \\ &= P(Z > 2) = 0.023 \end{aligned}$$

예제 9-4에서 유의수준 0.05에 대응하는 기각역의 임계치는 15.823이었다. 그림 9-9에서는 임계치 15.823과 검정통계량 16 그리고 유의수준과 p값의 관계를 보여주고 있다.

예제 9-4에서 우리는 관찰된 표본평균의 값이 유의수준 0.05에서의 기각역의 임계치인 15.823보다 크기 때문에 H_0를 기각하였다. 그런데 그림 9-9에서는 α와 p값의 비교에 의해서도 똑같은 결론을 얻을 수 있음을 보여준다. 즉, 관찰된 표본통계량으로부터 구한 p값이 α보다 작으면 H_0를 기각한다.

예제 9-6에서와 같이 p값이 0.023으로 결정되면 유의수준 0.05에서만 귀무가설을 기각할 수 있는 것이 아니라, 0.04나 0.03에서도 귀무가설을 기각할 수 있다. 그러므로 p값은 귀무가설이 기각되는 최소수준의 α값으로 해석할 수 있다. 따라서 p값을 사용하면 보다 융통성 있는 가설검정이 가능하다. 이상의 내용을 요약하면 다음과 같다.

p값에 의한 가설검정

p값이란 귀무가설이 사실이라는 전제하에 검정통계량 $\hat{\theta}$이 이미 관찰된 검정통계량의 값보다 θ_0에서 더 멀리 발생할 확률로써 정의한다. p값은 귀무가설이 기각되는 최소수준의 α값으로 해석할 수 있으며, 따라서 p값이 α값보다 작으면 주어진 귀무가설을 기각하게 된다.

그림 9-8 유의수준과 p값의 관계

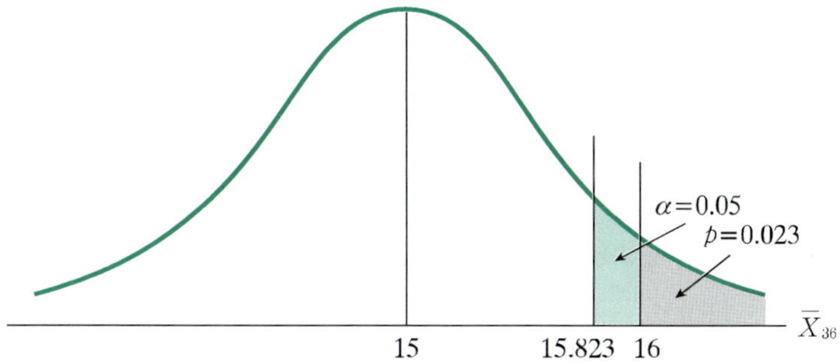

9.6 t검정

이제까지는 모집단이 정규분포이고 모분산이 알려져 있는 경우에 모평균 μ에 대한 검정을 하는 방법을 살펴보았다. 그러나 모평균을 모르면 모분산도 모르는 것이 일반적인 상황이라고 할 수 있을 것이다. 그래서 이번에는 모분산을 알지 못하는 경우에 μ에 대한 가설검정을 하는 방법을 알아보도록 한다. 제 8장에서 구간추정방법을 설명할 때, 모분산을 모르는 경우에는 t분포를 이용하여 구간추정을 한 바가 있다. 가설검정에서도 모분산이 알려져 있지 않은 경우에는 역시 t분포를 이용한다.

표본 X_1, X_2, X_3, $\cdots$, X_n이 $N(\mu,\ \sigma^2)$인 정규모집단으로부터 추출된 단순확률표본이라고 하자. 이때 표본평균 $\overline{X}_n$은 $N(\mu,\ \sigma^2/n)$인 정규분포변수이나 σ를 알지 못하므로 Z변수로 표준화하여 값을 구할 수 없다. 그래서 σ 대신에 표본표준편차 S로 대체하여 $\overline{X}_n$을 표준화할 수밖에 없는데, 그러면 그 결과는 자유도가 $(n-1)$인 t변수가 되는 것이다. 즉, $\dfrac{\overline{X}_n-\mu}{S/\sqrt{n}}=t_{n-1}$이 된다.

유의수준이 α이고 가설이 $H_0:\mu=\mu_0$, $H_A:\mu\neq\mu_0$인 양측검정일 때 (식 5)로부터 시작하여 (식 6), (식 7) 그리고 (식 8)의 검정방법이 유도된다. 그림 9-9는 (식 5)와 (식 8)을 그림으로 보여준다.

$$P[-t_{\alpha/2} \le t_{n-1} \le t_{\alpha/2}] = 1-\alpha \qquad \text{(식 5)}$$

$$P\left[-t_{\alpha/2} \le \frac{\overline{X}_n - \mu}{S/\sqrt{n}} \le t_{\alpha/2}\right] = 1-\alpha \qquad \text{(식 6)}$$

$$P\left[\overline{X} - t_{\alpha/2} \cdot \frac{S}{\sqrt{n}} \le \mu_0 \le \overline{X}_n + t_{\alpha/2} \cdot \frac{S}{\sqrt{n}}\right] = 1-\alpha \qquad \text{(식 7)}$$

$$P\left[\mu_0 - t_{n-1,\,\alpha/2} \cdot \frac{S}{\sqrt{n}} \le \overline{X}_n \le \mu_0 + t_{n-1,\,\alpha/2} \cdot \frac{S}{\sqrt{n}}\right] = 1-\alpha \qquad \text{(식 8)}$$

(식 6, 7, 8)은 (식 2, 3, 4)와 유사하다. Z분포 대신에 t_{n-1}분포를 사용하였고, 이들 식을 이용한 검정방법은 (식 2, 3, 4)와 동일하다.

그림 9-9 t검정

(a) (식 5)의 그림

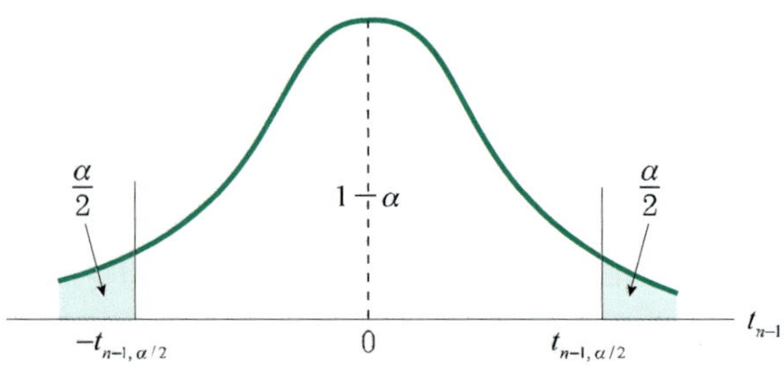

(b) (식 8)의 그림

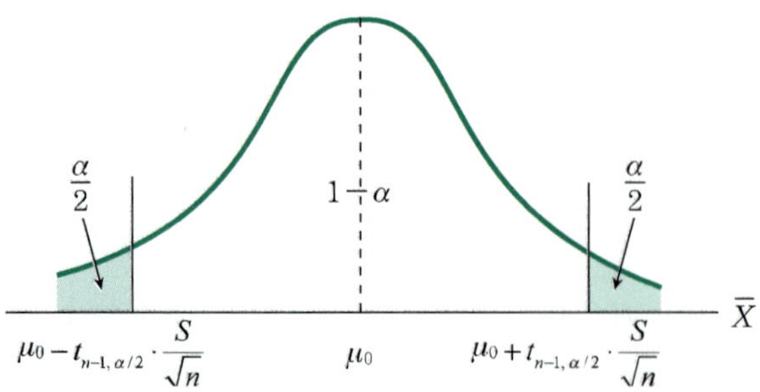

이처럼 t검정이란 t분포를 이용하여 모평균에 대하여 설정된 가설을 검정하는 방법을 말한다. t검정은 모분산이 알려져 있지 않은 정규모집단의 평균에 대해 설정된 가설을 소표본에 의해 검정할 경우에 한하여 적용된다.

대표본의 경우에는 모분산을 모르더라도 $\frac{\hat{\theta}-\theta_0}{\sigma_{\hat{\theta}}}$가 근사적으로 표준정규분포를 따르므로 Z검정을 사용할 수 있었다. 그러나 추정량의 일관성과 중심극한정리가 적용될 수 없는 소표본의 경우($n<30$)에는 이야기가 다르다. 소표본의 경우에 $\frac{\hat{\theta}-\theta_0}{\sigma_{\hat{\theta}}}$의 분포는 모집단이 정규분포일 때, 자유도가 $(n-1)$인 t분포를 따르게 된다(제7장 참조). 이에 따라 모분산이 미지이며, 소표본인 경우에는 모집단이 정규분포인 경우에 한해서 t_{n-1}분포를 사용하여 가설검정을 할 수 있다.

t검정이 Z검정과 다른 것은 Z분포 대신에 t분포를 사용한다는 것뿐이며, 그 외의 검정절차는 Z검정과 기본적으로 동일하다. 세 가지 형태의 가설에 대한 t검정의 절차는 다음과 같이 요약할 수 있다.

t분포를 이용한 검정

$$H_0: \mu = \mu_0$$

$$H_A: \begin{cases} \mu > \mu_0 & (\text{우측검정}) \\ \mu < \mu_0 & (\text{좌측검정}) \\ \mu \neq \mu_0 & (\text{양측검정}) \end{cases}$$

검정통계량: $t = \dfrac{\overline{X} - \mu_0}{S/\sqrt{n}}$

기각역:

$t > t_{n-1,\alpha}$; 관찰된 t값이 $t_{n-1,\alpha}$보다 크면 H_0를 기각한다(우측검정).

$t < -t_{n-1,\alpha}$; 관찰된 t값이 $-t_{n-1,\alpha}$보다 작으면 H_0를 기각한다(좌측검정).

$|t| > t_{n-1,\alpha/2}$; 관찰된 $|t|$값이 $t_{n-1,\alpha/2}$보다 크면 H_0를 기각한다(양측검정).

참고로 가장 현실적인 경우는 모분산도 모르고 모집단의 분포도 정규분포가 아닌 경우라고 할 수 있을 것이다. 모집단이 정규분포이면 그 모집단으로부터 추출된 단순확률표본의 평균인 $\overline{X}_n$은 항상 정규분포변수이므로 $\overline{X}_n$를 Z변수 또는 t_{n-1}변수로 변형시켜 모평균 μ에 대한 구간추정이든 가설검정이든 할 수가 있었다.

모집단이 정규분포가 아니라면 표본평균 $\overline{X}_n$의 분포는 일반적으로 알 수가 없다. 그러나 이 경우에도 표본의 크기 n이 충분히 크다면, 중심극한정리에 의해 $\overline{X}_n$은 정규분포에 수렴하게 된다. 따라서 모집단이 정규분포가 아니라고 하더라도 대표본($n \geq 30$)을 사용할 경우에는 표본평균 $\overline{X}_n$이 정규분포에 근사하므로, 모분산이 알려져 있으면 Z변수로, 모분산이 알려져 있지 않은 경우에는 t_{n-1}변수로 가설검정을 할 수 있다. 표본크기 n이 충분히 크다면 t_{n-1}도 표본정규변수 Z에 수렴하게 되므로 대표본을 사용할 때에는 모분산이 알려져 있지 않은 경우라고 하더라도 Z분포를 이용하여 가설검정을 하는 것이 일반적이다. 이는 추정의 경우에도 마찬가지이다. 모집단이 정규분포가 아닌 경우 그리고 충분한 표본자료도 확보할 수 없는 경우에는 적절한 통계분석방법이 없다.

예제 9-7

천일기업은 새로 개발한 백열전구의 평균수명이 1,000시간을 상회한다고 주장한다. 신제품의 실제 평균수명(시간)을 측정하기 위하여 생산된 전구 중 9개를 임의로 추출하여 검사하였더니 각 전구의 수명시간은 다음과 같았다.

1112	1053	990	984	1103	1005	1010	1152	1066

위의 표본자료를 이용하여 천일기업의 주장을 유의수준 0.01에서 검정하라. 단, 전구의 수명시간은 정규분포를 따른다고 가정한다.

풀 이 μ가 1,000시간보다 큰가를 검증하려고 하므로, 가설은

$$H_A : \mu > 1{,}000$$
$$H_0 : \mu = 1{,}000$$

이 된다. 소표본이고 모분산이 미지이므로 검정통계량은

$$t_{n-1} = \frac{\overline{X}_n - \mu_0}{S/\sqrt{n}}$$

이 된다. 부록 4로부터 $t_{8,\,0.01} = 2.89$이므로 관찰된 t_{n-1}값이 2.89보다 크면 귀무가설을 기각하게 된다.

그러나 주어진 표본자료로부터 $\overline{X}_9$와 S는 각각 1052.8과 60.03이므로

$$t_{n-1} = \frac{\overline{X}_n - \mu_0}{S/\sqrt{n}} = \frac{1,052.8 - 1,000}{60.03/\sqrt{9}} = 2.64$$

이 되어 유의수준 0.01에서 귀무가설을 기각할 수 없다. 즉, 1종오류의 확률을 1%로 할 때, 새로 개발한 전구의 수명이 1,000시간을 넘는다고 말할 수 없다.

엑셀을 이용하여 가설검정을 하면 다음과 같다.

첫째, 가설검정절차에 따라 연구가설을 세우고 이에 따른 유의수준과 양측인지, 단측인지를 엑셀에 입력한다. 또한 검정통계량 t값을 구하기 위해 표본의 평균(AVERAGE)과 표준편차(STDEV.S)를 구하고, 두 번째 단계로 임계치(기각치)를 =T.INV(0.01,8) 함수를 이용하여 구하면 좌측 t분포의 역함수값을 구해준다. 연구가설에서는 우측검정이고 t분포의 특성상 좌우대칭이므로 '−(=T.INV(0.01,8))=2.896'이라는 임계치를 계산할 수 있다.

그림 9-10 가설검정을 위한 임계치 계산화면

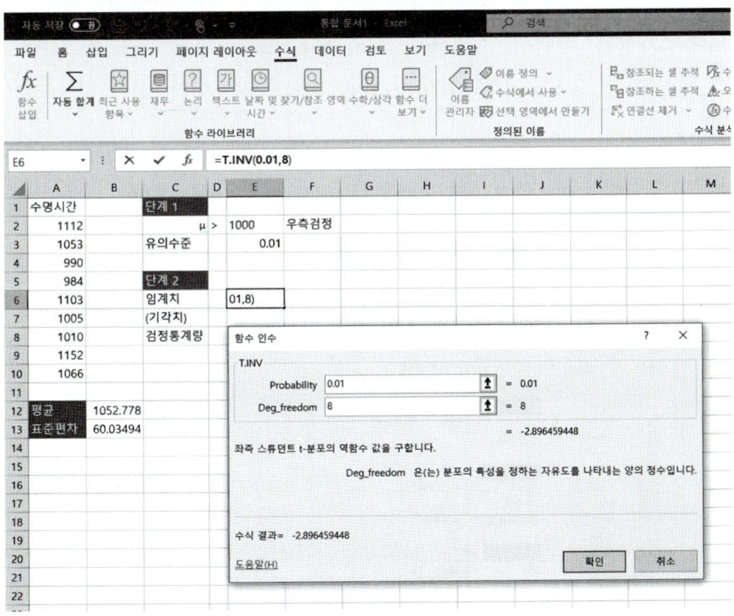

그림 9-11 가설검정을 위한 검정통계량 계산화면

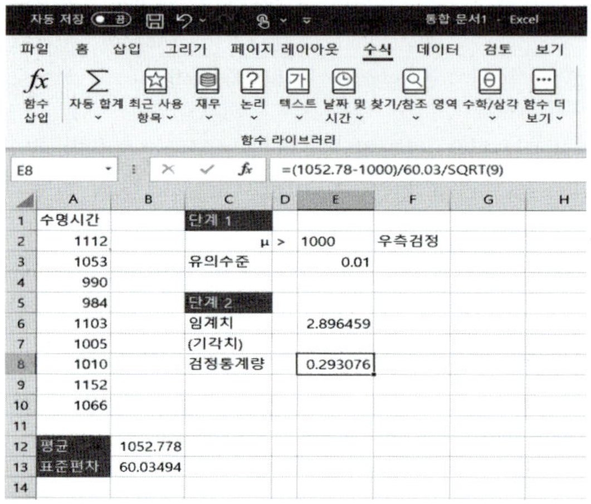

세 번째로, 가설검정을 위해 임계치와 검정통계량을 비교했을 때, 임계치보다 검정통계량이 작아 연구가설을 기각하고 귀무가설을 채택하는 것으로 나타났다. 또한 그림 9-12와 같이 가설검정을 p값(유의확률)을 이용하여 제시할 수 있다. 이때 함수의 p값이 0.015로 유의수준 0.01보다 다소 높아 연구가설을 기각하게 된다.

그림 9-12 가설검정을 위한 p값 계산화면

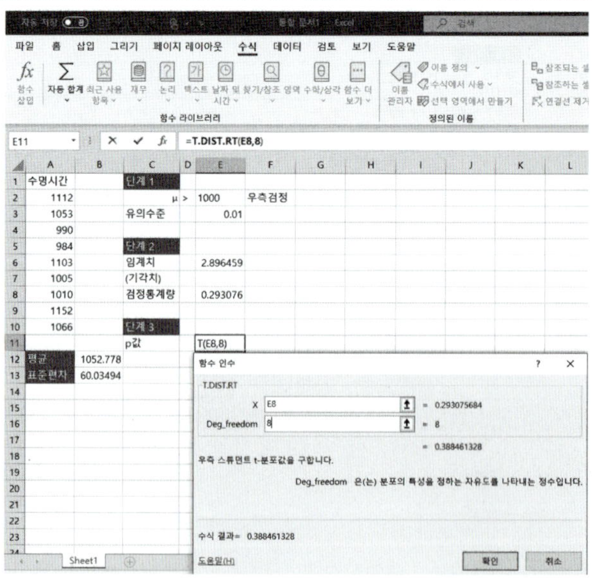

9.7 모분산에 대한 가설검정

정규모집단으로부터 추출된 단순확률표본 X_1, X_2, X_3, $\cdots$, X_n에 의하여 모수 σ^2에 대해 설정된 가설을 검정하고자 한다. 제7장으로부터 $\frac{(n-1)S^2}{\sigma^2}$은 자유도가 $(n-1)$인 χ^2분포를 따른다는 것을 알고 있다. 따라서 귀무가설이 $H_0 : \sigma^2 = \sigma_0^2$으로 주어져 있을 때, 분산에 대한 가설검정은 $\frac{(n-1)S^2}{\sigma_0^2}$을 검정통계량으로 하고, 주어진 유의수준($\alpha$)에 적합한 기각역을 χ_{n-1}^2분포로부터 결정하게 된다. 물론 기각역의 위치는 대립가설에 따라 달라지나 적용되는 기본적인 논리는 Z검정이나 t검정의 그것과 유사하다.

우측검정의 경우에는 그림 9-13에서 보듯이 χ_{n-1}^2분포의 오른쪽 꼬리에 기각역이 설정되며 임계치(k)는 $P(\chi_{n-1}^2 > \chi_{n-1,\,\alpha}^2) = \alpha$를 만족하는 실수값 $k = \chi_{n-1,\,\alpha}^2$로 정한다. 좌측검정의 경우에는 χ_{n-1}^2분포의 왼쪽 꼬리에 기각역이 설정되며, 임계치(k)는 $P(\chi_{n-1}^2 < \chi_{n-1,\,1-\alpha}^2) = \alpha$를 만족하는 실수값 $k = \chi_{n-1,\,1-\alpha}^2$가 된다. 양측검정도 유사하지만 $\frac{\alpha}{2}$에 해당하는 면적이 양쪽 꼬리에 설정된다.

이상의 내용을 요약하면 다음과 같다.

정규모집단의 분산에 대한 가설검정

$$H_0 : \sigma^2 = \sigma_0^2$$

$$H_A : \begin{cases} \sigma^2 > \sigma_0^2 & (\text{우측검정}) \\ \sigma^2 < \sigma_0^2 & (\text{좌측검정}) \\ \sigma^2 \neq \sigma_0^2 & (\text{양측검정}) \end{cases}$$

검정통계량: $\chi_{n-1}^2 = \dfrac{(n-1)S^2}{\sigma_0^2}$

기각역: $\chi_{n-1}^2 > \chi_{n-1,\,\alpha}^2$(우측검정)

$\chi_{n-1}^2 < \chi_{n-1,\,1-\alpha}^2$(좌측검정)

$\chi_{n-1}^2 > \chi_{n-1,\,\alpha/2}^2$ 또는 $\chi_{n-1}^2 < \chi_{n-1,\,1-\alpha/2}^2$(양측검정)

위에서 우측검정과 좌측검정의 원래 귀무가설은 각각 $H_0 : \sigma^2 \le \sigma_0^2$과 $H_0 : \sigma^2 \ge \sigma_0^2$임을 유의하라. 귀무가설을 세 가지 경우에 모두 $H_0 : \sigma^2 = \sigma_0^2$로 표기하는 이유는 이것이 가설검정절차에서 실질적으로 사용되는 가설이기 때문이다.

그림 9-13 분산의 가설검정에 대한 기각역

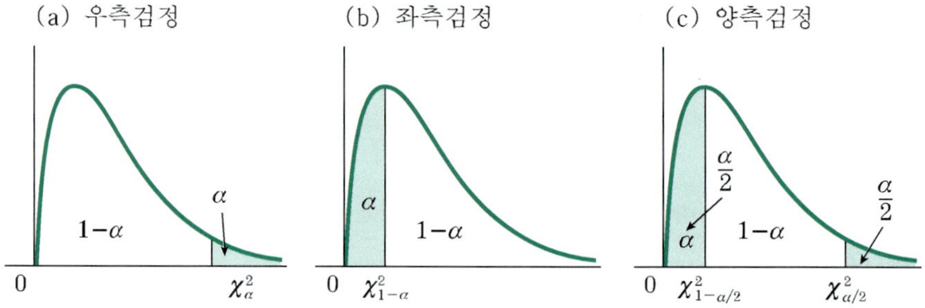

09 통계학개론 연습문제

01 귀무가설과 대립가설의 정의와 기본적 형태 3가지에 대해 설명하시오.

02 가설검정의 4가지 가능한 결과에 대해 설명하시오.

03 포테이토칩을 생산하는 회사는 판매된 포테이토칩 한 봉지의 용량이 적어도 평균 340.19g은 된다고 주장하고 있다. 이 과자의 봉지당 용량은 표준편차가 11.34g인 정규분포로 알려져 있고, 임의로 추출한 16봉지의 평균무게가 334.66g이었을 때, $\mu \geq 340.19$g이라는 귀무가설을 유의수준 10%로 검정하시오.

04 화상페인트 회사에서 새로 개발한 페인트는 리터당 평균 400㎡의 범위를 칠할 수 있다고 선전하고 있다. 리터당 표준편차가 25㎡라고 가정하고, 임의로 30리터의 페인트를 표본으로 추출하여 범위를 측정하였다.

① 이 회사의 선전에 대한 진위 여부를 가리기 위한 귀무가설 및 대립가설을 설정하시오.
② 만약 표본평균이 380㎡라면 도색 범위에 관해 유의수준 0.01에서 어떤 결론을 내릴 수 있겠는가?

05 대동백화점에서 고객 한 명이 구매하는 금액(단위: 천 원)은 평균이 55이고 분산이 125인 정규분포를 따른다고 한다. 평균이 55라는 것을 검정하기 위해 50명의 고객을 임의로 추출한 결과, 평균구매금액이 58로 나타났다. 유의수준 5%로 이를 검정하시오.

06 항공대학은 항공기 조종사가 되고자 지원한 학생들에 대해 적성검사를 실시하였다. 이 중에서 임의로 뽑은 학생 5명의 점수가 다음과 같았다.

27	36	32	21	44

① 자료의 평균과 표준편차를 구하시오.
② $\mu \geq 37$라는 귀무가설을 1% 유의수준으로 검정하시오. 적성검사 점수는 정규분포를 따르는 것으로 알려져 있다.
③ $\mu \leq 40$이라는 귀무가설을 10% 유의수준으로 검정하시오.

07 다음의 자료는 대양회사의 월별 생산라인 중단횟수를 나타낸다. 이 횟수가 정규분포를 따른다고 할 때, 평균중단횟수가 10회 미만이라는 주장을 검정하시오. 유의수준은 0.025로 한다.

18	5	9	10	13	7	2	11	6

08 조양회사는 생산라인에서 8%의 불량률을 갖고 있으며, 불량률이 8%보다 크면 생산라인을 중단하여 재조정한다. 매일 품질관리를 위해 100개의 제품이 표본으로 취해진다. 어느 날 100개의 표본 중 15개가 불량으로 나타났다고 하자. 생산을 중단하고 이 공정을 재조정해야 하는지를 유의수준 $\alpha=0.05$로 검정하시오.

09 광명전기에서 생산되는 전구의 수명은 정규분포를 따르고, 표준편차는 150보다 작다고 한다. 이 사실을 확인하기 위해 10개의 전구를 임의로 선택하여 조사한 결과 평균수명은 30,000시간이고, 표준편차는 200이었다. 유의수준 1%로 전구의 표준편차가 150보다 작다는 사실을 검정하시오.

10 단일 기계에서 생산된 플라스틱판 두께(단위: ㎜)의 분포가 정규분포를 따른다고 하자. 완성된 플라스틱판들에 대한 두께의 분산이 2.25㎟를 초과하게 되면, 이는 공정에 이상이 있는 것이라고 한다. 생산된 제품 중 10장의 확률표본을 추출하여 두께를 측정하였더니 다음과 같았다.

226	226	232	227	225
228	225	228	229	230

① 이 자료의 표분분산을 구하시오.

② $\sigma^2 \geq 2.25$인지를 유의수준 5%로 검정하시오.

10

두 모집단의 모수에 대한 추론

Albert Schweitzer

대가를 바라지 말고 날마다 다른 사람을 위해 무슨 일이든 하라.

Do something for somebody every day for which you don't get paid.

제10장

두 모집단의 모수에 대한 추론

독립표본에 의한 두 모평균과 모비율의 비교 –
두 모분산의 비교 –
F 분포의 개념 이해 –
대응표본에 의한 두 모평균의 비교 –

key point

제8장과 제9장에서 우리는 한 모집단의 모평균, 모비율, 모분산 등에 대한 구간추정과 가설검정을 위한 통계적 방법을 살펴보았다. 본 장에서는 이 논의를 확장하여 두 개의 모집단을 비교분석하는 통계적 방법론에 대해 살펴보기로 한다. 본 장에서 다루는 논제는 크게 둘로 나누어서 생각할 수 있다.

① 비교의 대상이 되는 두 모집단에서 각각 하나씩 두 개의 서로 독립인 표본을 추출하여, 이로부터 두 모집단의 모평균, 모비율 그리고 모분산의 차이를 추론하는 통계기법
② 독립표본 대신에 대응표본을 이용하여 두 모집단에 대한 평균의 차이를 추론하는 통계기법

그림 10-1 두 개의 독립표본

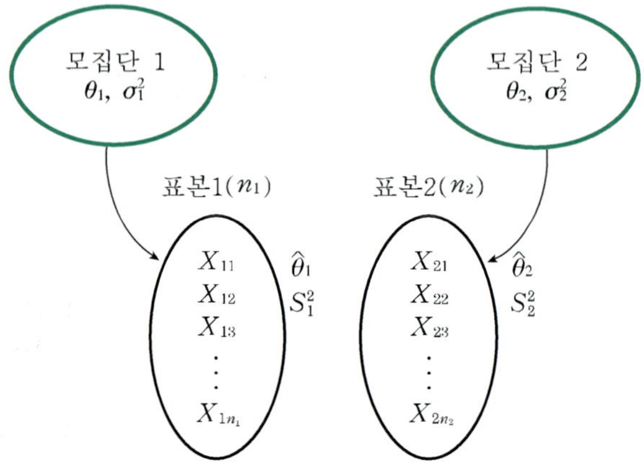

θ_1과 σ_1^2=모집단 1의 모평균(또는 모비율)과 분산
θ_2와 σ_2^2=모집단 2의 모평균(또는 모비율)과 분산
$\hat{\theta}_1$=모집단 1로부터 추출된 크기 n_1인 단순확률표본의 표본통계량, θ_1의 불편추정량
$\hat{\theta}_2$=모집단 2로부터 추출된 크기 n_2인 단순확률표본의 표본통계량, θ_2의 불편추정량

10.1 독립표본에 의한 두 모평균 또는 모비율의 비교

두 모집단의 모수(모평균 또는 모비율) 간의 차이를 평가하는 것은 우리가 흔히 접하는 현실적인 의사결정문제이다. 단일 모집단의 모수에 대한 추론에 있어서 우리는 우선 모집단으로부터 하나의 단순확률표본을 추출하였고, 이로부터 표본통계량(표본평균 또는 표본비율) $\hat{\theta}$을 구하여 모수 θ에 대한 점추정량으로 사용하였다. 두 모집단의 경우에는 그림 10-1과 같이 각 모집단으로부터 하나씩 두 개의 독립된 표본을 추출한다. 추론의 대상은 $(\theta_1-\theta_2)$이며, 이의 점추정량은 $(\hat{\theta}_1-\hat{\theta}_2)$이다. 만일 우리가 $(\hat{\theta}_1-\hat{\theta}_2)$의 표본분포를 알 수 있다면, 단일모집단의 추론에서 적용한 것과 동일한 방법에 의하여 두 모수의 차이에 대

한 구간추정 및 가설검정을 할 수 있다. 먼저 $\theta=\theta_1-\theta_2$ 그리고 $\hat{\theta}=\hat{\theta}_1-\hat{\theta}_2$이라고 놓자. 그러면 $\hat{\theta}$의 기댓값과 분산은 다음과 같이 나타낼 수 있다.

$$E(\hat{\theta})=E(\hat{\theta}_1-\hat{\theta}_2)=E(\hat{\theta}_1)-E(\hat{\theta}_2)=\theta_1-\theta_2$$

$$\sigma_{\hat{\theta}}^2=Var(\hat{\theta}_1-\hat{\theta}_2)=Var(\hat{\theta}_1)+(-1)^2Var(\hat{\theta}_2)$$

$$=\frac{\sigma_1^2}{n_1}+\frac{\sigma_2^2}{n_2}$$

Z 분포에 의한 두 모집단의 비교

모분산이 알려져 있으며 모집단이 정규분포를 따르는 경우와 대표본 ($n_1 \geq 30$, $n_2 \geq 30$)이 사용되는 경우에는, $\hat{\theta}$의 분포가 정규분포이거나 정규분포에 매우 근사하게 된다. 즉, $\hat{\theta}$을 표준화한 $\frac{\hat{\theta}-\theta}{\sigma_{\hat{\theta}}}$의 분포는

$$Z=\frac{\hat{\theta}-\theta}{\sigma_{\hat{\theta}}}\sim N(0,\ 1)$$

이 된다. 따라서 $\theta=\theta_1-\theta_2$에 대한 $100(1-\alpha)\%$ 신뢰구간은 다음과 같다.

$\theta_1-\theta_2$에 대한 $100(1-\alpha)\%$ 신뢰구간

$$100(1-\alpha)\%\ \text{신뢰구간}=\hat{\theta}\pm z_{\alpha/2}\sigma_{\hat{\theta}}$$

$$=(\hat{\theta}_1-\hat{\theta}_2)\pm z_{\alpha/2}\sqrt{\frac{\sigma_1^2}{n_1}+\frac{\sigma_2^2}{n_2}}$$

여기서 σ_1^2과 σ_2^2을 모른다고 하더라도 대표본의 경우에는 S_1^2과 S_2^2으로 대체한 후, 동일한 방법으로 신뢰구간을 구할 수 있다.

예제 10-1

해동치약은 자사의 죽염치약이 어린이 충치예방에 효과가 있다고 주장하고 있다. 죽염치약을 사용하지 않는 어린이 100명(n_1)을 무작위추출하여 충치 수를 관찰한 결과, $\overline{X}_1=2.7$이고 $S_1^2=1.1$로 나타났다. 또 죽염치약을 사용하는 어린이 120명(n_2)에 대한 $\overline{X}_2$와 S_2^2은 각각 2.4와 0.9였다.

일반치약과 죽염치약의 평균충치 수의 차이 $(\mu_1-\mu_2)$에 대한 90% 신뢰구간을 구하시오.

풀 이 모분산은 알지 못하나 표본크기가 크기 때문에 S_1^2과 S_2^2으로 대체하여 Z분포를 사용할 수 있다. $z_{0.05}=1.645$이므로 $(\mu_1-\mu_2)$에 대한 신뢰구간은

$$100(1-\alpha)\%\ \text{신뢰구간}=\hat{\theta}\pm z_{\alpha/2}\sigma_{\hat{\theta}}$$
$$=(\overline{X_1}-\overline{X_2})\pm z_{0.05}\sqrt{\frac{S_1^2}{n_1}+\frac{S_2^2}{n_2}}$$
$$=(2.7-2.4)\pm 1,645\sqrt{\frac{1.1}{100}+\frac{0.9}{120}}$$
$$=0.3\pm 0.224$$

예제 10-2

두 종류의 냉장고 A와 B에 대한 품질보증기간은 각각 1년이다. A상표의 냉장고 중 50개를 무작위추출하여 관찰하였더니 그중 12개가 품질보증기간 중에 고장이 발생하였다. 또 B상표에 대해서도 60개를 임의로 추출하여 조사한 결과, 12개가 품질보증기간 중에 고장이 발생하였다. 품질보증기간 중 이 두 상표의 고장률의 차이 (p_1-p_2)에 대한 98% 신뢰구간을 구하시오.

풀 이 대표본의 경우이므로, 신뢰구간 $\hat{\theta}\pm z_{\alpha/2}\sigma_{\hat{\theta}}$은

$$\hat{\theta}=\hat{p}_1-\hat{p}_2$$
$$\sigma_{\hat{\theta}}=\sqrt{\frac{p_1q_1}{n_1}+\frac{p_2q_2}{n_2}}$$

이므로, 다음과 같이 나타낼 수 있다.

$$(\hat{p}_1-\hat{p}_2)\pm z_{\alpha/2}\sqrt{\frac{p_1q_1}{n_1}+\frac{p_2q_2}{n_2}}$$

위 식의 문제점은 p_1과 p_2가 미지이므로 $\sigma_{\hat{\theta}}$의 정확한 값을 알 수 없다는 점이다. 그러나 제8장에서

언급한 바와 같이 $\hat{p}_1$과 $\hat{p}_2$는 일관적 추정량이므로 대표본인 경우에 p_1과 p_2에 대한 정확한 추정을 하게 된다. 따라서 p_1과 p_2를 $\hat{p}_1$과 $\hat{p}_2$로 각각 대체하여 $\sigma_{\hat{\theta}}$을 구할 수 있다.

이 문제에서 $\hat{p}_1 = 0.24$, $\hat{p}_2 = 0.2$, $z_{0.01} = 2.33$이므로, 98% 신뢰구간은

$$(0.24-0.20) \pm 2.33\sqrt{\frac{(0.24)(0.76)}{50}+\frac{(0.2)(0.8)}{60}} = 0.04 \pm 0.185$$

가 된다.

검정통계량의 분포가 표준정규분포로 알려지면 두 모집단의 비교에서도 제9장에서 제시된 Z검정법이 그대로 적용될 수 있다. 세 가지 형태의 가설에 대하여 이를 요약하면 다음과 같다.

Z검정

$H_0 : \theta_1 - \theta_2 = 0$

$$H_A : \begin{cases} \theta_1 - \theta_2 > 0 & (\text{우측검정}) \\ \theta_1 - \theta_2 < 0 & (\text{좌측검정}) \\ \theta_1 - \theta_2 \neq 0 & (\text{양측검정}) \end{cases}$$

검정통계량: $Z = \dfrac{\hat{\theta}_1 - \hat{\theta}_2}{\sigma_{\hat{\theta}_1 - \hat{\theta}_2}}$

기각역: $Z > z_\alpha$; 관찰된 Z값이 z_α보다 크면 H_0를 기각한다.

$Z < -z_\alpha$; 관찰된 Z값이 $-z_\alpha$보다 작으면 H_0를 기각한다.

$|Z| > z_{\alpha/2}$; 관찰된 $|Z|$값이 $z_{\alpha/2}$보다 크면 H_0를 기각한다.

예제 10-3

예제 10-1의 문제에서 대립가설 $H_A : \mu_1 - \mu_2 > 0$에 대하여 유의수준 0.05에서 검정하시오.

풀 이 귀무가설과 대립가설은 다음과 같다.

$$H_0 : \mu_1 - \mu_2 = 0, \quad H_A : \mu_1 - \mu_2 > 0$$

대표본이므로 검정통계량은

$$Z=\frac{(\overline{X}_1-\overline{X}_2)-(\mu_1-\mu_2)}{\sqrt{\frac{S_1^2}{n_1}+\frac{S_2^2}{n_2}}}$$

이 된다. 유의수준 0.05에서의 기각역은

$$Z>z_\alpha(=z_{0.05}=1.645)$$

이며 관찰된 검정통계량의 값은

$$Z=\frac{(\overline{X}_1-\overline{X}_2)-0}{\sqrt{\frac{S_1^2}{n_1}+\frac{S_2^2}{n_2}}}=\frac{(2.7-2.4)-0}{\sqrt{\frac{1.1}{100}+\frac{0.9}{120}}}=2.21$$

이므로 0.05의 유의수준에서 귀무가설을 기각한다. 이 문제에서 관찰된 검정통계량의 값 2.21에 대응하는 p값은

$$P(Z>2.21)=0.5-P(0<Z\le 2.21)=0.0136$$

이 된다. 그러므로 p값보다 큰 유의수준(여기서는 $\alpha=0.05$)에서는 귀무가설을 기각한다.

예제 10-4

예제 10-2에서 귀무가설과 대립가설이 각각 $H_0: p_1=p_2$, $H_A: p_1\neq p_2$로 주어졌을 때, 유의수준 0.05에서 가설검정을 하시오.

풀 이 이 문제에서 귀무가설

$$H_0: p_1=p_2=p$$

는 두 대상모집단이 동일한 모비율 p를 갖고 있다는 뜻이므로, H_0를 전제로 할 때, 추정량 $(\hat{p}_1-\hat{p}_2)$의 평균과 분산은 각각

$$E(\hat{p}_1-\hat{p}_2)=p-p=0$$

$$Var(\hat{p}_1-\hat{p}_2)=Var(\hat{p}_1)+Var(\hat{p}_2)=\frac{pq}{n_1}+\frac{pq}{n_2}$$

이 된다. 여기서 미지의 모수 p에 대한 추정량은 $\hat{p}_1$과 $\hat{p}_2$이 다 될 수 있으므로, 이 둘의 가중평균인

$$\hat{p} = \frac{n_1\hat{p}_1 + n_2\hat{p}_2}{n_1 + n_2}$$

을 p의 추정량으로 한다. 그리고 대표본이므로 검정통계량은

$$Z = \frac{(\hat{p}_1 - \hat{p}_2) - 0}{\sqrt{\frac{\hat{p}\hat{q}}{n_1} + \frac{\hat{p}\hat{q}}{n_2}}}$$

이 된다. 유의수준 0.05에서의 기각역은 $|Z| > z_{\alpha/2} = z_{0.025} = 1.96$이며, 관찰된 검정통계량의 값은

$$\frac{(0.24 - 0.20) - 0}{\sqrt{\frac{(0.218)(0.782)}{50} + \frac{(0.218)(0.782)}{60}}} = 0.51$$

로 유의수준 0.05에서 귀무가설을 기각할 수 없다.

t분포에 의한 두 모집단의 비교

두 모집단의 평균을 비교할 때, 만일 모분산이 알려져 있지 않고 소표본이라면, 다음의 두 가지 조건이 모두 만족되는 경우에 한해서 t분포를 이용한 추론이 가능하다.

① 정규분포의 가정: 비교되는 두 모집단은 모두 정규분포를 갖는다.

② 등분산의 가정: 두 모집단의 분산은 미지이나 동일한 값을 갖는다.

즉, $\sigma_1^2 = \sigma_2^2 = \sigma^2$

위의 가정으로부터 한 가지 유의할 사항은 모비율의 비교에는 t분포를 이용할 수 없다는 것이다. 왜냐하면 이 경우 대상모집단의 분포는 정규분포가 아니라 이항분포이므로 정규분포의 가정이 위배되기 때문이다. 따라서 모분산이 미지이며 소표본을 사용하는 경우에는 모평균 간의 비교만이 가능하다.

$(\mu_1 - \mu_2)$에 대한 구간추정이나 가설검정은 이의 추정량인 $(\overline{X}_1 - \overline{X}_2)$를 표준화한

$$Z=\frac{(\overline{X}_1-\overline{X}_2)-(\mu_1-\mu_2)}{\sqrt{\frac{\sigma_1^2}{n_1}+\frac{\sigma_2^2}{n_2}}}$$

의 분포에 의해 수행된다. 두 대상모집단이 정규분포이고 모분산이 알려져 있다면 변수 Z는 표준정규변수가 된다는 것을 우리는 알고 있다. 또 모집단이 정규분포가 아니고 모분산이 미지이더라도 대표본의 경우에는 σ_1^2과 σ_2^2 대신에 S_1^2과 S_2^2으로 대체하면 변수 Z는 표준정규분포에 근사한다.

단일정규모집단의 경우에는 σ^2을 모른다면 S^2을 대체한 $\frac{(\overline{X}-\mu)}{S/\sqrt{n}}$는 t분포를 따른다. 그러나 두 정규모집단의 비교에서 미지의 모수 σ_1^2과 σ_2^2을 S_1^2과 S_2^2으로 대체한

$$\frac{(\overline{X}_1-\overline{X}_2)-(\mu_1-\mu_2)}{\sqrt{\frac{S_1^2}{n_1}+\frac{S_2^2}{n_2}}}$$

는 t분포를 따르지 않는다. 이러한 이유로 해서 등분산의 가정이 요구되며, $\sigma_1^2=\sigma_2^2=\sigma^2$하에서 변수 Z는

$$Z=\frac{(\overline{X}_1-\overline{X}_2)-(\mu_1-\mu_2)}{\sigma\sqrt{\frac{1}{n_1}+\frac{1}{n_2}}}$$

이 되며, 이제 미지의 모수 σ 대신에 이의 추정량 S_p를 대체한

$$\frac{(\overline{X}_1-\overline{X}_2)-(\mu_1-\mu_2)}{S_p\sqrt{\frac{1}{n_1}+\frac{1}{n_2}}}$$

는 t분포를 따르는 확률변수가 된다. 그렇다면 σ^2의 추정량 S_p^2으로는 어떤 것이 적당한가? 두 독립표본으로부터 산출된 S_1^2과 S_2^2이 있을 때, 등분산의 가정 하에서 S_1^2은 표본 1로부터의 σ^2에 대한 정보를, S_2^2은 표본 2로부터의 σ^2에 대한 정보를 제공하고 있다. 그러므로 S_1^2과 S_2^2 중 어느 것이나 σ^2의 추정량이 될 수 있으나, 보다 많은 정보를 활용할 수 있는 S_1^2과 S_2^2의 가중평균이 σ^2의 추정량으로 사용된다. 즉,

$$S_p^2 = \frac{(n_1 - 1)S_1^2 + (n_2 - 1)S_2^2}{n_1 + n_2 - 2}$$

따라서

$$\frac{(n_1 + n_2 - 2)S_p^2}{\sigma^2} = \chi^2_{n_1 + n_2 - 2}$$

는 자유도가 $(n_1 + n_2 - 2)$인 χ^2변수가 되며, t변수의 정의에 따라

$$\frac{Z}{\sqrt{\dfrac{\chi^2_{n_1 + n_2 - 2}}{n_1 + n_2 - 2}}} = t_{n_1 + n_2 - 2}$$

는 자유도가 $(n_1 + n_2 - 2)$인 t변수가 된다. 그러므로 $(\mu_1 - \mu_2)$에 대한 신뢰구간과 가설검정은 다음과 같이 결정된다.

$\mu_1 - \mu_2$에 대한 $100(1-\alpha)\%$ 신뢰구간

$$100(1-\alpha)\% \text{ 신뢰구간} = (\overline{X}_1 - \overline{X}_2) \pm t_{n_1 + n_2 - 2,\, \alpha/2} S_p \sqrt{\frac{1}{n_1} + \frac{1}{n_2}}$$

가설검정(t검정)

$$H_0 : \mu_1 - \mu_2 = \mu_0$$

$$H_A : \begin{cases} \mu_1 - \mu_2 > \mu_0 & (\text{우측검정}) \\ \mu_1 - \mu_2 < \mu_0 & (\text{좌측검정}) \\ \mu_1 - \mu_2 \neq \mu_0 & (\text{양측검정}) \end{cases}$$

검정 통계량: $t = \dfrac{(\overline{X}_1 - \overline{X}_2) - \mu_0}{S_p\sqrt{\dfrac{1}{n_1} + \dfrac{1}{n_2}}}$

기각역:

$t > t_{n_1+n_2-2,\,\alpha}$; 관찰된 t값이 $t_{n_1+n_2-2,\,\alpha}$보다 크면 H_0를 기각한다.

$t < -t_{n_1+n_2-2,\,\alpha}$; 관찰된 t값이 $-t_{n_1+n_2-2,\,\alpha}$보다 작으면 H_0를 기각한다.

$|t| > t_{n_1+n_2-2,\,\alpha/2}$; 관찰된 $|t|$값이 $t_{n_1+n_2-2,\,\alpha/2}$보다 크면 H_0를 기각한다.

예제 10-5

K사는 이동통신업체의 새로운 강자로 부상하고 있는 신흥업체이다. K사는 최근 새로운 스마트폰 제품을 통하여 모바일사업 분야로 그 영역을 넓혀가려고 한다. 이러한 새로운 사업진입을 위한 마케팅전략을 수립하기 위해 L과장이 영입되었다.

L과장은 고려전자의 K스마트폰과 안암전자의 A스마트폰 중 어느 제품을 통해 모바일사업을 확장해야 할지 고민에 빠지게 되었다. 따라서 L과장은 M리서치 회사에 두 제품에 대한 소비자 만족도 조사를 의뢰하였다.

M리서치 회사는 두 제품의 소비자 만족도를 측정하기 위해 무작위로 소비자들을 추출하여 각 제품에 대한 만족도를 100점 만점으로 측정하였다.

그 결과는 표 10-1과 같다. 만족도는 대체로 정규분포를 따르며, 두 스마트폰에 대한 만족도의 분산은 동일하다고 가정한다.

표 10-1 두 표본의 소비자 만족도

표 본	소비자 만족도					
K스마트폰	65	76	63	68	71	77
A스마트폰	79	73	67	80	77	

(a) 두 표본의 소비자 만족도 차이 $\mu_1 - \mu_2$에 대한 95% 신뢰구간을 구하시오.

(b) K스마트폰의 소비자 만족도가 A스마트폰의 소비자 만족도보다 높다고 할 수 있는지를 5%의 유의수준에서 검정하시오.

풀 이 (a) 두 표본의 자료로부터

$$\overline{X}_1 = 70,\ (n_1 - 1)S_1^2 = \sum_i (X_{1i} - \overline{X}_1)^2 = 164$$

$$\overline{X}_2 = 75.2,\ (n_2 - 1)S_2^2 = \sum_i (X_{2i} - \overline{X}_2)^2 = 112.8$$

$$S_p^2 = \frac{164 + 112.8}{6 + 5 - 2} = 30.756,\ S_p = 5.546$$

또한 자유도 $(n_1 + n_2 - 2) = 9$에서 $t_{0.025} = 2.262$이므로

$(\mu_1 - \mu_2)$에 대한 95% 신뢰구간

$$= (\overline{X}_1 - \overline{X}_2) \pm t_{n_1 + n_2 - 2,\ \alpha/2} S_p \sqrt{\frac{1}{n_1} + \frac{1}{n_2}}$$

$$= (70 - 75.2) \pm (2.262)(5.546)\sqrt{\frac{1}{6} + \frac{1}{5}}$$

$$= -5.2 \pm 7.652$$

(b) 주어진 문제에 대한 귀무가설과 대립가설은 다음과 같다.

$$H_0 : \mu_1 - \mu_2 = 0,\ H_A : \mu_1 - \mu_2 > 0$$

귀무가설을 전제로 할 때, 검정통계량 t의 관찰된 값은

$$t = \frac{(\overline{X}_1 - \overline{X}_2) - 0}{S_p\sqrt{\frac{1}{n_1} + \frac{1}{n_2}}} = \frac{(70 - 75.2) - 0}{(5.546)\sqrt{\frac{1}{6} + \frac{1}{5}}} = -1.548$$

이며, 기각역은

$$t > t_{n_1 + n_2 - 2,\ \alpha} = t_{9,\ 0.05} = 1.833$$

이므로, 유의수준 0.05에서 귀무가설을 기각할 수 없다. 즉, K스마트폰의 소비자 만족도가 A스마트폰의 소비자 만족도보다 높다고 할 수 없다.

EXCEL 10 컴퓨터 활용 Ⅰ

표 10-1의 자료를 그림 10-2와 같이 입력한다. 그리고 나서 데이터 메뉴에서 데이터 분석을 선택하여 두 집단 간 등분산인지 아닌지를 그림 10-2와 같이 F검정을 이용하여 분석하면 그림 10-3의 결과가 나타난다.

두 집단의 등분산에 대한 $H_0 : \sigma_K^2 = \sigma_A^2$, $H_A : \sigma_K^2 \neq \sigma_A^2$인 가설(이 부분은 본 장의 뒷부분에서 다룬다)에서 p값을 이용한 가설검정결과 그리고 F검정통계량과 F기각치를 비교한 결과, 대립가설을 기각하고 귀무가설을 채택하므로 두 집단 간 분산이 같다.

두 집단의 분산에 대한 검정결과, 등분산이라는 귀무가설이 채택되었으므로 엑셀의 '데이터-데이터 분석'에서 그림 10-4와 같이 『t-검정: 등분산가정 두 집단』을 선택한다. 만약 문제에서 두 집단의 분산이 동일하지 않은 것으로 주어지면 『t-검정: 이분산가정 두 집단』을 선택하면 된다. 그림 10-4에서 확인을 누르면 그림 10-5의 대화상자가 나타나게 된다.

변수 1의 입력범위는 B1부터 B7까지 지정하고, 변수 2의 입력범위에는 C1에서 C6까지를 지정한다. 또한 가설평균차는 두 집단 간에 차이가 있는지 없는지에 관한 것이기 때문에 0을 입력한다. 또한 변수 입력 시 K스마트폰, A스마트폰이 포함되어 있으므로 첫 번째 행은 이름표로 사용하도록 선택한다.

그림 10-5와 같이 입력을 하고 확인을 누르면 그림 10-6과 같은 결과가 출력된다. t통계량과 기각치를 비교하여 분석결과, 가설검정에 단측검정을 이용하게 되므로 귀무가설을 채택하고 대립가설을 기각한다고 해석할 수 있다. 또한 p값에 의한 가설검정결과, 귀무가설을 채택하고 대립가설을 기각하는 것으로 나타났다.

그림 10-2 F검정 선택 및 대화상자

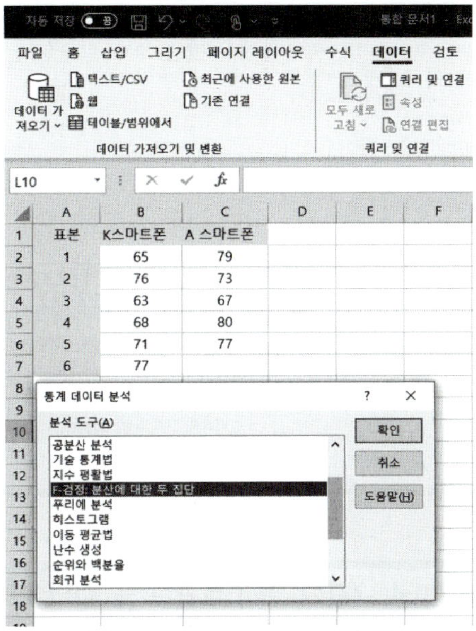

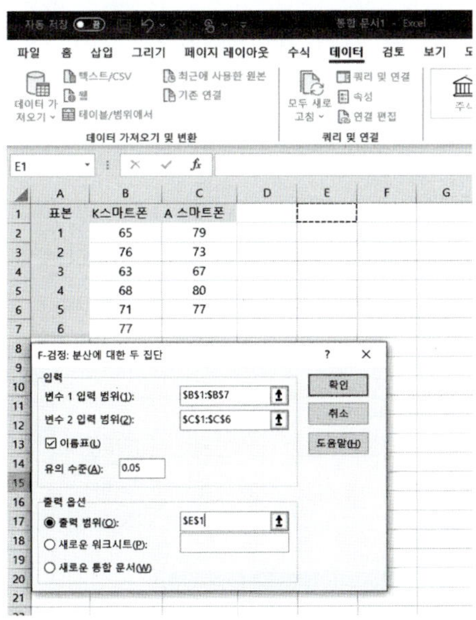

그림 10-3 F검정의 결과

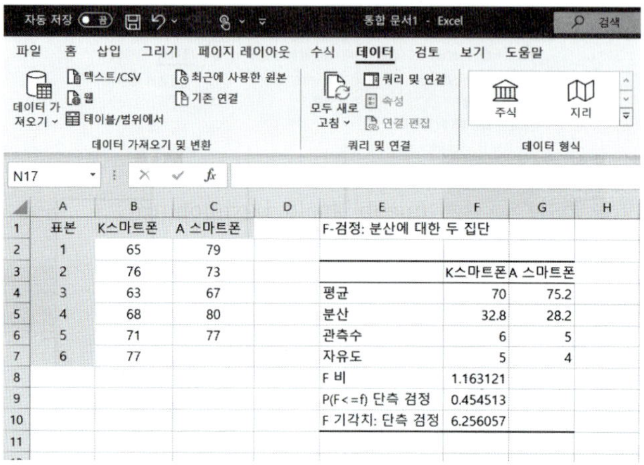

그림 10-4 t검정: 등분산가정 두 집단 선택

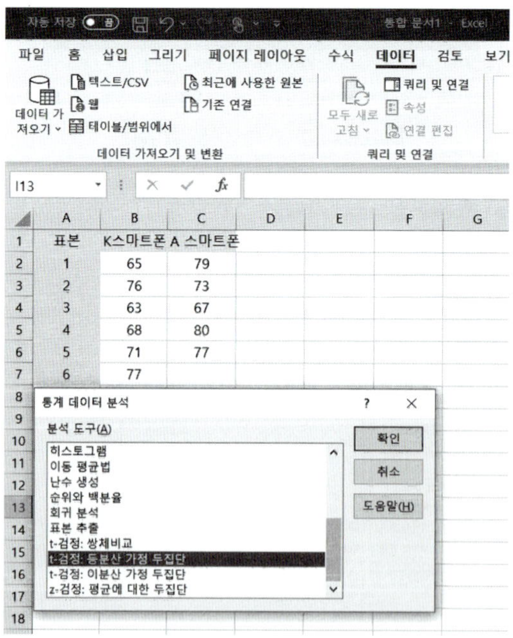

그림 10-5 *t*검정: 등분산가정 두 집단 대화상자

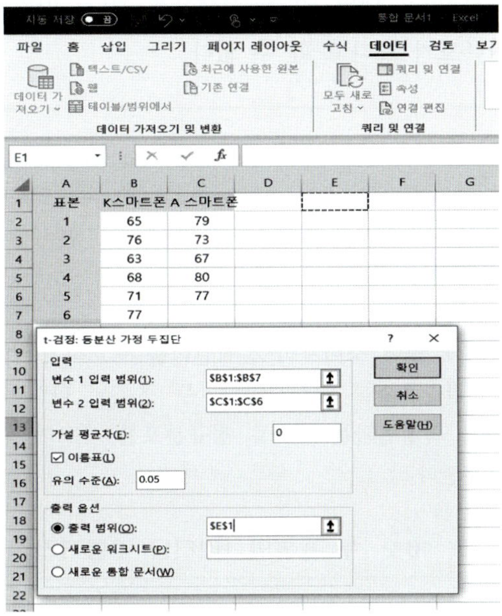

그림 10-6 *t*검정: 등분산가정 두 집단의 결과

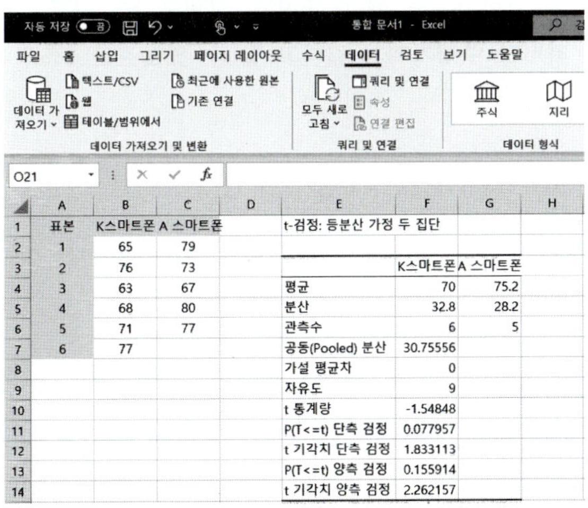

그림 10–6에서 보는 바와 같이 p값(약 0.078)이 유의수준 0.05보다 크므로 귀무가설을 채택하고 대립가설을 기각하게 된다. 따라서 K스마트폰이 A스마트폰보다 소비자 만족도가 크다고 할 수 없다.

예제 10-6

최근 자동차의 연비가 주요 관심사로 떠오르면서, 타이어사에서도 연비절감에 대한 경쟁이 치열해지고 있다. 이에 A사와 B사에서 판매되는 연비절감 타이어인 Zesta와 Radial의 연비절감효과에 대한 TV 광고가 치열하게 펼쳐지고 있다.

이에 한국소비자원은 TV 광고에 있어 소비자의 선택권리를 보호하기 위해 Zesta와 Radial의 표본을 시장에서 구매하여 이들의 연비절감효과를 측정하였다. 두 종류의 타이어에 대한 1리터당 주행거리를 측정한 결과는 표 10–2와 같다. 측정결과는 대체로 정규분포를 따르며, 두 타이어의 리터당 주행거리에 대한 분산은 동일하다고 가정한다.

표 10-2 두 표본의 1리터당 주행거리

표 본	주행거리					
Zesta	72	68	65	75	55	62
Radial	68	69	80	75	72	

(a) 두 타이어의 주행거리의 차이 $\mu_1 - \mu_2$에 대한 95% 신뢰구간을 구하시오.

(b) Radial이 Zesta보다 리터당 주행거리가 길다고 할 수 있는지를 5%의 유의수준에서 검정하시오.

풀 이 (a) 두 표본의 자료로부터

$$\overline{X}_1 = 66.17,\ (n_1 - 1)S_1^2 = \sum_i (X_{1i} - \overline{X}_1)^2 = 258.8$$

$$\overline{X}_2 = 72.8,\ (n_2 - 1)S_2^2 = \sum_i (X_{2i} - \overline{X}_2)^2 = 94.8$$

$$S_p^2 = \frac{258.8 + 94.8}{6 + 5 - 2} = 39.29,\ S_p = 6.27$$

또한 자유도 $(n_1 + n_2 - 2) = 9$에서 $t_{0.005} = 2.262$이므로

$(\mu_1 - \mu_2)$에 대한 95% 신뢰구간

$$= (\overline{X}_1 - \overline{X}_2) \pm t_{n_1+n_2-2,\, \alpha/2} S_p \sqrt{\frac{1}{n_1} + \frac{1}{n_2}}$$

$$= (66.17 - 72.8) \pm (2.262)(6.27)\sqrt{\frac{1}{6} + \frac{1}{5}}$$

$$= -6.6 \pm 8.58$$

(b) 주어진 문제에 대한 귀무가설과 대립가설은 다음과 같다.

$$H_0 : \mu_1 - \mu_2 = 0,\ \ H_A : \mu_1 - \mu_2 < 0$$

귀무가설을 전제로 할 때, 검정통계량 t의 관찰된 값은

$$t = \frac{(\overline{X}_1 - \overline{X}_2) - 0}{S_p\sqrt{\frac{1}{n_1} + \frac{1}{n_2}}} = \frac{(66.17 - 72.8) - 0}{(6.27)\sqrt{\frac{1}{6} + \frac{1}{5}}} = -1.746$$

이며, 기각역은

$$t < -t_{n_1+n_2-2,\, \alpha} = -t_{9,\, 0.05} = -1.833$$

이므로, 유의수준 0.05에서 귀무가설을 기각할 수 없다. 즉, Radial은 Zesta보다 주행거리가 길다고 말할 수 없다.

EXCEL 10 컴퓨터 활용 Ⅱ

표 10-2의 자료를 그림 10-7과 같이 입력한다. 또한 예제 10-6에서 등분산에 대한 가정이 제시되어 있지만, 만일 제시되어 있지 않다면 그림 10-7과 같이 등분산에 대한 가설검정을 위해 『F-검정: 분산에 대한 두 집단』을 선택한다.

분석결과 그림 10-8에 제시된 것처럼 p값이 약 0.235이며, F값과 기각치의 비교를 통해 결국 귀무가설인 등분산이라는 가설이 채택된다. 따라서 데이터 분석에서 『t-검정: 등분산가정 두 집단』을 선택한다.

그림 10-9와 같이 데이터 분석 메뉴에서 『t-검정: 등분산가정 두 집단』을 선택하면 그림 10-10의 대화상자가 나타나게 된다.

여기서 각 입력칸에 셀범위를 지정한다. 현재 귀무가설이 두 집단 간의 평균이 같다는 것이므로 가설평균차에 0을 입력한다. 유의수준은 0.05로 가정하였고 출력은 E1셀에 나타나도록 지정하였다. 이후 확인을 누르면 그림 10-11과 같은 결과가 나타나게 된다.

여기서 각 입력칸에 셀범위를 지정한다. 현재 귀무가설이 두 집단 간의 평균이 같다는 것이므로 가설평균차에 0을 입력한다. 유의수준은 0.05로 가정하였고 출력은 E1셀에 나타나도록 지정하였다. 이후 확인을 누르면 그림 10-11과 같은 결과가 나타나게 된다.

그림 10-11에서 보는 바와 같이 단측검정의 경우 p값(약 0.057)이 유의수준 0.05보다 크므로 귀무가설을 채택한다. 따라서 Radial이 Zesta보다 리터당 주행거리가 길다고 말할 수 없다.

그림 10-7 *F* 검정 선택 및 대화상자

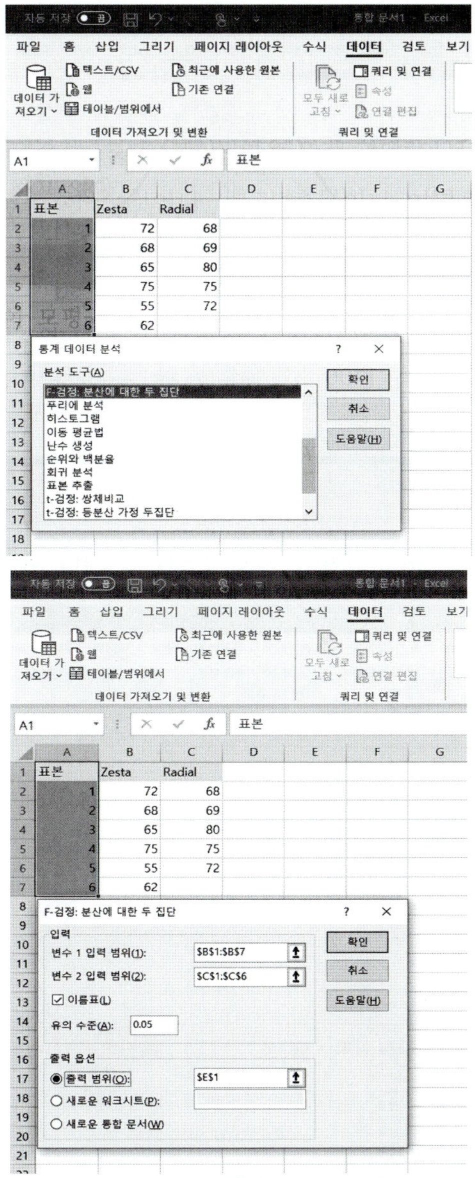

그림 10-8 *F*검정의 결과

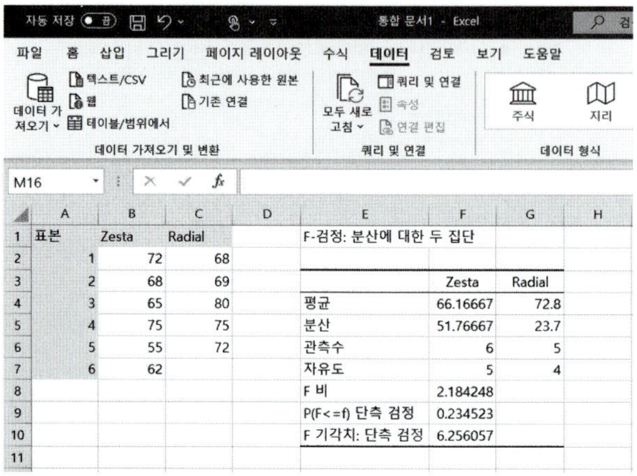

그림 10-9 *t*검정: 등분산가정 두 집단 선택

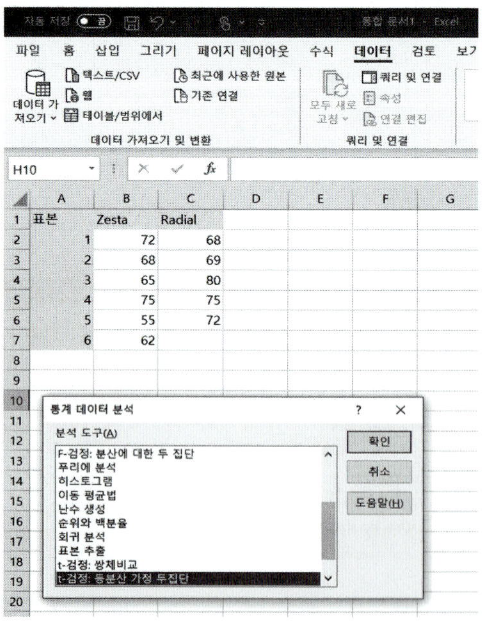

그림 10-10 *t*검정: 등분산가정 두 집단 대화상자

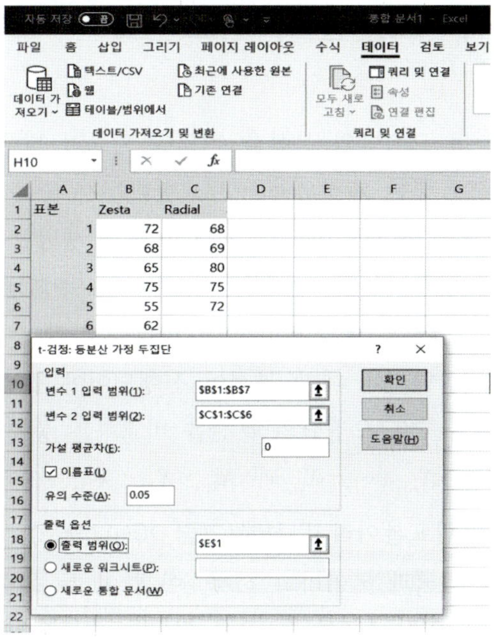

그림 10-11 *t*검정: 등분산가정 두 집단의 결과

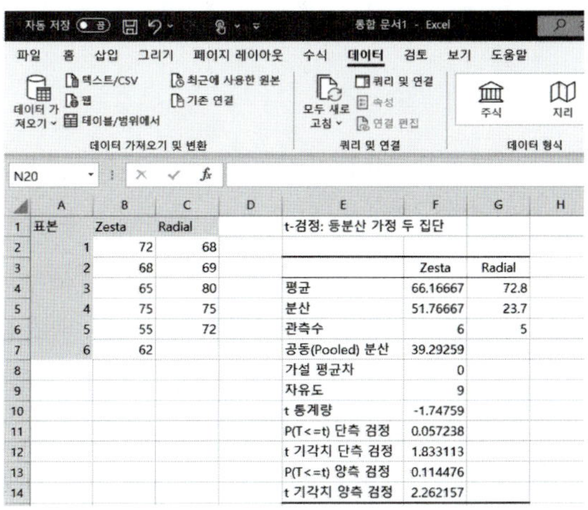

10.2 두 모분산의 비교

때때로 두 모집단의 분산을 비교할 필요가 발생한다. 예를 들어서 두 가지 종류의 저울에 대한 측정오차를 비교한다든지 또는 동일한 제품을 생산하는 두 제조공정의 품질특성을 비교하는 경우 등을 생각할 수 있다. 또 10.1절에서 소표본에 의해 두 모평균을 비교할 때, 우리는 등분산의 가정을 전제하고 t분포에 의해 추론을 하였다. 이러한 분석이 의미를 가질 수 있기 위해서는 과연 등분산의 가정이 적합한지에 대한 분석이 선행되어야 할 것이다. 이러한 필요에 따라 본 절에서는 두 정규모집단의 분산을 비교하는 통계기법을 다루고자 한다.

X_{11}, X_{12}, X_{13}, $\cdots$, X_{1n_1}과 X_{21}, X_{22}, X_{23}, $\cdots$, X_{2n_2}가 두 정규모집단으로부터 추출된 독립표본이라고 하자(그림 10-1 참조). 그리고 두 모집단의 미지의 모분산을 각각 σ_1^2과 σ_2^2이라고 하자. 이제 이 두 독립표본에 기초하여 두 모분산의 상대적 크기 $\frac{\sigma_1^2}{\sigma_2^2}$에 대한 추론을 한다고 할 때, 표본분산 S_1^2과 S_2^2이 각각 σ_1^2과 σ_2^2의 추정량이므로, $\frac{S_1^2}{S_2^2}$에 의해 $\frac{\sigma_1^2}{\sigma_2^2}$에 대한 추론을 하게 된다. 그런데 $\frac{S_1^2}{S_2^2}$은 F분포와 밀접한 관계를 가지므로, 먼저 F분포에 대하여 이해할 필요가 있다.

F분포

F분포는 χ^2분포와 마찬가지로 표본분산과 밀접한 관련이 있는 확률분포이다. 그러나 F분포는 χ^2분포와는 다른 용도로 사용된다. χ^2분포가 하나의 정규모집단의 모분산을 추론하는 데 사용된다면, F분포는 두 정규모집단의 분산을 비교하는 데 사용된다. 뿐만 아니라 F분포는 제12장에서 다룰 분산분석과 제13장, 제14장에서 다룰 회귀분석에서 핵심적인 역할을 하는 매우 중요한 확률분포이다. 우선 F분포의 일반적 정의를 살펴본 후, F변수를 두 정규모집단의 분산을 비교하는 데 사용하는 방법에 관하여 알아보기로 한다.

F분포

자유도가 각각 ν_1과 ν_2인 두 χ^2변수 $\chi^2_{\nu_1}$과 $\chi^2_{\nu_2}$이 있다고 하자. 만일 이 두 변수가 상호독립이면, 이 두 변수의 함수인

$$F_{\nu_1,\,\nu_2}=\frac{\left(\dfrac{\chi^2_{\nu_1}}{\nu_1}\right)}{\left(\dfrac{\chi^2_{\nu_2}}{\nu_2}\right)}$$

은 자유도가 ν_1과 ν_2인 F분포를 갖는다.

만일 두 정규모집단으로부터 추출된 표본이 서로 독립이면, 이들로부터 산출되는 S_1^2과 S_2^2도 독립이다. 또한 S_1^2과 S_2^2의 함수인 $\frac{(n_1-1)S_1^2}{\sigma_1^2}$과 $\frac{(n_2-1)S_2^2}{\sigma_2^2}$도 자유도가 각각 (n_1-1)과 (n_2-1)인 독립된 χ^2분포를 갖는다. 그러므로 F변수의 정의에 따라

$$F_{\nu_1,\,\nu_2}=\frac{\left(\dfrac{\chi^2_{\nu_1}}{\nu_1}\right)}{\left(\dfrac{\chi^2_{\nu_2}}{\nu_2}\right)}=\frac{\left(\dfrac{(n_1-1)S_1^2}{\sigma_1^2(n_1-1)}\right)}{\left(\dfrac{(n_2-1)S_2^2}{\sigma_2^2(n_2-1)}\right)}=\frac{\left(\dfrac{S_1^2}{\sigma_1^2}\right)}{\left(\dfrac{S_2^2}{\sigma_2^2}\right)}$$

은 자유도가 $\nu_1=(n_1-1)$과 $\nu_2=(n_2-1)$인 F분포를 갖는다.

그림 10-12는 F분포의 전형적인 형태를 보여주고 있다. 그림 10-12에서 F_α는 $P(F>F_\alpha)=\alpha$를 만족시키는 F변수의 값을 말한다. F_α의 값은 부록 6에 나타나 있다. 그런데 F분포는 두 개의 자유도와 관련되므로 확률분포를 표로 나타내기가 다른 분포에 비해 복잡하다. 이에 따라 부록 6은 α의 값 (0.10, 0.05, 0.025, 0.01 그리고 0.005)에 따라 분리하여 F변수의 확률분포표를 제시하고 있다.

그림 10-12 F분포의 형태

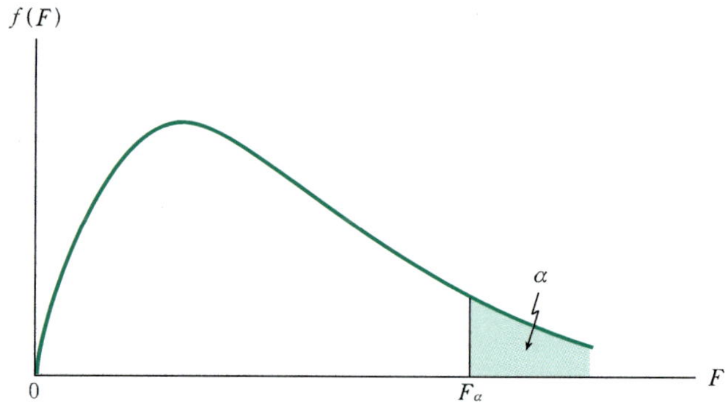

예제 10-7

F가 분자자유도 $\nu_1=2$와 분모자유도 $\nu_2=9$를 갖는 경우에 분포의 오른편 꼬리가 곡선 아래 면적의 5%를 포함하는 F의 임계치를 구하시오.

풀 이 부록 6을 참조하자. $\alpha=0.05$에 해당되는 표에서 $\nu_1=2$를 나타내는 열과 $\nu_2=9$를 나타내는 행의 교점에 있는 값을 구한다. $F_{2,9,0.05}=4.26$이며, 이는 그림 10-13과 같이 나타낼 수 있다.

그림 10-13 예제 10-7에 대한 F분포

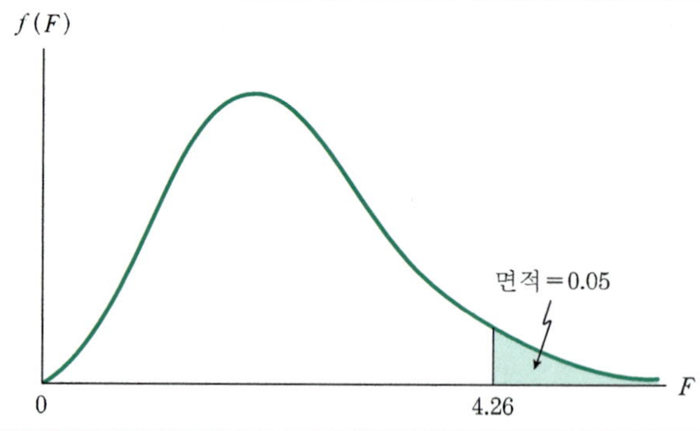

예제 10-8

분산이 동일한 두 개의 정규모집단으로부터 각각 크기가 $n_1 = 6$과 $n_2 = 10$인 독립표본을 추출하였다. 다음의 식에서 b의 값을 구하시오.

$$P\left(\frac{S_1^2}{S_2^2} \le b\right) = 0.95$$

풀 이 표본크기가 $n_1 = 6$, $n_2 = 10$이며, 두 모분산이 동일하므로,

$$\frac{S_1^2/\sigma_1^2}{S_2^2/\sigma_2^2} = \frac{S_1^2}{S_2^2}$$

은 자유도가 5와 9인 F변수이다. 또한

$$P\left(\frac{S_1^2}{S_2^2} \le b\right) = 1 - P\left(\frac{S_1^2}{S_2^2} > b\right) = 1 - P(F_{5,9} > b) = 0.95$$

이므로, $P(F_{5,9} > b) = 0.05$를 만족하는 b의 값은 $\alpha = 0.05$인 F분포표의 5열과 9행으로부터 3.48이 된다. 즉, 두 정규모집단의 분산이 같다고 하더라도 표본크기가 $n_1 = 6$, $n_2 = 10$일 때, 두 표본분산의 비율이 3.48보다 클 확률은 5%이다.

σ_1^2/σ_2^2의 신뢰구간

$\dfrac{\sigma_1^2}{\sigma_2^2}$의 신뢰구간은 다음의 관계가 성립하므로

$$\frac{1}{F_{n_1-1,\, n_2-1}} = \frac{\left(\dfrac{S_2^2}{\sigma_2^2}\right)}{\left(\dfrac{S_1^2}{\sigma_1^2}\right)} = \frac{S_2^2\sigma_1^2}{S_1^2\sigma_2^2} = F_{n_2-1,\, n_1-1}$$

F분포를 이용하여 구하게 된다. 즉,

$$P(F_{n_2-1,\, n_1-1,\, 1-\alpha/2} \le F_{n_2-1,\, n_1-1} \le F_{n_2-1,\, n_1-1,\, \alpha/2}) = 1-\alpha$$

$$P\left(F_{n_2-1,\, n_1-1,\, 1-\alpha/2} \le \frac{S_2^2\sigma_1^2}{S_1^2\sigma_2^2} \le F_{n_2-1,\, n_1-1,\, \alpha/2}\right) = 1-\alpha$$

로부터 다음의 신뢰구간이 유도된다.

σ_1^2/σ_2^2의 $100(1-\alpha)\%$ 신뢰구간

$$F_{n_2-1,\, n_1-1,\, 1-\frac{\alpha}{2}}\frac{S_1^2}{S_2^2} \le \frac{\sigma_1^2}{\sigma_2^2} \le F_{n_2-1,\, n_1-1,\, \alpha/2}\frac{S_1^2}{S_2^2}$$

또는

$$\frac{1}{F_{n_1-1,\, n_2-1,\, \alpha/2}}\frac{S_1^2}{S_2^2} \le \frac{\sigma_1^2}{\sigma_2^2} \le F_{n_2-1,\, n_1-1,\, \alpha/2}\frac{S_1^2}{S_2^2}$$

참고로 $F_{n_2-1,\, n_1-1,\, 1-\alpha/2} = \dfrac{1}{F_{n_1-1,\, n_2-1,\, \alpha/2}}$이 성립함을 유의하자.

예제 10-9

증권시장에 상장되어 있는 주식 중 제조업종과 금융업종 주식에 대한 수익률의 분산을 비교하려고 한다. $31(n_1)$개의 제조업종과 $21(n_2)$개의 금융업종 주식으로 이루어진 독립표본을 얻어 각각에 대한 표본분산 $S_1^2=9.4$와 $S_2^2=7.0$을 얻었다. σ_1^2/σ_2^2에 대한 95% 신뢰구간을 구하시오.

풀 이

$$\frac{1}{F_{n_1-1,\, n_2-1,\, \alpha/2}}\frac{S_1^2}{S_2^2} \le \frac{\sigma_1^2}{\sigma_2^2} \le F_{n_2-1,\, n_1-1,\, \alpha/2}\frac{S_1^2}{S_2^2}$$

$$\frac{1}{F_{30,\, 20,\, 0.025}}\frac{S_1^2}{S_2^2} \le \frac{\sigma_1^2}{\sigma_2^2} \le F_{20,\, 30,\, 0.025}\frac{S_1^2}{S_2^2}$$

$$\frac{1}{2.35}\frac{9.4}{7.0} \le \frac{\sigma_1^2}{\sigma_2^2} \le 2.20\frac{9.4}{7.0}$$

그러므로 σ_1^2/σ_2^2에 대한 95% 신뢰구간은 (0.57, 2.95)가 된다.

가설검정

두 모집단의 분산이 같은지에 대한 검정을 하기 위한 귀무가설은

$$H_0 : \sigma_1^2 = \sigma_2^2, \text{ 또는 } \frac{\sigma_1^2}{\sigma_2^2} = 1$$

로 나타낼 수 있다. 표본분산 S_1^2과 S_2^2이 각각 σ_1^2과 σ_2^2의 추정량이므로, S_1^2과 S_2^2을 비교하여 만일 둘의 차이가 상당히 크다면 우리는 귀무가설을 기각하게 된다. 따라서 σ_1^2과 σ_2^2의 상대적 크기에 대한 추론을 위한 검정통계량으로 $\frac{S_1^2}{S_2^2}$이 사용될 수 있음을 직관적으로 알 수 있다. 그리고 F분포의 정의로부터 $\frac{(S_1^2/\sigma_1^2)}{(S_2^2/\sigma_2^2)}$은 자유도가 (n_1-1)과 (n_2-1)인 F분포를 갖는다. 그러므로 귀무가설이 사실이라고 전제할 때, 즉 $\sigma_1^2 = \sigma_2^2$일 때,

$$\frac{(S_1^2/\sigma_1^2)}{(S_2^2/\sigma_2^2)} = \frac{S_1^2}{S_2^2} = F_{n_1-1,\, n_2-1}$$

이 되므로 $\frac{\sigma_1^2}{\sigma_2^2}$에 대한 가설검정의 절차는 다음과 같이 요약될 수 있다.

F 검정

$H_0 : \sigma_1^2 = \sigma_2^2$ 또는 $\frac{\sigma_1^2}{\sigma_2^2} = 1$

$$H_A : \begin{cases} \sigma_1^2/\sigma_2^2 > 1 & \text{(우측검정)} \\ \sigma_1^2/\sigma_2^2 < 1 & \text{(좌측검정)} \\ \sigma_1^2/\sigma_2^2 \neq 1 & \text{(양측검정)} \end{cases}$$

검정통계량: $F = \frac{S_1^2}{S_2^2}$

기각역:

관찰된 F값이 $F_{n_1-1,\, n_2-1,\, \alpha}$보다 크면 H_0를 기각한다(우측검정).

관찰된 F값이 $F_{n_1-1,\, n_2-1,\, 1-\alpha}$보다 작으면 H_0를 기각한다(좌측검정).

$F < F_{n_1-1,\, n_2-1,\, 1-\alpha/2}$ 또는 $F > F_{n_1-1,\, n_2-1,\, \alpha/2}$이면 H_0를 기각한다(양측검정).

예제 10-10

예제 10-9에서 제조업종 주식의 분산이 금융업종 주식의 분산보다 크다고 할 수 있는지 유의수준 0.05에서 검정하시오.

풀 이 귀무가설과 대립가설은 각각

$$H_0 : \frac{\sigma_1^2}{\sigma_2^2} = 1;\ H_A : \frac{\sigma_1^2}{\sigma_2^2} > 1$$

로 주어지며, 관찰된 검정통계량의 값은 다음과 같다.

$$F = \frac{S_1^2}{S_2^2} = \frac{9.4}{7.0} = 1.34$$

한편, 유의수준 0.05에서의 기각역은 $F > F_{30,\, 20,\, 0.05} = 2.04$이므로, 유의수준 0.05에서 귀무가설을 기각할 수 없다. 즉, 제조업종 주식수익률의 변화도가 금융업종 주식의 그것보다 크다는 통계적 증거는 없다.

10.3 대응표본에 의한 두 모평균의 비교

10.1절에서 우리는 독립표본에 의해 두 모집단의 평균을 비교하는 통계기법을 살펴보았다. 그런데 특정한 상황의 경우에 독립표본보다는 대응표본(matched samples)을 이용할 때, 더 간편하고 정확한 방법으로 두 모평균에 대한 비교를 할 수 있다. 대응표본이란 동일한 대상물에 두 가지의 다른 처리를 하여 한 쌍의 관찰치를 얻은 후, 이들을 두 개의 표본으로 나누어 놓은 것을 말한다. 예를 들어서 두 종류의 윤활유 첨가제 A와 B의 자동차 주행거리에 대한 효과를 비교하고자 하는 경우, 우리는 다음의 두 가지 형태의 통계실험을

고려할 수 있다.

① 독립표본: 첨가제 A를 사용하는 자동차와 첨가제 B를 사용하는 자동차 집단으로부터 서로 다른 두 개의 독립표본을 추출한 후, 두 표본의 평균을 비교한다.

② 대응표본: 하나의 단순확률표본을 추출한 후, 추출된 각 자동차에 첨가제 A와 B를 번갈아 사용하며 주행거리를 측정하여 그 차이를 비교한다.

위의 두 가지 실험설계 중 두 번째 형태가 더 바람직하다. 왜냐하면 독립표본을 사용할 경우 표본 간의 차이는 두 가지의 원인으로부터 발생할 수 있다. 하나는 첨가제의 효과로 인한 차이이고, 다른 하나는 각 표본에서 사용하는 차량의 이질성에서 오는 차이이다. 표본대상의 이질성으로부터 오는 차이가 크다면 설령 두 첨가제의 효과에 차이가 있다고 하더라도 이를 판별하기가 어려워진다. 대응표본은 동일한 대상으로부터 대응되는 두 개의 관찰치를 측정하므로, 두 번째의 원인으로부터 오는 차이를 극소화하여 두 처리의 효과에 대한 보다 정확한 비교분석을 가능하게 한다.

표 10-3 대응표본의 자료구조

대 상	처리 1	처리 2	d_i
1	X_{11}	X_{21}	$d_1 = X_{11} - X_{21}$
2	X_{12}	X_{22}	$d_2 = X_{12} - X_{22}$
3	X_{13}	X_{23}	$d_3 = X_{13} - X_{23}$
⋮	⋮	⋮	⋮
n	X_{1n}	X_{2n}	$d_n = X_{1n} - X_{2n}$
			$\bar{d} = \frac{\sum_{i=1}^{n} d_i}{n}$ $S_d^2 = \frac{\sum (d_i - \bar{d})^2}{n-1}$

표 10-3은 대응표본의 자료구조를 나타내고 있다. 여기서 $(X_{1i},\ X_{2i})$는 i번째 대상에 대한 처리 1과 처리 2의 반응측정값을 나타낸다.

d_i의 기댓값 μ_d는

$$\mu_d = E(d_i) = E(X_{1i} - X_{2i}) = E(X_{1i}) - E(X_{2i}) = \mu_1 - \mu_2$$

가 된다. 즉, 두 모평균의 차이 $(\mu_1 - \mu_2)$에 대한 추론은 μ_d에 대한 추론을 통해서 이루어 질 수 있다. 다시 말해서 두 표본의 대응되는 관찰치 $(X_{1i},\ X_{2i})$로부터 n개의 d_i가 구해지면 이들의 평균인 $\bar{d}$에 의해 처리 1과 처리 2의 차이를 분석하게 된다.

여기서 한 가지 유의할 것은 표 10-3에서 각각의 대상들은 단순확률표본의 정의에 따라 서로 독립이지만, 각 대상에 대응되는 관찰치들은 독립이라고 보기 어렵다. 예를 들어서 추출된 대상이 대형차량이라면 어떤 첨가제를 쓰든 소형차량보다는 연료소모량이 높을 것이다. 즉, 각 쌍은 한 값이 크면 다른 값도 큰 경향이 있다. 이에 따라 두 대상모집단의 분산을 안다고 하여도 d_i의 분산 σ_d^2을 구하기란 쉽지 않다. 그러므로 d_i가 정규분포인 경우에 한해, σ_d 대신에 S_d를 대체하여 다음과 같이 t분포에 의해서 $(\mu_1 - \mu_2)$에 대한 추론을 하게 된다.

$$t = \frac{\bar{d} - \mu_d}{S_d / \sqrt{n}}$$

이상을 요약하면 다음과 같다.

대응표본의 경우 $(\mu_1 - \mu_2)$에 대한 추론

d_i가 정규분포이면

1. $(\mu_1 - \mu_2)$에 대한 $100(1-\alpha)\%$ 신뢰구간 $= \bar{d} \pm t_{n-1,\,\alpha/2} \dfrac{S_d}{\sqrt{n}}$
2. 귀무가설 $H_0 : \mu_1 - \mu_2 = \mu_d$에 대한 검정통계량은

$$t = \frac{\bar{d} - \mu_d}{S_d / \sqrt{n}}$$

이며, 세 가지의 대립가설에 대한 검정방법은 제9장의 t검정과 동일하다.

예제 10-11

윤활유 첨가제의 주행거리에 대한 효과를 비교하기 위해 10대의 차량을 무작위로 추출하여 표 10-4와 같은 대응표본을 얻었다. $H_0 : \mu_d = 0$, $H_A : \mu_d \neq 0$에 대해 유의수준 0.05에서 검정하시오.

표 10-4 자동차의 주행거리

차 량	윤활유 첨가제 사용 전	윤활유 첨가제 사용 후	d_i
1	14	16	−2
2	21	24	−3
3	19	20	−1
4	11	15	−4
5	15	17	−2
6	16	19	−3
7	8	10	−2
8	32	33	−1
9	37	39	−2
10	10	11	−1

풀 이 부록 4의 t분포표로부터 $t_{9,\,0.025} = 2.262$이다. 또한 표 10-4의 자료로부터 $\bar{d} = -2.1$, $S_d = 0.994$이므로, 관찰된 검정통계량은

$$t = \frac{-2.1 - 0}{0.994/\sqrt{10}} = -6.68$$

$|t| > t_{9,\,0.025}$이므로 유의수준 0.05에서 윤활유 첨가제의 주행거리에 대한 효과가 있음을 알 수 있다.

EXCEL 10

컴퓨터 활용 Ⅲ

표 10-4의 자료를 그림 10-14와 같이 입력한다.

그림 10-14 *t*검정: 쌍체비교 선택

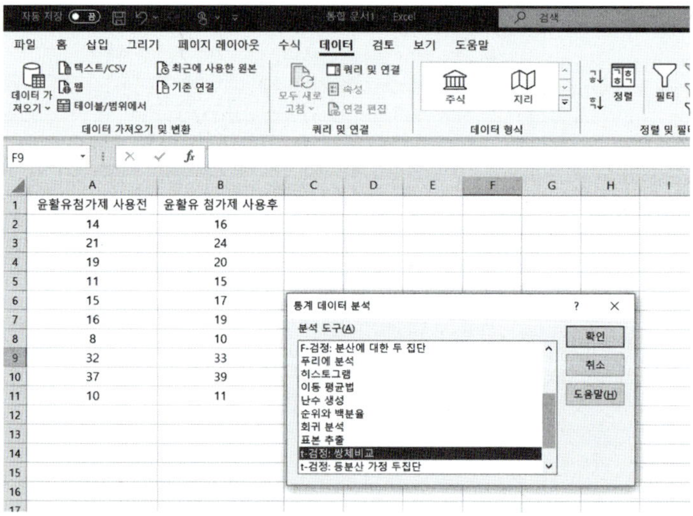

대응표본의 경우 데이터 메뉴에서 데이터 분석을 선택하면 그림 10-14의 화면이 나타난다. 여기서 『*t*-검정: 쌍체비교』를 선택한다. 그림 10-14에서 확인을 누르면 그림 10-15의 대화상자가 나타난다.

여기서 각 입력칸에 셀범위를 지정한다. 현재 귀무가설이 윤활유 첨가 전후의 주행거리에 차이가 없다는 것이므로 가설평균차에는 0을 입력한다. 유의수준 0.05를 입력하고 출력범위를 지정한 후 확인을 누르면 그림 10-16과 같이 결과가 주어진다.

그림 10-15 *t*검정: 쌍체비교 대화상자

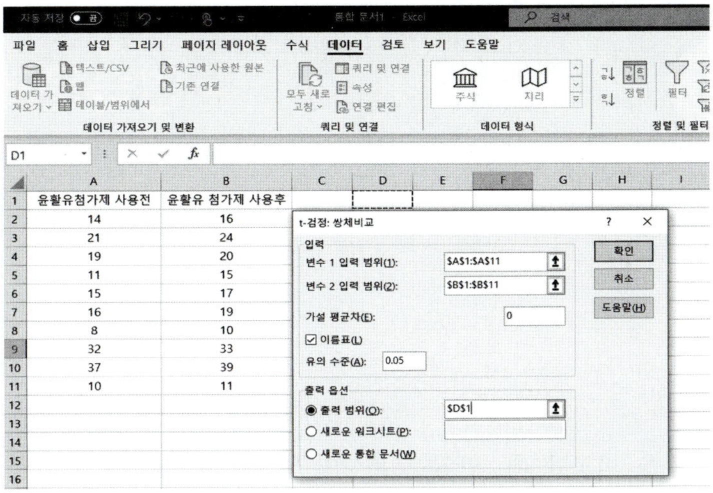

그림 10-16 *t*검정: 쌍체비교의 결과

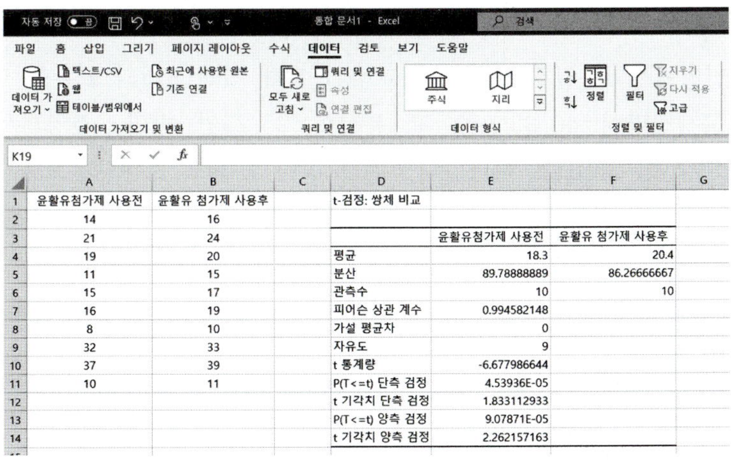

그림 10-16에서 보는 바와 같이 양측검정의 경우 p값(거의 0)이 유의수준 0.05보다 크지 않으므로 귀무가설을 기각하게 된다. 따라서 윤활유 첨가제의 사용이 주행거리에 영향을 미친다고 결론짓는다.

10 통계학개론

연습문제

01 두 모집단의 평균을 비교할 때, 만일 모분산이 알려져 있지 않고 소표본이라면 t분포를 이용할 수 있는 조건 2가지를 설명하시오.

02 대응표본에 의한 두 모평균을 독립표본과 비교하여 설명하시오.

03 대양회사와 건영회사의 1일 생산량을 비교하기 위해 각각 9개의 표본을 취해 관찰한 결과, 대양회사는 평균생산량이 40.33단위이고 분산이 25.25인 반면, 건영회사는 평균생산량이 36.54단위이고 분산이 35.61로 나타났다. 두 모집단의 분포가 정규분포를 따르고 미지의 분산이 같다고 할 때, 두 평균생산량에 차이가 있는지를 검정하시오. 유의수준 $\alpha = 0.05$이다.

04 드럼 속에 100리터의 휘발유를 주입하는 데 두 개의 자동펌프를 이용하고 있다. 드럼 속에 주입되는 속도는 정규분포를 따르며, 각각 $\sigma_A^2 = 0.05$, $\sigma_B^2 = 0.08$임을 알고 있다고 하자. 이 두 펌프의 평균속도에 차이가 있는지를 조사하기 위해 A펌프에 대해 20회, B펌프에 대해 30회의 표본을 추출하여 아래와 같은 자료를 얻었다.

$$\overline{X}_A = 5.60 \qquad \sigma_A^2 = 0.05$$
$$\overline{X}_B = 5.45 \qquad \sigma_B^2 = 0.08$$

① 두 펌프의 평균속도의 차이에 대한 95% 신뢰구간을 구하시오.

② 두 펌프의 평균속도에 차이가 있는지를 유의수준 5%로 검정하시오.

05 여건에 따라 수업장소를 바꾸어 가면서 수업하는 방법과 같은 장소에서만 수업하는 방법을 비교하고자, 천재대학 경영학과 학생 300명에 대해 그 중 130명은 수업장소를 바꾸어 가면서 수업하고, 나머지 170명은 같은 장소에서만 수업을 받게 하였다. 학기말 시험에서 이들 300명 전부에게 시험을 치른 결과 다음과 같은 자료를 얻었다.

	유동적 수업환경	고정적 수업환경
합 격	92	90
불합격	38	80

① 합격률의 차이에 대한 95% 신뢰구간을 구하시오.

② 유동적 수업환경이 고정적 수업환경보다 합격률이 높다고 할 수 있는지 유의수준 5%로 검정하시오.

06 문경 농장에서의 임의의 12그루와 상주 농장에서의 임의의 13그루의 사과 열매의 개수를 조사한 결과 다음 자료를 얻었다. 각 농장의 모집단 분포는 정규분포를 따르고 각 농장의 모분산은 모르지만 같은 것으로 가정한다.

A	52	49	46	50	47	48	44	43	47	48	45	49	
B	51	49	48	47	47	46	43	42	42	45	48	41	42

① 문경 농장의 평균 사과생산량이 상주 농장의 평균 사과생산량보다 많은지를 유의수준 1%로 검정하시오.

② 문경 농장과 상주 농장의 평균 사과생산량의 차이에 대한 99% 신뢰구간을 구하시오.

07 천마회사는 새로운 작업방법의 훈련으로 작업자당 평균생산량을 증가시키고자 한다. 10명의 작업자를 임의로 선발하여 훈련 전 생산량과 2주간 훈련을 시킨 후의 생산량을 측정한 결과 다음의 자료를 얻었다.

작업자	훈련 전	훈련 후
1	15	51
2	21	63
3	20	55
4	36	68
5	12	48
6	9	38
7	17	54
8	42	73
9	26	49
10	18	57

자료를 이용하여 평균생산량이 30보다 더 증가했는지를 검정하시오. 유의수준은 $\alpha = 0.05$이고, 차이의 분포는 정규분포라고 가정한다.

08 두 종류의 저울에 대한 정밀도를 검사하기 위해 A저울로 5번, B저울로 6번에 걸쳐 실측한 결과가 다음과 같다.

A 저울	0.95	0.85	0.75	0.81	0.90	
B 저울	0.95	0.90	0.94	0.89	0.92	0.91

① 위 자료에 의해 A저울의 정밀도가 B저울의 정밀도보다 낫다고 말할 수 있는가? 유의수준 0.05로 검정하시오.

② 저울 A, B에 대한 측정결과의 분산비에 대한 95% 신뢰구간을 구하시오.

09 두 종류의 새로운 자전거 조립방법에 대한 조립시간의 분산이 다음과 같다.

방 법	표본크기	분 산
A	31	$S_A^2 = 25$
B	25	$S_B^2 = 12$

유의수준 0.01에서 두 모분산에 대한 동질성을 검정하시오.

10 공영회사에서는 정밀부품을 생산하는 기존의 생산라인을 갖고 있다. 이제 늘어나는 수요에 대비하기 위해 새로운 자동화 생산라인을 도입하였다. 품질관리 담당자는 기존의 생산라인(모집단 1)이 새로운 생산라인(모집단 2)보다 규격에서의 변동이 더 크다고 주장하였다. 이를 확인하기 위해 기존 생산라인에서 16개의 부품을 취하고, 새로운 생산라인에서 20개의 부품을 취하여 표본표준편차를 조사한 결과 각각 12와 9를 얻었다. 품질관리 담당자의 주장을 유의수준 0.025로 검정하시오.

11

범주자료에 대한 χ^2검정

Helen Keller

행복은 자기만족을 통해서가 아니라 값진 일을 충실히 함으로써 얻어지는 것이다.

Happiness is not attained through self-gratification but through fidelity to a worthy purpose.

제11장

범주자료에 대한 χ^2검정

다항분포의 의미 –
적합성검정 –
독립성검정 –

key point

제6장에서 우리는 베르누이 실험에 대하여 정의하였다. 베르누이 실험이란 매번의 시행결과가 두 가지 중의 하나, 즉 성공이나 실패 중의 하나로 귀결되는 실험을 말한다. 이와는 달리 다항실험(multinomial experiment)이란 베르누이 실험의 일반화된 형태로써, 실험의 결과가 두 가지로만 국한된 것이 아니라 여러 개의 범주 중 하나에 속할 수 있다. 예를 들어서 제조업체에서 생산되는 제품들은 최종 품질검사과정에서 합격품, 이등품, 불량품 등의 세 가지 범주로 분류될 수 있다. 여기서 검사과정은 세 개의 범주를 갖는 다항실험이며, 이 실험의 결과로 우리는 각 범주에 속하는 제품의 개수, 즉 범주자료를 얻게 된다. 또 승용차를 구입하는 고객이 현대, 기아, 쌍용 그리고 외제차 중 어느 것을 더 많이 구입하는가를 분석하고자 할 경우에도 우리는 다항실험에 의존하게 된다. 이와 같이 사회과학에 관련된 많은 실험은 다항실험의 결과로 얻어지는 범주자료(categorial data)이다. 본 장에서는 χ^2분포를 이용하여 이러한 범주자료를 분석하는 통계적 기법을 다루고자 한다.

11.1 다항분포

다항분포(multinomial distribution)란 이항분포의 일반화된 형태로 다음의 조건을 통하여 정의할 수 있다.

다항분포의 조건

1. n번의 다항실험을 시행한다.
2. 각 시행의 결과는 k개의 범주 중 하나에 속한다.
3. 실험결과가 i번째 범주에 속할 확률을 p_i라고 할 때, 매 시행마다 p_i는 항상 동일하다. 여기서 $p_1+p_2+p_3+\cdots+p_k=1$이 된다.
4. 각 시행은 독립적이다.

이제 n번의 다항실험 중 i번째 범주에 속한 관찰치의 개수를 n_i라고 놓으면, 변수 n_1, n_2, n_3, $\cdots$, n_k는 모수 n, p_1, p_2, p_3, $\cdots$, p_k를 갖는 다항변수가 된다.

예제 11-1

우리나라에서 판매되는 대표적 국내산 승용차는 현대, 기아, 쌍용 그리고 기타의 네 가지 상호로 구분할 수 있다. 과거의 자료로부터 산출된 각 상호별 시장점유율을 p_1, p_2, p_3, p_4라고 하자. 한 소비자 단체는 각 상호의 시장점유율에 대한 변화 여부를 분석하기 위하여 최근 3년 동안 자동차를 구입한 사람 중 100명을 무작위로 추출하였다. 이것은 어떤 다항분포인가?

풀 이 이 경우 소비자 단체는 100회의 다항실험을 시행하는 것이며, 각 시행이 독립적으로 수행되었다면 각 범주에 속한 횟수 n_1, n_2, n_3, n_4는 모수 n, p_1, p_2, p_3, p_4를 갖는 다항변수이다. 여기서 $p_1+p_2+p_3+p_4=1$이고, $n_1+n_2+n_3+n_4=100$이 된다.

이와 같은 다항분포의 정의에 따라, 제6장에서 정의한 이항변수는 $k=2$인 특수한 형태의 다항변수임을 알 수 있다. 본 장의 목적은 다항실험에서 각 범주에 속할 확률인 p_i에 대하여 추론하는 것이다. 가장 단순한 형태의 추론은 p_1, p_2, p_3, $\cdots$, p_k에 대해 설정된 특정값에 대한 진위 여부를 검사하는 것이다. 이외에도 모집단의 분포에 대해 전제된 가정의 적합성을 판별하거나 또는 분석의 대상이 되는 두 변수가 상호독립인지의 여부를 살펴볼 수도 있다.

11.2 적합성검정

적합성검정은 다음의 두 가지 경우에 대하여 시행되는 통계기법이다.

① p_1, p_2, p_3, $\cdots$, p_k에 대해 설정된 특정 값들의 진위를 검정
② 모집단의 분포에 대해 설정된 가정이 적합한지의 여부 검정

두 가지 경우 모두 검정통계량이나 검정방법에 있어서는 동일하다. 그러나 전자의 경우가 더 단순하므로, 우선 이 경우에 대해 적합성검정의 절차와 개념을 설명하기로 한다.

모비율에 대한 가정의 적합성검정

모수 p_1, p_2, p_3, $\cdots$, p_k를 갖는 다항변수 n_1, n_2, n_3, $\cdots$, n_k에 대하여 고려하여 보자. 이제 p_i에 대하여 주어진 특정 값의 진위에 대한 검정을 하려고 한다. 귀무가설과 대립가설은 다음과 같이 주어져 있다.

H_0: $p_1 = p_{1,0}$; $p_2 = p_{2,0}$; $\cdots$; $p_k = p_{k,0}$
여기서 $p_{i,0}$는 범주확률 p_i에 대하여 설정된 특정 확률값이다.
H_A: 귀무가설 중 적어도 하나는 사실이 아니다.

예제 11-1에서 p_4가 0.05일 때, 100명 중에서 얼마나 많은 사람이 네 번째

범주(기타에 속하는 차종)에 속할 것으로 기대할 수 있는가? n_4의 기댓값 $E(n_4)$는

$$E(n_4) = np_4 = 100(0.05) = 5$$

가 된다. p_4의 값이 0.05인 게 사실이라면 n_4와 $E(n_4)$ 간의 차이는 그렇게 크지 않을 것이다. 유사한 방법으로 나머지 각 범주의 기댓값이 계산될 수 있다. 즉,

$$E(n_i) = np_i, \quad i = 1, 2, 3, \cdots, k$$

이에 따라 앞의 가설을 검정하기 위한 자연스런 출발점은 n_i와 np_i의 값을 비교하는 것이다. 만일 귀무가설이 사실이라면 n_i와 $E(n_i)$ 또는 np_i의 차이는 근소하게 발생할 것이다. 그러므로 H_0의 진위검정을 위한 기초단위로

$$n_i - np_i, \quad i = 1, 2, 3, \cdots, k$$

를 생각할 수 있다. 피어슨(Pearson)은 $(n_i - np_i)$로 구성된 다음의 함수를 검정통계량으로 제시하였다.

피어슨의 검정통계량

$$\sum_{i=1}^{k} \frac{[n_i - E(n_i)]^2}{E(n_i)} = \sum_{i=1}^{k} \frac{(n_i - np_i)^2}{np_i} \approx \chi^2_{k-1}$$

위의 식은 피어슨의 검정통계량이 다항변수의 함수로써, 자유도가 $(k-1)$인 χ^2분포에 근사한다는 것을 보여준다. 경험적인 연구결과에 따르면 모든 범주의 기대도수 np_i의 값이 적어도 5 이상이면 피어슨의 검정통계량은 χ^2분포에 근사하는 것으로 알려져 있다. 이에 대한 포괄적인 수식적 증명은 이 교재의 범주

밖이므로, 여기서는 k가 2인 가장 단순한 경우에 한하여 위 식이 성립하는 것을 살펴보기로 한다.

만일 $k=2$이면, $n_2=n-n_1$이고 $p_2=1-p_1$이 된다. 그러므로 n이 충분히 클 때($np_1 \geq 5$, $np_2 \geq 5$)

$$\begin{aligned}
\sum_{i=1}^{k} \frac{(n_i - np_i)^2}{np_i} &= \frac{(n_1 - np_1)^2}{np_1} + \frac{(n_2 - np_2)^2}{np_2} \\
&= \frac{(n_1 - np_1)^2}{np_1} + \frac{[(n-n_1) - n(1-p_1)]^2}{n(1-p_1)} \\
&= \frac{(n_1 - np_1)^2}{np_1} + \frac{(-n_1 + np_1)^2}{n(1-p_1)} \\
&= \frac{(1-p_1)(n_1 - np_1)^2 + p_1(-n_1 + np_1)^2}{np_1(1-p_1)} \\
&= \frac{(n_1 - np_1)^2}{np_1(1-p_1)} = \left(\frac{n_1 - np_1}{\sqrt{np_1(1-p_1)}} \right)^2 \approx Z^2 = x_1^2
\end{aligned}$$

제7장으로부터 우리는 표준정규변수의 제곱합은 χ^2변수가 됨을 알고 있다. 그리고 위 식의 결과는 하나의 표준정규변수를 제곱한 형태이므로 자유도가 1인 χ^2변수가 된다.

이제 χ^2분포를 이용한 적합성검정의 방법을 알아보도록 하자. 9.7절에서 χ^2분포를 이용한 정규모집단의 분산에 대한 가설검정방법을 살펴본 바 있다. 거기서는 χ^2분포에 의한 가설검정의 형태로서 우측검정, 좌측검정 그리고 양측검정의 세 가지가 모두 고려되었다. 그러나 적합성검정은 χ^2분포에 의한 우측검정만을 고려하게 된다. 왜냐하면 $(n_i - np_i)$의 차이가 양수이건 음수이건 크면 클수록 귀무가설에 위반되며, 이때 피어슨통계량의 값은 증가하게 된다. 그러므로 적합성검정은 피어슨통계량의 값이 일정값 이상이면 귀무가설을 기각하는 우측검정의 형태가 된다. 적합성검정의 절차는 다음과 같이 요약할 수 있다.

적합성검정

H_0: $p_1 = p_{1,0}$; $p_2 = p_{2,0}$; $\cdots$; $p_k = p_{k,0}$

여기서는 $p_{i,0}$는 범주확률 p_i에 대하여 설정된 특정 확률값이다.

H_A: 귀무가설 중 적어도 하나는 사실이 아니다.

검정통계량: $\chi^2_{k-1} = \sum_{i=1}^{k} \frac{(n_i - np_i)^2}{np_i}$

기각역: $\chi^2_{k-1} > \chi^2_{k-1,\alpha}$(우측기각역)

(n_1, n_2, n_3, $\cdots$, n_k는 모수 p_1, p_2, p_3, $\cdots$, p_k를 갖는 다항변수임을 유의하자)

예제 11-2

시장에서 판매되는 네 가지 제품에 대한 시장점유율이 $p_1 = 0.2$, $p_2 = 0.3$, $p_3 = 0.4$, $p_4 = 0.1$이라는 것을 검정하기 위하여 시중에 판매된 200개의 제품을 관찰하였더니 다음과 같았다.

제 품	1	2	3	4
판매량(n_i)	55	65	72	8

유의수준 0.05에서 다음의 가설을 검정하시오.

H_0: $p_1 = 0.2$, $p_2 = 0.3$, $p_3 = 0.4$, $p_4 = 0.1$

H_A: 귀무가설 중 적어도 하나는 사실이 아니다.

풀 이 다음의 표와 같이 검정통계량을 구하면 편리하다.

범 주	1	2	3	4	계
n_i np_i	55 40	65 60	72 80	8 20	200
$\frac{(n_i - np_i)^2}{np_i}$	$\frac{15^2}{40}$ $=5.625$	$\frac{5^2}{60}$ $=0.417$	$\frac{(-8)^2}{80}$ $=0.800$	$\frac{(-12)^2}{20}$ $=7.2$	14.042

범주의 개수가 4이므로 피어슨의 통계량은 자유도가 3인 χ^2분포를 따른다. 부록 5로부터 유의수준 0.05에 대응하는 기각역은 $\chi^2_3 > 7.815$가 되며, 그림 11-1에 보이는 것처럼 관찰된 검정통계량 $\chi^2_3 = 14.042$는 기각역에 속하므로 H_0를 기각한다. 즉, 표본자료는 네 제품의 시장점유율이 H_0에 제시된 바와 다르다는 것을 보여주고 있다.

그림 11-1 예제 2에 대한 χ^2분포

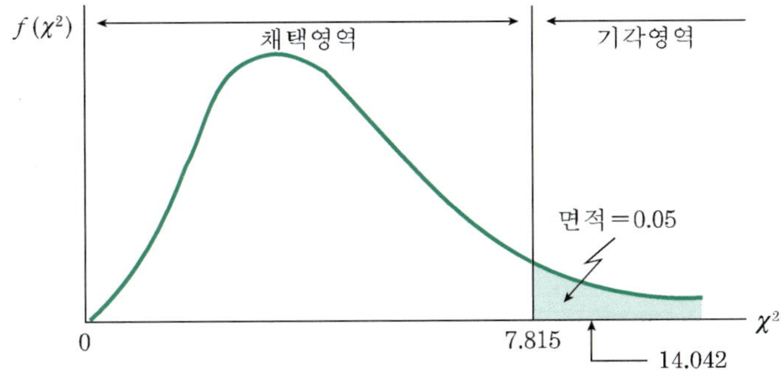

컴퓨터 활용 I

11 EXCEL

그림 11-2에서와 같이 예제 11-2의 자료에 대해 제목 및 판매량을 입력한다. 그리고서 기대도수표를 작성하기 위해 가설에서 제품마다 주어진 각각의 확률을 이용하여 다음의 수식을 통해 기대도수를 얻는다.

기대도수=주어진 확률 * 행의 총합

예를 들어 C9에 들어갈 수식은 주어진 확률 0.2에 판매량의 총합 200을 곱하여 구한다. 그 결과는 그림 11-2와 같다.

그림 11-2 자료입력 및 χ^2검정 대화상자

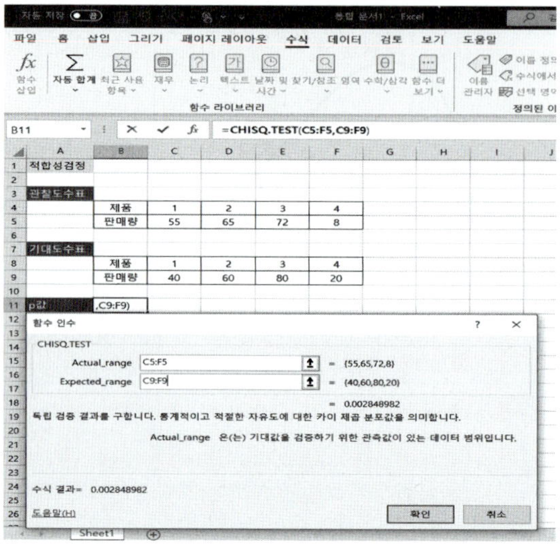

다음은 p값을 구하기 위해 B11셀에 =CHISQ.TEST(C5:F5, C9:F9) 수식을 입력한다. 여기서 C5:F5 셀범위는 실제 관찰된 도수를 의미하고, C9:F9 셀범위는 기대도수를 의미한다. 그림 11-3에서와 같이 p값은 약 0.003이 나오게 된다.

그림 11-3 유의확률 p값의 산출

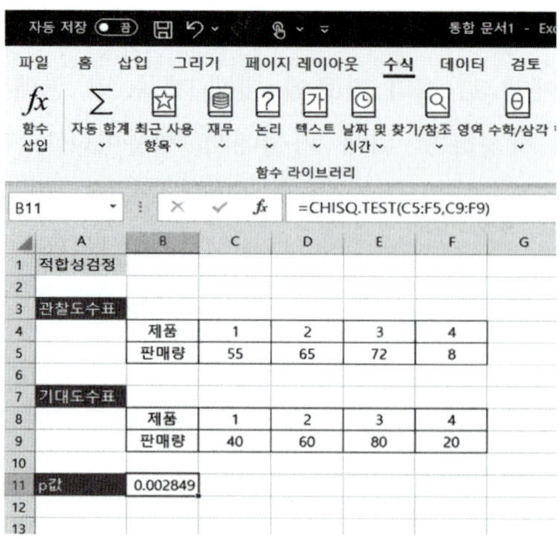

p값은 0.002849가 유의수준 $\alpha=0.05$보다 작으므로 귀무가설을 기각한다.

모집단의 분포에 대한 가정의 적합성검정

앞에서 우리는 p_1, p_2, p_3, ⋯, p_k에 대해 설정된 특정 값들의 진위 여부를 검정하는 방법을 살펴보았다. 이는 적합성검정의 단순한 형태로써, 이외에도 모집단의 분포에 대해 설정된 가정이 적합한지에 대해서도 검정을 할 수 있다. 우리는 흔히 모집단이 정규분포를 따른다거나 포아송분포를 따른다는 가정하에 통계분석을 수행한다. 그러나 보다 의미 있는 통계분석을 위해서는 정규분포의 확률함수나 포아송분포의 확률함수를 적용하기 전에 과연 모집단의 분포에 대한 가정이 적합한지에 대한 검정이 선행되어야 할 것이다. 모집단의 분포에 대한 가정의 적합성을 검정하는 절차도 앞에서 제시한 것과 동일한 검정통계량에 의해서 동일한 방법으로 진행된다. 모집단의 분포에 대하여 적합성검정을 하는 방법을 다음 포아송분포의 예를 통해 살펴보도록 하자.

예제 11-3

다음의 자료는 한 교차로에서 주중 발생하는 사고의 횟수(Y)를 $n=50$주 동안 관찰한 결과이다. 이를 이용해 확률변수 Y가 포아송분포를 갖는지를 유의수준 0.05에서 검정하시오.

주간사고 발생수(y)	0회	1회	2회	3회 이상
빈도(n_i)	32주	12주	6주	0

풀 이 이 문제에서 검정하고자 하는 귀무가설과 대립가설은 다음과 같다.

$$H_0: \text{변수 } Y\text{는 포아송분포를 가진다}; \ H_A: H_0\text{는 사실이 아니다.}$$

표본자료에 주어진 범주는 $Y=0$, $Y=1$, $Y\geq 2$ 세 개로 요약할 수 있다. 그리고 변수 Y의 기댓값이 λ라고 할 때, 귀무가설하에서 변수 Y의 확률함수는

$$P(Y=y)=\frac{e^{-\lambda}\lambda^y}{y!}, \ y=0, 1, 2, \cdots$$

이므로, 각 범주에 대한 확률은

$$p_1 = P(Y=0) = e^{-\lambda}$$
$$p_2 = P(Y=1) = \lambda e^{-\lambda}$$
$$p_3 = P(Y \geq 2) = 1-(p_1+p_2)$$

와 같이 구할 수 있다. 그러나 이 문제에서는 λ가 알려져 있지 않으므로, 이의 추정량인 표본평균 $\overline{Y}$를 λ 대신 사용하게 된다. 표본자료로부터 $\overline{Y}=\frac{0\times 32+1\times 12+2\times 6}{50}=0.48$이 된다. 따라서 각 범주에 대한 확률의 추정치 $\hat{p}_i$는

$$\hat{p}_1 = e^{-0.48} = 0.619$$
$$\hat{p}_2 = (0.48)e^{-0.48} = 0.297$$
$$\hat{p}_3 = 1-(0.619+0.297) = 0.084$$

가 된다. 이제 $\hat{p}_i$에 의해 각 범주의 기댓값에 대한 추정량 $E(n_i)=n\hat{p}_i$를 이용해 피어슨통계량을 구하면

$$\chi^2 = \sum_{i=1}^{k} \frac{(n_i - n\hat{p}_i)^2}{n\hat{p}_i}$$
$$= \frac{(32-30.95)^2}{30.95} + \frac{(12-14.85)^2}{14.85} + \frac{(6-4.2)^2}{4.2} = 1.345$$

이 문제에서는 범주의 개수가 3이나, 자유도가 2인 χ^2분포를 사용할 수 없다. 그 이유는 이 문제의 경우, 모수 λ가 미지이므로 λ의 추정량인 $\overline{Y}$를 사용하여 위의 피어슨통계량을 계산하였기 때문이다. 일반적으로 미지의 모수가 있는 경우에 적용되는 χ^2분포의 자유도($d.f.$)는 다음과 같이 결정된다.

$$d.f. = k-1-(\text{추정되는 모수의 개수})$$

따라서 이 경우는 추정되는 모수의 개수가 하나이므로 $d.f.=3-1-1=1$이 된다. 부록 5로부터 $\chi^2_{1,\,0.05}=3.841$이다. 따라서 관찰된 검정통계량의 값이 기각역에 속하지 않으므로 유의수준 0.05에서 귀무가설을 기각하지 않는다. 즉, 표본자료는 변수 Y가 포아송분포를 가진다는 귀무가설을 반박할 만한 충분한 근거를 제시하지 못한다.

이상으로 포아송분포의 가정에 대한 검정절차를 예를 통해 살펴보았다. 포아송분포와 같은 이산확률분포에 대한 적합성검정은 연속확률분포에 대한 적합성검정에 비하여 그 절차가 단순한 편이다. 포아송분포의 검정에서는 자료가 범주형자료의 형태로 바로 주어진다. 그러나 정규분포와 같은 연속확률분포의

경우에는 그렇지 않으며, 따라서 정규분포의 가정을 검정할 때에는 우선 주어진 자료를 범주형자료의 형태로 바꿀 필요가 있다. 즉, 연속분포의 경우 적합성검정을 위한 첫 번째 작업은 주어진 자료를 적당한 수의 구간으로 나누어 도수분포표를 작성하는 것이다. 그런데 한 가지 문제는 피어슨통계량이 χ^2분포에 근사하기 위해서는 각 범주의 기대도수 $E(n_i)$가 적어도 5는 되어야 한다. 따라서 이러한 조건을 유지하기 위해서는 단순히 도수분포표를 만드는 이상의 고려가 필요하다. 또한 포아송분포의 경우에는 모수가 하나지만, 정규분포의 경우는 두 개의 모수(모평균과 모분산)가 있다. 따라서 정규분포의 경우는 추정되는 모수의 개수가 두 개가 되며, 분포의 자유도에도 영향을 미치게 된다. 다음의 예를 통해서 정규분포의 가정에 대한 검정절차를 알아보도록 하자.

예제 11-4

통계학 교수는 학생들의 시험성적을 처리하는 데 있어서 학생들의 성적 X가 정규분포를 따른다는 가정을 전제로 한다. 표 11-1은 수강했던 학생들 50명의 성적이다. 이 자료로부터 변수 X가 정규분포를 따른다는 가정을 유의수준 0.05에서 검정하시오.

표 11-1 50명 학생의 통계학 성적

71	66	61	65	54
93	60	86	70	70
73	73	55	63	56
62	76	54	82	79
76	68	53	58	85
80	56	61	61	64
65	62	90	69	76
79	77	54	64	74
65	65	61	56	63
80	56	71	79	84

풀 이 이 문제에서 검정하고자 하는 가설은 다음과 같다.

$$H_0\text{: 학생들의 통계학 성적은 정규분포를 따른다; } H_A\text{: } H_0\text{가 아니다.}$$

분석의 1단계는 표 11-1의 자료를 각 범주의 기대도수가 5 이상이 되도록 하는 범주형자료로 바꾸는 것이다. 이를 위한 한 가지 방법은 $n=50$이므로 그림 11-4와 같이 정규분포를 10개의 동일확률구간으로 나누는 것이다. 그러면 각 구간이 발생할 확률은 10%이며, 각 구간의 기대도수는 $50(0.1)=5$가 된다.

그림 11-4 통계학 성적에 대한 10개의 동일확률구간

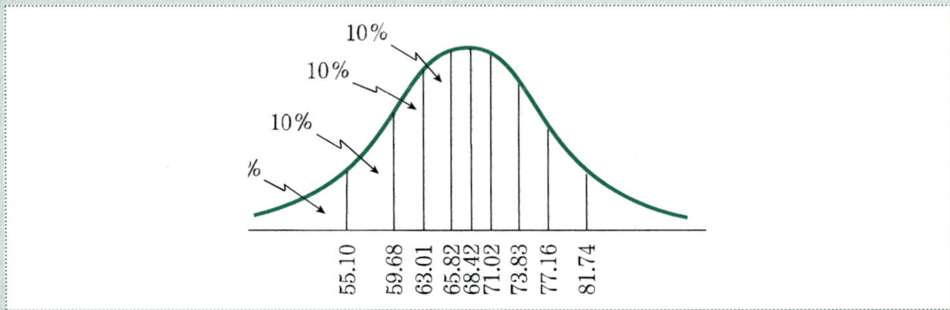

귀무가설에 의해서 정규분포를 가정하므로 그림 11-4에 보이는 각 구간의 임계치는 표준정규분포에 의하여 구할 수 있다. 먼저 상위 10% 구간의 임계치를 구하는 방법을 생각해 보자. 부록 3으로부터 $P(Z \geq 1.28)=0.1$이며 $Z=\frac{(X-\mu)}{\sigma}$이므로, $X=\mu+(1.28)\sigma$가 된다. 따라서 만일 μ와 σ를 안다면 이들을 대입하여 바로 X의 값을 구할 수 있다. 그러나 이 문제에서는 μ와 σ가 미지이므로, 이들에 대한 최선의 추정량인 $\overline{X}$와 S를 각각 대체하여 구간의 임계치를 근사적으로 구하게 된다. 그림 11-4에 나타난 각 구간의 임계치는 다음과 같이 계산할 수 있다. 먼저 표 11-1의 자료로부터 $\overline{X}=68.42$, $S=10.41$을 구한 후,

$$
\begin{aligned}
\text{상위 10\%의 임계치} &= 68.42+(1.28)(10.41)=81.74 \\
\text{상위 20\%의 임계치} &= 68.42+(0.84)(10.41)=77.16 \\
\text{상위 30\%의 임계치} &= 68.42+(0.52)(10.41)=73.83 \\
&\vdots \qquad\qquad \vdots \\
\text{하위 20\%의 임계치} &= 68.42-(0.84)(10.41)=59.68 \\
\text{하위 10\%의 임계치} &= 68.42-(1.28)(10.41)=55.10
\end{aligned}
$$

각 구간의 임계치가 구해지면 표 11-2와 같이 도수분포표를 작성하여 피어슨통계량을 구하게 된다.

검정에 적용되는 χ^2분포의 자유도($d.f.$)는

$$d.f.=k-1-(\text{추정되는 모수의 개수})=10-1-2=7$$

이므로, 유의수준 0.05에서 기각역은 $\chi^2_7>12.017$이 된다. 표 11-2로부터 관찰된 검정통계량의 값(7.2)은 기각역에 속하지 않으므로, 유의수준 0.05에서 귀무가설을 기각할 수 없다. 즉, 표본자료는 변수 X가 정규변수가 아니라고 할 만한 충분한 근거를 제시하지 않는다.

표 11-2 피어슨통계량의 계산

범 주	n_i	$E(n_i)$	$[n_i - E(n_i)]^2/E(n_i)$
−55.10	5	5	0
55.10−59.68	5	5	0
59.68−63.01	9	5	$(9-5)^2/5=3.2$
63.01−65.82	6	5	$(6-5)^2/5=0.2$
65.82−68.42	2	5	$(2-5)^2/5=1.8$
68.42−71.02	5	5	0
71.02−73.83	2	5	$(2-5)^2/5=1.8$
73.83−77.16	5	5	0
77.16−81.74	5	5	0
81.74−	6	5	$(6-5)^2/5=0.2$
계	50		7.2

11.3 독립성검정

지금까지 우리는 단일기준 또는 하나의 변수에 의해 실험결과를 분류하고, χ^2분포를 이용하여 모집단에 대해 주어진 가설을 검정하는 문제를 살펴보았다. χ^2분포의 또 하나의 중요한 응용 예로써 표본자료를 통해 두 변수의 독립성을 검정할 수 있다. 예를 들어 한 특정 정치사안에 대한 의견이 성별(sex)과 무관한지의 여부를 분석한다고 하자. 이 경우 n명을 임의로 추출하여 성별과 의견에 따라 분류한 후, χ^2분포를 적용하여 성별과 정치사안에 대한 의견이 독립인지를 분석할 수 있다. 또 특정 질병에 걸린 환자의 회복률이 치료법에 따라 차이가 있는지의 여부도 χ^2분포를 통해 분석할 수 있다. 독립성검정이나 11.2절에서 다룬 적합성검정은 모두 다항실험의 결과로 얻어진 범주자료를 토대로 하므로 검정통계량이나 검정방법에 있어서 동일하다. 그러나 적합성검정에서는 실험결과가 단일기준에 의해 여러 개의 범주로 분류되었으나, 독립성검정에서는 실험결과를 두 가지의 기준(또는 변수)에 의해 분류하기 때문에 다루어지는

그림 11-5 두 가지 기준에 의한 자료의 분류

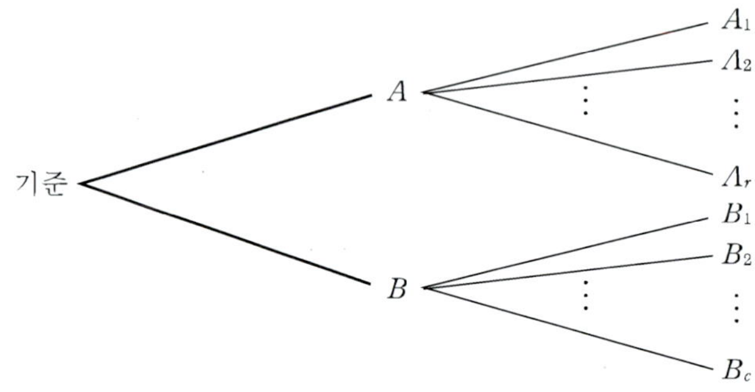

자료의 구조가 더 복잡하다.

그림 11–5에서처럼 실험대상이 두 개의 기준 A와 B에 의하여 분류된다고 하자. 그리고 분류기준 A와 B는 각각 r과 c개의 범주로 나눠진다고 하자. n개의 표본관찰치를 임의로 추출하여 두 변수 A와 B에 의해 분류할 때, 그 자료의 구조는 표 11–3과 같다. 이와 같이 두 가지 기준에 의해 모집단에서 추출된 표본자료를 분류하여 작성한 도수분포표를 분할표(contingency table)라고 한다. 표에서 보면 자료는 rc개의 범주로 분류되며, n_{ij}는 범주 A_i에 속하면서 동시에 범주 B_j에 속하는 관찰치의 개수를 의미한다. 그리고 $n_{i\cdot}$과 $n_{\cdot j}$는 각각 범주 A_i와 B_j에 속하는 관찰치의 개수이다.

표 11-3 분할표

A \ B	B_1	B_2	$\cdots$	B_c	계
A_1	n_{11}	n_{12}	$\cdots$	n_{1c}	$n_{1\cdot}$
A_2	n_{12}	n_{22}	$\cdots$	n_{2c}	$n_{2\cdot}$
$\vdots$	$\vdots$	$\vdots$	$\vdots$	$\vdots$	$\vdots$
A_r	n_{r1}	n_{r2}	$\cdots$	n_{rc}	$n_{r\cdot}$
계	$n_{\cdot 1}$	$n_{\cdot 2}$	$\cdots$	$n_{\cdot c}$	n

독립성검정에서 다루는 귀무가설과 대립가설은 다음과 같다.

$$H_0\text{: } A\text{와 } B\text{는 상호독립이다; } H_A\text{: } H_0\text{는 사실이 아니다.}$$

이제

$$p_{ij} = \text{한 실험대상이 범주 } A_i\text{와 } B_j\text{에 동시에 속할 확률(결합확률)}$$
$$p_{i\cdot} = \text{한 실험대상이 범주 } A_i\text{에 속할 확률(주변확률)}$$
$$= p_{i1} + p_{i2} + \cdots + p_{ic}$$
$$p_{\cdot j} = \text{한 실험대상이 범주 } B_j\text{에 속할 확률(주변확률)}$$
$$= p_{1j} + p_{2j} + \cdots + p_{rj}$$

라고 정의하자. 그러면 H_0가 사실일 때, 모든 i, j에 대하여 다음이 성립하게 된다.

$$p_{ij} = p_{i\cdot}\, p_{\cdot j}$$

즉, 귀무가설이 사실이라면 n_{ij}의 기댓값인 $E(n_{ij})$는

$$E(n_{ij}) = np_{ij} = np_{i\cdot}\, p_{\cdot j}$$

로 정의할 수 있으며, 따라서 n_{ij}와 $np_{i\cdot}p_{\cdot j}$의 차이는 근소하게 나타날 것이다. 이에 따라 검정통계량으로 다음의 함수를 생각할 수 있다.

$$\sum_i^r\sum_j^c \frac{[n_{ij} - E(n_{ij})]^2}{E(n_{ij})} = \sum_i^r\sum_j^c \frac{(n_{ij} - np_{i\cdot}\, p_{\cdot j})^2}{np_{i\cdot}\, p_{\cdot j}} \approx \chi^2_{rc-1}$$

위의 검정통계량은 앞의 제2절의 피어슨통계량과 본질적으로 동일하며, 따라서 모수 $(p_{i1},\ p_{i2},\ \cdots,\ p_{ic})$와 $(p_{1j},\ p_{2j},\ \cdots,\ p_{rj})$가 알려져 있을 때, 자유도가 $(rc-1)$인 χ^2분포에 근사한다는 것을 유추할 수 있다. 그러나 $(p_{i1},\ p_{i2},\ \cdots,\ p_{ic})$와 $(p_{1j},\ p_{2j},\ \cdots,\ p_{rj})$는 미지의 모수들이며, 표본자료로부터 얻은 이들의 추정

량인 $(\hat{p}_{i1}, \hat{p}_{i2}, \cdots, \hat{p}_{ic})$와 $(\hat{p}_{1j}, \hat{p}_{2j}, \cdots, \hat{p}_{rj})$를 피어슨통계량에 대체하여 사용할 수밖에 없다. 주어진 표본정보로부터 $p_{i.}$과 $p_{.j}$를 추정하는 최선의 방법은 표본비율이며 다음과 같이 나타낼 수 있다.

$$p_{i.} \text{ 의 추정량} = \hat{p}_{i.} = \frac{n_{i.}}{n}$$

$$p_{.j} \text{의 추정량} = \hat{p}_{.j} = \frac{n_{.j}}{n}$$

그리고 이와 같이 추정되는 모수의 개수는 $(r-1)+(c-1)$이다. 그 이유는

$$\hat{p}_{.1} + \hat{p}_{.2} + \cdots + \hat{p}_{.c} = 1 \text{ 그리고 } \hat{p}_{1.} + \hat{p}_{2.} + \cdots + \hat{p}_{r.} = 1$$

이 되기 때문이다. 따라서 독립성검정에 적용되는 분포의 자유도$(d.f.)$는

$$\begin{aligned} d.f. &= rc-1-(\text{추정되는 모수의 개수}) \\ &= rc-1-(r-1)-(c-1) \\ &= (r-1)(c-1) \end{aligned}$$

이 되어, 검정통계량은

$$\begin{aligned} \sum_i^r \sum_j^c \frac{[n_{ij} - E(n_{ij})]^2}{E(n_{ij})} &= \sum_i^r \sum_j^c \frac{(n_{ij} - np_{i.}p_{.j})^2}{np_{i.}p_{.j}} \\ &= \sum_i^r \sum_j^c \frac{\left(n_{ij} - \dfrac{n_{i.}n_{.j}}{n}\right)^2}{\dfrac{n_{i.}n_{.j}}{n}} \approx \chi^2_{(r-1)(c-1)} \end{aligned}$$

로 나타낼 수 있다. 이제까지 살펴본 사실을 토대로 독립성검정의 절차를 요약하면 다음과 같다.

독립성검정

H_0: A와 B는 상호독립이다.

H_A: H_0는 사실이 아니다.

검정통계량: $$\chi^2_{(r-1)(c-1)} = \sum_i^r \sum_j^c \frac{\left(n_{ij} - \frac{n_i . n . _j}{n}\right)^2}{\frac{n_i . n . _j}{n}}$$

기각역: $\chi^2_{(r-1)(c-1)} > \chi^2_{(r-1)(c-1),\,\alpha}$(우측검정)

예제 11-5

개인의 소득과 정치적 성향 사이에 관계가 있는지를 조사하려고 한다. 표 11-4는 150명을 임의로 추출하여 정치적 성향(친여 또는 친야)과 소득수준(저소득층, 중간층 또는 고소득층)에 따라 분류한 분할표이다. 유의수준 0.05에서

H_0: 정치적 성향과 소득수준은 무관하다.

H_A: H_0는 사실이 아니다.

를 검정하시오.

표 11-4 예제 11-5에 대한 분할표

정치적 성향 \ 소득수준	고소득층	중간층	저소득층	계
친여	45	30	15	90
친야	5	20	35	60
계	50	50	50	150

풀 이 첫 번째 작업은 $\frac{n_i . n . _j}{n}$에 의해 각 범주의 기대도수를 추정하는 것이다.
표 11-5는 $E(n_{ij}) = \frac{n_i . n . _j}{n} = \frac{\text{행의 합} \times \text{열의 합}}{\text{총개수}}$을 나타내고 있다.

$$E(n_{11}) = \frac{n_1 . n . _1}{n} = \frac{\text{1행의 합} \times \text{1열의 합}}{\text{총개수}} = \frac{90 \times 50}{150} = 30$$

$$\vdots \qquad \vdots$$

$$E(n_{23}) = \frac{n_2 . n . _3}{n} = \frac{\text{2행의 합} \times \text{3열의 합}}{\text{총개수}} = \frac{60 \times 50}{150} = 20$$

표 11-5 예제 11-5에 대한 $E(n_{ij})$의 분할표(기대도수)

소득수준 / 정치적 성향	고소득층	중간층	저소득층	계
친여	30	30	30	90
친야	20	20	20	60
계	50	50	50	150

따라서 검정통계량 χ^2은

표 11-6 예제 11-5에 대한 카이제곱(χ^2) 값

소득수준 / 정치적 성향	고소득층	중간층	저소득층	계
친여	7.5	0.0	7.5	15.0
친야	11.3	0.0	11.3	22.5
계	18.8	0.0	18.8	37.5

$$\begin{aligned}\chi^2 &= \frac{(45-30)^2}{30}+\frac{(5-20)^2}{20}+\frac{(30-30)^2}{30}\\ &\quad+\frac{(20-20)^2}{20}+\frac{(15-30)^2}{30}+\frac{(35-20)^2}{20}\\ &=37.5\end{aligned}$$

가 된다. 자유도는 $(r-1)(c-1)=(2-1)(3-1)=2$이므로, 부록 5로부터 유의수준 0.05에서 $\chi^2_2=5.991$이 된다. 그림 11-6에서 보이는 것처럼 관찰된 검정통계량의 값이 기각역에 속하므로 H_0를 기각한다. 즉, 유의수준 0.05에서 분석할 때, 개인의 정치적 성향과 소득수준은 관련이 있다고 할 수 있다.

그림 11-6 예제 5에 대한 χ^2분포

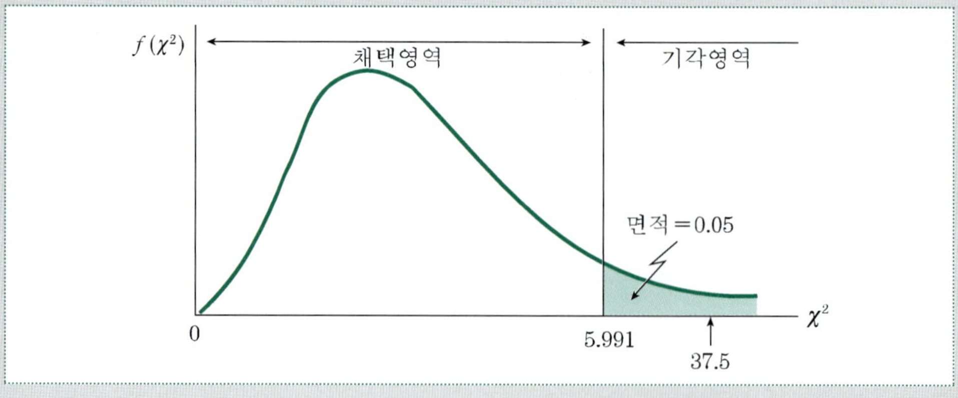

컴퓨터 활용 Ⅱ

11 EXCEL

그림 11–7에서와 같이 예제 11–5의 자료에 대해 제목, 열의 이름과 열총합, 행의 이름 및 행총합을 입력한다. 관찰도수표의 열총합을 산출하기 위해서는 그림의 메뉴바상에 있는 [Σ] 아이콘을 클릭하여 계산하면 된다.

그림 11-7 관찰도수표의 작성

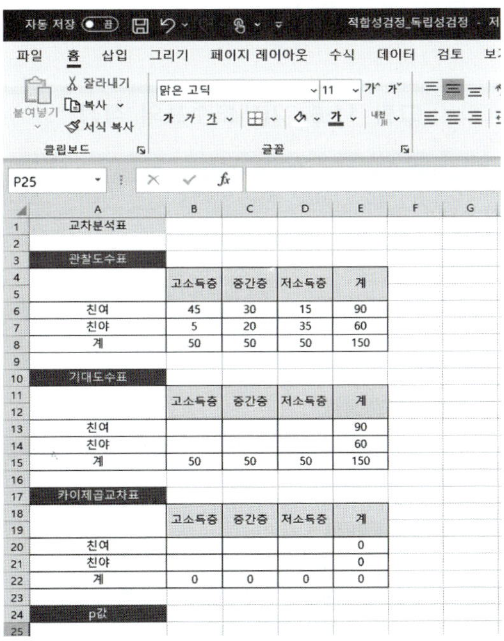

그리고 기대도수표의 작성을 위해서는 그림 11–8과 같이 기대도수표를 계산하기 위한 표를 우선 만든다. 방법은 관찰도수표를 만드는 것과 동일하다. 열총합과 행총합은 관찰도수표에서 산출된 수치를 그대로 입력하면 된다.

이제 기대도수표에 들어갈 수치는 다음 수식을 입력하여 얻는다.

기대도수＝열총합 * 행총합 / 전체총합

예를 들어 B13셀에 들어갈 기대도수는 『＝B8 * E6/150』식을 입력하면 된다. 참고로 여기서 $표시는 엑셀의 셀에서 절대참조를 의미하고 $표시가 없는 경우는 상대참조를 의미하는데 위의 표현은 B13셀의 수식을 다른 셀에 복사하기 위함이다.

이제 B13의 수식을 B13:D14에 복사하면 되는데 요령은 B13셀을 지정한 뒤 마우스를 그 셀의 오른쪽 아래에 갖다 놓으면 ＋가 생기게 된다. 이 ＋를 복사할 나머지 셀범위에 드래그하면 자동복사되어 기대도수가 자동생성된다. 그 결과는 그림 11-8과 같다.

그림 11-8 기대도수표의 작성

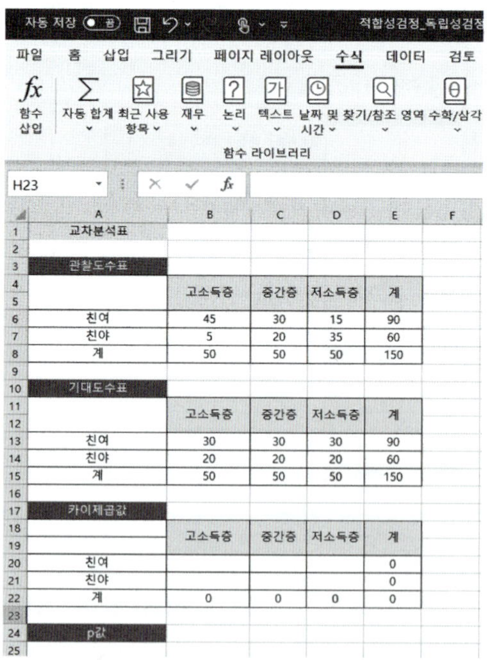

그림 11-9에서와 같이 카이제곱값을 산출하기 위해 다음의 식을 이용하기로 하자.

$$\chi^2 = \sum_i \sum_j \frac{(\text{실제빈도}_{ij} - \text{기대빈도}_{ij})^2}{\text{기대빈도}_{ij}}$$

위 식에 각각의 셀을 대입해 보면 B20은 =(B6−B13)^2/B13을 통해 구할 수 있으며, 이것을 다른 셀에 복사하여 전체 37.5의 카이제곱값을 구할 수 있다.

그림 11-9 카이제곱값의 산출

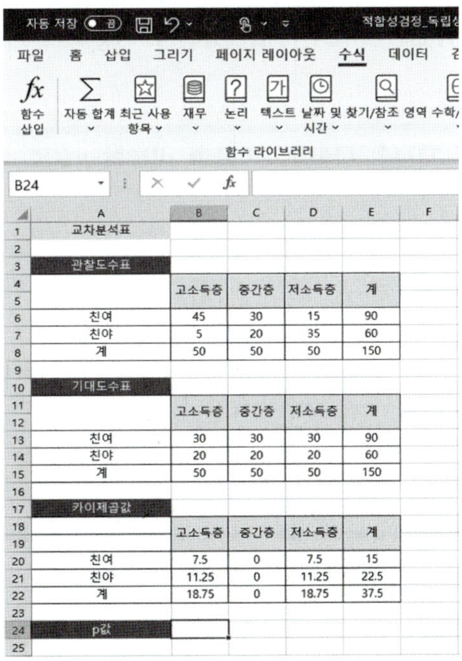

	A	B	C	D	E
1	교차분석표				
3	관찰도수표				
4–5		고소득층	중간층	저소득층	계
6	친여	45	30	15	90
7	친야	5	20	35	60
8	계	50	50	50	150
10	기대도수표				
11–12		고소득층	중간층	저소득층	계
13	친여	30	30	30	90
14	친야	20	20	20	60
15	계	50	50	50	150
17	카이제곱값				
18–19		고소득층	중간층	저소득층	계
20	친여	7.5	0	7.5	15
21	친야	11.25	0	11.25	22.5
22	계	18.75	0	18.75	37.5
24	p값				

그리고 그림 11-10과 같이 유의확률값인 p값을 구하기 위해 카이제곱값 37.5를 이용하여 =CHISQ.DIST.RT(37.5,2)를 계산하면 p값은 거의 0임을 알 수 있다.

그림 11-10 유의확률 p값의 산출

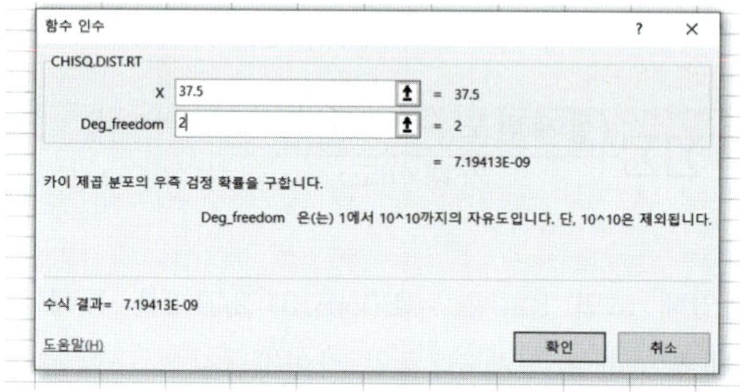

또는 기대도수표 작성 후 카이제곱교차표를 작성하지 않고 그림 11-11과 같이 =CHISQ.TEST(B6:D7, B13:D14)를 이용하여 거의 0인 p값을 구할 수 있다.

그림 11-11 CHITSQ.TEST를 이용한 p값의 산출

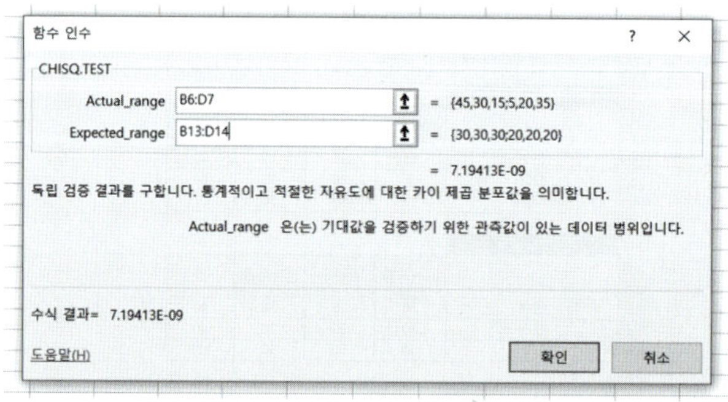

교차분석결과 카이제곱값은 37.5이며 이에 대한 유의확률 p값은 거의 0이다. 이는 유의수준 0.05보다 작기 때문에 두 분류기준이 서로 독립이라는 귀무가설은 기각되고 따라서 개인의 정치적 성향과 소득수준은 독립이 아니라고 결론내릴 수 있다.

11 통계학개론 연습문제

01 적합성 검정은 어떤 경우에 사용되는 통계기법인지를 설명하시오.

02 독립성 검정을 위해 사용하는 분포를 제시하고 독립성 검정을 예를 들어 설명하시오.

03 세 가지 교수법에 대한 학생의 선호도가 다음과 같다.

시청각 수업	강의형 수업	토론식 수업
35	15	25

5% 유의수준을 사용하여 선호도가 동일한지의 여부를 검정하시오.

04 고려기업은 마케팅 전략의 방법으로 추첨을 통한 이벤트를 실시하려고 한다. 이러한 추첨을 위해 필요한 기계를 신라기계에 의뢰하여 기계를 만들었다. 이 기계는 0부터 9까지 쓰여진 공을 하나씩 넣고 흔들다가 20초가 지나면 하나의 공이 나오도록 고안되었다. 250번의 실험을 실시하여 아래와 같은 결과를 얻었을 때, 과연 이 기계가 무작위로 숫자를 뽑는다고 볼 수 있는가? 이의 검정에 필요한 가설을 설정하고, 유의수준 0.05에서 검정하시오.

숫자	0	1	2	3	4	5	6	7	8	9	계
발생건수	21	28	24	33	23	21	23	23	21	33	250

05 세계전자는 컴퓨터용 칩을 생산하는 업체로 전국에 4개 공장을 갖추고 있다. 지난 해 이 회사가 생산한 백만 개의 칩 중에서 총 1,000개의 불량품이 발생하였다. 이 회사에서 불량품을 모두 회수하여 생산지를 조사한 결과가 다음과 같다.

공 장	A공장	B공장	C공장	D공장	계
불량품수	294	276	238	192	1,000

지난 해 4개 공장의 기계에는 아무런 이상이 없었다고 한다. 4개의 공장에서 발생한 불량률에 차이가 존재하는지를 유의수준 0.05에서 검정하시오.

06 멘델의 이론에 의하면 완두콩 중 노랗고 둥근 것(YR), 노랗고 주름이 있는 것(YW), 푸르고 둥근 것(GR), 푸르고 주름이 있는 것(GW)의 산출비율은 9 : 3 : 3 : 1을 따른다고 한다. 지난 달 같은 밭에서 생산된 200개의 완두콩을 조사한 결과, 각각 112, 38, 34, 16개로 나타났다면 멘델의 이론이 이 밭의 완두콩에도 적용됐다고 볼 수 있는가? 유의수준 0.05에서 검정하시오. 만일 유의수준을 0.1로 한다면 결론은 어떻게 달라지는가?

07 국제물산에서는 신입사원의 해외연수 효과를 분석하고자 한다. 아래의 표는 입사 3년된 사원 500명을 임의로 선정하여 업무고과점수를 조사한 결과이다. 해외연수가 업무능력에 영향을 주는지를 유의수준 0.05에서 검정하시오.

연수여부 \ 업무고과	상	중	하
유	87	73	66
무	113	77	84

08 서울시장 선거와 관련해서 민주청결당의 한 후보는 금품이나 향응의 제공이 당선에 미치는 영향을 평가하기 위해 유권자 400명을 조사했다. 조사결과가 다음과 같을 때, 금품이나 향응의 제공이 출마자에 대한 기표에 영향을 미치는지에 대해 유의수준 0.05에서 검정하시오.

기부여부 \ 제공종류	금품제공	향응제공	제공안함
유	125	54	21
무	144	42	14

09 대한방송국은 시청자들이 어떤 TV 프로그램을 선호하는지를 조사하기 위해 500명을 임의로 조사한 결과 다음의 자료를 얻었다.

소 득 \ TV 프로그램 종류	스포츠경기	드라마	뉴 스	합 계
낮 음	143	72	37	250
중 간	90	67	43	200
높 음	17	13	20	50
합 계	250	150	100	500

자료는 세 가지 수입범주(낮음, 중간, 높음)와 TV 프로그램의 종류(스포츠경기, 드라마, 뉴스)의 조합에 따라 분류되어 있다. 이 자료에 대해 TV 프로그램의 선택이 개인의 소득과 독립인지를 5% 유의수준에서 검정하시오.

10 안전보험회사는 보험료의 산정을 위해 110명을 조사하여 다음과 같은 결과를 얻었다.

상 황 \ 부상 정도	중 상	경 상
안전벨트 미착용	43	16
안전벨트 착용	10	28
안전벨트+에어백	4	9

안전장치의 착용과 부상의 정도 간의 독립성을 유의수준 0.05에서 검정하시오.

12

분산분석

Mohandas K. Gandhi

행복은 생각, 말, 행동이 조화를 이룰 때 얻어지는 것이다.

Happiness is when what you think, what you say, and what you do are in harmony.

제12장

분산분석

일원분류 ANOVA모형 –
이원분류 ANOVA모형 –

key point

제10장에서 두 모집단의 평균을 비교하는 통계기법을 설명하였다. 그러나 두 모집단의 비교는 현실적으로 우리가 대하는 문제의 단순화된 형태라고 할 수 있다. 왜냐하면 실제적인 문제에서는 두 모집단의 비교뿐만 아니라 셋 또는 그 이상의 모집단을 비교분석할 필요가 종종 발생한다. 여기서는 셋 이상의 모평균을 비교하는 방법을 설명하고자 한다.

셋 이상의 모평균을 비교할 때, 서로 다른 두 모집단의 조합을 모두 고려하여 각 조합에서의 모평균을 비교하는 방법을 생각할 수 있다. 그러나 이러한 접근방법은 조합 수만큼의 여러 검정을 요구할 것이다. 뿐만 아니라 0.05의 유의수준에서 개별검정을 여러 번 수행한다면, 결합유의수준은 0.05보다 클 것이다. 만일 3개의 그룹을 비교해야 한다면 총 ${}_3C_2=3$번의 t검정을 하게 되며, 각 쌍의 비교에서 적어도 한차례 1종오류를 범할 확률은 $1-0.95^3=0.14$가 된다.

결론적으로 1종오류를 범할 확률은 0.14로 0.05보다 훨씬 크다. 우리는 모든 모집단의 평균을 동시에 비교하면서 결합유의수준이 α이기를 원한다. 이를 위해 분산분석(analysis of variance, ANOVA)이라 불리는 방법을 사용한다.

분산분석은 모집단의 자료를 구분하는 기준 또는 요인(factor)의 수에 따라 다음과 같이 구분한다.

1. 일원분류 분산분석(one-way classification ANOVA): 요인이 하나인 경우
2. 이원분류 분산분석(two-way classification ANOVA): 요인의 수가 둘인 경우

12.1 일원분류 분산분석

서울 시내에 있는 세 곳의 패밀리 레스토랑인 고구려, 신라, 백제에 대한 소비자의 고객만족도를 조사하는 문제의 예를 들어보자. 이 예에서는 세 곳의 패밀리 레스토랑을 이용하는 소비자들의 고객만족도로 구성된 모집단을 레스토랑의 브랜드라는 하나의 요인에 따라 다시 세 그룹으로 분류한 자료를 비교하는 문제를 다루게 된다. 세 모집단의 분포 그리고 기타 관련 부호가 그림 12-1과 같이 주어져 있다고 하자.

그림 12-1에서 세 모집단은 모두 정규분포로 동일한 분산(σ^2)을 가지며, 각 모집단에서 추출된 표본들은 각각 상호독립이라고 가정하고 있는데, 이는 분산분석기법의 기본가정임에 유의하자. 이 세 가정이 모두 충족될 때, 분산분석에 의해 '패밀리 레스토랑의 고객만족도는 패밀리 레스토랑의 브랜드에 따라 차이가 있는가?'를 분석할 수 있다. 분산분석에서는 처리(treatment)라는 용어가 자주 사용되는데, 처리란 동일한 처리과정을 거쳐 얻어진 자료의 그룹을 의미하기도 하고, 처리 그 자체를 의미하기도 한다. 위의 예도 패밀리 레스토랑에 세 가지 다른 처리를 하여 세 그룹의 자료가 생성되었다고 생각할 수 있다. 그림 12-1에서는 각 모집단으로부터 n_1, n_2, n_3개의 표본자료를 추출하되 각 표본이 상호독립이도록 실험설계를 하고 있는데, 이와 같은 실험설계법을 완전확률화계획법(completely randomized design)이라고 부른다. 또한 Y_{ij}는 i번째 처리를 하여 얻어진 j번째 표본자료를 나타내며, $\overline{Y}_i$는 i번째 표본의 평균을, SS_i는 i번째 표본에서 계산된 편차의 제곱합을 표시한다.

그림 12-1 세 모집단의 분포

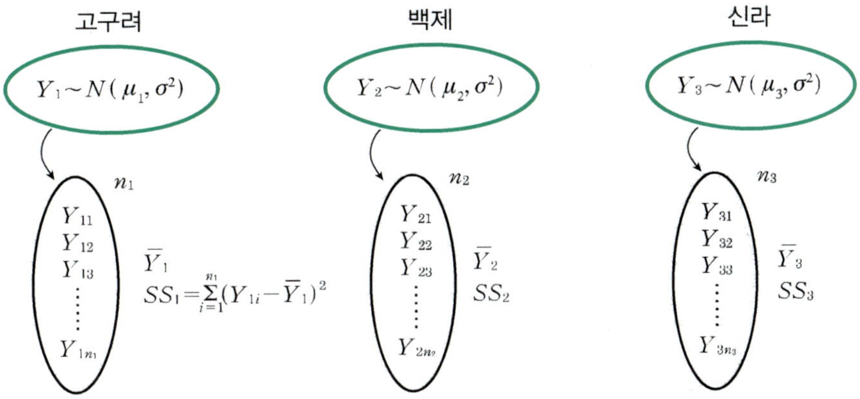

(각 모집단으로부터 추출된 표본은 상호독립임)

일원분류 분산분석의 기본모형

1. $Y_{ij} - \mu_i = \varepsilon_{ij},\ \varepsilon_{ij} \sim N(0,\ \sigma^2)$
2. $\mu = \dfrac{\sum_{i=1}^{k} \mu_i}{k}$, k: 처리의 개수
3. $\alpha_i = \mu_i - \mu$, 처리효과(treatment effect)

위의 1과 3에 의하여

4. $Y_{ij} = \mu + \alpha_i + \varepsilon_{ij}$ =총평균+처리효과+오차
5. $Y_{ij} - \mu = \alpha_i + \varepsilon_{ij} = (\mu_i - \mu) + (Y_{ij} - \mu_i)$

위의 기본모형에서 식 (4)는 개별자료 Y_{ij}가 총평균, 처리효과 그리고 오차의 합으로 나타낼 수 있음을 보여준다. 또 식 (5)는 개별자료와 총평균의 차이 $(Y_{ij} - \mu_i)$를 그룹(처리) 간 평균의 차이와 그룹 내에서의 오차로 분리하고 있다. 이 모형을 기초로 일원분류 분산분석은 다음의 가설을 검정하게 된다.

일원분류 분산분석의 가설

$H_0 : \mu_1 = \mu_2 = \cdots = \mu_k$(또는 $\alpha_1 = \alpha_2 = \cdots = \alpha_k = 0$)
H_A: 적어도 한 처리효과는 0이 아니다.

기본모형의 식 (5)가 나타내는 관계를 추정하기 위하여 식 (5)를 다음과 같이 표본자료에 대입하여 보자.

$$Y_{ij} - \overline{Y} = (\overline{Y}_i - \overline{Y}) + (Y_{ij} - \overline{Y}_i)$$

위 식에서 $\overline{Y}$와 $\overline{Y}_i$는 각각 μ와 μ_i의 표본추정치이다. 이제 모든 표본자료를 이 식에 대입한 후 양변을 제곱하여 모두 더하면

$$\begin{aligned}\sum_i^k\sum_j^{n_i}(Y_{ij} - \overline{Y})^2 &= \sum_i\sum_j[(\overline{Y}_i - \overline{Y}) + (Y_{ij} - \overline{Y}_i)]^2 \\ &= \sum_i\sum_j(\overline{Y}_i - \overline{Y})^2 + \sum_i\sum_j(Y_{ij} - \overline{Y}_i)^2 \\ &\quad + 2\sum_i\sum_j(\overline{Y}_i - \overline{Y})(Y_{ij} - \overline{Y}_i) \\ &= \sum_i\sum_j(\overline{Y}_i - \overline{Y})^2 + \sum_i\sum_j(Y_{ij} - \overline{Y}_i)^2\end{aligned}$$

가 된다(유도과정에 있어 $2\sum_i\sum_j(\overline{Y}_i - \overline{Y})(Y_{ij} - \overline{Y}_i)$는 0이 됨을 유의하자). 최종 식의 좌변은 전체 표본자료의 총변동량을 의미하며, 우변의 첫 번째 부분은 처리의 차이로 인한 처리 간 표본자료의 변동량을, 두 번째 부분은 i번째 처리 내에서 표본자료의 변동량을 의미한다. 즉, 자료의 총변동(total sum of squares, SST)을 집단간변동(sum of squares between treatments, SSB)과 집단내변동(sum of squares within a treatment, SSW)으로 분리하였다.

SST	$=$	SSB	$+$	SSW
총변동		집단간변동		집단내변동

만일 전체 표본자료의 변동량 중에서 집단내변동에 비해 집단간변동이 차지하는 비중이 높다면, 처리의 차이에 따른 자료변동이 크다는 것을 말하며 이는 즉, 처리 간의 효과에 차이가 있음을 의미한다. 그 반대의 경우는 처리의 효과가 미미함을 나타낸다고 해석할 수 있다.

분산분석에서는 여기에서 한걸음 더 나아가 세 가지 변동량을 다시 각각의 자유도로 나눈 분산을 구하고, 이들 분산을 비교함으로써 처리효과에 대한 분석을 하게 된다. 그 이유는 편차제곱의 합인 SST, SSB 그리고 SSW는 해당 변동요인에 따른 자료의 전체적인 변동량을 나타내지만, 이들 각각은 그 변동에 기여하는 변수의 개수(자유도)에 차이가 있다. 따라서 편차제곱의 합을 바로 비교하는 것보다, 이들을 각각의 자유도로 나눈 분산(mean squares, MS)을 비교하는 것이 보다 합리적이다.

이상 설명한 것을 ANOVA표에 정리하면 표 12-1과 같다.

표 12-1 일원분류 ANOVA표

변동요인	SS	$d.f.$	MS	F
집단간변동	SSB	$k-1$	MSB	$\frac{MSB}{MSW}$
집단내변동	SSW	$\sum_{i=1}^{k} n_i - k$	MSW	
총변동	SST	$\sum_{i=1}^{k} n_i - 1$		

표 12-1에서 변수 MSB와 MSW는 SSB와 SSW를 각각의 자유도로 나누어 얻은 분산들이다. 그리고 두 분산의 비율, 즉 변수 $\frac{MSB}{MSW}$에 의해 처리효과에 대한 가설검정을 하게 된다.

카이제곱변수의 정의에 따라, 변수 MSB와 MSW는 자유도가 각각 $(k-1)$과 $\sum_{i=1}^{k} n_i - k$인 카이제곱변수

$$\chi^2_{k-1} = \frac{MSB(k-1)}{\sigma^2}$$

$$\chi^2_{\sum n_i - k} = \frac{MSW\left(\sum n_i - k\right)}{\sigma^2}$$

와 관련이 있음을 알 수 있다. 그리고 이 두 카이제곱변수에 의해 다음의 F변수를 정의할 수 있다.

$$F_{k-1,\, \sum n_i - k} = \frac{\dfrac{\chi^2_{k-1}}{k-1}}{\dfrac{\chi^2_{\sum n_i - k}}{\sum n_i - k}} = \frac{\dfrac{MSB(k-1)}{\sigma^2(k-1)}}{\dfrac{MSW\left(\sum n_i - k\right)}{\sigma^2\left(\sum n_i - k\right)}} = \frac{MSB}{MSW}$$

가설검정은 항상 귀무가설이 사실이라는 전제에서 진행되므로 표 12-1에서와 같이 자유도가 $(k-1)$과 $\sum_{i=1}^{k} n_i - k$인 F분포에 의해 분산분석을 하게 되는 것이다. 그리고 표본자료에서 계산된 F통계량의 값이 기각치보다 큰 값을 가지면 H_0를 기각하게 된다.

일원분류 분산분석의 가설검정

$H_0: \mu_1 = \mu_2 = \cdots = \mu_k$(또는 $\alpha_1 = \alpha_2 = \cdots = \alpha_k = 0$)

$H_A: \alpha_i$ 중 적어도 하나는 0이 아니다.

검정통계량: $F = \dfrac{MSB}{MSW}$

기각역: $F > F_{k-1,\, \sum n_i - k,\, \alpha}$이면 H_0를 기각한다. 여기서 α는 유의수준임.

일원분류 분산분석의 간편계산법

$$CF = \frac{\left(\sum_{i}^{k} \sum_{j}^{n_i} Y_{ij}\right)^2}{\sum_{i=1}^{k} n_i}$$

$$SST = \sum_{i} \sum_{j} Y_{ij}^2 - CF$$

$$SSB = \frac{\sum_{i}^{k}\left(\sum_{j}^{n_i} Y_{ij}\right)^2}{n_j} - CF$$

$$SSW = SST - SSB$$

예제 12-1

국내 자동차기업인 H사, 해외 자동차기업인 B사와 V사의 자동차 연비(단위: 천km)에 차이가 있는지를 분석하고자 한다. 각 회사별로 다섯 대의 자동차를 임의로 추출하여 연비를 기록한 결과가 표 12-2에 주어져 있다. 이 표를 사용하여 자동차 3사의 연비에 차이가 있는지를 유의수준 0.05에서 검정하시오.

표 12-2 자동차 3사의 연비조사 결과

순서	B사	V사	H사
1	18.2	19.8	21.2
2	19.4	21.0	21.8
3	19.6	20.0	22.4
4	19.0	20.8	22.0
5	18.8	20.4	21.6
$\bar{x}$	19.0	20.4	21.8

풀 이 간편계산법에 의해 편차제곱의 합을 구하면 다음과 같다.

$$CF = \frac{(\text{모든 자료의 합})^2}{\text{총자료수}} = \frac{306^2}{15} = 6{,}242.40$$

$$\begin{aligned} SST &= \sum_{i=1}^{3}\sum_{j=1}^{5} Y_{ij}^2 - CF \\ &= (18.2^2 + 19.4^2 + \cdots + 22.0^2 + 21.6^2) - 6{,}242.40 \\ &= 22.64 \end{aligned}$$

$$\begin{aligned} SSB &= \left[\frac{\left(\sum_{j=1}^{5} Y_{1j}\right)^2}{n_1} + \frac{\left(\sum_{j=1}^{5} Y_{2j}\right)^2}{n_2} + \frac{\left(\sum_{j=1}^{5} Y_{3j}\right)^2}{n_3}\right] - CF \\ &= \left(\frac{95^2}{5} + \frac{102^2}{5} + \frac{109^2}{5}\right) - 6{,}242.4 \\ &= 19.60 \end{aligned}$$

$$SSW = SST - SSB = 22.64 - 19.60 = 3.04$$

또는 다음과 같이 구할 수 있다.

SST=(전체관찰치−전체평균)^2$=(18.2-20.4)^2+(19.4-20.4)^2+\cdots+(21.6-20.4)^2$

$=22.64$

SSB=차량수×(집단평균−전체평균)^2$=5\times\{(19.0-20.4)^2+(20.4-20.4)^2+(21.8-20.4)^2\}=19.6$

SSW=SST−SSB

$=3.04$

총자유도=총표본의 수$-1=\sum_{i=1}^{k}n_i-1=14$

집단간자유도=집단의 수$-1=k-1=3-1=2$

집단내자유도=총자유도−집단간자유도$=14-2=12$

MSB(집단간평균제곱)$=\frac{19.60}{2}=9.80$ MSW(집단내평균제곱)$=\frac{3.04}{12}=0.25$ F비$=\frac{MSB}{MSW}=\frac{9.80}{0.25}=39.20$

이상을 ANOVA표에 정리하면 표 12-3의 결과를 얻는다.

표 12-3 자동차 3사의 연비자료에 대한 ANOVA표

변동요인	제곱합	자유도	평균제곱합	F비
집단간	19.60	2	9.80	$F=39.20$
집단내	3.04	12	0.25	
합계	22.64	14		

기각치는 분자자유도가 $(k-1)=2$이고 분모자유도가 $(n-k)=12$이므로, $F_{2,12,0.05}=3.89$임을 알 수 있다.

검정통계량(39.20)의 값이 기각치(3.89)를 훨씬 초과하므로 H_0를 기각한다(그림 12-2 참조). 즉, 자료분석의 결과는 5%의 유의수준에서 자동차 연비는 기업에 따라 차이가 있는 것으로 나타났다.

그림 12-2 예제 12-1에 대한 일원분류 ANOVA검정의 기각영역

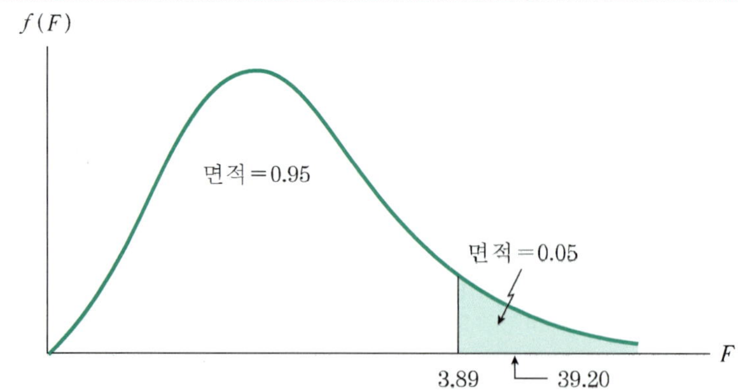

컴퓨터 활용 I

12 EXCEL

그림 12-3과 같이 예제 12-1의 자료를 입력한다.

그림 12-3 자료입력 및 분산분석: 일원배치법 선택

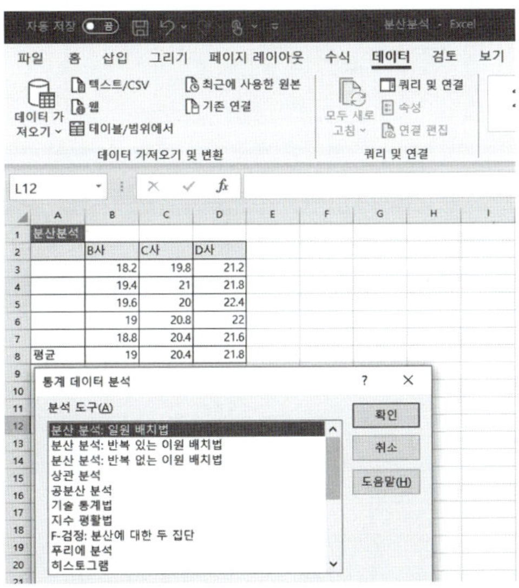

평균의 차이검정을 위해서는 메뉴에서 데이터 분석을 선택하면 그림 12-3의 대화상자가 나타난다. 여기서 일원분류 분산분석을 의미하는 『분산분석: 일원배치법』을 선택하고 확인을 누르면 그림 12-4가 나타나게 된다.

그림 12-4의 대화상자에 필요한 정보를 입력한다. 유의수준은 0.05로, 데이터 방향은 열로 지정한 후 확인을 누르면 그림 12-5와 같이 결과가 주어진다. B사, V사, H사의 문자를 함께 지정하였다면 '첫째 행 이름표 사용'을 선택한다.

그림 12-4 분산분석: 일원배치법 대화상자

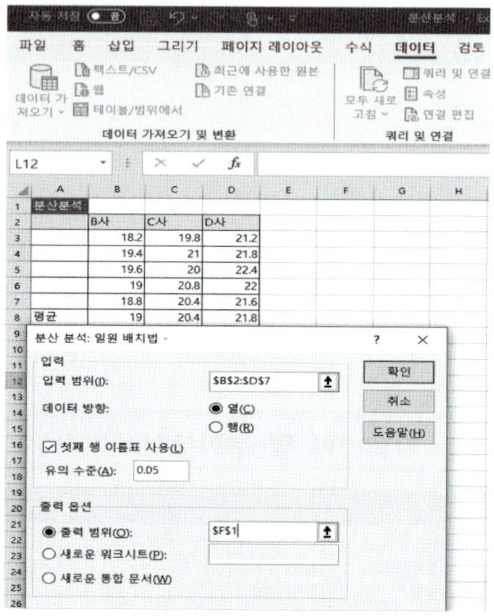

그림 12-5 분산분석: 일원배치법의 결과

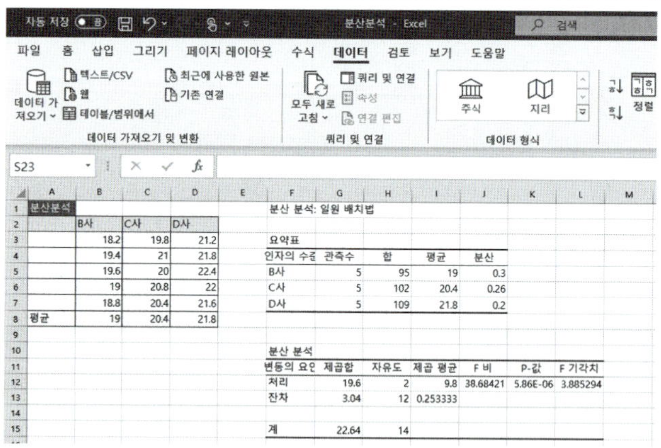

그림 12-5에서 보는 바와 같이 가설검정에 필요한 결과들이 주어져 있다. 총합인 22.64는 집단간변동(G12)과 집단내변동(G13)을 이용하여 계산된 것이다. 제곱평균(I12 : I13셀)은 각각의 제곱합을 자유도로 나누어 구해진 값이며, F비(J12셀)는 두 제곱평균값의 비율이다.

만약 귀무가설이 사실이라면, 집단내분산값과 집단간분산값이 서로 비슷하여 F비가 1에 가까워야 하는 것이다. 그러나 여기에서는 F비가 38.68로 집단간분산(여기서는 처리로 표현됨)이 집단내분산(여기서는 잔차로 표현됨)보다 38.68배 크다는 것을 의미한다. 즉, 집단간 차이가 집단내보다는 월등히 크므로 집단간평균이 차이가 있다고 결론내릴 수 있다. 따라서 각 기업별로 자동차 연비가 다르다고 결론지을 수 있다. 이는 그림 12-5의 결과에서 p값(거의 0.0000)을 이용하여 이 값이 유의수준 0.05보다 작으므로 각 기업의 자동차 연비가 모두 같다는 귀무가설을 기각하여 같은 결론을 바로 내릴 수 있다.

예제 12-2

최근 스마트폰 사용자의 증가와 더불어 새로운 게임에 대한 사용자가 증가하고 있다. K사는 최근 마케팅팀의 회의를 소집하여 연령별(10대, 20대, 30대) 특성을 반영하는 새로운 스마트폰 게임앱을 개발하기로 하였다

연령별 특성을 파악하기 위해 각 연령대별로 10명의 고객별 게임이용시간을 측정하였다. 아래 표를 이용하여 연령별 게임이용시간에 차이가 있는지를 유의수준 0.05에서 검정하시오.

표 12-4 1개월간 연령별 게임이용시간 (단위: 분)

순서	10대	20대	30대
1	148	513	335
2	76	264	643
3	393	433	216
4	530	94	536
5	236	535	128
6	134	327	723
7	55	214	258
8	166	135	380
9	415	280	594
10	153	304	465
$\bar{x}$	230.6	309.9	427.8

풀 이 간편계산법에 의해 편차제곱의 합을 구하면 다음과 같다.

$$CF = \frac{(\text{모든 자료의 합})^2}{\text{총자료수}} = \frac{9683^2}{30} = 3{,}125{,}349.63$$

$$SST = \sum_{i=1}^{3}\sum_{j=1}^{10} Y_{ij}^2 - CF$$

$$= (148^2 + 76^2 + \cdots + 594^2 + 465^2) - 3{,}125{,}349.63$$
$$= 973{,}491.37$$

$$SSB = \left[\frac{\left(\sum_{j=1}^{10} Y_{1j}\right)^2}{n_1} + \frac{\left(\sum_{j=1}^{10} Y_{2j}\right)^2}{n_2} + \frac{\left(\sum_{j=1}^{10} Y_{3j}\right)^2}{n_3} \right] - CF$$
$$= \left(\frac{2306^2}{10} + \frac{3099^2}{10} + \frac{4278^2}{10} \right) - 3{,}125{,}349.63$$
$$= 196{,}922.47$$

$$SSW = SST - SSB = 973{,}491.37 - 196{,}922.47$$
$$= 776{,}568.9$$

이상을 ANOVA표에 정리하면 표 12-5의 결과를 얻는다.

표 12-5 게임이용시간에 대한 ANOVA표

변동요인	제곱합	자유도	평균제곱합	F 비
집단간	196,922.47	2	98,461.235	F=3.42
집단내	776,568.9	27	28,761.8	
합계	973,491.37	29		

기각치는 분자자유도가 $(k-1)=2$이고 분모자유도가 $(n-k)=27$이므로, $F_{2,\,27,\,0.05}=3.35$임을 알 수 있다. 검정통계량(3.42)의 값이 기각치(3.35)를 초과하므로 H_0를 기각한다(그림 12-6 참조). 즉, 자료분석의 결과는 5%의 유의수준에서 연령별 게임이용시간에 차이가 있는 것으로 나타났다.

그림 12-6 예제 2에 대한 일원분류 ANOVA검정의 기각영역

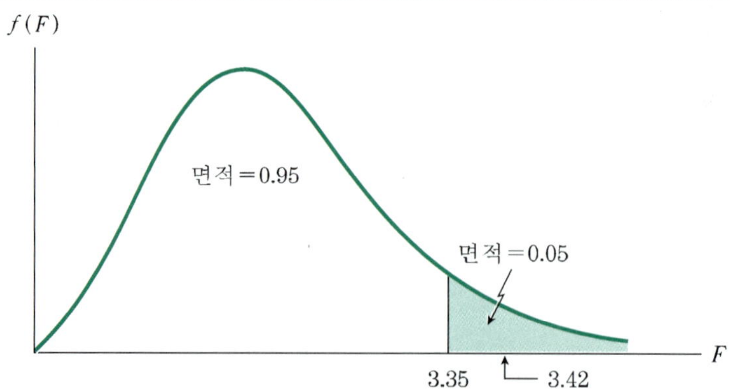

컴퓨터 활용 Ⅱ

12 EXCEL

그림 12-7과 같이 예제 11-2의 자료를 입력한다.

그림 12-7 자료입력

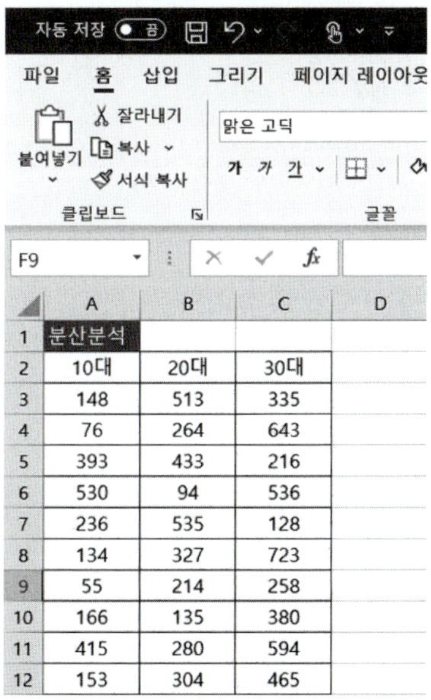

평균의 차이검정을 위해서는 데이터 메뉴에서 데이터 분석을 선택하면 그림 12-8의 대화상자가 나타난다. 여기서 일원분류 분산분석을 의미하는 『분산분석: 일원배치법』을 선택하고 확인을 누르면 그림 12-9가 나타나게 된다.

그림 12-8 분산분석: 일원배치법 선택

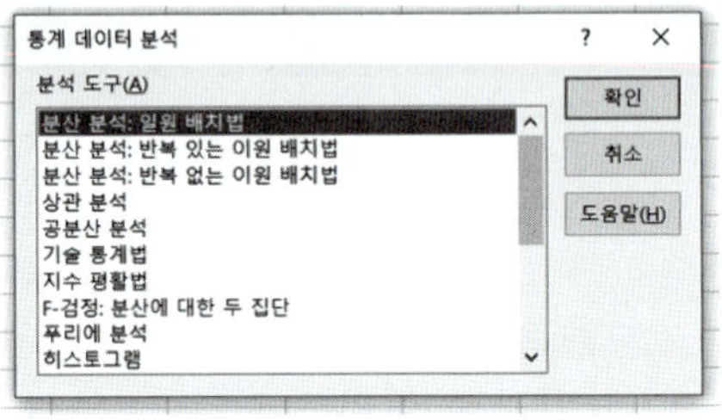

그림 12-9 분산분석: 일원배치법 대화상자

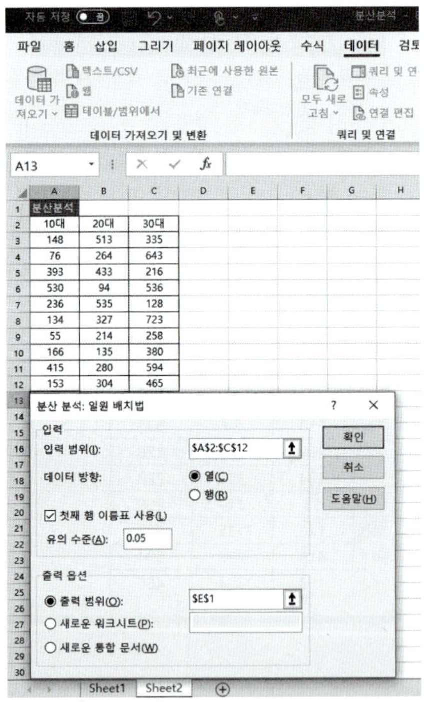

그림 12-9의 대화상자에 필요한 정보를 입력한다. 유의수준은 0.05로, 데이터 방향은 열로 지정한 후 확인을 누르면 그림 12-10과 같이 결과가 주어진다.

그림 12-10 분산분석: 일원배치법의 결과

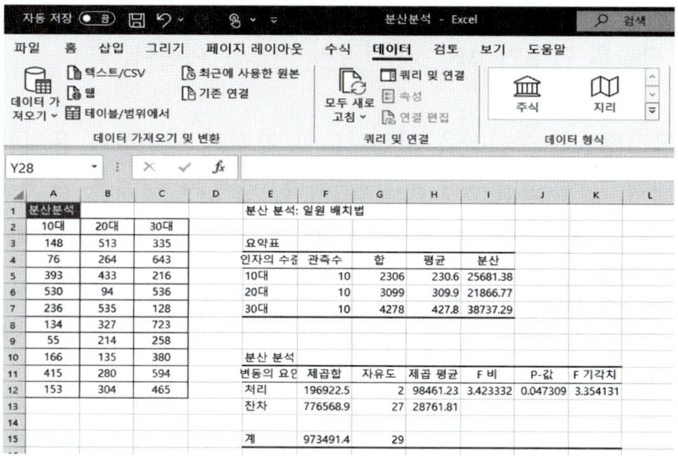

분산분석		
10대	20대	30대
148	513	335
76	264	643
393	433	216
530	94	536
236	535	128
134	327	723
55	214	258
166	135	380
415	280	594
153	304	465

분산 분석: 일원 배치법

요약표

인자의 수준	관측수	합	평균	분산
10대	10	2306	230.6	25681.38
20대	10	3099	309.9	21866.77
30대	10	4278	427.8	38737.29

분산 분석

변동의 요인	제곱합	자유도	제곱 평균	F 비	P-값	F 기각치
처리	196922.5	2	98461.23	3.423332	0.047309	3.354131
잔차	776568.9	27	28761.81			
계	973491.4	29				

그림 12-10에서 보는 바와 같이 가설검정에 필요한 결과들이 주어져 있다. 총합인 973491.4는 집단간변동(F12셀)과 집단내변동(F13셀)을 이용하여 계산된 것이다. 제곱평균은 각각의 제곱합을 자유도로 나누어 구해진 값이다. F비(I12셀)는 두 제곱평균값의 비율이다.

만약 귀무가설이 사실이라면, 집단내분산값과 집단간분산값이 서로 비슷하여 F비가 1에 가까워야 하는 것이다. 그러나 여기에서는 F비가 3.42로 집단간분산(여기서는 처리로 표현됨)이 집단내분산(여기서는 잔차로 표현됨)보다 3.42배 크다는 것을 의미한다. 즉, 집단간 차이가 집단내보다는 크므로 집단간평균이 차이가 있다고 결론을 내릴 수 있다. 따라서 각 연령별로 게임이용시간이 다르다고 결론지을 수 있다. 이는 그림 12-10의 결과에서 p값 0.0473을 이용하여 이 값이 유의수준 0.05보다 작으므로 귀무가설을 기각하여 같은 결론을 바로 내릴 수 있다.

ANOVA검정의 가정

다음의 가정이 ANOVA검정의 기초를 이룬다.

① 모집단들은 등분산을 가진다: 이 가정과 관련하여 유의하여야 할 사항은 균형적 설계(balanced design)이다. 균형적 설계란 각 처리의 표본크기를 똑같이 하여 분산분석을 하는 것을 말한다. 균형적 설계가 선호되는 이유는 분산의 값이 일반적으로 표본의 크기가 작아질수록 더 커지는 경향이 있기 때문이다. 따라서 큰 표본과 작은 표본이 함께 비교되어질 때 등분산의 가정을 만족하기가 어려워진다.

② 모집단들은 정규분포이다: 정규분포의 가정에 대한 위배는 크게 심각한 문제를 야기하지 않는다. 이는 모집단의 정규분포가 아니더라도 대표본의 경우에는 중심극한정리가 적용될 수 있기 때문이다. 비정규모집단이라고 하더라도 분포의 형태가 좌우대칭인 경우에는 표본의 크기가 10 정도이면 충분하다. 비대칭도가 상당히 큰 모집단은 적어도 30 이상의 대표본이 요구된다.

③ 관찰치는 서로 독립이다: 이 가정에 대한 위배는 검정의 정확성에 크게 영향을 미친다. 일반적으로 어느 한 시점에서 추출된 횡단면자료에 비해 시계열자료로 이루어진 표본의 경우에 독립성의 가정이 위배될 가능성이 높다.

등분산의 가정은 다음에 설명되는 하틀리(Hartley)검정을 이용하여 검정할 수 있고, 정규분포의 가정은 제11장에서 논의된 χ^2검정을 사용하여 검정될 수 있다.

등분산성에 대한 하틀리검정

만약 k개 표본의 각각에 대한 표본크기가 같다면 $H_0 : \sigma_1^2 = \sigma_2^2 = \cdots = \sigma_k^2$을 대립가설 $H_A : \sigma_i^2 \neq \sigma_j^2$(어떤 i와 j에 대하여)에 대해 검정하기 위해 하틀리검정이 사용될 수 있다. 하틀리검정의 통계량은

$$H = \frac{\max(S_j^2)}{\min(S_j^2)}$$

이다. 여기서 $\max(S_j^2)$는 k개의 표본분산 중 최대값이고, $\min(S_j^2)$은 최소값이다. 1 근처의 H값은 귀무가설을 지지하고, H의 큰 값은 귀무가설을 기각하게 만든다. H의 표본분포는 모집단의 수 k와 각각의 모집단 내의 표본크기 n_j에 의존한다. 부록의 표 7은 유의수준 5%에 대하여 H의 기각치를 보여준다.

등분산성에 대한 하틀리검정

$H_0: \sigma_1^2 = \sigma_2^2 = \cdots = \sigma_k^2$

H_A: H_0는 사실이 아니다.

검정통계량: $H = \dfrac{\max(S_1^2,\ S_2^2,\ \cdots,\ S_k^2)}{\min(S_1^2,\ S_2^2,\ \cdots,\ S_k^2)}$

기각역: $H > H_\alpha$이면 H_0를 기각한다. 여기서 α는 유의수준임.

예제 12-3

세 개의 타이어 제조회사로부터 각각 20개의 타이어 표본을 취하여 다음과 같이 표본분산을 계산하였다.

$$S_1^2 = 18.3,\quad S_2^2 = 19.5,\quad S_3^2 = 22.1$$

모분산이 동일하다는 귀무가설을 검정하시오

풀 이 $\max(S_j^2) = 22.1$과 $\min(S_j^2) = 18.3$이고, H통계량은 $H = \dfrac{22.1}{18.3} = 1.21$이다.

부록의 표 7로부터 $n = 20$과 $k = 3$에 대하여 $H_{0.05} \fallingdotseq 3.00$을 얻는다.

H통계량이 기각치보다 적어 채택영역에 있으므로 모분산이 같다는 가설을 기각할 수 없다.

12.2 이원분류 분산분석

이원분류 분산분석(two-way classifcation ANOVA)은 두 개의 요인에 의해 자료를 분류하여 평균을 비교할 때 사용되는 통계기법이다. 예를 들어 기업의 매출액자료는 제품의 설계방법에 따라 그리고 광고의 유무에 따라 차이가 발생할 수 있다. 따라서 제품의 설계방법에 따라 그리고 광고의 유무에 따라 매출액에 차이가 있는지를 비교하기 위하여 표 12-6과 같이 자료를 수집하여 정리할 수 있다.

표 12-6 이원분류 분산분석의 자료

광고의 유무 \ 제품의 설계	1	2	3
유	$Y_{111}, Y_{112}, \cdots, Y_{11r}$ $\sim N(\mu_{11}, \sigma^2)$	$Y_{211}, Y_{212}, \cdots, Y_{21r}$ $\sim N(\mu_{21}, \sigma^2)$	$Y_{311}, Y_{312}, \cdots, Y_{31r}$ $\sim N(\mu_{31}, \sigma^2)$
무	$Y_{121}, Y_{122}, \cdots, Y_{12r}$ $\sim N(\mu_{12}, \sigma^2)$	$Y_{221}, Y_{222}, \cdots, Y_{22r}$ $\sim N(\mu_{22}, \sigma^2)$	$Y_{321}, Y_{322}, \cdots, Y_{32r}$ $\sim N(\mu_{32}, \sigma^2)$

표 12-6에서 매출액자료는 두 개의 요인—제품의 설계(요인 A)와 광고의 유무(요인 B)—에 의해 분류되어 있다. 그리고 요인 A와 B는 각각 세 개와 두 개의 다른 처리를 가진다. Y_{ijk}는 요인 A의 i번째 처리와 요인 B의 j번째 처리를 하여 얻은 k번째 매출액자료이다. 예를 들어 Y_{314}는 세 번째의 설계처리가 된 제품을 광고하였을 때 발생한 매출액 중에서 추출된 네 번째 자료이다. 표 12-6은 Y_{ijk}를 우선 제품의 설계에 따라 구획(blocking)하고 다시 각 제품별 자료를 광고의 유무에 따라 분리하고 있다. 이와 같이 자료를 이질적인 그룹으로 구획하고, 각 구획의 자료에 다른 처리를 하여 자료를 추출하는 방법을 확률화 구획계획법(randomized block design)이라고 부른다. 표 12-6에서 처리의 총

개수는 6개이다. 만일 요인 A의 처리개수가 p개이고 B의 처리개수가 q개이면, 처리의 총개수는 pq개가 된다. 그리고 각 처리에서 r개의 표본을 추출한다면, 총표본자료의 개수는 pqr개가 된다.

이원분류 분산분석도 일원분류와 같이 각 처리의 자료는 정규분포이고 동일한 분산(σ^2)을 가진다는 가정을 전제로 한다. 또한 각 처리로부터 추출된 표본이 상호독립적이어야 한다. 이러한 전제조건이 충족된다면 이원분류 분산분석을 통해 표 12-6의 자료로 다음에 대한 분석을 수행할 수 있다.

주효과(main effect)분석:

- 설계의 차이에 따른 매출효과가 있는가?
- 광고가 매출액에 영향을 미치는가?

교호효과(interaction effect)분석:

- 설계와 광고의 교호효과, 즉 제품설계에 따라 광고의 매출효과가 다른가?

이원분류 분산분석은 일원분류에 비해 모형이 매우 복잡하지만 기본적인 원리는 동일하므로 가급적 12.1절과의 중복을 피하고 간략히 설명하고자 한다.

기본모형과 가설

$$Y_{ijk} = \mu + \alpha_i + \beta_j + (\alpha\beta)_{ij} + \varepsilon_{ijk}$$

여기서 μ: 전체 자료의 총평균

α_i: 요인 A의 i번째 처리의 효과, $i=1,\ 2,\ \cdots,\ p$

β_j: 요인 B의 j번째 처리의 효과, $j=1,\ 2,\ \cdots,\ q$

$(\alpha\beta)_{ij}$: 요인 A의 i번째 처리와 요인 B의 j번째 처리의 교호효과

ε_{ijk}: 오차$\sim N(0,\ \sigma^2)$

1. $H_{0A}: \alpha_1 = \alpha_2 = \cdots = \alpha_p = 0$(요인 A의 주효과검정을 위한 귀무가설)
2. $H_{0B}: \beta_1 = \beta_2 = \cdots = \beta_q = 0$(요인 B의 주효과검정을 위한 귀무가설)
3. $H_{0AB}: (\alpha\beta)_{11} = (\alpha\beta)_{12} = \cdots = (\alpha\beta)_{pq} = 0$(요인 A와 B의 교호효과검정을 위한 귀무가설)

이원분류 분산분석은 두 개의 주효과에 대한 가설검정과 하나의 교호효과에 대한 가설검정을 하게 된다. 위의 기본모형에서 출발하여 각 처리로부터 상호독립적인 표본을 추출하여 12.1절에서와 유사하게 자료의 총변동을 변동요인별로 분리하게 된다. 즉,

$$SST = SS_A + SS_B + SS_{AB} + SSE$$

여기서 SS_A: 요인 A의 처리 간 차이로 인한 변동량
SS_B: 요인 B의 처리 간 차이로 인한 변동량
SS_{AB}: 요인 A와 B의 조합으로 구성된 pq개의 처리 간 변동량
SSE: pq개 각각의 처리 내 자료 간의 변동량의 합을 말하며, 12.1절에서는 SSW로 표시하였음.

일원분류 분산분석에서와 같이 위의 변동량들을 각각의 자유도로 나누어 분산을 구한 후, 이 분산들의 비율에 의해 F통계량을 구하여 세 가지 가설에 대한 검정을 하게 된다. 표 12-7의 이원분류 ANOVA표는 이러한 계산과정을 요약하고 있다.

표 12-7 이원분류 ANOVA표

변동요인	SS	$d.f.$	MS	F비
α	SS_A	$p-1$	MS_A	$\frac{MS_A}{MSE}$
β	SS_B	$q-1$	MS_B	$\frac{MS_B}{MSE}$
$\alpha\beta$	SS_{AB}	$(p-1)(q-1)$	MS_{AB}	$\frac{MS_{AB}}{MSE}$
오차	SSE	$pq(r-1)$	MSE	
합계	SST	$pqr-1$		

표 12-7에서 $\frac{MS_A}{MSE}$는 가설 (1)을, $\frac{MS_B}{MSE}$는 가설 (2)를, $\frac{MS_{AB}}{MSE}$는 가설 (3)을 검정하는 검정통계량으로 사용되며, 각각의 통계량은 모두 F분포를 따르는 변수이다.

분석결과 $\frac{MS_A}{MSE}$가 $F_{(p-1),\,pq(r-1)}$의 분포를 따른다면 가설 (1)을 지지하게 되고, 만일 $\frac{MS_A}{MSE}$가 $F_{(p-1),\,pq(r-1)}$의 분포와 거리가 멀다면 가설 (1)을 부정하는 쪽으로 결론을 내리게 되는 것이다. 즉, 적절한 유의수준 α를 정하고, 만일 $\frac{MS_A}{MSE} > F_{(p-1),\,pq(r-1),\,\alpha}$이면 가설 (1)을 유의수준 α에서 기각하게 된다. 마찬가지로 $\frac{MS_B}{MSE}$도 가설 (2)가 사실이라면 자유도가 $(q-1)$과 $pq(r-1)$인 F분포를 따르는 변수가 된다. 따라서 $\frac{MS_B}{MSE}$과 $F_{(q-1),\,pq(r-1)}$분포의 비교를 통해 가설 (2)에 대한 진위 여부를 판정하게 된다. $\frac{MS_{AB}}{MSE}$도 가설 (3)이 사실인 경우 $F_{(p-1)(q-1),\,pq(r-1)}$의 분포를 따르게 되며, 가설 (3)의 검정을 위한 통계량으로 사용된다.

이상의 설명을 요약하면 이원분류 ANOVA의 검정법은 다음과 같다.

이원분류 분산분석의 가설검정

요인 A에 대한 가설검정

$H_0 : \alpha_1 = \alpha_2 = \cdots = \alpha_p = 0$

$H_A : \alpha_i$ 중 적어도 하나는 0이 아니다.

검정통계량: $F = \frac{MS_A}{MSE}$

기각역: $F > F_{(p-1),\,pq(r-1),\,\alpha}$이면 H_0를 기각한다.

요인 B에 대한 가설검정

$H_0 : \beta_1 = \beta_2 = \cdots = \beta_q = 0$

$H_A : \beta_j$ 중 적어도 하나는 0이 아니다.

검정통계량: $F = \frac{MS_B}{MSE}$

기각역: $F > F_{(q-1),\,pq(r-1),\,\alpha}$이면 H_0를 기각한다.

요인 A와 B의 교호효과에 대한 가설검정

$H_0 : (\alpha\beta)_{11} = (\alpha\beta)_{12} = \cdots = (\alpha\beta)_{pq} = 0$

$H_A : (\alpha\beta)_{ij}$ 중 적어도 하나는 0이 아니다.

검정통계량: $F = \frac{MS_{AB}}{MSE}$

기각역: $F > F_{(p-1)(q-1),\,pq(r-1),\,\alpha}$이면 H_0를 기각한다.

이원분류 분산분석은 많은 양의 계산을 요하므로 통계프로그램에 의해 주로 분석하게 되나, 수작업에 의존할 수밖에 없는 경우나 따로 프로그램을 짜야 하는 경우에는 다음의 간편계산법을 이용하면 된다. 예제 12-4는 이 간편계산법을 이용한 분석결과를 보여준다.

이원분류 분산분석의 간편계산법

$$CF=\frac{\left(\sum_i^p\sum_j^q\sum_k^r Y_{ijk}\right)^2}{pqr}$$

$$SST=\sum_i^p\sum_j^q\sum_k^r Y_{ijk}^2-CF$$

$$SS_A=\frac{\sum_i^p\left(\sum_j^q\sum_k^r Y_{ijk}\right)^2}{qr}-CF$$

$$SS_B=\frac{\sum_j^q\left(\sum_i^p\sum_k^r Y_{ijk}\right)^2}{pr}-CF$$

$$SSE=\sum_i^p\sum_j^q\sum_k^r Y_{ijk}^2-\frac{\sum_i^p\sum_j^q\left(\sum_k^r Y_{ijk}\right)^2}{r}$$

$$SS_{AB}=SST-(SS_A+SS_B+SSE)$$

예제 12-4

의사는 환자들의 평균입원기간(단위: 일)이 약의 종류와 비타민의 종류와 관련이 있는지를 조사하고자 한다. 세 가지 종류의 약 M_1, M_2, M_3와 세 가지 종류의 비타민 V_1, V_2, V_3가 사용되었다고 하자. 9개 조합 M_iV_j의 각각에 $c=4$명의 환자로 이루어진 확률표본이 주어져 있다.

따라서 각각의 cell에 4개의 관찰치가 있고 전체 9개의 cell에 총 36개의 관찰치가 주어져 있다. 네 명의 환자에게 M_1V_1조합이 주어지고, 또 다른 네 명의 환자에게는 M_1V_2조합 등등이 주어진다. 그 자료가 표 12-8에 나타나 있다. 5% 유의수준을 사용하여 약의 효과, 비타민의 효과 그리고 교호효과가 0이라는 세 가지 귀무가설을 검정하시오.

표 12-8 평균 입원기간의 자료

요인 A \ 요인 B	M_1	M_2	M_3	
V_1	10 6 8 4 $\bar{x}_{11.}=7$	9 3 5 7 $\bar{x}_{12.}=6$	12 10 12 10 $\bar{x}_{13.}=11$	$\bar{x}_{1..}=8$
V_2	9 9 6 12 $\bar{x}_{21.}=9$	8 6 14 12 $\bar{x}_{22.}=10$	6 8 10 8 $\bar{x}_{23.}=8$	$\bar{x}_{2..}=9$
V_3	6 4 4 6 $\bar{x}_{31.}=5$	12 13 15 16 $\bar{x}_{32.}=14$	8 12 11 13 $\bar{x}_{33.}=11$	$\bar{x}_{3..}=10$
	$\bar{x}_{.1.}=7$	$\bar{x}_{.2.}=10$	$\bar{x}_{.3.}=10$	$\bar{x}=9$

풀 이 간편계산법에 의해 먼저 CF를 구한 후, SS를 계산해 나간다.

$$CF=\frac{(\text{모든 표본자료의합})^2}{\text{총표본자료수}}=\frac{324^2}{36}=2{,}916$$

$$\begin{aligned}SST&=(\text{개별자료의 제곱의 합})-CF\\&=(10^2+6^2+8^2+\cdots+12^2+11^2+13^2)-2{,}916\\&=394\end{aligned}$$

$$\begin{aligned}SS_A&=\frac{\left(\sum_{j=1}^{q}Y_{1j.}\right)^2+\left(\sum_{j=1}^{q}Y_{2j.}\right)^2+\left(\sum_{j=1}^{q}Y_{3j.}\right)^2}{qr}-CF\\&=\frac{96^2+108^2+120^2}{12}-2{,}916\\&=24\end{aligned}$$

$$\begin{aligned}SS_B&=\frac{\left(\sum_{i=1}^{p}Y_{i1.}\right)^2+\left(\sum_{i=1}^{p}Y_{i2.}\right)^2+\left(\sum_{i=1}^{p}Y_{i3.}\right)^2}{pr}-CF\\&=\frac{84^2+120^2+120^2}{12}-2{,}916\\&=72\end{aligned}$$

SSE=(개별자료의 제곱의 총합)

$$-\frac{\left(\sum_{k=1}^{r} Y_{11k}\right)^2+\left(\sum_{k=1}^{r} Y_{12k}\right)^2+\cdots+\left(\sum_{k=1}^{r} Y_{32k}\right)^2+\left(\sum_{k=1}^{r} Y_{33k}\right)^2}{r}$$

$$=(10^2+6^2+8^2+\cdots+12^2+11^2+13^2)-\frac{(28^2+24^2+44^2+\cdots+20^2+56^2+44^2)}{4}$$

$$=138$$

$$SS_{AB}=SST-(SS_A+SS_B+SSE)$$
$$=394-(24+72+138)$$
$$=160$$

이상 계산된 SS들은 각각의 자유도로 나누어 MS들을 구한 후, 이 MS들의 비율에 의해 F통계량들을 계산하게 된다. 표 12-9는 이 계산결과를 요약하고 있다. 이제 이 계산결과에 의해 두 가지 요인의 주효과(비타민의 효과와 약의 효과)와 두 요인 간의 교호효과를 검정할 수 있다.

먼저 비타민(요인A)의 효과는 $\frac{MS_A}{MSE}$과 $F_{2,\,27,\,0.05}$의 값을 비교하여 검토한다. $\frac{MS_A}{MSE}$의 값(=2.35)이 부록으로부터 얻은 $F_{2,\,27,\,0.05}$의 값(=3.35)보다 작으므로 5%의 유의수준에서 '비타민들 간의 효과에 차이가 없다'는 가설을 기각할 수 없다.

약(요인 B)의 경우에는 $\frac{MS_B}{MSE}$의 값(=7.05)이 $F_{2,\,27,\,0.05}$의 값(=3.35)보다 크므로, 5%의 유의수준에서 '약 간의 효과에 차이가 없다'는 가설을 기각한다.

마지막으로 비타민과 약의 교호효과도 $\frac{MS_{AB}}{MSE}$의 값(=7.83)이 $F_{4,\,27,\,0.05}$의 값(=2.73)보다 크므로, 5%의 유의수준에서 '비타민과 약품 간의 교호효과가 없다'는 가설을 기각하게 된다. 이러한 결과는 비타민만 복용할 때는 비타민의 종류에 따른 효과의 차이가 없지만, 약과 같이 사용할 때는 어느 약과 비타민이 함께 사용되었냐에 따라 그 효과가 다름을 의미한다.

표 12-9 예제 4에 대한 ANOVA표

변동요인	제곱합	자유도	평균제곱합	F비
요인 A(비타민)	24	2	12	2.35
요인 B(약)	72	2	36	7.05
교호효과(비타민×약)	160	4	40	7.83
오 차	138	27	5.11	
합 계	394	35		

컴퓨터 활용 III

12 EXCEL

그림 12-11과 같이 예제 12-4의 수치를 입력한다.

이제 예제 12-4의 가설검정을 위해 데이터 메뉴에서 데이터 분석을 선택하면 그림 12-12의 화면이 나타난다. 여기서 『분산분석: 반복 있는 이원배치법』을 선택하고 확인을 누르면 그림 12-13이 나타나게 된다.

그림 12-11 자료입력

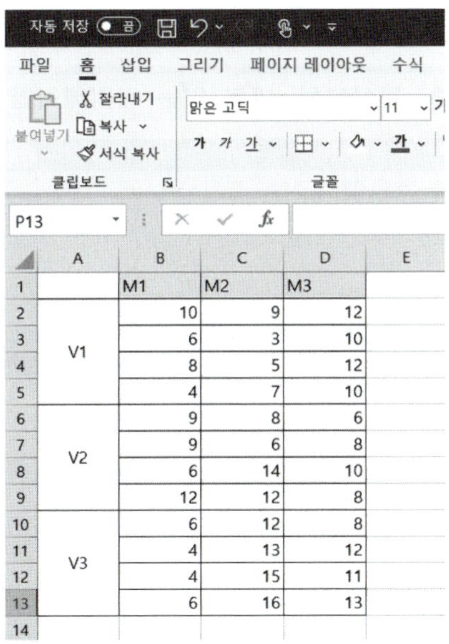

	A	B	C	D
1		M1	M2	M3
2	V1	10	9	12
3		6	3	10
4		8	5	12
5		4	7	10
6	V2	9	8	6
7		9	6	8
8		6	14	10
9		12	12	8
10	V3	6	12	8
11		4	13	12
12		4	15	11
13		6	16	13

그림 12-12 분산분석: 반복 있는 이원배치법 선택

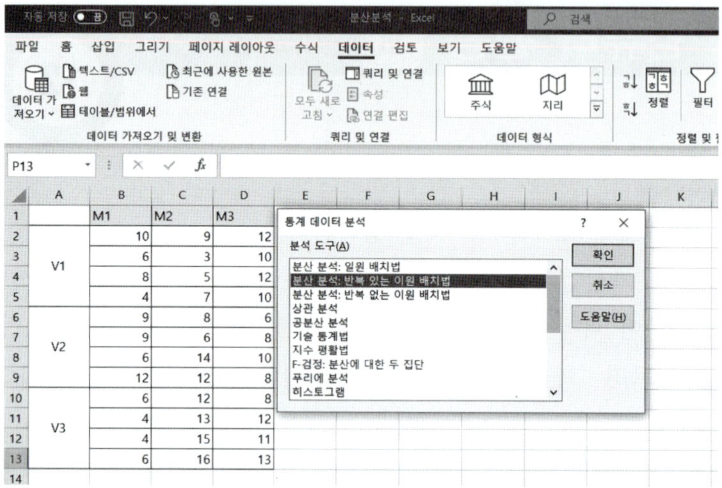

그림 12-13 분산분석: 반복 있는 이원배치법 대화상자

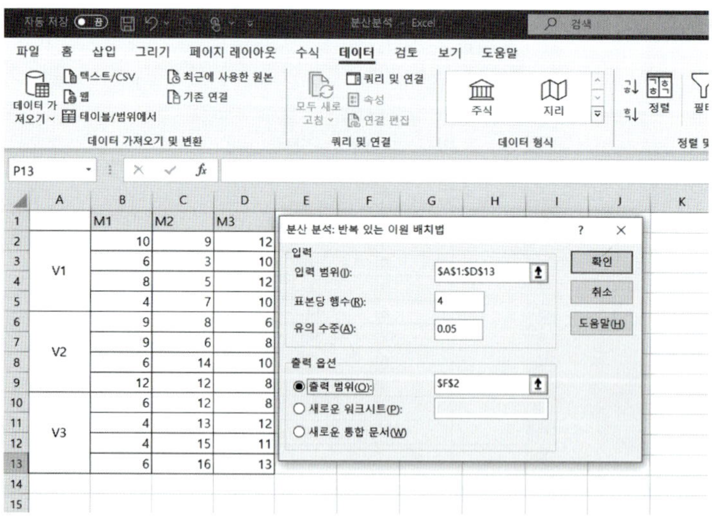

그림 12-14 분산분석: 반복 있는 이원배치법의 결과

	M1	M2	M3
V1	10	9	12
	6	3	10
	8	5	12
	4	7	10
V2	9	8	6
	9	6	8
	6	14	10
	12	12	8
V3	6	12	8
	4	13	12
	4	15	11
	6	16	13

분산 분석: 반복 있는 이원 배치법

요약표	M1	M2	M3	계
V1				
관측수	4	4	4	12
합	28	24	44	96
평균	7	6	11	8
분산	6.666667	6.666667	1.333333	9.090909
V2				
관측수	4	4	4	12
합	36	40	32	108
평균	9	10	8	9
분산	6	13.33333	2.666667	6.727273
V3				
관측수	4	4	4	12
합	20	56	44	120
평균	5	14	11	10
분산	1.333333	3.333333	4.666667	17.81818
계				
관측수	12	12	12	
합	84	120	120	
평균	7	10	10	
분산	6.727273	18	4.545455	

분산 분석

변동의 요인	제곱합	자유도	제곱 평균	F 비	P-값	F 기각치
인자 A(행)	24	2	12	2.347826	0.114793	3.354131
인자 B(열)	72	2	36	7.043478	0.003455	3.354131
교호작용	160	4	40	7.826087	0.000253	2.727765
잔차	138	27	5.111111			
계	394	35				

그림 12-13에서 대화상자에 필요한 정보를 입력한다. 유의수준은 0.05로, 표본당 행수는 4개이므로 4로 지정한 후 확인을 누르면 그림 12-14와 같이 결과가 주어진다. 그림 12-14의 결과는 예제 12-4에 자세히 설명되어 있으므로 예제 12-4를 참조하기 바란다.

12 통계학개론 연습문제

01 ANOVA검정의 기본가정을 설명하시오.

02 주효과와 교호효과에 대해 예를 들어 설명하시오.

03 A, B, C 자동차회사의 연비평균을 비교하기 위한 일원분산분석표가 다음과 같다. 미완성된 ( ) 부분을 완성하시오.

요 인	제곱합	자유도	평균제곱합	F비
집단간 변동	48	( )	( )	( )
집단내 변동	21	( )	( )	
총변동	69	29		

04 문제 3을 이용하여 귀무가설과 대립가설을 제시하시오.

05 문제 3의 결과를 이용하여 유의수준 0.05에서 가설을 검정하시오.

03 세 도시에서의 학생수준에 차이가 있는지를 조사하기 위해 각 지역에서 같은 내신등급을 갖는 5명의 학생을 임의로 추출하여 동일 시험을 치른 결과 다음의 자료를 얻었다.

서 울	부 산	대 구
86	90	82
79	76	68
81	88	73
70	82	71
84	89	81

ANOVA표를 작성하고, 평균이 동일한지를 5% 유의수준에서 검정하시오.

07 정부는 세 가지 서로 다른 신도시 계획안에 대해 5명의 심사자로 하여금 평가하도록 하였다. 평가결과 아래의 점수를 얻었다.

신도시 계획안 (요인 B) / 심사자(요인 A)	1	2	3
1	86	90	82
2	84	89	81
3	81	88	73
4	79	76	68
5	70	82	71

위의 자료에 대해 ANOVA표를 작성하고, 5% 유의수준에서 각각의 신도시 계획안에 대한 평가점수에 차이가 있는지를 검정하시오.

08 세 그룹 각각으로부터 20개의 제품들로 이루어진 표본을 가지고 있다. 다음과 같이 세 개의 표본분산을 갖고 있을 때, 세 개의 모분산이 동일하다는 귀무가설을 5% 유의수준에서 검정하시오.

$$S_1^2 = 6460,\ S_2^2 = 1597,\ S_3^2 = 963$$

09 서울제과회사는 서울지역의 슈퍼마켓에 제빵을 공급판매하고 있다. 전시대의 선반높이(상, 중, 하)와 전시면적(대, 소)이 판매에 주는 영향을 조사하기 위하여 각 처리마다 3개의 표본관찰치(매출액)를 수집하였다. 수집된 자료를 분석한 결과 다음의 표를 작성하였다. 미완성된 (   ) 부분을 완성하시오.

요 인	제곱합	자유도	평균제곱합	F비
선반높이	16330	( )	( )	( )
전시면적	( )	( )	( )	( )
교호작용	8600	( )	( )	( )
오 차	21210	( )	( )	
합 계	92800	( )		

10 문제 9의 결과를 이용하여 유의수준 0.05에서 각각의 요인과 교호효과에 대한 귀무가설을 검정하시오.

13

회귀분석

Johann Wolfgang Von Goethe

지위와 상관없이 자기 집에서 화목한 사람이 가장 행복한 사람이다.

He is happiest, be he king or peasant, who finds peace in his home.

제13장

회귀분석

단순선형회귀모형 –
최소제곱법 –
회귀모형의 가설검정 –
상관분석 –

key point

앞서 우리는 모집단의 평균 또는 여러 모집단의 평균 간의 차이에 대한 추정과 가설검정을 다루었다. 본 장에서는 두 변수 간의 관계를 일차함수식으로 모형화하고, 그 모형을 이용한 예측의 문제를 다루게 된다. 경제현상의 규명 또는 기업 내의 의사결정에 관한 문제를 해결하기 위해 관련된 제 변수 간의 관계를 수학적인 함수의 형태로 파악하면 유용한 경우가 많다. 예를 들어서 기업의 영업담당이사는 광고액이 자사의 매출액에 어떻게 영향을 미치는지를 파악하려고 한다. 또 증권회사의 조사부장은 은행이자의 등락 또는 환율과 주가가 어떤 관계를 가지는지에 관심이 있을 수 있다.

회귀분석은 둘 또는 그 이상의 변수 간의 관계를 수학적인 함수형태로 파악하고 또 그 관계를 이용하여 분석의 대상이 되는 변수의 동향을 예측하는 문제를 다룬다. 여기서 분석의 대상이 되는 변수를 종속변수 또는 피설명변수라 하며, 이 변수의 예측에 사용되는 변수를 독립변수 또는 설명변수라고 한다. 위의 예에서 매출액과 주가는 분석의 대상이 되는 변수인 종속변수이며, 광고액과 은행이자(또는 환율)은 독립변수가 된다.

회귀분석은 독립변수의 수에 따라 단순회귀분석과 다중회귀분석으로 나눌 수 있다. 단순회귀분석은 독립변수가 오직 한 개이며, 이 독립변수를 통해 종속변수의 행태를 분석하게 된다. 반면에 다중회귀분석은 다수의 독립변수로 구성된 모형을 통해 종속변수의 행태를 분석한다. 본 장에서는 단순회귀분석을 다루고, 다음 장에서 다중회귀분석을 다루고자 한다.

13.1 회귀분석

개인의 소비(X)와 개인의 소득(Y) 사이에는 대략 선형관계가 있다고 생각된다. 이러한 직관이 사실인지를 조사하기 위해 관찰된 표본자료들이 직선에 가깝게 있는지를 살펴보는 것이 당연하다.

고려하는 모형이 하나의 독립변수(X)를 가지는 1차함수인 경우는 산포도를 통해 자료를 관찰함으로써 모형의 적절성을 판단할 수 있다.

산포도(scatter diagram)

산포도는 n개의 관찰치 $(x_1,\ y_1)$, $(x_2,\ y_2)$, $\cdots$, $(x_n,\ y_n)$의 분포를 보여주는 그림이다.

산포도에서 종속변수는 수직축에 독립변수는 수평축에 나타낸다. 여러 가지 산포도가 그림 13-1에 보여진다. 도표 (b)와 (d)의 자료는 관찰된 점들이 하나의 직선 주위로 모여 있기 때문에 선형방정식으로 잘 설명될 수 있다. 그리고 도표 (a)의 자료는 이차방정식으로 잘 설명된다. 반면에 도표 (c)의 자료는 어떤 형태의 방정식으로도 잘 설명될 것처럼 보이지 않는다. 이와 같이 산포도는 두 변수 사이의 상관정도를 시각적으로 판단하는 데 유용하다. 이 경우 선형방정식은 도표 (c)에서보다 도표 (b)와 (d)의 자료에 더 적합하다. 선형 이외에도 다항함수와 로그함수를 포함한 여러 가지 다른 함수들이 두 변수 간의 행태를 설명하기 위하여 사용될 수 있다.

그림 13-1 산포도

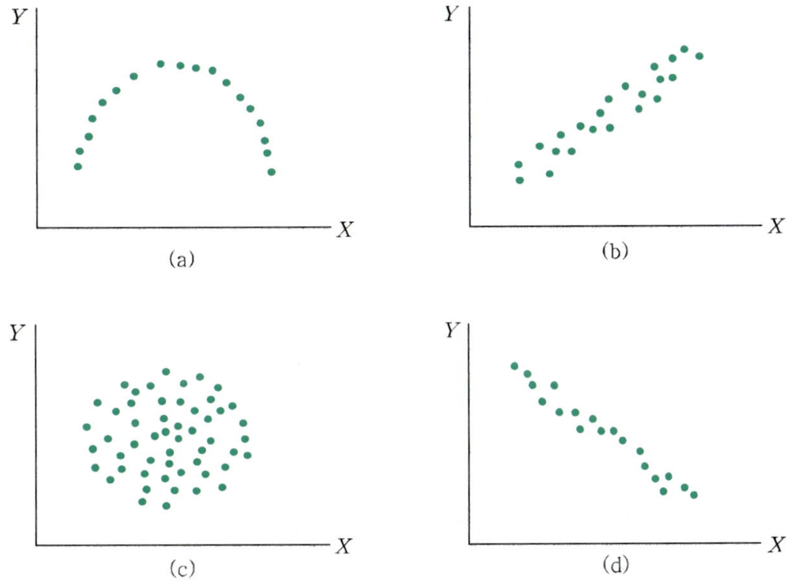

만약 산포도에서 직선이 Y와 X 사이의 관계를 잘 설명하는 것으로 나타나면, Y와 X는 대략 다음과 같은 일차식으로 나타낼 수 있다.

$$Y = \beta_0 + \beta_1 X$$

여기서 계수 β_0과 β_1은 미지의 모수로서 우리가 추정해야 할 대상이다. 여기서는 미지의 계수 β_0과 β_1을 추정하는 방법과, 그 결과 추정된 회귀분석모형이 Y와 X 사이의 관계를 잘 설명하고 있는지를 검정하는 방법을 설명하고자 한다.

확정적 관계와 확률적 관계

관계 $Y = f(X)$에서 X의 각 값이 오직 하나의 Y값과 쌍을 이루면 '확정적'이라 하고, X의 각 값이 Y값의 확률분포와 관계되면 '확률적'이라 한다.

예제 13-1

(a) 한 회사가 컴퓨터를 대당 960(단위: 천 원)에 판매하고 있다. X가 주어진 한 달 동안 판매된 컴퓨터 대수라 하고, Y는 그 달의 총수입이라 하자. 그러면 Y와 X 간의 관계는 선형함수로 나타낼 수 있다.

이 모형은 확정적이다. 왜냐하면 X값이 방정식에 대입될 때, Y값이 오차 없이 정확하게 결정될 수 있기 때문이다.

(b) X가 가구당 연간 소득을 나타내고 Y가 여가 및 오락에 대한 가구당 연간 지출을 나타낸다고 하자. Y(지출)는 X(소득) 이외에도 여러 가지 다른 요인에 의해 영향을 받기 때문에, 주어진 값 $X=x$에 대해 Y에 대한 정확한 예측을 할 수 없다. 이 경우 X와 Y의 관계를 확률적 관계라고 한다.

그렇지만 일반적으로 X가 증가함에 따라 Y도 증가한다. 따라서 X를 알고 있으면 Y를 예측하는 데 도움이 된다. i번째 가구의 소득 $X=x_i$에 대해 i번째 가구의 지출 Y_i를 관계시키는 확률적 모형은 $Y_i=\beta_0+\beta_1 x_i+\varepsilon_i$로 주어진다. 여기서 ε_i는 오차를 말하며, 기댓값 0과 분산 σ_ε^2을 갖는 확률변수로 가정된다.

많은 현실적인 문제에서 종속변수 Y와 독립변수 X의 관계는 확률적이다. 그리고 회귀분석의 목적은 두 변수 Y와 X 간의 행태를 가장 잘 설명할 수 있는 함수를 찾아내는 것이다. 함수의 형태는 $Y=\beta_0+\beta_1 x+\varepsilon$와 $Y=\beta_0+\beta_1 x_1+\beta_2 x_2+\varepsilon$ 등 여러 가지 모형이 가능하다.

여러 변수 간의 확률적 관계식을 추정하여 분석하는 기법을 회귀분석이라 한다. 즉, 회귀분석에서는 종속변수 Y와 하나 이상의 독립변수들 사이의 관계를 설명해 주는 수리모형을 추정한다.

단순선형회귀모형

회귀분석에서는 독립변수 X의 값은 외생적으로 주어지고, 주어진 각 X의 값 x_i에 대응하는 종속변수 Y의 분포가 있다고 가정한다. 변수 X가 특정한 값 x_i를 가질 때, 확률변수 Y_i의 기댓값은 $E(Y_i|X=x_i)$ 또는 더 간단히 $E(Y_i|x_i)$로 나타낸다.

단순선형회귀모형에서 귀무가설은 주어진 값 x_i에 대한 Y_i의 기댓값과 x_i 사이의 관계는 $E(Y_i|x_i)=\beta_0+\beta_1 x_i$로 표현될 수 있다는 것이다. 여기서 β_0과 β_1은 미지의 모수이다. 이것은 그림 13-2에서 보듯이 주어진 값 x_i에 대한 Y_i

그림 13-2 모회귀선

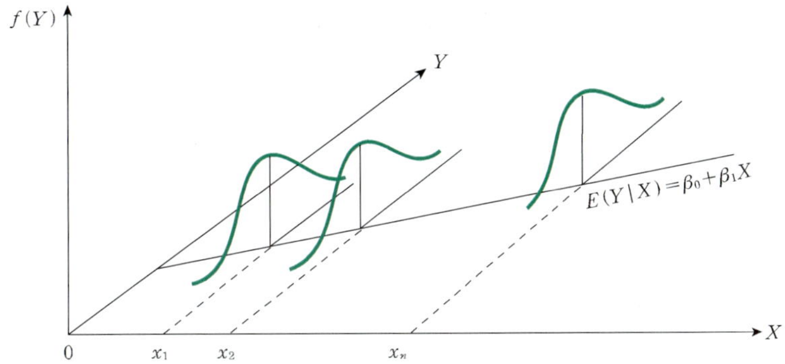

의 평균은 절편이 β_0이고 기울기가 β_1인 직선상에 있다는 것을 의미한다.

모회귀선

방정식 $E(Y_i|x_i)=\beta_0+\beta_1 x_i$는 모회귀선이라 불린다. 이 방정식은 주어진 값 $X=x_i$에 대한 Y_i의 기댓값이 $(\beta_0+\beta_1 x_i)$라는 것을 의미한다.

이 모형은 X의 각 값과 관련하여 변수 Y가 취할 수 있는 값들의 기댓값이 직선상에 있다는 것을 말한다. 그림 13-2에서 보면 각각의 주어진 x_i에 대하여 Y_i의 분포가 있고, 각 분포의 평균은 모회귀선상에 있다. Y의 각 분포들이 기댓값은 다르지만 동일한 분산 σ_ε^2을 갖는 것으로 가정한다.

모수 β_0과 β_1이 미지이기 때문에 모회귀선의 방정식은 알려져 있지 않아 표본관찰치 (x_i, y_i)를 사용하여 추정하게 된다. 일단 모수 β_0과 β_1을 추정하면 표본회귀선이라 불리는 추정된 회귀선을 얻을 수 있다. 관찰된 표본 (x_i, y_i)가 모회귀선상에 정확히 있지 않기 때문에 관찰치 y_i는 기댓값 $E(Y_i|x_i)$와는 차이가 있다. 이 차이 $\varepsilon_i=y_i-E(Y_i|x_i)=y_i-(\beta_0+\beta_1 x_i)$를 오차항이라 부른다. 오차항을 정의하는 방정식을 재배열하면 $y_i=\beta_0+\beta_1 x_i+\varepsilon_i$를 얻는다.

n개의 표본관찰치 (x_i, y_i)가 주어져 있을 때, 모수 β_0과 β_1을 추정하는 방법을 설명하고자 한다.

표본회귀선

추정된 방정식 $\widehat{Y}_i = b_0 + b_1 x_i$를 표본회귀선이라 부른다. b_0의 값은 모수 β_0의 추정치이고 b_1의 값은 모수 β_1의 추정치이다. $\widehat{Y}_i$는 $E(Y_i \mid X = x_i)$의 추정치를 나타낸다.

표본자료를 가지고 추정치 b_0과 b_1을 결정하는 방법은 후에 최소제곱법에서 다루게 된다.

잔차(residuals)

주어진 값 $X = x_i$에 대해 실제값 y_i와 적합된 값 $\widehat{Y}_i$ 사이의 차이는 e_i로 표시하고 이를 잔차라 부른다. 즉,

$$\begin{aligned} e_i &= y_i - \widehat{Y}_i \\ &= y_i - (b_0 + b_1 x_i) \end{aligned}$$

이다.

그림 13-3은 y_i, $\widehat{Y}_i$ 그리고 e_i 사이의 관계를 보여준다. 표본관찰치 (x_i, y_i)가 표본회귀선 위에 있으면 잔차는 양이 되고 표본회귀선 아래에 있으면 음이 된다. 만약 (x_i, y_i)가 정확히 표본회귀선상에 있으면 잔차는 0이 되고 예

그림 13-3 y_i, $\widehat{Y}_i$와 잔차 e_i 사이의 관계를 보여 주는 도표

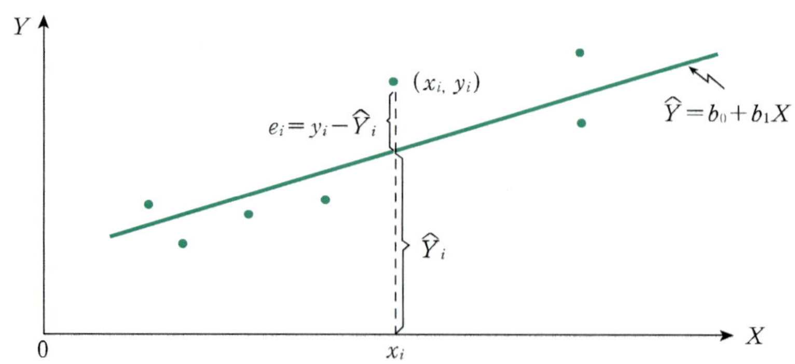

측치 $\hat{Y}_i$와 실제값 y_i는 같다. 즉, $y_i = \hat{Y}_i$이면 잔차 e_i는 0이다. 만약 각각의 잔차가 0에 가까우면 각각의 예측값 $\hat{Y}_i$은 실제값 y_i에 가깝게 되어, 각각의 관찰치 (x_i, y_i)는 추정된 직선 $\hat{Y}_i = b_0 + b_1 x_i$에 가깝게 위치한다.

잔차분석은 추정된 모형이 만족할 만한지에 대한 정보를 제공한다. 좋은 모형은 독립변수 또는 종속변수에 대한 잔차의 그래프상에 규칙적인 형태가 없으면서도 작은 잔차를 가지는 것이다.

단순선형회귀모형의 기본가정 단순선형회귀모형의 기본가정은 다음과 같다.

단순선형회귀모형의 기본가정

단순선형회귀모형에서는 종속변수 Y_i가 다음 식에 따라 독립변수 X와 관계있는 것으로 가정한다.

$$Y_i = \beta_0 + \beta_1 x_i + \varepsilon_i,\ i = 1,\ 2,\ \cdots,\ n$$

여기서 확률오차항 ε_i는 다음의 성질을 갖는 것으로 가정한다.

1. $\varepsilon_i \sim N(0,\ \sigma_\varepsilon^2)$
2. 오차항은 서로 독립하다.

첫 번째 가정은 x_i의 각 값에 대해 오차항 ε_i는 평균 0과 분산 σ_ε^2을 갖는 정규분포를 따른다는 것이다. 등분산(homoscedasticity)에 관한 가정은 모든 오차가 같은 분산을 가짐을 의미한다. 이 가정은 X의 각 값에 대한 Y값의 분포에 대한 분산이 X의 값에 관계없이 일정하다는 것을 의미한다.

실제 회귀선에 대한 점들의 산포가 독립변수들의 크기에 따라 변하면 이 가정은 위반된다. 그림 13-4는 오차들이 등분산인 상황을 보여준다. 즉, X값에 상관없이 각각의 확률분포들은 동일한 분산 σ_ε^2을 가진다. 반면에 그림 13-5는 오차들이 이분산(heteroscedasticity)인 모회귀모형을 보여준다. 그림에서 각 분포의 평균은 회귀선상에 있지만 그 분포들의 분산은 X가 증가함에 따라 증가한다.

그림 13-4 등분산오차를 갖는 모회귀선

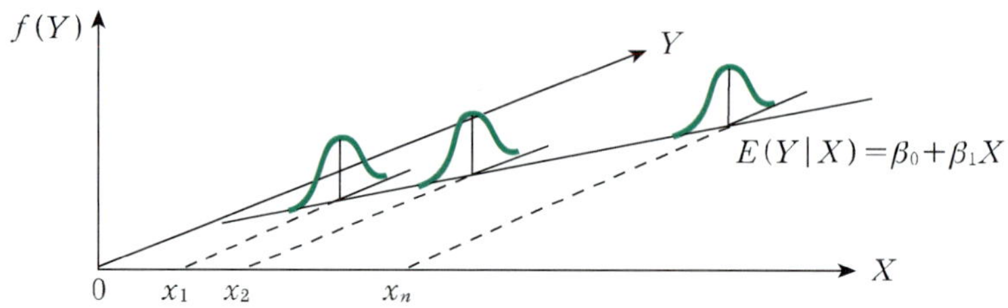

그림 13-5 이분산오차를 갖는 모회귀선

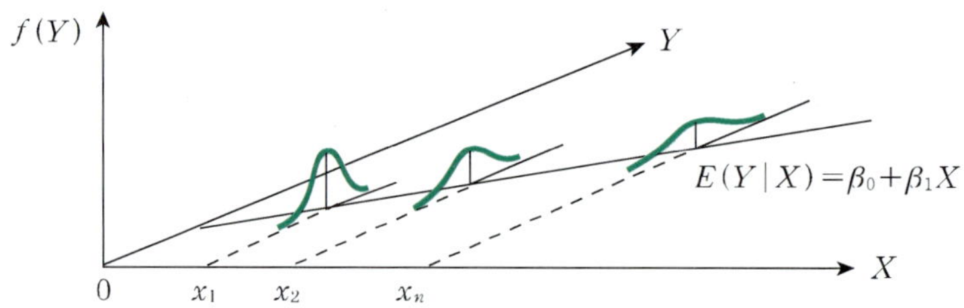

많은 실제적인 문제에 있어서는 그림 13-5에서처럼 독립변수의 값이 증가함에 따라 분산도 증가한다. 예를 들어 개별가구의 연간 소득과 연간 소비지출에 관한 자료를 가지고 소득의 함수로서 소비지출을 설명하는 모형을 설정한다고 가정해 보자. 이러한 경우 등분산성이라는 가정은 적절하다고 보기 어렵다. 왜냐하면 고소득 가구보다는 저소득 가구의 소비변동량이 일반적으로 작기 때문이다. 이러한 문제의 적절한 치유법은 독립변수에 로그(log)를 취하는 것이다. 즉, $Y_i = b_0 + b_1 \log x_i$의 형태로 모형을 전환하면 대개는 이분산성의 문제가 완화된다.

오차항의 독립성은 한 기간의 오차는 다른 기간의 오차에 영향을 미치지 않는다는 것을 의미한다. 만약 오차항들이 서로 독립이 아니면, 그것들은 계열상관(serial correlation) 또는 자기상관(autocorrelation)의 관계를 가진다. 계열상관된 오차항의 문제는 시계열(time series)자료를 다룰 때 주로 나타난다. 예를 들어 10년 동안 한 가정의 연간 소득에 관한 자료는 시계열자료이다. 반면에 한 특정한 연도에 20가구로부터 그들의 소득에 관해 얻은 자료는 횡단면(cross section)자료이다. 10년의 기간 동안 20가구의 각각에 대해 소득에 관한 자료를 얻었다고 가정하자. 그러면 시계열과 횡단면을 포함하는 자료가 되는데 이 자료를 패널(panel)자료라 부른다.

시계열과 횡단면 자료

시계열자료는 시간순으로 배열된 관찰치를 말하며, 횡단면자료는 한 시점에 있어서 여러 대상으로부터 수집한 자료를 말한다.

횡단면자료에서는 관찰치의 순서는 의미가 없어 관찰치와 관련된 오차가 계열상관되었다고 기대할 이유가 없다. 따라서 모형이 횡단면자료를 포함할 때는 계열상관된 오차의 문제는 별로 나타나지 않는다.

그러나 시계열자료를 갖는 경우 연속적인 오차는 연관성을 가지는 경향이 있다. 즉, 양의 오차 뒤에는 양의 오차가 오고, 음의 오차 뒤에는 음의 오차가 온다. 때로는 양의 오차 뒤에 음의 오차가, 음의 오차 뒤에 양의 오차인 형태의 연관성을 가지기도 한다. 시계열모형에서 계열상관된 오차가 발생하는 것은 대개 중요한 설명변수가 모형으로부터 빠져 있기 때문이다.

최소제곱법

이제 모수 β_0과 β_1을 추정하기 위해 표본관찰치 $(x_i,\ y_i)$를 어떻게 사용하는지를 알아보기로 한다. 표본관찰치가 직선상에 정확히 있지 않기 때문에 표시된 자료를 통해 서로 다른 여러 가지 직선을 그릴 수 있다. 여기서의 관심사는 자료를 가장 잘 설명하는 직선을 선택하는 것이다.

표본회귀선을 구하는 데 있어서 개인적인 판단을 피하기 위해 무엇이 가장 적합한 직선인지에 대한 정의를 필요로 한다. 평균적으로 가장 작은 잔차 e_i를 제공하는 직선을 가장 좋은 직선으로 정의하는 것이 합리적이다. 이 방법에 따른 문제는 어떤 잔차는 양이 되고 어떤 잔차는 음이 되어 비록 어떤 잔차도 0에 가깝지는 않지만 잔차의 합은 항상 0이란 점이다. 이 문제를 피하기 위해 잔차의 제곱합이 가장 작은 직선을 가장 좋은 직선으로 정의한다. 이 절차를 최소제곱법이라 부른다. 최소제곱법은 관찰된 자료에서 직선까지의 거리를 제곱한 합을 최소화하는 직선을 도출하는 방법이다.

최소제곱추정치 b_0과 b_1 정의에 의해 최소제곱직선은 잔차의 제곱합 $\sum e_i^2$을 최소화하는 직선이다.

잔차제곱합

SSE로 표시된 잔차제곱합은

$$SSE = \sum_{t=1}^{n} e_i^2 = \sum_{t=1}^{n} (y_i - \hat{Y}_i)^2 = \sum_{t=1}^{n} (y_i - b_0 - b_1 x_i)^2$$

으로 주어진다.

표본관찰치 (x_i, y_i)가 주어지면 모수 β_0과 β_1의 최소제곱추정치는 SSE를 최소로 하는 값 b_0과 b_1로 다음과 같이 주어진다.

표본회귀선의 기울기

표본회귀선의 기울기인 b_1은

$$b_1 = \frac{\sum_{i=1}^{n} x_i y_i - n\bar{x}\bar{y}}{\sum_{i=1}^{n} x_i^2 - n\bar{x}^2}$$

추정치를 계산할 때, 가능한 한 많은 소수점 이하의 숫자를 유지하는 것이 중요하다. 분석에서 미리 반올림하게 되면 뒤에 엄청난 오차가 생긴다.

표본회귀선의 절편

표본회귀선의 절편인 b_0은

$$b_0 = \bar{y} - b_1 \bar{x}$$

표본회귀선에 대하여 잔차의 합은 0이다. 즉, $\sum e_i = 0$이다. 잔차의 합이 0이기 때문에 추정결과를 검토할 수 있다. 만약 잔차의 합이 0이 아니면, 추정치의 계산에 있어 실수를 범했다는 것을 알 수 있다. 많은 컴퓨터 프로그램은 잔차의 합을 출력해 준다. 때때로 합이 소수 아래 넷째 또는 다섯째 자리에서 0과 약간 다를 수 있는데, 이 조그마한 차이는 반올림오차 때문이다.

단순선형회귀모형과 관계된 추정치와 검정통계량을 얻는 데 필요한 계산량은 관찰치 수가 증가함에 따라 급속히 증가한다. 더욱이 모형에 두 개 이상의 독립변수가 있을 때, 계산부담은 더욱 증가한다. 다행스럽게도 계산을 하지 않고서도 추정치와 검정통계량을 쉽게 얻게 해주는 많은 컴퓨터 프로그램이 있다. 본 장의 예제에서는 계산량이 최소가 되도록 관찰치 수를 작게 하였으나 실제 수백 또는 수천 개의 표본관찰치가 있는 회귀모형을 추정하는 것이 보통이다.

예제 13-2

천마기업은 월 매출액(단위: 백만 원)이 월 광고비지출액(단위: 백만 원)에 대략 선형으로 관계된다고 생각한다. 과거 10개월의 자료가 표 13-1과 그림 13-6에 주어져 있다. 표본회귀선을 계산하고 $X=13$일 때, Y의 예측값을 구하시오.

표 13-1 월간 광고비지출액과 매출액 자료 (단위: 백만 원)

월 i	월간 광고비 지출액 x_i	월간 매출액 y_i	x_i^2	x_iy_i	y_i^2
1	3	40	9	120	1,600
2	4	50	16	200	2,500
3	5	45	25	225	2,025
4	4	45	16	180	2,025
5	5	50	25	250	2,500
6	6	55	36	330	3,025
7	7	70	49	490	4,900
8	8	85	64	680	7,225
9	12	100	144	1,200	10,000
10	13	115	169	1,495	13,225
합 계	67	655	553	5,170	49,025

그림 13-6 표 13-1의 자료에 대한 산포도

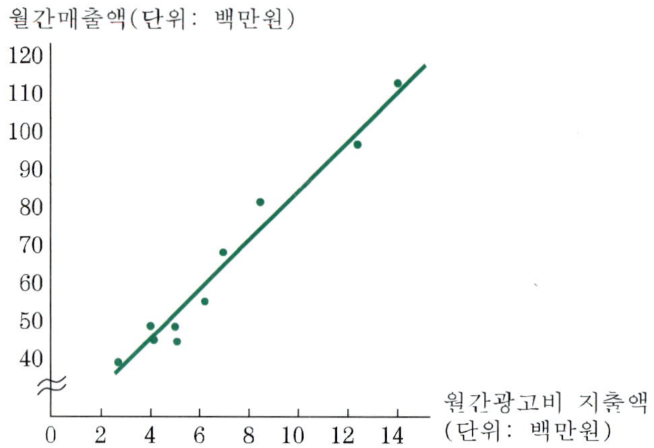

풀 이 추정치 b_0과 b_1을 구하기 위해 표 13-1에 계산된 $\sum x_i$, $\sum y_i$, $\sum x_i^2$와 $\sum x_i y_i$을 필요로 한다. 뒤에 사용하기 위해 $\sum y_i^2$도 계산되어 있다.

표로부터 $\sum x_i = 67$, $\sum y_i = 655$, $\sum x_i^2 = 553$, $\sum x_i y_i = 5170$이고 $\sum y_i^2 = 49025$이다. 표본평균은 $\bar{x} = 6.7$이고 $\bar{y} = 65.5$이다.

기울기추정치는

$$b_1 = \frac{\sum x_i y_i - n\bar{x}\,\bar{y}}{\sum x_i^2 - n\bar{x}^2} = \frac{5170 - 10(6.7)(65.5)}{553 - 10(6.7)^2}$$
$$= 7.5072$$

이고, 절편은

$$b_0 = \bar{y} - b_1\bar{x} = 65.5 - (7.5072)(6.7)$$
$$= 15.2017$$

이다. 따라서 표본회귀방정식은

$$\hat{Y}_i = 15.2017 + 7.5072x_i$$

이다. 이 방정식이 광고비지출액을 기초로 한 매출액을 예측하는 데 사용된다. 예를 들어 광고비지출액이 13이라고 하자. 이 경우 매출액의 추정치 $\hat{Y}$은

$$\hat{Y}_i = 15.2017 + 7.5072(13) = 112.80$$

이다. $x_{10}=13$에 대해 실제 매출액은 $Y=115$이다. 그러나 광고비지출액 13에 대해 모형으로부터 계산된 매출액은 112.80이므로 잔차는

$$e_{10}=y_{10}-\hat{Y}_{10}=115-112.80=2.20$$

이다. 표본회귀선은 그림 13-6에 주어져 있다.

컴퓨터 활용 I

13 EXCEL

그림 13-7과 같이 예제 13-2의 자료를 입력한다.

그림 13-7 자료입력

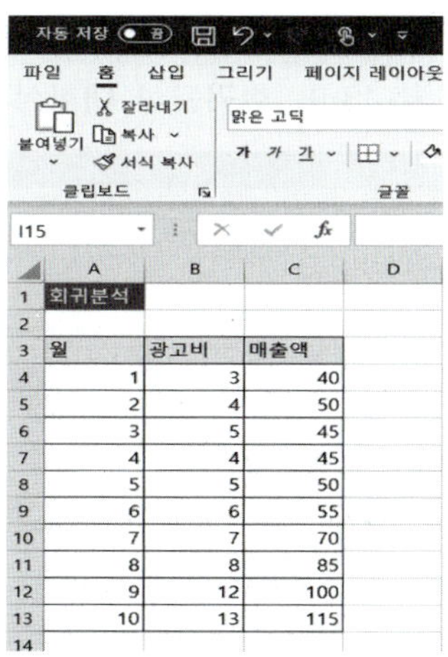

회귀분석을 위해 데이터 메뉴에서 데이터 분석을 선택하면 그림 13-8의 화면이 나타난다. 여기서 『회귀분석』을 선택하고 확인을 누르면 그림 13-9의 회귀분석 대화상자가 나타나게 된다.

그림 13-8 회귀분석 선택

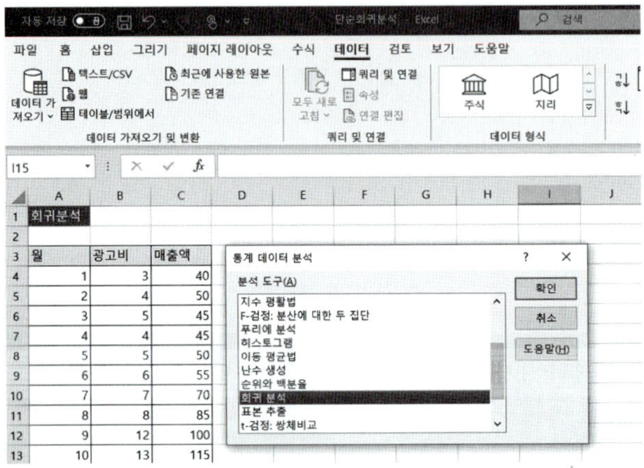

그림 13-9에서 Y축은 매출액자료이고 X축은 광고비자료이므로 해당되는 셀의 범위를 대화상자에 입력한다. 이름표에 표시하고 출력범위는 E2셀로 지정한 후 확인을 누르면 그림 13-10과 같이 결과가 주어진다.

그림 13-9 회귀분석 대화상자

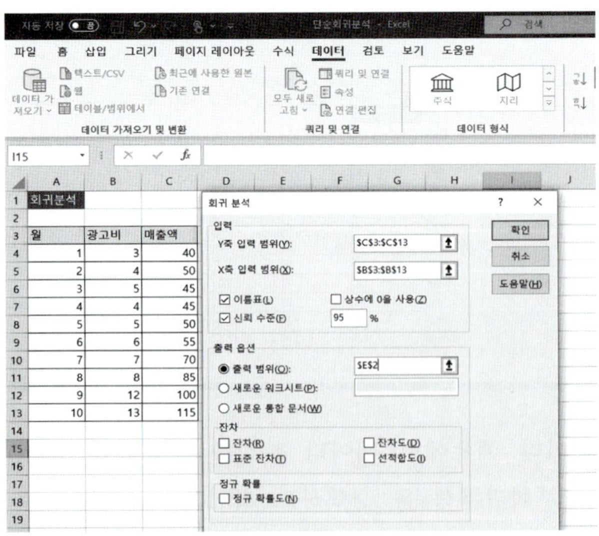

그림 13-10 회귀분석의 결과

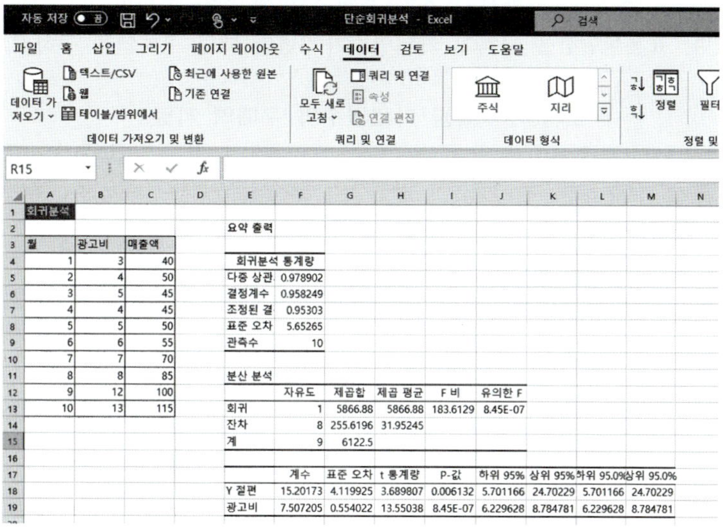

회귀분석

월	광고비	매출액
1	3	40
2	4	50
3	5	45
4	4	45
5	5	50
6	6	55
7	7	70
8	8	85
9	12	100
10	13	115

요약 출력

회귀분석 통계량	
다중 상관	0.978902
결정계수	0.958249
조정된 결	0.95303
표준 오차	5.65265
관측수	10

분산 분석

	자유도	제곱합	제곱 평균	F 비	유의한 F
회귀	1	5866.88	5866.88	183.6129	8.45E-07
잔차	8	255.6196	31.95245		
계	9	6122.5			

	계수	표준 오차	t 통계량	P-값	하위 95%	상위 95%	하위 95.0%	상위 95.0%
Y 절편	15.20173	4.119925	3.689807	0.006132	5.701166	24.70229	5.701166	24.70229
광고비	7.507205	0.554022	13.55038	8.45E-07	6.229628	8.784781	6.229628	8.784781

그림 13-10의 결과를 살펴보면, 결정계수(이는 뒤에서 설명될 것이다)가 0.958로 주어지는데 이는 종속변수의 변동 중 95.8%가 독립변수(여기서는 광고비지출액)에 의해 설명됨을 의미한다. 그리고 분산분석의 유의한 F하의 값, 즉 p값이 거의 0으로 유의수준 1%보다 낮은 유의수준에서도 추정된 회귀식이 유의함을 알 수 있다. 끝으로 추정된 회귀식은 Y절편이 15.202이고 독립변수인 광고비지출액의 계수가 7.507인 $\widehat{Y}=15.202+7.507X$로 표시됨을 알 수 있다. 여기서 광고비지출액의 계수에 대한 p값이 0.01보다 작기 때문에 1% 유의수준에서 매출액에 대한 광고비지출액의 회귀계수가 통계적으로 유의함을 알 수 있다. 즉, 독립변수가 종속변수를 설명하는 변수로 의미가 있음을 알 수 있다. 또한 회귀식에서 기울기가 양(+)의 값을 갖는데 이는 두 변수가 정(+)의 관계를 가짐을 의미한다.

예제 13-3

K홈쇼핑은 최근 수익성이 전년에 비해 감소된 사실을 알아냈다. 이에 대한 해결책을 마련해 줄 것을 고려경영연구소에 의뢰하였다.

고려경영연구소에서는 이러한 문제를 해결하기 위해 먼저 고객들의 회원 가입연수가 구매액에 영향을 미칠 것이라는 생각을 하였다. 따라서 홈쇼핑 고객 14명에 대한 가입연수와 구매액에 대한 자료를 표와 같이 수집하였다. 표본회귀선을 구하고 가입연수가 3년일 때의 구매액을 구하시오.

표 13-2 회원 가입연수와 구매액 자료

가입연수(x)	구매액(y)	x^2	xy	y^2
3.4	26.2	11.56	89.08	686.44
1.8	17.8	3.24	32.04	316.84
4.6	31.3	21.16	143.98	979.69
2.3	23.1	5.29	53.13	533.61
3.1	27.5	9.61	85.24	756.25
5.5	36.0	30.25	198.00	1,296.00
0.7	14.1	0.49	9.87	198.81
3.0	22.3	9.00	66.90	497.29
2.6	19.6	6.76	50.96	384.16
4.3	31.3	18.49	134.59	979.69
2.1	24.0	4.41	50.40	576.00
1.1	17.3	1.21	19.03	299.29
6.1	43.2	37.21	263.52	1,866.24
4.8	36.4	23.04	174.72	1,324.96
45.4	370.1	181.72	1,371.47	10,695.27

풀 이 추정치 b_0과 b_1을 구하기 위해 $\sum x_i$, $\sum y_i$, $\sum x_i^2$와 $\sum x_i y_i$을 필요로 한다. 뒤에 사용하기 위해 $\sum y_i^2$도 계산되어 있다.

표로부터 $\sum x_i = 45.4$, $\sum y_i = 370.1$, $\sum x_i^2 = 181.72$, $\sum x_i y_i = 1,371.47$, $\sum y_i^2 = 10,695.27$이다. 표본평균은 $\bar{x} = 3.24$이고 $\bar{y} = 26.4$이다.

기울기추정치는

$$
\begin{aligned}
b_1 &= \frac{\sum x_i y_i - n\bar{x}\,\bar{y}}{\sum x_i^2 - n\bar{x}^2} = \frac{1,371.47 - 14(3.24)(26.4)}{181.72 - 14(3.24^2)} \\
&= 5.0056
\end{aligned}
$$

이고, 절편은

$$
\begin{aligned}
b_0 &= \bar{y} - b_1\bar{x} = 26.4 - (5.0056)(3.24) \\
&= 10.1819
\end{aligned}
$$

이다. 따라서 표본회귀방정식은

$$\widehat{Y}_i = 10.1819 + 5.0056x_i$$

이다. 이 방정식이 가입연수를 기초로 한 구매액을 예측하는 데 사용된다. 예를 들어 가입연수가 3년일 때의 구매액추정치 $\widehat{Y}$은

$$\widehat{Y}_i = 10.1819 + 5.0056(3) = 25.1987$$

컴퓨터 활용 Ⅱ

13 EXCEL

그림 13-11과 같이 예제 13-3의 자료를 입력한다.

그림 13-11 자료입력

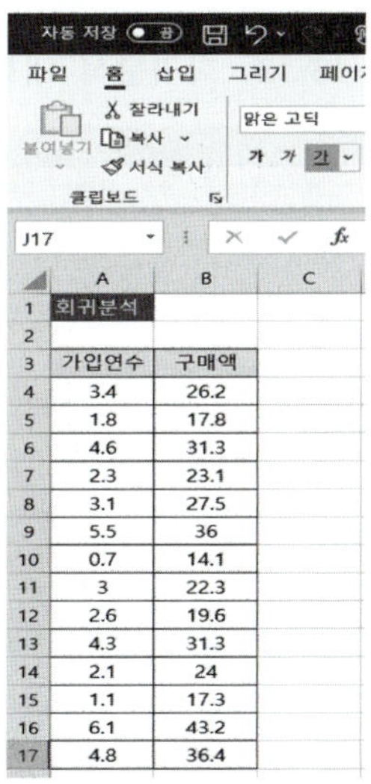

회귀분석을 위해 데이터 메뉴에서 데이터 분석을 선택하면 그림 13-12의 화면이 나타난다. 여기서 『회귀분석』을 선택하고 확인을 누르면 그림 13-13의

회귀분석 대화상자가 나타나게 된다.

그림 13-12 회귀분석 선택

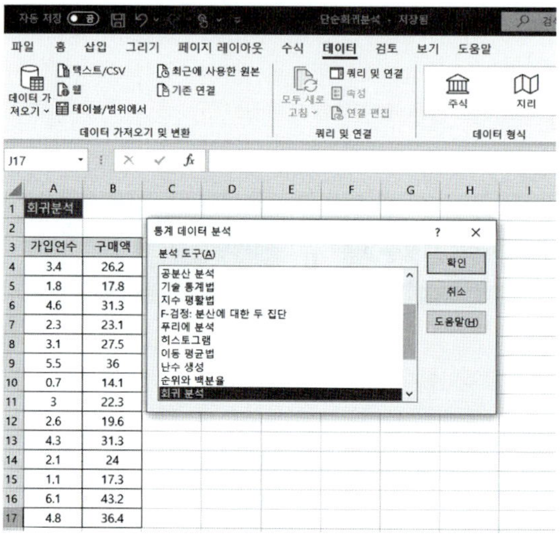

그림 13-13 회귀분석 대화상자

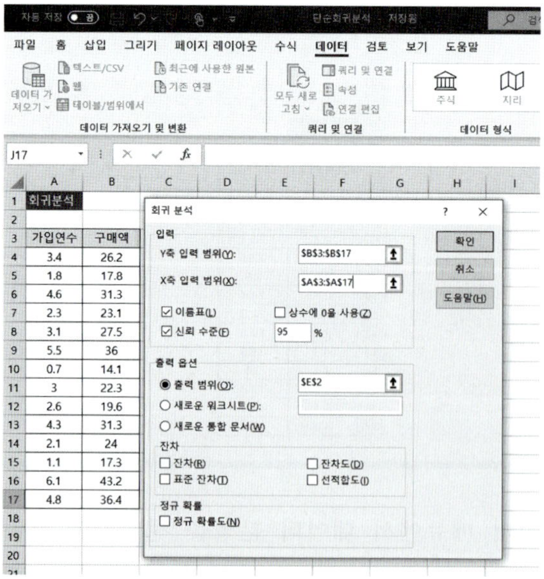

그림 13-13에서 Y축은 구매액자료이고 X축은 가입연수자료이므로 해당되는 셀의 범위를 대화상자에 입력한다. 이름표에 표시하고 출력범위는 E2셀로 지정한 후 확인을 누르면 그림 13-14와 같이 결과가 주어진다.

그림 13-14 회귀분석의 결과

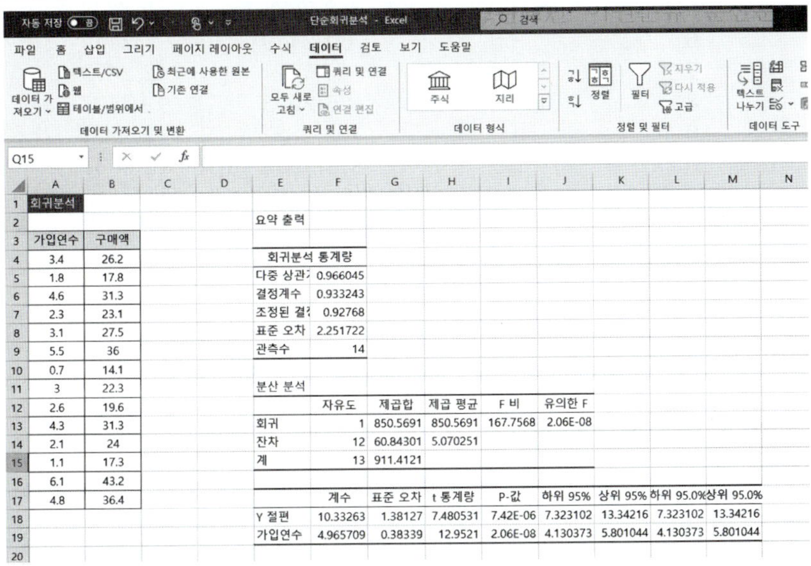

회귀분석

가입연수	구매액
3.4	26.2
1.8	17.8
4.6	31.3
2.3	23.1
3.1	27.5
5.5	36
0.7	14.1
3	22.3
2.6	19.6
4.3	31.3
2.1	24
1.1	17.3
6.1	43.2
4.8	36.4

요약 출력

회귀분석 통계량	
다중 상관계	0.966045
결정계수	0.933243
조정된 결정	0.92768
표준 오차	2.251722
관측수	14

분산 분석

	자유도	제곱합	제곱 평균	F 비	유의한 F
회귀	1	850.5691	850.5691	167.7568	2.06E-08
잔차	12	60.84301	5.070251		
계	13	911.4121			

	계수	표준 오차	t 통계량	P-값	하위 95%	상위 95%	하위 95.0%	상위 95.0%
Y 절편	10.33263	1.38127	7.480531	7.42E-06	7.323102	13.34216	7.323102	13.34216
가입연수	4.965709	0.38339	12.9521	2.06E-08	4.130373	5.801044	4.130373	5.801044

그림 13-14의 결과를 살펴보면, 결정계수가 0.933으로 주어지는데 이는 종속변수의 변동 중 93.3%가 독립변수(여기서는 가입연수)에 의해 설명됨을 의미한다. 그리고 분산분석의 유의한 F하의 값, 즉 p값이 거의 0으로 유의수준 1%보다 낮은 유의수준에서도 추정된 회귀식이 유의함을 알 수 있다. 끝으로 추정된 회귀식은 Y절편이 10.333이고 독립변수인 가입연수의 계수가 4.966인 $\hat{Y}=10.333+4.966X$로 표시됨을 알 수 있다. 여기서 가입연수의 계수에 대한 p값(거의 0)이 0.05보다 작기 때문에 5% 유의수준에서 구매액에 대한 가입연수의 회귀계수가 통계적으로 유의함을 알 수 있다. 즉, 독립변수가 종속변수를 설명하는 변수로 의미가 있음을 알 수 있다. 또한 회귀식에서 기울기가 양(+)의 값을 갖는데 이는 두 변수가 정(+)의 관계를 가짐을 의미한다.

표 13-3 예제 13-2에 대한 관찰치, 예측값과 잔차

i	y_i	$\widehat{Y}_i$	e_i	e_i^2
1	40	37.7233	2.2767	5.1834
2	50	45.2305	4.7695	22.7481
3	45	52.7377	−7.7377	59.8702
4	45	45.2305	−0.2305	0.0531
5	50	52.7377	−2.7377	7.4950
6	55	60.2449	−5.2449	27.5090
7	70	67.7521	2.2479	5.0531
8	85	75.2593	9.7407	94.8812
9	100	105.2881	−5.2881	27.9640
10	115	112.7953	2.2047	4.8607
합 계	655	654.9994	0.0006	255.6196

표 13–3은 예제 13–2의 매출액에 대한 관찰치 y_i, 예측값 $\widehat{Y}_i$ 그리고 잔차 e_i를 보여 준다. 반올림오차를 제외하고는 잔차합이 0이 됨을 유의하라. 나중에 $\sum e_i^2$의 계산을 필요로 하므로 이 값도 보여진다.

σ_ε^2의 추정 단순선형회귀모형은 미지의 모수 β_0, β_1 그리고 σ_ε^2을 포함한다. 다음 공식은 모분산 σ_ε^2의 불편추정치 S_e^2를 계산하는 법을 보여준다.

단순선형회귀모형에서 σ_ε^2의 불편추정치에 대한 공식

$$S_e^2 = \frac{SSE}{(n-2)}$$

위 식에서 분모 $(n-2)$는 SSE의 자유도로서, 표본크기 n에서 추정되어지는 모수 (β_0과 β_1)의 개수를 뺀 것이다.

σ_ε^2의 양의 제곱근은 X의 주어진 값과 관계된 Y의 값의 분포에 대한 표준편차를 나타낸다. 이 표준편차는 모회귀선에 대한 변동의 정도를 측정한다. 즉, σ_ε^2의 값이 작을수록 Y의 분포가 모회귀선 주위에 더욱 집중되어 있음을 의미한다. σ_ε를 추정하기 위해 사용되는 표본통계량은 S_e로 나타내며, 회귀의 추정된 표준오차로 불린다.

회귀의 추정된 표준오차

단순선형회귀모형에 대해 회귀의 추정된 표준오차는

$$S_e = \sqrt{\frac{\sum (y_i - \hat{Y}_i)^2}{n-2}} = \sqrt{\frac{\sum e_i^2}{n-2}} = \sqrt{\frac{SSE}{n-2}}$$

로 정의된다.

예제 13-4

예제 13-2에 대해 회귀의 추정된 표준오차 S_e를 계산하시오.

풀 이 표 13-3에서 $SSE = \sum e_i^2 = 255.6196$을 얻는다.

σ_e^2의 불편추정치는

$$S_e^2 = \frac{SSE}{n-2} = \frac{255.6196}{8} = 31.95$$

이고, 회귀의 추정된 표준오차는 $S_e = 5.65$이다. 주어진 광고비지출액과 관계된 매출액의 분포는 5.65의 추정된 표준오차를 가짐을 의미한다.

뒤에서 다룰 통계적 검정을 수행하기 전에 자료와 잔차의 산포도를 조사하여 어떤 명백한 실수가 있는지를 검토하는 것이 유용하다. 때때로 자료를 컴퓨터에 입력시킬 때, 오류가 발생할 수 있다. 이러한 오류는 산포도를 조사하거나 다른 대부분의 잔차보다 훨씬 더 크거나 작은 잔차를 조사함으로써 발견된다.

이상치와 이상잔차

이상치는 크기에 있어서 대부분의 관찰치와 아주 다른 관찰치이다. 이상잔차는 대부분의 잔차보다 절대값이 훨씬 큰 잔차이다. 추정된 회귀방정식으로부터 $3S_e$ 밖에 있는 관찰치는 이상치로 간주하는 것이 보통이다.

이상치를 발견하는 또 다른 방법은 소위 표준화잔차라 불리는 것을 계산하는 것이다. 표준화잔차는 평균 0과 표준편차 1을 가지기 때문에 잔차의 상대적 크기를 판단하기 쉽다.

예를 들면 특정한 잔차가 1025.1이라는 사실은 정보를 거의 제공하지 못한다. 그렇지만 표준화잔차가 3.2라는 것을 알면 이 잔차는 대부분의 잔차보다 절대값이 훨씬 더 크다는 것을 알 수 있다.

표준화잔차

i번째 표준화잔차는 기호 SR_i로 나타내고

$$SR_i = \frac{e_i}{S_e}$$

로 정의된다. 여기서 e_i는 i번째 잔차이고, S_e는 회귀의 추정된 표준오차이다.

많은 컴퓨터 프로그램은 잔차와 표준화잔차의 계산된 값을 표시해 준다. 만약 표준화잔차가 대략 정규분포를 따르면, 표준화잔차의 약 95%는 −2와 +2 사이에 있어야 하고, 표준화잔차의 99% 이상이 −3과 +3 사이에 있어야 한다. 따라서 −3 미만이나 3을 초과하는 표준화잔차는 거의 나타나지 않아야 한다.

선형회귀방정식의 설명력 표본회귀선을 추정한 후에 그 직선이 바람직한지를 결정하기 위해 적합성 여부를 검토한다. 모회귀모형은 확률변수 Y_i가 방정식 $Y_i = \beta_0 + \beta_1 x_i + \varepsilon_i$에 의해 x_i와 관계되어 있다는 것을 나타낸다.

이 모형에 따르면 Y는 두 가지 이유 때문에 변한다. Y값에 변동이 발생하는 한 가지 원인은 X의 값에 기인하는 변동으로써 회귀모형으로 설명될 수 있다. Y값 변동의 다른 한 가지 원인은 오차에 기인하는 변동으로 회귀모형에 의해 설명되지 않는다.

i번째 잔차 e_i는 다음 식에 의해 정의된다.

$$e_i = y_i - \hat{Y}_i$$

이 식을 재배열하여

$$y_i = \hat{Y}_i + e_i$$

를 얻는다. 이 식의 양변에서 표본평균 $\bar{y}$를 빼면

$$(y_i - \bar{y}) = (\hat{Y}_i - \bar{y}) + e_i$$

를 얻는다. 위 식의 양변을 제곱하여 i에 관해 합함으로써

$$\sum(y_i - \bar{y})^2 = \sum(\hat{Y}_i - \bar{y})^2 + \sum e_i^2 + 2\sum(\hat{Y}_i - \bar{y})e_i$$

를 얻는다. 위 식의 우변에서 마지막 항은 0임을 보일 수 있다. 따라서

$$\sum(y_i - \bar{y})^2 = \sum(\hat{Y}_i - \bar{y})^2 + \sum e_i^2$$

을 얻는다.

이 세 가지 제곱합을 각각 SST, SSR 그리고 SSE로 표시하면 $SST = SSR + SSE$를 얻는다. 여기서 SST는 종속변수 Y에서의 총변동의 측도이고, SSR은 회귀추정치 $\hat{Y}_i$에서 총변동의 측도이며, SSE는 모형에 의해서 설명되지 않는 변동을 측정한다.

제곱합 등식

방정식

$$\sum_{i=1}^{n}(y_i - \bar{y})^2 = \sum_{i=1}^{n}(\hat{Y}_i - \bar{y})^2 + \sum_{i=1}^{n}e_i^2$$

은 다음과 같이 표현될 수 있다.

$$\text{총변동} = \text{설명변동} + \text{비설명변동}$$

즉,

$$SST = SSR + SSE$$

이다.

SST, SSR 그리고 SSE는 모두 제곱합이므로 비음수이며, 따라서 $SST \geq SSR$이고 $SST \geq SSE$이다. 방정식 $SST = SSR + SSE$는 중요한 의미를 가진다. 주어진 값 SST에 대해 SSE의 값이 작으면 작을수록 표본회귀선으로부터 SSE의 관찰된 값의 편차가 작아진다. 따라서 SSE의 값이 작으면 작을수록 표본회귀선이 자료를 더 잘 적합시킨다고 할 수 있다. 표본회귀선이 자료를 얼마나 잘 적합시키는지를 측정하기 위해 표본회귀선에 의해 설명되는 Y의 변동(SSR)을 총변동(SST)으로 나눈다.

식 $SST = SSR + SSE$를 $SSR = SST - SSE$로 변형하여 양변을 SST로 나누면

$$\frac{SSR}{SST} = 1 - \frac{SSE}{SST}$$

를 얻는다.

이것이 다음 네모 속에 설명된 결정계수(coefficient of determination) R^2이다.

결정계수 R^2

R^2으로 표시된 비율 $\frac{SSR}{SST}$은 결정계수라 불리며 다음과 같다.

$$R^2 = \frac{SSR}{SST} = 1 - \frac{SSE}{SST}$$

SSR은 회귀방정식에 의해 설명되는 Y의 변동량을 측정한다. 반면에 SST는 Y의 총변동을 측정한다. 따라서 비율 $\frac{SSR}{SST}$은 회귀방정식에 의해 설명되는 Y의 변동비율을 측정한다. $SST \geq SSR$이므로 $0 \leq R^2 \leq 1$이다.

결정계수 R^2은 Y의 변동 중 회귀선에 의해 설명되는 상대적 양에 대한 측도이다. R^2의 값이 크면 클수록 종속변수 Y의 행태에 대한 회귀방정식의 설명력이 커진다. 만약 SSE가 SST에 비해 아주 작으면 R^2은 1에 가깝게 되고, 회귀방정식이 변동의 대부분을 설명한다. 만약 모든 관찰치가 정확히 표본회귀선상에 있으면 모든 x_i에서 잔차는 0이다. 이 경우 $SSE = 0$이고 $R^2 = 1$로 완벽한 적합을 갖게 된다.

반면에 $\frac{SSE}{SST}$가 1에 가까우면 잔차가 Y변동의 많은 부분을 차지하고 R^2은 0에 접근한다. R^2이 0에 접근할 때, 회귀선은 종속변수를 잘 설명할 수 없다. 극단적인 경우는 $SSE = SST$이고, $SSR = 0$인 경우이다. $SSR = 0$일 때, 모든 예측값 $\widehat{Y}_i$가 $\bar{y}$가 되어 예측값에 변동이 전혀 없다. 즉, $SSR = 0$일 때, 예측값은 X가 변해도 변하지 않는다. 따라서 $R^2 = 0$(또는 $R^2 \approx 0$)은 독립변수 X가 종속변수 Y의 행태를 전혀 설명하지 못함을 의미한다.

단순선형회귀모형에서 R^2은 기호 R로 나타낸 Y와 X 사이의 표본상관계수의 제곱과 같다. 표본상관계수 R은 13.2절에서 논의될 것이다.

예제 13-5

예제 13-2에서 추정된 매출액($\widehat{Y}_i$)과 광고비지출액(x_i)을 관계시키는 다음의 표본회귀방정식을 얻었다.

$$\widehat{Y}_i = 15.2017 + 7.5072x_i$$

또한 표 13-3에서 모든 잔차와 SSE를 얻었다. 이 모형에 대한 R^2을 계산하시오.

풀 이 표 13-1과 표 13-3의 자료를 이용하여

$$\begin{aligned} SST &= \sum (y_i - \bar{y})^2 = \sum y_i^2 - n\bar{y}^2 \\ &= 49025 - 10(65.5)^2 \\ &= 6122.5 \end{aligned}$$

와 $SSE = 255.6196$을 얻는다. 최종적으로

$$\begin{aligned} R^2 &= 1 - \frac{SSE}{SST} = 1 - \frac{255.6195}{6122.5} \\ &= 0.9582 \end{aligned}$$

을 얻는다. R^2값은 표본에서 광고비지출액이 매출액 총변동의 95% 이상을 설명함을 나타낸다.

회귀모형에서의 분산추정과 가설검정 및 신뢰구간

회귀모형에서의 분산추정 추정량 b_0과 b_1은 그 값이 표본에 따라 변하는 확률변수들이다. 따라서 b_0과 b_1은 표본분포를 가지며, 이들의 분산은 $\sigma_{b_0}^2$과 $\sigma_{b_1}^2$

로 나타낸다. 일반적으로 이 분산들은 미지로 추정되어져야 하며, 이 분산의 추정치를 $S_{b_0}^2$과 $S_{b_1}^2$로 표시하자. 마찬가지로 S_{b_0}과 S_{b_1}은 b_0과 b_1의 추정된 표준편차를 나타낸다.

만약 단순선형회귀모형의 기본가정이 성립하면 b_0과 b_1의 분산들은 다음의 공식으로 주어진다.

b_0과 b_1의 분산에 대한 공식

$$\sigma_{b_0}^2 = \frac{\sigma_\varepsilon^2 \sum_{i=1}^{n} x_i^2}{n\sum_{i=1}^{n}(x_i - \bar{x})^2} \qquad \sigma_{b_1}^2 = \frac{\sigma_\varepsilon^2}{\sum_{i=1}^{n}(x_i - \bar{x})^2}$$

b_0과 b_1의 분산은 오차항의 분산 σ_ε^2에 의존한다. σ_ε^2의 값은 일반적으로 알려져 있지 않으며, 추정되어져야 한다. 이것은 b_0과 b_1의 분산 또한 추정되어져야 함을 의미한다. 이들을 추정하기 위해 앞의 식에 있는 σ_ε^2을 불편추정치 S_e^2으로 대치한다. b_1의 추정된 표준오차는 다음의 공식으로 주어진다.

b_1의 추정된 표준오차

b_1의 추정된 표준오차라 불리는 b_1의 추정된 표준편차는 S_{b_1}으로 나타내고, 다음과 같이 계산된다.

$$S_{b_1} = \frac{S_e}{\sqrt{\sum(x_i - \bar{x})^2}}$$

b_1의 추정된 표준오차는 모수 β_1의 값에 대한 가설검정과 β_1의 값에 대한 신뢰구간을 설정하는 데 이용된다.

S_{b_1}은 $\sum(x_i - \bar{x})^2$이 증가함에 따라 감소함을 알 수 있다. 즉, X에서의 변동량이 증가함에 따라 회귀선의 기울기에 대한 추정치는 더욱 정확해진다. 유사한 방법으로 S_{b_0}은 b_0의 추정된 표준오차로 다음에 정의되어 있다.

b_0의 추정된 표준오차

b_0의 추정된 표준오차라 불리는 b_0의 추정된 표준편차는 S_{b_0}으로 나타내고, 다음과 같이 계산된다.

$$S_{b_0} = \frac{S_e\sqrt{\sum x_i^2}}{\sqrt{n\sum(x_i - \bar{x})^2}}$$

선형회귀모형에서의 가설검정 독립변수 X가 변수 Y의 행태를 설명하는 데 도움이 되는지를 검정하고자 한다. 즉, 선형관계가 X와 Y 사이에 존재하는지를 검정하고자 한다. 만약 X와 Y가 선형관계가 아니라면 모회귀선 $E(Y_i|x_i) = \beta_0 + \beta_1 x_i$에서 $\beta_1 = 0$이다. 만약 $\beta_1 = 0$이면 X의 값은 Y를 예측하는 데 아무런 소용이 없다는 것을 의미한다.

만약 Y가 X와 선형관계라면 $\beta_1 \neq 0$이다. 따라서 귀무가설 $H_0: \beta_1 = 0$을 대립가설 $H_A: \beta_1 \neq 0$, $\beta_1 > 0$ 또는 $\beta_1 < 0$에 대해 검정하게 된다.

예제 13-6

다음 예들은 검정하고자 하는 몇몇 가설들을 보여준다.

(a) Y_i를 개인 i의 연간 소득 그리고 x_i를 개인 i의 교육연한이라 하자. $E(Y_i|x_i) = \beta_0 + \beta_1 x_i$로 가정한다. 교육연한이 소득에 영향을 주지 않거나 그 영향이 양이라고 가정하는 것이 합리적이다. 따라서 귀무가설 $H_0: \beta_1 = 0$을 대립가설 $H_A: \beta_1 > 0$에 대해 검정한다.

(b) 대학생의 학점이 부모들의 수입과 선형관계가 있는지를 검정하고자 한다. 학생 i의 학점을 Y_i, 학생 i의 부모의 수입을 x_i라 하자. $E(Y_i|x_i) = \beta_0 + \beta_1 x_i$로 가정한다. β_1이 음 또는 양이라고 사전에 생각할 이유가 없으므로 귀무가설 $H_0: \beta_1 = 0$을 대립가설 $H_A: \beta_1 \neq 0$에 대해 검정한다.

모수 β_1은 모회귀선의 기울기를 나타내고, X에서의 한 단위 변화에 관련된 Y의 기댓값의 변화를 측정한다. $\beta_1 = 0$이라면 Y의 기댓값은 X가 변화함에 따라 변하지 않고 모회귀선은 평행한 직선이다(그림 13-15 참조). β_0에 대한 가설도 검정할 수 있지만, β_1에 대한 가설검정이 더 실제적인 관심대상이다. $\beta_1 = 0$이라는

그림 13-15 평행한 회귀선

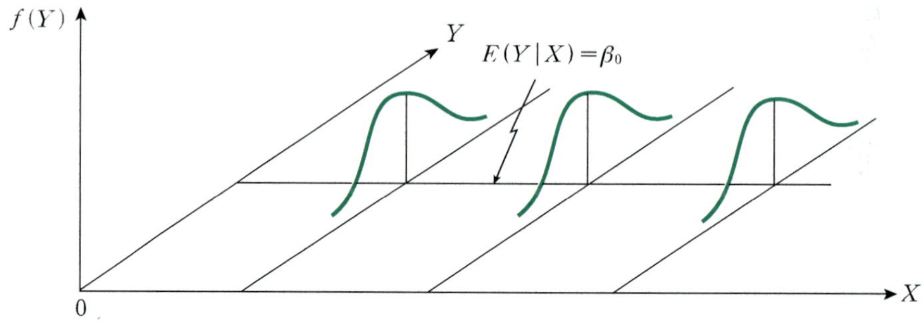

가설을 기각한다면 X의 값이 Y를 예측하는 데 유용하다고 말한다.

귀무가설은 항상 $H_0 : \beta_1 = 0$이라는 형태를 취하는 것이 아니라 0 이외의 값에 대하여도 설정될 수 있다. 예를 들어서 $H_0 : \beta_1 = 2$의 형태를 취할 수도 있다.

β_1의 값에 관한 가설검정은 단순선형회귀모형의 기본가정이 성립한다면 확률변수

$$t_{n-2} = \frac{b_1 - \beta_1}{S_{b_1}}$$

은 자유도 $(n-2)$의 t분포를 따른다는 사실에 기초를 둔다. 다음 절차는 모회귀선의 기울기에 대한 가설검정방법을 보여준다.

모회귀선의 기울기에 관한 가설검정

1. 귀무가설 $H_0 : \beta_1 = \beta_1^*$를 대립가설 $H_A : \beta_1 > \beta_1^*$에 대해 검정하고자 한다. 여기서 β_1^*은 β_1에 대해 설정된 어떤 값이다. 검정의 유의수준이 α라고 하자. 검정은 t통계량

$$t_{n-2} = \frac{b_1 - \beta_1^*}{S_{b_1}}$$

에 기초를 둔다. $t_{n-2} > t_{n-2,\,\alpha}$이면 H_0을 기각한다.
여기서 $t_{n-2,\,\alpha}$는 자유도 $(n-2)$를 가진 t분포의 기각치이다.

2. 귀무가설 $H_0 : \beta_1 = \beta_1^*$의 대립가설 $H_A : \beta_1 < \beta_1^*$에 대한 검정에서는 $t_{n-2} < -t_{n-2,\,\alpha}$이면 H_0을 기각한다.

3. 귀무가설 $H_0 : \beta_1 = \beta_1^*$의 대립가설 $H_A : \beta_1 \neq \beta_1^*$에 대한 검정은 $t_{n-2} < -t_{n-2,\,\alpha/2}$ 또는 $t_{n-2} > t_{n-2,\,\alpha/2}$이면 H_0을 기각한다.

가장 흔히 수행되는 검정은 귀무가설 $H_0 : \beta_1 = 0$을 대립가설 $H_A : \beta_1 \neq 0$, $H_A : \beta_1 > 0$ 또는 $H_A : \beta_1 < 0$ 중의 하나에 대해 검정하는 것이다. 검정을 수행하기 위한 검정통계량은 $t_{n-2} = \frac{b_1}{S_{b_1}}$이다.

예제 13-7

예제 13-2로부터 매출액은 광고비지출액에 의존한다는 것이 명백하다. 따라서 $H_0 : \beta_1 = 0$이라는 귀무가설을 검정했다면 그 결과는 압도적으로 H_0을 기각해야 한다. 이것을 보이기 위해 귀무가설 $H_0 : \beta_1 = 0$을 대립가설 $H_A : \beta_1 > 0$에 대해 5% 유의수준으로 검정하시오.

풀 이 $n = 10$개의 관찰치가 있으므로 자유도는 $(n-2) = 8$이다. $\alpha = 0.05$에 대해 기각치 $t_{8,\,0.05} = 1.86$을 얻는다. $b_1 = 7.5072$와

$$S_{b_1} = \frac{S_e}{\sqrt{\sum (x_i - \bar{x})^2}} = \frac{5.65}{\sqrt{104.1}} = 0.55$$

로 t통계량

$$t_8 = \frac{b_1 - 0}{S_{b_1}} = \frac{7.5072}{0.55} = 13.65$$

를 얻는다. 관찰된 t값이 기각역에 속하므로 유의수준 0.05에서 $\beta_1 = 0$이라는 귀무가설을 기각한다. 이것은 β_1이 0이 아니라는 강한 증거를 제시한다.

모회귀선의 절편에 대한 가설검정

β_0^*를 β_0의 가정된 값이라 하자. 모회귀선의 절편에 대한 가설을 검정하기 위해 검정통계량 $t_{n-2}=\frac{b_0-\beta_0^*}{S_{b_0}}$를 계산하여 회귀선의 기울기에 대한 가설을 검정할 때와 똑같이 진행한다. H_0이 참일 때, 이 t통계량은 자유도 $(n-2)$의 t분포를 따른다. 검정을 수행하기 위해 이 t통계량을 유의수준 α에서 t분포의 기각치와 비교한다.

예제 13-8

예제 13-2에 있는 자료에 대해 5% 유의수준을 이용하여 귀무가설 $H_0:\beta_0=0$을 양측대립가설 $H_A:\beta_0\neq 0$에 대해 검정하시오.

풀 이 $\alpha=0.05$와 자유도 $(n-2)=8$을 가진다. $\frac{\alpha}{2}=0.025$이므로 기각치 $t_{8,\,0.025}=2.31$과 $-t_{8,\,0.025}=-2.31$을 이용한다. H_0에 대해 채택영역은 $-2.31< t_8 <2.31$이다. $b_0=15.2017$과

$$S_{b_0}=\frac{S_e\sqrt{\sum x_i^2}}{\sqrt{n\sum(x_i-\bar{x})^2}}=\frac{5.65\sqrt{553}}{\sqrt{10\times 104.1}}=4.12$$

로 t통계량

$$t_8=\frac{b_0-0}{S_{b_0}}=\frac{15.2017}{4.12}=3.69$$

를 얻는다. $t_8=3.69$가 기각역에 속하기 때문에 H_0을 기각한다.

회귀계수에 대한 신뢰구간 모수 β_1에 대한 신뢰구간은 단순선형회귀모형의 기본가정이 성립한다면 통계량

$$t_{n-2}=\frac{b_1-\beta_1}{S_{b_1}}$$

은 자유도 $(n-2)$인 t분포를 따른다는 사실에 바탕을 둔다.

100(1−α)% 신뢰구간은

$$P\left(-t_{\nu,\,\alpha/2} \le \frac{b_1-\beta_1}{S_{b_1}} \le t_{\nu,\,\alpha/2}\right)=1-\alpha$$

에 바탕을 둔다. 여기서 자유도는 $\nu=(n-2)$이다. 항을 재배열하여

$$P[b_1-t_{\nu,\,\alpha/2}S_{b_1}<\beta_1<b_1+t_{\nu,\,\alpha/2}S_{b_1}]=1-\alpha$$

를 얻는다. 이 식은 반복된 표본추출에서 구간

$$[b_1-t_{\nu,\,\alpha/2}S_{b_1},\ b_1+t_{\nu,\,\alpha/2}S_{b_1}]$$

이 대략 $100(1-\alpha)\%$ 정도 β_1을 포함한다는 것을 의미한다. b_1과 S_{b_1}의 특정한 값에 대해 β_1이 그 구간에 있는지는 확신할 수 없다. 그러나 여러 표본자료를 가지고 추정절차를 반복하면 신뢰구간이 β_1을 대략 $100(1-\alpha)\%$ 정도 포함한다는 것이다.

기울기에 대한 신뢰구간

구간 $(b_1-t_{n-2,\,\alpha/2}S_{b_1},\ b_1+t_{n-2,\,\alpha/2}S_{b_1})$은 β_1에 대한 $100(1-\alpha)\%$ 신뢰구간이다.

비슷한 방법으로 모회귀선의 절편에 대한 신뢰구간을 얻는 것이 가능한데, 이것은 다음과 같다.

절편에 대한 신뢰구간

신뢰수준 $(1-\alpha)$에서 회귀절편 β_0에 대한 신뢰구간은

$$(b_0-t_{n-2,\,\alpha/2}S_{b_0},\ b_0+t_{n-2,\,\alpha/2}S_{b_0})$$

으로 주어진다.

예제 13-9

예제 13-2의 자료를 참고하여 기울기 β_1에 대한 95% 신뢰구간을 설정하시오.

풀 이 $\frac{\alpha}{2}=0.025$이고 자유도 $(n-2)=8$이므로 $t_{8,\,0.025}=2.31$을 얻는다. 원하는 신뢰구간은

$$\begin{aligned}&(b_1-t_{n-2,\,\alpha/2}S_{b_1},\ b_1+t_{n-2,\,\alpha/2}S_{b_1})\\&=[7.5072-2.31(0.55),\ 7.5072+2.31(0.55)]\end{aligned}$$

이다. 따라서 신뢰구간은 (6.24, 8.78)이다.

13.2 상관분석

두 변수를 관련시키는 수학적 방정식보다 변수 Y와 X 사이의 상관정도가 분석의 대상이 되기도 한다. 이러한 경우에 상관분석으로 알려진 통계적 기법이 이용된다.

모집단상관계수(correlation coefficient) Y와 X 사이의 상관 정도를 측정하는 적절한 방법을 찾고자 한다. 이것을 위한 하나의 방법은 회귀선이 표본자료를 얼마나 잘 적합시키는지를 측정하는 것이다.

μ_X는 변수 X의 기댓값, μ_Y는 변수 Y의 기댓값이라 하자. 그리고 X와 Y의 모분산을 각각 σ_X^2과 σ_Y^2이라고 하면, $\sigma_X^2=E[(X-\mu_X)^2]$이고 $\sigma_Y^2=E[(Y-\mu_Y)^2]$이 된다. 표본자료가 주어지면 S_X^2을 계산하여 σ_X^2을 추정한다. 여기서

$$S_X^2=\frac{\sum(x_i-\bar{x})^2}{n-1}$$

이다. Y에 대한 표본분산을 계산하기 위해 동일한 방법을 사용한다. 두 변수 X와 Y가 연관되어 있는지를 측정하는 방법은 두 변수 사이의 공분산을 계산하는 것이다.

모집단공분산과 표본공분산은 다음과 같이 정의된다.

모집단공분산

σ_{XY}로 표시한 모집단공분산은

$$\sigma_{XY} = Cov(X, Y) = E[(X-\mu_X)(Y-\mu_Y)]$$

표본공분산

표본이 주어질 때, σ_{XY}를 추정하기 위해 표본공분산을 사용한다. S_{XY}로 표시한 표본공분산은 공식

$$S_{XY} = \frac{\sum(x_i - \overline{x})(y_i - \overline{y})}{n-1}$$

를 사용하여 계산된다.

Y와 X 사이의 상관정도를 측정하기 위해 공분산을 사용하는 데 따른 문제점은 σ_{XY}와 S_{XY}의 크기가 X와 Y를 측정하는 데 사용된 단위에 달려 있다. 예를 들어 나무 X의 둘레와 나무 Y의 높이 사이의 관계는 m로 측정될 때보다 cm로 측정될 때, $Cov(X, Y)$의 값은 훨씬 더 커질 것이다.

표준화된 공분산

$$E\left[\frac{(X-\mu_X)(Y-\mu_y)}{\sigma_X \sigma_Y}\right]$$

는 X와 Y를 측정하는 데 사용된 척도에 의존하지 않는다.

모집단상관계수

변수 X와 Y의 모집단상관계수 ρ_{XY}는 표준화된 공분산으로 다음 공식

$$\rho_{XY} = \frac{\sigma_{XY}}{\sigma_X \sigma_Y}$$

로 정의된다.

ρ_{XY}값은 어떤 모집단에 대해서도 항상 $-1 \le \rho_{XY} \le 1$임을 보일 수 있다. 즉, ρ는 1보다 크거나 −1보다 작을 수 없다.

공분산과 상관계수의 특성에 대하여는 5.6절에서 상세히 설명하였고, 그림 13-16은 변수 X와 Y의 다양한 관계에 따른 ρ_{XY}의 개략적인 값을 보여준다.

표본상관계수 모집단의 상관계수 ρ_{XY}를 추정하기 위해 R로 표시된 표본상관계수를 계산한다. 표본상관계수 R은 표본자료 $(x_i,\ y_i)$에서 선형관계의 강도를 측정한다.

ρ_{XY}를 추정하기 위해 대응되는 표본추정치 S_{XY}, S_X와 S_Y를 사용한다.

표본상관계수

표본상관계수 R은 공식

$$R = \frac{S_{XY}}{S_X S_Y} = \frac{\sum x_i y_i - n\bar{x}\,\bar{y}}{\sqrt{\sum x_i^2 - n\bar{x}^2}\sqrt{\sum y_i^2 - n\bar{y}^2}}$$

로 얻어진다.

모집단상관계수와 표본상관계수의 공식은 두 변수 X와 Y의 순서를 바꾸더라도 결과에 영향을 미치지 않는다. 따라서 상관계수를 계산할 때, 어떤 변수를 X로 그리고 어떤 변수를 Y로 표시할지는 중요하지 않다.

표본상관계수와 표본회귀선의 기울기 사이의 관계 표본상관계수는 표본회귀선의 기울기와 관계가 있다. 표본회귀선의 기울기는

$$b_1 = \frac{\sum(x_i - \bar{x})(y_i - \bar{y})}{\sum(x_i - \bar{x})^2}$$

로 계산된다.

분자와 분모를 $(n-1)$로 나누면 $b_1 = \frac{S_{XY}}{S_X^2}$를 얻는다. 표본상관계수는 $R = \frac{S_{XY}}{S_X S_Y}$로 표시되므로, 다음의 방정식을 얻는다.

그림 13-16 변수 X와 Y의 상관관계

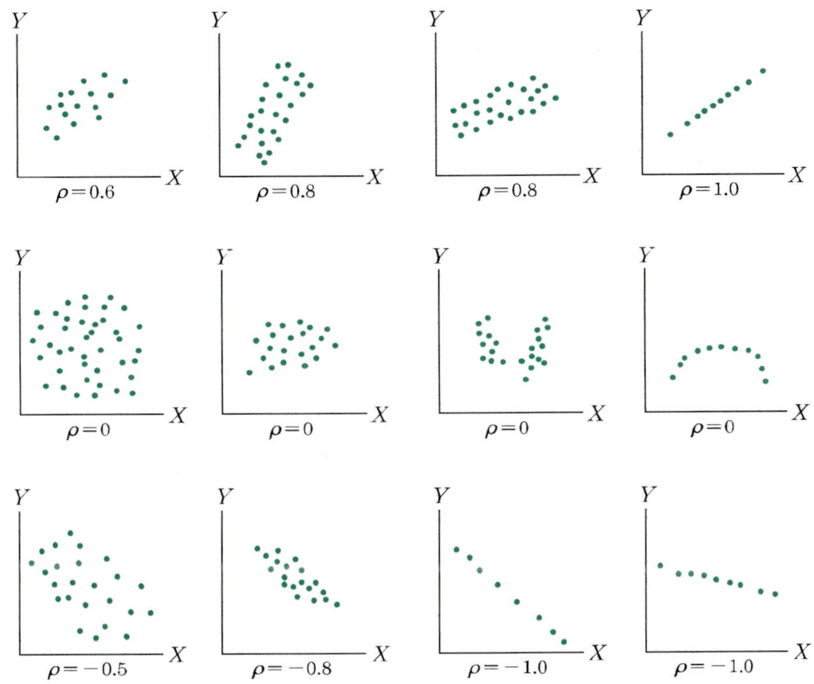

R과 b_1 사이의 관계

$$b_1 = R\frac{S_Y}{S_X} \text{이고,} \quad R = b_1\frac{S_X}{S_Y} \text{이다.}$$

여기서 S_X와 S_Y는 X와 Y의 표본표준편차이다.

S_Y와 S_X가 모두 양이기 때문에 $b_1=0$일 때만 $R=0$이 된다. 즉, 표본회귀선이 기울기가 0인 수평선일 때만 표본상관계수는 0이 된다. 이것은 표본회귀선이 수평선일 때는 변수 X가 Y를 예측하는 데 도움이 되지 못한다는 것을 의미한다. $R=0$이라는 것은 주어진 표본자료에 관한 한 X는 Y와 선형관계가 없다는 것을 의미한다. 즉 $R=0$은 X와 Y의 선형관계가 없음을 지적할 따름이지 비선형관계에 대해서는 아무것도 언급하지 않는다.

또한 S_Y와 S_X 모두 양이기 때문에 R의 부호는 b_1의 부호와 같다. 표본회귀선의 기울기가 양일 때 R은 양이고, 표본회귀선의 기울기가 음일 때 R은 음이다.

결정계수 R^2은 표본회귀선의 적합도를 측정한다는 것을 상기하라. 단순선형회귀모형에서 결정계수 R^2은 표본상관계수 R의 제곱이다. $0 \le R^2 \le 1$이고 R은 R^2의 제곱근이기 때문에 $-1 \le R \le 1$이다.

상관분석의 잘못된 이용 상관분석이 무분별하게 이용된다면 결론은 다르게 나오거나 심지어 잘못될 수 있다. 흔한 실수는 상관관계를 인과관계의 의미로 해석하는 것이다. 그러나 X와 Y가 상관되어 있다는 사실이 X가 Y를 초래하거나 또는 그 반대를 의미하지는 않는다.

예제 13-10

예제 13-2를 참고하여 광고비지출액과 매출액 사이의 상관계수를 계산하시오.

풀 이

$$R = \frac{\sum x_i y_i - n\bar{x}\,\bar{y}}{\sqrt{\sum x_i^2 - n\bar{x}^2}\,\sqrt{\sum y_i^2 - n\bar{y}^2}}$$

$$= \frac{5170 - 10 \times 6.7 \times 66.5}{\sqrt{553 - 10 \times 6.7^2}\,\sqrt{49025 - 10 \times 65.5^2}}$$

$$= 0.979$$

이다. 이 표본상관계수는 1에 아주 가까워 자료는 양의 기울기를 가진 직선에 가까이 있음을 알 수 있다. 앞에서 구한 결정계수 R^2의 값은 0.9582로 이것은 표본상관계수 0.979의 제곱이다.

EXCEL 13 컴퓨터 활용 Ⅲ

그림 13-7의 자료를 가지고 상관분석을 하기 위해 데이터 메뉴에서 데이터 분석을 선택하면 그림 13-17의 화면이 나타난다. 여기서 『상관분석』을 선택하고

확인을 누르면 그림 13-18의 상관분석 대화상자가 나타나게 된다.

그림 13-17 상관분석 선택

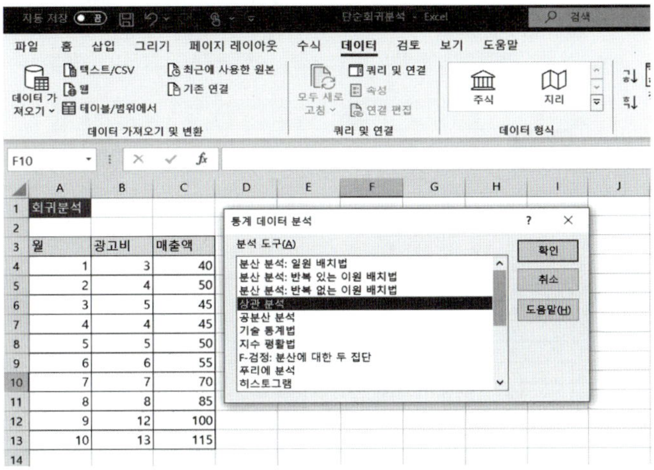

그림 13-18 상관분석 대화상자

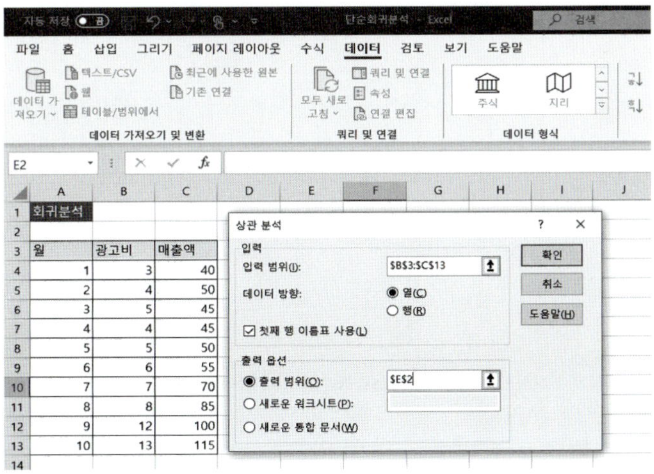

그림 13-18에서 필요한 정보를 입력하고 출력범위는 E2셀로 지정한 후 확인을 누르면 그림 13-19와 같이 결과가 주어진다.

그림 13-19 상관분석의 결과

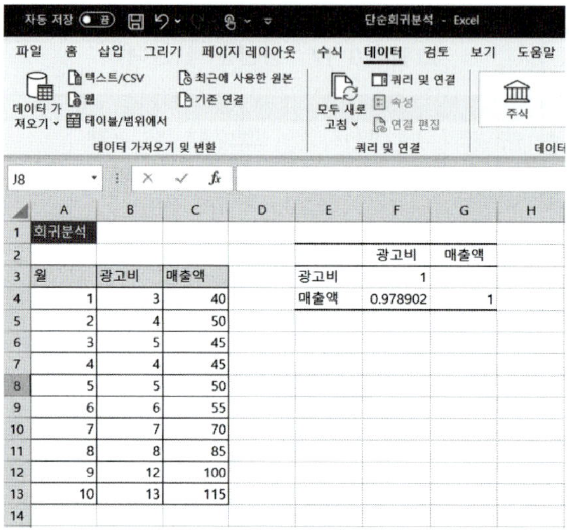

	A	B	C	D	E	F	G	H
1	회귀분석							
2						광고비	매출액	
3	월	광고비	매출액		광고비	1		
4	1	3	40		매출액	0.978902	1	
5	2	4	50					
6	3	5	45					
7	4	4	45					
8	5	5	50					
9	6	6	55					
10	7	7	70					
11	8	8	85					
12	9	12	100					
13	10	13	115					
14								

결과에서 보듯이 상관계수가 0.979로 광고비지출액과 매출액 사이의 상관관계가 매우 높음을 알 수 있다.

13 통계학개론

연습문제

01 단순선형회귀모형의 기본가정을 설명하시오.

02 모회귀선의 기울기에 대한 검정방법을 설명하시오.

03 다음의 자료는 서울에서 제주까지의 월별 탑승객 수와 현무호텔의 월별 평균이용률을 보여준다. 탑승객 수에 대한 현무호텔 이용률 자료를 산포도상에 나타내시오. 직선관계가 존재하는가?

탑승객 수(단위: 천명): X	현무호텔 이용률(%): Y
65	40
71	41
53	48
70	49
74	73
85	74
84	68
58	51
72	63
87	75
85	70
50	38

04 문제 3의 표를 이용하여 최소제곱법을 적용하여 회귀직선의 기울기와 절편을 추정하시오. $x=69$일 때의 이용률을 예측하시오.

05 문제 3의 표를 이용하여 추정된 회귀선을 산포도상에 나타내고 잔차도표를 그려 보시오.

06 문제 3의 표를 이용하여 표준오차의 추정치를 구하시오.

07 문제 3의 표를 이용하여 결정계수 R^2을 구하시오.

08 문제 3의 표를 이용하여 $H_0:\beta_1=0$을 $H_A:\beta_1\neq 0$에 대해 5% 유의수준을 사용하여 검정하시오.

09 문제 3의 표를 이용하여β_1이 탑승객 천 명당 현무호텔 이용률에서의 증가를 나타낸다고 할 때, β_1의 95% 신뢰구간을 구하시오.

10 문제 3의 표를 이용하여 X와 Y 사이의 선형관계의 강도를 나타내는 상관계수를 구하시오.

14

다중회귀모형

Charlie Chaplin

인생을 가까이서 보면 비극처럼 보이지만, 멀리서 보면 희극이다.

Life is a tragedy when seen in close-up, but a comedy in long-shot.

제14장

다중회귀모형

다중회귀모형 –
회귀모형의 가설검정 –
특수한 다중회귀모형 –

key point

제13장에서는 하나의 독립변수에 의해 종속변수의 행태를 분석하는 단순회귀분석모형을 설명하였다. 즉, 종속변수의 행태를 하나의 독립변수와 연관하여 설명하였다. 그러나 현실적인 문제에서 종속변수는 다수의 독립변수와 연관되어 변화하는 것이 일반적이다. 예를 들어서 기업의 매출액은 광고액뿐만 아니라 제품의 품질수준, 가격 그리고 기타 경제변수 등의 변화에 영향을 받는다. 주가도 은행이자율, 환율, GNP, 경기선행지수 등 여러 변수와 연관되어 움직이게 된다. 본 장에서는 단순회귀분석을 일반화한 다수의 독립변수에 의해 종속변수의 행태를 파악하는 다중회귀분석모형을 설명하려고 한다.

14.1 다중회귀모형

제13장에서 논의된 회귀방정식은 두 개 이상의 설명변수를 포함하는 경우로 확장될 수 있다.

다중회귀모형

다중회귀모형은 $Y_i = \beta_0 + \beta_1 x_{i1} + \beta_2 x_{i2} + \cdots + \beta_k x_{ik} + \varepsilon_i$로 표현된다. 여기서 Y_i는 종속변수 Y의 i번째 값을 나타내는 확률변수이고, β_0, β_1, $\cdots$, β_k는 미지의 모수들이다. 또한 x_{ik}는 k번째 독립변수의 i번째 관찰치이고, ε_i는 오차항으로서 i.i.d. $N(0,\ \sigma_\varepsilon^2)$의 분포를 가지는 것으로 가정한다.

위에서 $\varepsilon_i \sim$ i.i.d. $N(0,\ \sigma_\varepsilon^2)$는 회귀분석의 기본가정인데, i.i.d.는 상호독립이며 동일한 분포를 가진다(independently, identically distributed)는 것을 의미한다. 즉, 모든 i와 j에 대하여 ε_i와 ε_j는 상호독립이며, 평균과 분산이 동일한 정규분포변수임을 가정하는 것이다.

모회귀방정식은

$$E(Y_i \mid x_{i1},\ x_{i2},\ \cdots,\ x_{ik}) = \beta_0 + \beta_1 x_{i1} + \beta_2 x_{i2} + \cdots + \beta_k x_{ik}$$

로 주어져, 설명변수 x_{i1}, x_{i2}, $\cdots$, x_{ik}와 관련된 Y_i의 평균값을 보여 준다. 모수 β_0은 상수항 또는 절편으로 모든 독립변수가 0일 때, Y_i의 평균값을 측정한다. 모수 β_j는 모든 다른 독립변수가 상수로 고정될 때, x_{ij}의 값의 한 단위 증가에 대응되는 Y_i의 평균값의 변화를 측정한다. 예를 들면 x_{ij}를 한 단위 증가시키면

$$E(Y_i \mid x_{i1},\ \cdots,\ x_{ij}+1,\ \cdots,\ x_{ik}) = \beta_0 + \beta_1 x_{i1} + \cdots + \beta_j (x_{ij}+1) + \cdots + \beta_k x_{ik}$$

을 얻는다. 따라서

$$E(Y_i \mid x_{i1},\ \cdots,\ x_{ij}+1,\ \cdots,\ x_{ik}) - E(y_i \mid x_{i1},\ \cdots,\ x_{ij},\ \cdots,\ x_{ik}) = \beta_j$$

이다.

오차항

모회귀모형에서 ε_i로 표시된 오차항은

$$\varepsilon_i = Y_i - E(Y_i \mid x_{i1},\ x_{i2},\ \cdots,\ x_{ik}) = Y_i - (\beta_0 + \beta_1 x_{i1} + \beta_2 x_{i2} + \cdots + \beta_k x_{ik})$$

이다.

오차항 ε_i에 대한 방정식에서 항들을 재배열하여 동일한 방정식 $Y_i = \beta_0 + \beta_1 x_{i1} + \beta_2 x_{i2} + \cdots + \beta_k x_{ik} + \varepsilon_i$를 얻는다. 여기서 독립변수의 어떠한 값에 대해서도 ε_i의 평균은 0이다.

β_0, β_1, β_2, $\cdots$, β_k는 미지의 모수로 종속변수 Y와 k개의 독립변수 x_{i1}, x_{i2}, $\cdots$, x_{ik}에 대한 n개의 관찰치 표본을 이용하여 추정된다. 일단 모수 β_0, β_1, β_2, $\cdots$, β_k를 추정하게 되면 표본회귀방정식이라 부르는 추정된 회귀방정식을 얻게 된다.

표본회귀방정식

추정된 방정식 $\hat{Y}_i = b_0 + b_1 x_{i1} + b_2 x_{i2} + \cdots + b_k x_{ik}$는 표본회귀방정식이라 불린다. $\hat{Y}_i$는 $E(Y_i \mid x_{i1},\ x_{i2},\ \cdots,\ x_{ik})$의 추정량으로서 적합된 값이라고도 불린다.

최소제곱추정치

모수 β_0, β_1, β_2, $\cdots$, β_k의 최소제곱추정치는 잔차제곱합 SSE를 최소로 하는 값 b_0, b_1, b_2, $\cdots$, b_k이다.

여기서

$$SSE = \sum (y_i - \hat{Y}_i)^2 = \sum (y_i - b_0 - b_1 x_{i1} - b_2 x_{i2} - \cdots - b_k x_{ik})^2$$

이다.

두 개의 설명변수를 포함한 표본회귀식은 $\widehat{Y}_i = b_0 + b_1 x_{i1} + b_2 x_{i2}$이다. 최소제곱법에 따르면 아래의 잔차제곱합 SSE를 최소로 하는 추정치 b_0, b_1과 b_2를 선택하게 된다.

$$SSE = \sum_{i=1}^{n} e_i^2 = \sum_{i=1}^{n} (y_i - \widehat{Y}_i)^2$$
$$= \sum_{i=1}^{n} (y_i - b_0 - b_1 x_{i1} - b_2 x_{i2})^2$$

추정량 b_0, b_1과 b_2를 찾기 위해 SSE를 b_0, b_1과 b_2에 대해 편미분하여 얻은 다음의 정규방정식(normal equation)을 동시에 만족시키는 b_0, b_1과 b_2를 구한다.

그림 14-1 적합된 회귀평균

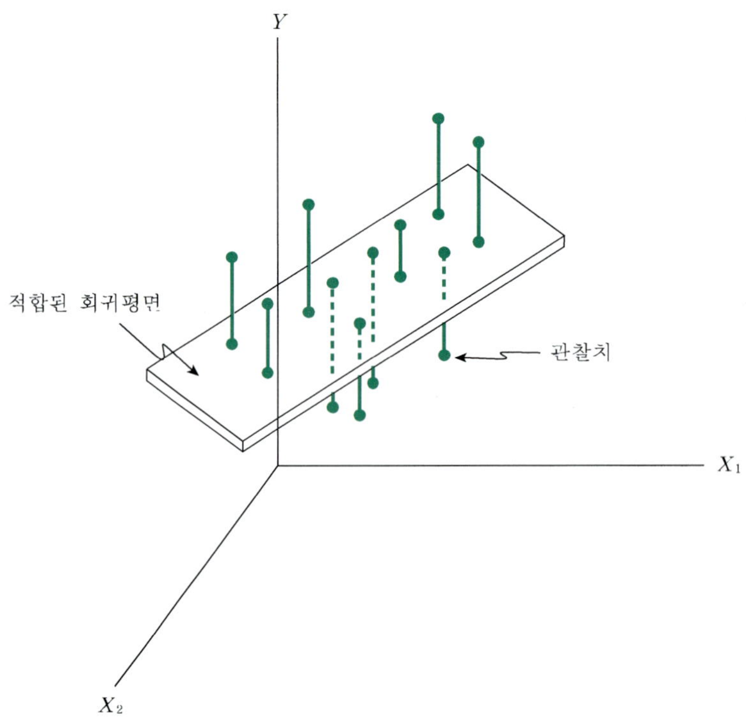

$$\sum y_i = nb_0 + b_1 \sum x_{i1} + b_2 \sum x_{i2}$$

$$\sum x_{i1} y_i = b_0 \sum x_{i1} + b_1 \sum x_{i1}^2 + b_2 \sum x_{i1} x_{i2}$$

$$\sum x_{i2} y_i = b_0 \sum x_{i2} + b_1 \sum x_{i1} x_{i2} + b_2 \sum x_{i2}^2$$

즉,

$$b_1 = \frac{(\sum x_{i2}^2)(\sum x_{i1} Y_i) - (\sum x_{i1} x_{i2})(\sum x_{i2} Y_i)}{(\sum x_{i1}^2)(\sum x_{i2}^2) - (\sum x_{i1} x_{i2})^2}$$

$$b_2 = \frac{(\sum x_{i1}^2)(\sum x_{i2} Y_i) - (\sum x_{i1} x_{i2})(\sum x_{i1} Y_i)}{(\sum x_{i1}^2)(\sum x_{i2}^2) - (\sum x_{i1} x_{i2})^2}$$

$$b_0 = \overline{Y} - b_1 \overline{x_1} - b_2 \overline{x_2}$$

이다.

그림 14-1은 표본관찰치에 적합된 회귀평면을 보여 준다. 표본회귀평면은 수직방향에서 관찰치로부터의 제곱된 편차를 최소로 하는 평면이다. 단순선형회귀모형에서 σ_ε^2의 불편추정량는 $S_e^2 = \frac{SSE}{(n-2)}$임을 상기하자. 여기서 $(n-2)$는 모형의 자유도이다. σ_ε^2의 불편추정량은 다중회귀모형에 있어서도 비슷한 방법으로 정의된다. S_e^2에 대한 공식에서 분모는 n에서 추정될 모수의 수를 뺀 것이다. 다중회귀모형에서는 $(k+1)$개의 모수 β_0, β_1, $\cdots$, β_k가 있으므로 S_e^2에 대한 공식에서 분모는 $n-(k+1) = n-k-1$이다. 따라서 S_e^2에 대한 공식은 $S_e^2 = \frac{SSE}{n-k-1}$이며 이것이 σ_ε^2의 불편추정량이다.

예제 14-1

대리점의 매출액(단위: 천만 원)은 광고비지출액(단위: 백만 원)과 판매원 수(단위: 명)에 의해 결정된다고 볼 수 있다. $n=10$개의 대리점 표본에 대한 정보가 표 14-1에 주어져 있다. 즉, 표 14-1의 자료는 i번째 대리점의 매출액 y_i, i번째 대리점의 광고비지출액 x_{i1} 그리고 i번째 대리점의 판매원 수 x_{i2}를 보여준다. 회귀평면을 추정하고, 광고비지출액 10과 판매원 수 16명을 갖는 대리점에 대한 매출액을 예측하시오.

표 14-1 예제 14-1에 대한 자료

매출액 (단위: 천만 원) Y	광고비지출액 (단위: 백만 원) X_1	판매원 수 (단위: 명) X_2	X_1^2	X_2^2	X_1Y	X_2Y	X_1X_2	Y^2
9	4	4	16	16	36	36	16	81
20	8	10	64	100	160	200	80	400
22	9	8	81	64	198	176	72	484
15	8	5	64	25	120	75	40	225
17	8	10	64	100	136	170	80	289
30	12	15	144	225	360	450	180	900
18	6	8	36	64	108	144	48	324
25	10	13	100	169	250	325	130	625
10	6	5	36	25	60	50	30	100
20	9	12	81	144	180	240	108	400
합계 186	80	90	686	932	1,608	1,866	784	3,828

풀 이 일반적으로 이 문제를 풀기 위해 컴퓨터를 이용하나, 여기서는 표 14-1의 결과를 이용한다.

$$\Sigma y_i = 186 \qquad \Sigma x_{i1} = 80 \qquad \Sigma x_{i2} = 90 \qquad \Sigma x_{i1}^2 = 686$$
$$\Sigma x_{i2}^2 = 932 \qquad \Sigma x_{i1}y_i = 1,608 \qquad \Sigma x_{i2}y_i = 1,866 \qquad \Sigma x_{i1}x_{i2} = 784$$

와 평균 $\bar{y} = 18.6$, $\bar{x}_1 = 8$ 그리고 $\bar{x}_2 = 9$을 얻고 이를 이용해 계수의 추정치

$$b_1 = \frac{932 \times 1,608 - 784 \times 1,866}{686 \times 932 - 784^2} = 1.45$$
$$b_2 = \frac{686 \times 1,866 - 784 \times 1,608}{686 \times 932 - 784^2} = 0.79$$
$$b_0 = \overline{Y} - b_1\bar{x}_1 - b_2\bar{x}_2 = 18.6 - 1.45 \times 8 - 0.79 \times 9 = -0.11$$

을 얻는다. 따라서 추정된 방정식은

$$\widehat{Y}_i = -0.11 + 1.45x_{i1} + 0.79x_{i2}$$

이다. 광고비지출액 10과 판매원 수 16을 갖는 대리점에 대한 예측매출액은 $x_{i1} = 10$과 $x_{i2} = 16$을 추정된 방정식에 대입하여 얻어진다. 예측된 값은

$$\widehat{Y} = -0.11 + 1.45 \times 10 + 0.79 \times 16 = 27.03$$

위의 결과는 뒤에서 설명될 컴퓨터 결과와 많은 차이가 남을 유의하기 바란다. 이는 독립변수의 수가 많을수록 컴퓨터를 사용할 필요가 있음을 보여주고 있다.

컴퓨터 활용 I

14 EXCEL

그림 14-2와 같이 예제 1의 자료를 입력한다.

그림 14-2 자료입력

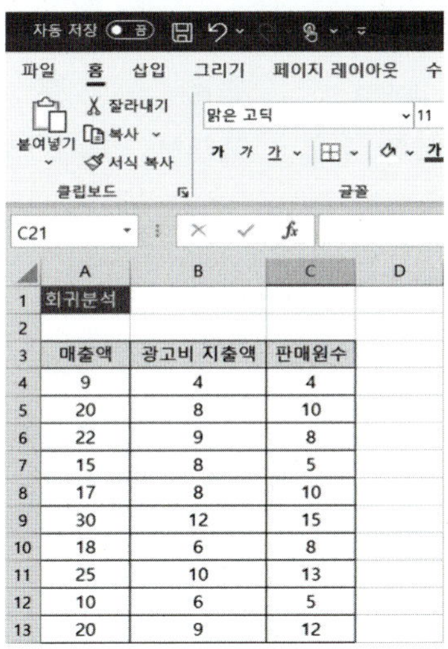

	A	B	C	D
1	회귀분석			
2				
3	매출액	광고비 지출액	판매원수	
4	9	4	4	
5	20	8	10	
6	22	9	8	
7	15	8	5	
8	17	8	10	
9	30	12	15	
10	18	6	8	
11	25	10	13	
12	10	6	5	
13	20	9	12	

이제 데이터 메뉴에서 데이터 분석을 선택하면 그림 14-3의 화면이 나타난다. 여기서 『회귀분석』을 선택하고 확인을 누르면 그림 14-4의 회귀분석 대화상자가 나타나게 된다.

그림 14-3 회귀분석 선택

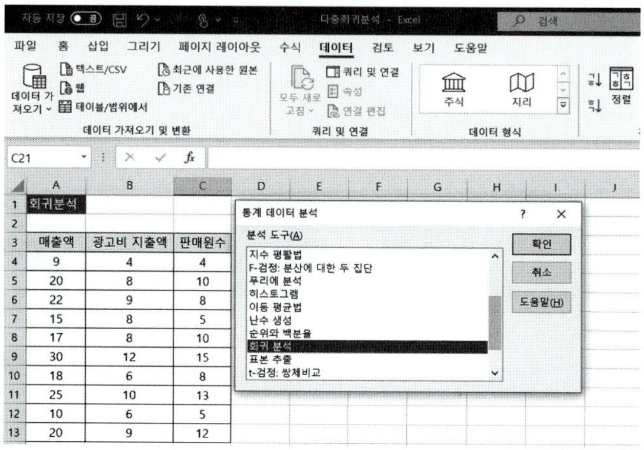

그림 14-4 회귀분석 대화상자

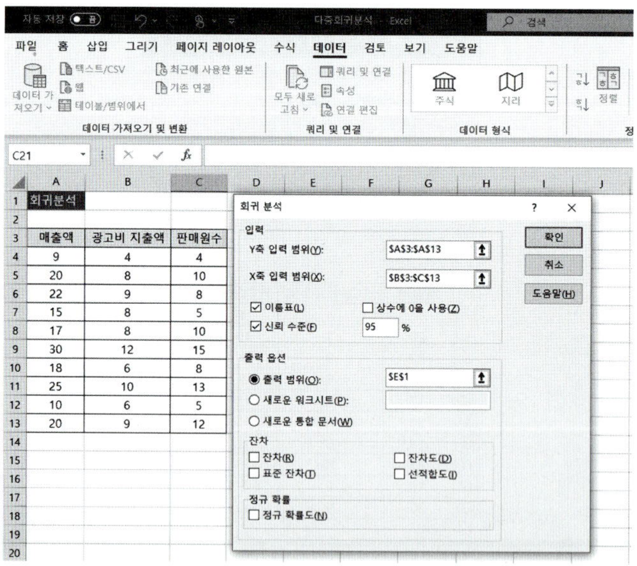

그림 14-4에서 Y축은 매출액자료이고, X축은 광고비 및 판매원 수 자료이므로 해당되는 각 셀의 범위를 대화상자에 입력한다. 이름표에 표시하고 출력범위는 E1셀로 지정한 후 확인을 누르면 그림 14-5와 같이 결과가 주어진다.

그림 14-5 (다중)회귀분석의 결과

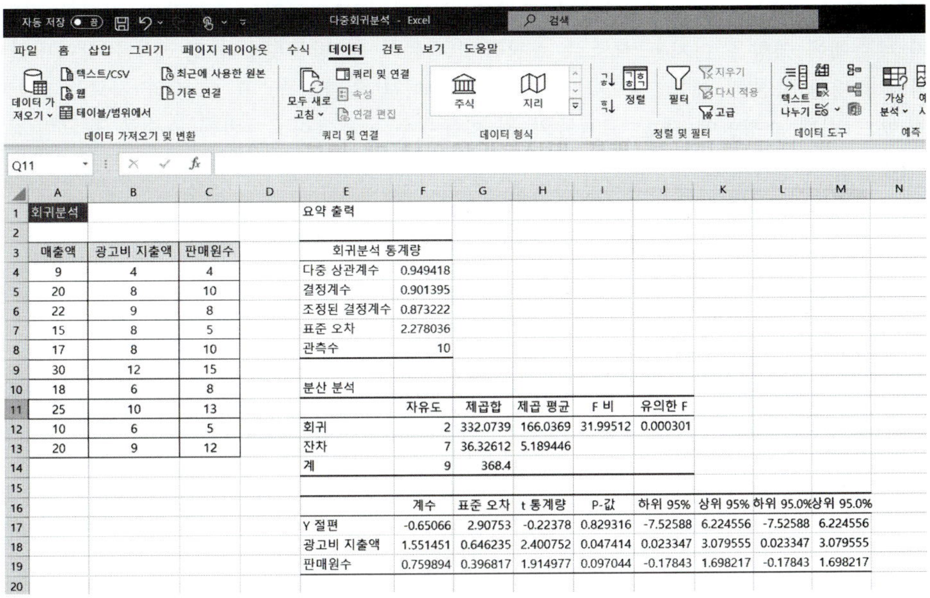

회귀분석

매출액	광고비 지출액	판매원수
9	4	4
20	8	10
22	9	8
15	8	5
17	8	10
30	12	15
18	6	8
25	10	13
10	6	5
20	9	12

요약 출력

회귀분석 통계량	
다중 상관계수	0.949418
결정계수	0.901395
조정된 결정계수	0.873222
표준 오차	2.278036
관측수	10

분산 분석

	자유도	제곱합	제곱 평균	F 비	유의한 F
회귀	2	332.0739	166.0369	31.99512	0.000301
잔차	7	36.32612	5.189446		
계	9	368.4			

	계수	표준 오차	t 통계량	P-값	하위 95%	상위 95%	하위 95.0%	상위 95.0%
Y 절편	-0.65066	2.90753	-0.22378	0.829316	-7.52588	6.224556	-7.52588	6.224556
광고비 지출액	1.551451	0.646235	2.400752	0.047414	0.023347	3.079555	0.023347	3.079555
판매원수	0.759894	0.396817	1.914977	0.097044	-0.17843	1.698217	-0.17843	1.698217

그림 14-5의 결과를 살펴보면 결정계수는 0.901로 주어지는데 이는 종속변수의 변동 중 90.1%가 두 개의 독립변수(여기서는 광고비지출액 및 판매원 수)에 의해 설명됨을 의미한다. 그리고 분산분석의 유의한 F하의 값, 즉 p값이 약 0.000으로 유의수준 1%보다 낮은 유의수준에서도 추정된 회귀식이 유의함을 알 수 있다. 끝으로 추정된 회귀식은 Y절편이 -0.651이고 독립변수인 광고비지출액의 계수는 1.551, 판매원 수의 계수는 0.760인 $\hat{Y}=-0.651+1.551X_1+0.760X_2$로 표시됨을 알 수 있다. 여기서 광고비지출액의 회귀계수에 대한 p값이 0.05보다 작기 때문에 5% 유의수준에서 매출액에 대한 광고비지출액의 회귀계수가 통계적으로 유의함을 알 수 있다. 그리고 판매원 수의 회귀계수에 대한 p값 또한 0.10보다 작기 때문에 10% 유의수준에서 매출액에 대한 판매원 수의 회귀계수가 유의하다고 할 수 있다.

예제 14-2

K인터넷 쇼핑몰의 K대리는 새로운 마케팅 전략을 수립하여 보고하라는 L과장의 지시를 받았다. K대리는 먼저 매출액에 영향을 미치는 요소로 쇼핑몰 고객들의 월 방문횟수와 광고비를 찾아내었다.

$n=5$개의 쇼핑몰 표본에 대한 정보가 표 14-2에 주어져 있다. 즉, 표 14-2의 자료는 i번째 쇼핑몰의 매출액 y_i, i번째 쇼핑몰에 대한 고객들의 월 방문횟수 x_{i1} 그리고 i번째 쇼핑몰 광고비 x_{i2}를 보여준다. 회귀평면을 추정하시오.

표 14-2 예제 14-2에 대한 자료

매출액 (단위: 억 원) Y	방문횟수 X_1	광고비 (단위: 백만 원) X_2	X_1^2	X_2^2	X_1Y	X_2Y	X_1X_2	Y^2
30	10	14	100	196	300	420	140	900
34	20	10	400	100	680	340	200	1,156
52	18	28	324	784	936	1,456	504	2,704
48	26	16	676	256	1,248	768	416	2,304
54	30	12	900	144	1,620	648	360	2,916
합계 218	104	80	2,400	1,480	4,784	3,632	1,620	9,980

풀 이 일반적으로 이 문제를 풀기 위해 컴퓨터를 이용하나, 여기서는 표 14-2의 결과를 이용한다.

$$\Sigma y_i = 218 \quad \Sigma x_{i1} = 104 \quad \Sigma x_{i2} = 80 \quad \Sigma x_{i1}^2 = 2{,}400$$
$$\Sigma x_{i2}^2 = 1{,}480 \quad \Sigma x_{i1}y_i = 4{,}784 \quad \Sigma x_{i2}y_i = 3{,}632 \quad \Sigma x_{i1}x_{i2} = 1{,}620$$

와 평균 $\bar{y}=43.6$, $\bar{x}_1=20.8$ 그리고 $\bar{x}_2=16$을 얻고 이를 이용해 계수의 추정치

$$b_1 = \frac{1{,}480\times 4{,}784 - 1{,}620\times 3{,}632}{2{,}400\times 1{,}480 - 1{,}620^2} = 1.29$$
$$b_2 = \frac{2{,}400\times 3{,}632 - 1{,}620\times 4{,}784}{2{,}400\times 1{,}480 - 1{,}620^2} = 1.04$$
$$b_0 = \overline{Y} - b_1\bar{x}_1 - b_2\bar{x}_2 = 43.6 - 1.24\times 20.8 - 0.99\times 16 = 1.97$$

을 얻는다. 따라서 추정된 방정식은 다음과 같다.

$$\hat{Y}_i = 1.97 + 1.24x_{i1} + 0.99x_{i2}$$

컴퓨터 활용 Ⅱ

14 EXCEL

그림 14-6과 같이 예제 14-2의 자료를 입력한다.

그림 14-6 자료입력

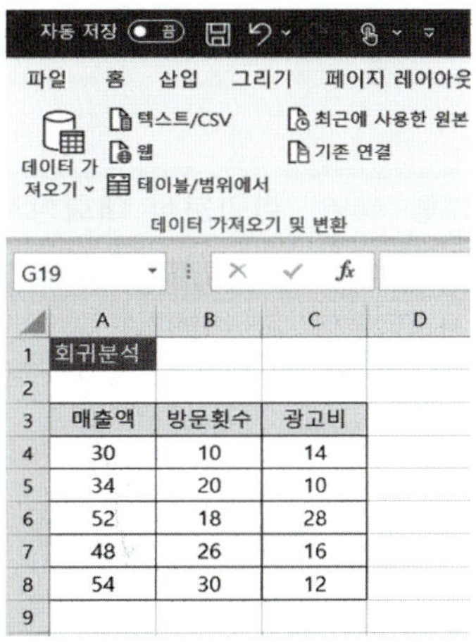

이제 데이터 메뉴에서 데이터 분석을 선택하면 그림 14-7의 화면이 나타난다. 여기서 회귀분석을 선택하고 확인을 누르면 그림 14-8의 회귀분석 대화상자가 나타나게 된다.

그림 14-8에서 Y축은 매출액자료이고, X축은 방문횟수 및 광고비 자료이므로 해당되는 각 셀의 범위를 대화상자에 입력한다. 이름표에 표시하고 확인을 누르면 그림 14-9와 같이 결과가 주어진다.

그림 14-7 회귀분석 선택

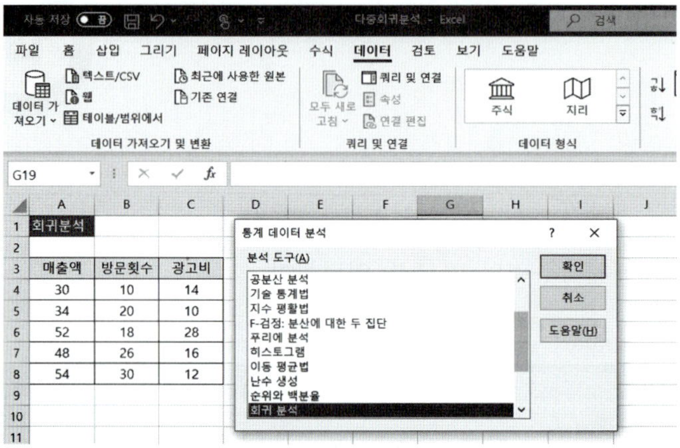

그림 14-8 회귀분석 대화상자

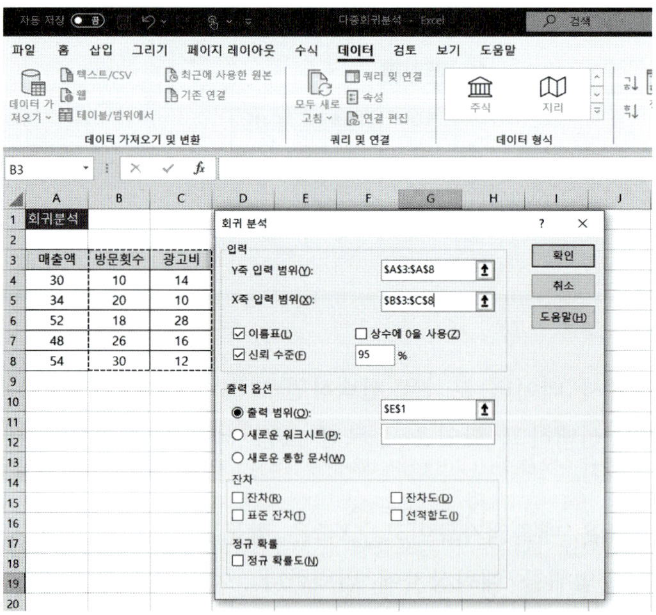

그림 14-9 (다중)회귀분석의 결과

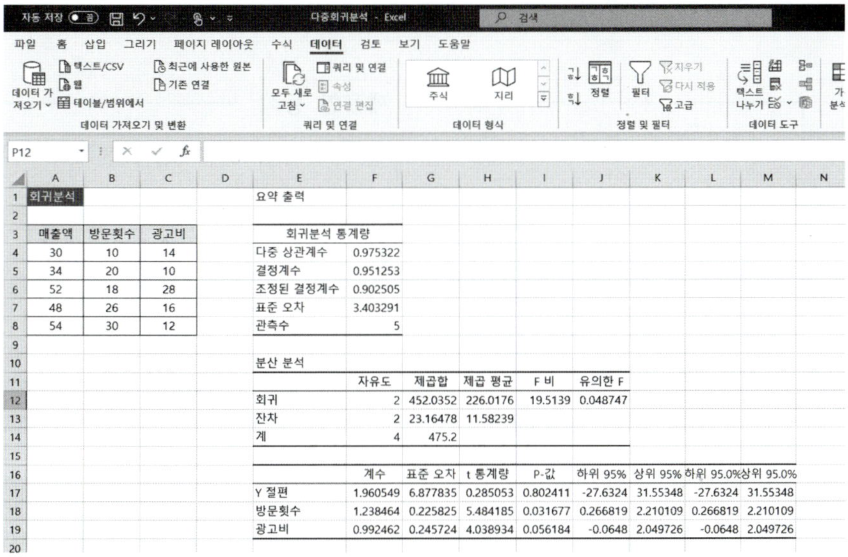

그림 14-9의 결과를 살펴보면 결정계수는 0.951로 주어지는데 이는 종속변수의 변동 중 95.1%가 두 개의 독립변수(여기서는 방문횟수와 광고비)에 의해 설명됨을 의미한다. 그리고 분산분석의 유의한 F하의 값, 즉 p값이 0.049로 유의수준 5%보다 낮은 유의수준에서는 추정된 회귀식이 유의함을 알 수 있다. 끝으로 추정된 회귀식은 Y절편이 1.961이고, 독립변수인 방문횟수의 계수는 1.238, 광고비의 계수가 0.992인 $\widehat{Y}=1.961+1.238X_1+0.992X_2$로 표시됨을 알 수 있다.

여기서 방문횟수의 계수에 대한 p값이 0.05보다 작기 때문에 5% 유의수준에서 매출액에 대한 방문횟수의 회귀계수가 통계적으로 유의함을 알 수 있다. 즉, 독립변수가 종속변수를 설명하는 변수로 의미가 있음을 알 수 있다. 또한 회귀식에서 기울기가 양(+)의 값을 갖는데 이는 두 변수가 정(+)의 관계를 가짐을 의미한다. 반면 광고액의 계수에 대한 p값이 0.05보다는 크기 때문에 5% 유의수준에서 광고액에 대한 매출액의 회귀계수가 통계적으로 유의하지 않음을 알 수 있다.

단순선형회귀모형에서처럼 총변동(SST)을 두 가지 성분, 즉 SSR과 SSE로 분해할 수 있다.

제곱합 등식

총변동 SST는 모형에 의해 설명되는 변동 SSR과 설명 안 되는 변동 SSE의 합이다.

$$\Sigma(y_i - \bar{y})^2 = \Sigma(\hat{Y}_i - \bar{y})^2 + \Sigma e_i^2$$

즉, $SST = SSR + SSE$이다.

단순선형회귀모형에서처럼 다중결정계수는 R^2으로 표시되고 다음 공식으로 계산된다.

$$R^2 = \frac{SSR}{SST} = 1 - \frac{SSE}{SST}$$

단순선형회귀모형에서처럼 다중결정계수 R^2은 독립변수들에 의해 설명되어지는 종속변수의 변동부분을 측정하며 $0 \le R^2 \le 1$이다. 1에 가까운 R^2의 값은 독립변수들이 Y의 변동의 대부분을 설명하고, 표본자료가 추정된 회귀방정식 근처에 있음을 나타낸다. 0에 가까운 R^2의 값은 Y의 변동이 회귀방정식으로 잘 설명되지 않음을 나타낸다. 만약 $R^2=1$이면 $SSE=0$이고, 모든 관찰치가 추정된 회귀방정식상에 놓여 있다는 것을 말한다. 이 경우 완전한 적합을 갖게 된다.

조정결정계수 $\bar{R}^2$ R^2의 식에서 SST는 또 다른 설명변수가 모형에 추가될 때에도 일정한 값으로 남아있는데 그 이유는 그러한 추가가 $\Sigma(y_i - \bar{y})^2$에 영향을 미치지 않기 때문이다. 그러나 모형에 또 다른 설명변수를 추가하는 경우, 새로운 변수의 추정된 계수가 0이 아니라면 SSE를 감소시키고, 따라서 R^2의 값을 증가시킨다. 이처럼 R^2의 값은 모형에 포함된 설명변수의 수에 의존한다. 이로 인해 설명변수의 개수가 다른 두 모형의 적합도를 비교할 때 문제점이 야기된다.

$\bar{R}^2$은 회귀식에 포함된 설명변수의 수를 고려하면서 모형의 적합도를 측정한다는 점에서 R^2과 차이가 있다.

조정결정계수 $\overline{R}^2$에 대한 공식

$$\overline{R}^2 = 1 - \frac{\dfrac{SSE}{n-k-1}}{\dfrac{SST}{n-1}} = 1 - \frac{n-1}{n-k-1}(1-R^2)$$

$S_Y^2 = \dfrac{SST}{(n-1)}$는 Y의 표본분산이며 설명의 대상이 되는 총분산이다. 그리고 $S_e^2 = \dfrac{SSE}{n-k-1}$는 오차항의 분산 σ_ε^2의 불편추정량으로, 이것은 설명되지 않는 분산이다. 대입하면 $\overline{R}^2 = 1 - \left(\dfrac{S_e^2}{S_Y^2}\right)$을 얻는다. 따라서 $\overline{R}^2$은 X에 의해서 설명되는 Y의 변동비율을 측정한다. $\overline{R}^2$이 1에 가까우면 그 모형은 Y의 총변동 중 상당비율을 설명한다. SSE가 또 다른 설명변수가 포함될 때 감소하지만 항 $(n-k-1)$도 역시 감소한다. 따라서 $S_e^2 = \dfrac{SSE}{n-k-1}$는 증가 또는 감소할 수 있다.

일부 통계학자들은 적합도의 척도로서 통계량 $\overline{R}^2$의 사용을 반대한다. 그 이유는 항 $\dfrac{n-1}{n-k-1}(1-R^2)$이 1보다 클 때, $\overline{R}^2$이 음의 값을 가질 수 있기 때문이다. 이것은 R^2이 0에 가깝고 k가 크면 발생할 수 있다.

예제 14-3

예제 14-1을 참조하여 R^2과 $\overline{R}^2$을 계산하시오.

풀 이 표 14-1의 결과로부터

$$SST = \sum y_i^2 - n\bar{y}^2 = 3828 - 10(18.6)^2 = 368.4$$

이고, 잔차제곱합 SSE가 36.33이므로

$$R^2 = 1 - \frac{SSE}{SST} = 1 - \frac{36.33}{368.4} = 0.901$$

이다. 이 값은 대리점 매출액 변동의 약 90%를 다중회귀식이 설명한다는 것을 나타낸다.

$$\overline{R}^2 = 1 - \frac{\dfrac{36.33}{7}}{\dfrac{368.4}{9}} = 0.873$$

14.2 회귀계수에 대한 신뢰구간과 가설검정

신뢰구간 모수 β_0, β_1, $\cdots$, β_k에 대한 신뢰구간을 설정하기 위해 b_0, b_1, $\cdots$, b_k의 표준편차를 추정하고 t분포를 사용하는 것이 필요하다. 이런 추정된 표준편차들은 계수(b_i)의 표준오차라 불린다.

b_i의 추정된 표준오차

b_i의 추정된 표준편차는 b_i의 추정된 표준오차라 불리고, 기호 S_{b_i}로 표시된다.

각각의 회귀계수에 대한 추정된 표준오차는 13.1절에서 논의된 단순선형회귀모형에서의 회귀계수에 대한 추정된 표준오차와 같은 해석을 갖는다.

신뢰구간의 설정과 가설검정은 확률변수 $t=\frac{b_i-\beta_i}{S_{b_i}}$가 자유도 $(n-k-1)$을 갖는 t분포를 따른다는 사실에 근거를 둔다. S_{b_i}를 계산하는 공식은 복잡하여 생략하기로 한다. 다행히 모든 컴퓨터 프로그램이 b_i와 함께 S_{b_i}에 대한 값을 제공해 준다.

β_i에 대한 신뢰구간 공식

계수 β_i에 대한 $100(1-\alpha)\%$ 신뢰구간은

$$(b_i - t_{\nu,\alpha/2} S_{b_i},\ b_i + t_{\nu,\alpha/2} S_{b_i})$$

를 취한다. 여기서 S_{b_i}는 b_i의 추정된 표준편차이고, $t_{\nu,\,\alpha/2}$는 자유도 $\nu=(n-k-1)$을 갖는 t분포의 기각치이다.

예제 14-4

예제 14-1의 컴퓨터 결과로부터 표본회귀방정식 $\hat{Y}_i = -0.651 + 1.551x_{i1} + 0.76x_{i2}$을 얻었다. 추정된

표준편차 $S_{b_1}=0.65$를 이용하여 회귀계수 β_1에 대한 95% 신뢰구간을 구하시오.

풀 이 $n=10$개의 관찰치와 $k=2$개의 설명변수가 있으므로, 자유도는 $\nu=n-k-1=7$이다. 95% 신뢰구간을 설정하기 위해 자유도 7을 갖는 t분포로부터 기각치 $t_{7,\,0.025}=2.37$을 얻는다.

β_1에 대한 95% 신뢰구간은

$$1.551 \pm 2.37 \times 0.65$$

즉, (0.011, 3.092)이다.

가설검정 다음의 절차는 모수 β_i가 어떤 특정한 값 β_i^*와 같다는 귀무가설을 검정하는 방법을 제시한다.

회귀계수에 대한 가설검정

β_i^*가 회귀계수 β_i의 어떤 값을 나타낸다 하자. 기본가정이 성립하면 검정통계량은

$$t=\frac{b_i-\beta_i^*}{S_{b_i}}$$

1. 유의수준 α에서 귀무가설 $H_0:\beta_i=\beta_i^*$를 대립가설 $H_A:\beta_i>\beta_i^*$에 대해 검정하고자 한다.
   $t>t_{\nu,\,\alpha}$이면 H_0을 기각한다. 여기서 자유도 ν는 $(n-k-1)$이다.

2. 귀무가설 $H_0:\beta_i=\beta_i^*$를 대립가설 $H_A:\beta_i<\beta_i^*$에 대해 검정할 때,
   $t<-t_{\nu,\,\alpha}$이면 H_0을 기각한다.

3. 귀무가설 $H_0:\beta_i=\beta_i^*$를 대립가설 $H_A:\beta_i\neq\beta_i^*$에 대해 검정할 때,
   $t<-t_{\nu,\,\alpha/2}$ 또는 $t>t_{\nu,\,\alpha/2}$이면 H_0을 기각한다.

예제 14-5

예제 14-1에서 광고비 지출액은 대리점 판매액에 양의 영향을 미친다고 추측하는 것은 합리적이다. 따라서 귀무가설 $H_0:\beta_1=0$을 대립가설 $H_A:\beta_1>0$에 대해 검정하는 것이 자연스럽다. 5% 유의수준을 사

용하여 이 가설을 검정하시오.

풀 이 $\alpha=0.05$, $n=10$ 그리고 $k=2$이다. 적절한 자유도는 $\nu=(10-2-1)=7$이다. 자유도 7을 갖는 t의 기각치는 $t_{7,\,0.05}=1.90$이다. 가정된 값은 $\beta_1^*=0$이다. H_0을 검정하기 위해 t통계량

$$t=\frac{b_1-0}{S_{b_1}}=\frac{1.551}{0.65}=2.39$$

를 계산한다. 이 관찰된 t통계량이 기각치보다 커 기각역에 속하므로 H_0을 기각한다.

$H_0:\beta_1=\beta_2=\cdots=\beta_k=0$을 검정하기 위한 F검정 t검정은 회귀모형에서 하나의 계수에 대한 가설을 검정하는 데 사용되지만, F검정은 모형의 전체적인 유의성을 검정하는 데 사용된다.

모형이 Y변동의 상당한 부분을 설명하는지를 검정하기 위해 회귀계수의 결합검정을 수행할 필요가 있다. 다중회귀모형에서 귀무가설 $H_0:\beta_1=\beta_2=\cdots=\beta_k=0$을 대립가설 H_A: 계수 β_1, β_2, …, β_k 중 적어도 하나는 0이 아니다에 대해 검정하고자 한다.

5% 유의수준에서 각각의 계수 β_1, β_2, …, β_k에 대한 일련의 t검정을 연속적으로 수행하는 것은 'k개의 모든 계수들이 0이다'라는 귀무가설을 결합적으로 검정하는 것과 다르다. 예를 들어 5% 유의수준에서 계수 β_1과 β_2에 대해 2개의 독립적 t검정을 각각 수행할 때, 결합유의수준은 0.05가 아니다. $\beta_1=0$을 기각할 확률이 0.05이고, $\beta_2=0$을 기각할 확률이 0.05이면, $\beta_1=0$과 $\beta_2=0$ 모두를 기각할 결합확률은 추정치 b_1과 b_2 사이의 상관관계에 의존한다(추정치들이 독립이라면 두 가설을 기각시키는 결합확률은 $0.05\times0.05=0.0025$가 된다).

모든 계수들을 결합하여 검정하는 방법은 F분포를 따르는 F통계량을 근거로 하며, 절차는 다음과 같다.

귀무가설 $H_0:\beta_1=\beta_2=\cdots=\beta_k=0$의 검정

H_0: $\beta_1=\beta_2=\cdots=\beta_k=0$

H_A: 위의 계수 중 적어도 하나는 0이 아니다.

$$\text{검정통계량: } F = \frac{\dfrac{SSR}{k}}{\dfrac{SSE}{n-k-1}}$$

$F > F_{k,\, n-k-1,\, \alpha}$이면 H_0을 기각한다.

여기서 $F_{k,\, n-k-1,\, \alpha}$은 $P(F > F_{k,\, n-k-1,\, \alpha}) = \alpha$인 값이고, 검정통계량 F는 자유도 k와 $(n-k-1)$을 갖는 F분포를 따른다.

예제 14-6

예제 14-1에 대한 추정방정식이 $\hat{y}_i = -0.651 + 1.551x_{i1} + 0.76x_{i2}$임을 알았다. 5% 유의수준을 사용하여 결합귀무가설 $H_0 : \beta_1 = \beta_2 = 0$을 대립가설 $H_A : \beta_1$과 β_2 중 적어도 하나는 0이 아니다에 대해 검정하시오.

풀 이 SSE는 36.33이다. 따라서 $\frac{SSE}{(n-k-1)} = \frac{36.33}{(10-2-1)} = 5.19$를 얻는다. SST가 368.4임을 알고 있으므로 $\frac{SSR}{k} = \frac{332.07}{2} = 166.04$를 얻는다. 회귀평균제곱합($MSR$)과 잔차평균제곱합($MSE$)의 비율인 F통계량을 계산한다. $F = \frac{MSR}{MSE} = \frac{166.04}{5.19} = 31.99$을 얻는다. $\alpha = 0.05$에 대해 $k=2$와 $(n-k-1) = (10-2-1) = 7$의 자유도를 갖는 F의 기각치는 $F_{2,\,7,\,0.05} = 4.74$이다. 31.99의 F통계량이 기각치를 초과하기 때문에 H_0을 기각한다.

14.3 다중회귀모형의 특별한 경우

다항회귀모형

변수들 사이의 관계를 설명하기 위해 여러 가지 수리적 모형이 사용될 수 있다. 제13장에서 다룬 선형관계는 다항식이라 불리는 것의 특수한 경우이다. 다항식에 대한 일반방정식은

$$Y = \beta_0 + \beta_1 x + \beta_2 x^2 + \beta_3 x^3 + \cdots$$

그림 14-10 여러 다항식의 예

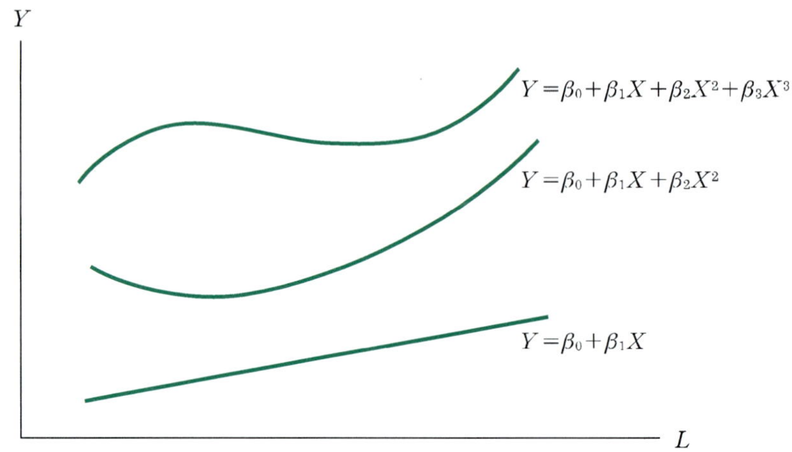

이다. 최고차가 2이면 포물선이라 불리는 이차다항식이 되고 최고차가 3이면 삼차다항식이 된다. 그림 14-10은 세 가지 형태의 다항식을 보여준다.

이차다항회귀모형

이차다항회귀모형(이차회귀모형으로도 불림)은 방정식

$$Y = \beta_0 + \beta_1 x_i + \beta_2 x_i^2 + \varepsilon_i$$

의 형태를 갖는다.

여기서 ε_i는 i.i.d. $N(0,\ \sigma_\varepsilon^2)$의 분포를 가진다. 주어진 값 x_i에 대해 Y_i 의 평균값은

$$E(Y_i \mid x_i) = \beta_0 + \beta_1 x_i + \beta_2 x_i^2$$

으로 주어진다.

그림 14-11은 Y의 값이 이차회귀 주위로 산포된 상황을 보여준다. 이차회귀방정식은

$$\hat{Y}_i = b_0 + b_1 x_i + b_2 x_i^2$$

그림 14-11 이차회귀모형

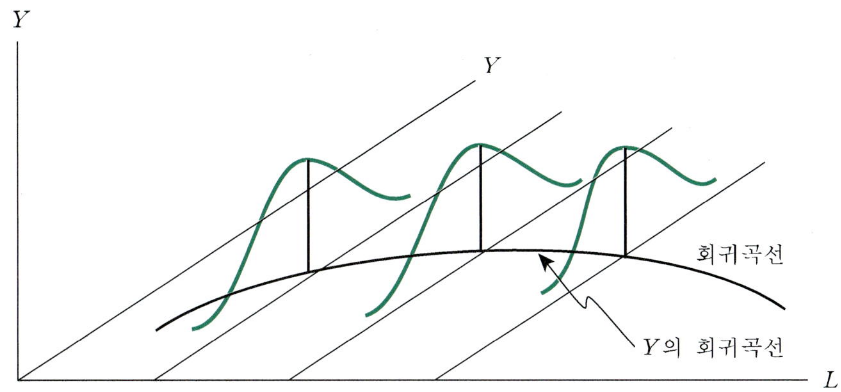

이다. 여기서 계수 b_0, b_1과 b_2는 모수 β_0, β_1과 β_2의 추정량이다. 추정량 b_0, b_1과 b_2를 얻기 위해서는 두 개의 설명변수를 가진 회귀모형을 추정할 때처럼 하면 된다. 여기서 x를 첫 번째 설명변수(x_1)로, x^2을 두 번째 설명변수(x_2)로 사용한다.

로그회귀모형

변수 간의 관계는 때때로 어떤 비선형함수의 형태일 수도 있다. 그런 관계의 하나인 다항관계는 앞에서 논의하였다. 여기서는 로그관계를 살펴보고자 한다.

변수 X와 Y에 대한 n쌍의 표본관찰치가 있고, Y의 값은 방정식 $Y=AB^X$에 따라 X의 값과 관계되어 있다고 하자. 여기서 A와 B는 모수이다. 방정식의 양변에 자연로그를 취하면 $\ln Y=\ln A+(\ln B)X$를 얻는다. $Y'=\ln Y$, $\beta_0=\ln A$ 그리고 $\beta_1=\ln B$라 두면 $Y_i'=\beta_0+\beta_1 X$를 얻는다. 이 식에 오차항을 더하면 모회귀모형 $Y_i'=\beta_0+\beta_1 X_i+\varepsilon_i$를 얻는다. 모든 공식에서 Y 대신에 $Y'=\ln Y$를 사용하면 계수 β_0와 β_1은 최소제곱법에 의해 추정될 수 있다. 변환모형에 최소제곱법을 적용시키면 추정된 계수 b_0과 b_1을 얻는다. 그리고 b_0과 b_1에 역로그를 취하면 식 $Y=AB^X$의 A와 B에 대한 추정량를 얻는다. 방정식 $Y=AB^X$을 방정식 $Y'=\beta_0+\beta_1 X$으로 변환시키는 것을 반로그변환이라 부른다. 이 모형에서 변수

Y는 변환되었지만 변수 X는 원래 값을 유지한다.

X와 Y 사이의 관계를 설명하기 위해 사용되는 또 다른 형태는 $Y = AX^B$이다. 이 식의 양변에 자연로그를 취하면 $\ln Y = \ln A + B(\ln X)$를 얻는다. 변수를 재정의함으로써 방정식 $Y' = \beta_0 + \beta_1 X'$을 얻는다. 여기서 $Y' = \ln Y$, $\beta_0 = \ln A$, $\beta_1 = B$이고 $X' = \ln X$이다. 이 모형에 오차항을 추가하면 모회귀모형 $Y_i' = \beta_0 + \beta_1 X_i' + \epsilon_i$를 얻는다. 모든 공식에서 Y와 X 대신에 $Y' = \ln Y$, $X' = \ln X$를 사용하면, 모수 β_0와 β_1은 최소제곱법을 사용하여 추정할 수 있다. $Y = AX^B$을 $Y' = \beta_0 + \beta_1 X'$으로 변환한 것을 이중로그변환이라 부른다.

회귀모형에서의 가변수(dummy variable)

어떤 특정한 성질의 존재 여부가 종속변수 Y의 값을 설명하는 데 중요한 역할을 하는 경우, 이것을 회귀모형에 고려하고자 한다. 예를 들면 한 개인의 수입은 그 사람이 학위를 가졌는지의 여부에 따라 달라지고, 차의 값은 자동변속기의 유무에 따라 달라질 수 있다.

지금까지는 다중회귀모형

$$E(Y_i \mid x_{i1}, x_{i2}, \cdots, x_{ik}) = \beta_0 + \beta_1 x_{i1} + \beta x_{i2} + \cdots + \beta_k x_{ik}$$

에서 변수 X가 모두 연속척도상에서 측정된다고 가정하고 있다. 이제 가변수 형태로 정성적 변수를 회귀모형에 통합함으로써 회귀모형의 영역을 확대시킬 수 있다.

가변수

가변수는 어떤 특성의 존재 여부를 나타내기 위해 특별히 구성된 변수이다. 어떤 특성의 존재 여부에 따라 그것은 0 또는 1의 값을 갖는다.

이제 가변수를 다중회귀모형 속에 포함시켜 가변수의 특정 계수를 해석하는 방법을 알아보도록 하자.

가변수의 기본경우와 계수

기본경우는 가변수가 0이 되는 관찰치를 말한다. 가변수의 계수는 기본경우와 기본경우가 아닌 것의 차이를 측정해 준다.

다음의 예제는 가변수를 포함하는 모형에서 추정된 계수를 해석하는 방법을 설명한다.

예제 14-7

소형차의 재판매가격(단위: 천 원)은 차의 연수와 자동변속기의 유무에 달려 있다고 한다. Y를 재판매가격, x_1을 차의 연수라 하고 x_2를 자동변속기가 있으면 1, 없으면 0이라 하자. 표 14-3의 자료는 20대의 중고차 표본을 보여 준다. 이를 가지고 다중회귀모형을 추정하시오.

표 14-3 중고차에 대한 자료

자동차	재판매가격 (단위: 천 원)	연 수	가변수 (자동변속기 유무)
1	4,000	1	0
2	3,050	2	0
3	4,350	1	1
4	3,900	1	0
5	1,950	3	0
6	3,000	2	0
7	1,400	4	1
8	4,500	1	1
9	2,950	2	0
10	900	4	0
11	3,600	2	1
12	4,100	1	0
13	2,100	3	0
14	1,000	4	0
15	2,400	3	1
16	4,000	1	0
17	4,400	1	1
18	2,900	2	0
19	4,450	1	1
20	2,050	3	0

풀 이 자동변속기가 있는 7대의 차와 없는 13대의 차가 있다. 추정회귀식

$$\widehat{Y}_i = 5005.22 - 1005.79x_{i1} + 448.39x_{i2}$$

을 얻었다고 하자.

계수 $b_1 = -1005.79$는 차의 연수가 1년 증가함에 따라 차값이 1005.79 감소하는 것을 나타낸다. 계수 $b_2 = 448.39$는 자동변속기의 효과를 측정한다. 자동변속기를 가진 차($x_{i2}=1$)는 자동변속기를 가지지 못한 차($x_{i2}=0$)보다 448.39만큼 더 가치가 있다. 자동변속기가 없는 차는 방정식

$$\begin{aligned}\hat{y}_i &= 5005.22 - 1005.79x_{i1} + 448.39(0)\\ &= 5005.22 - 1005.79x_{i1}\end{aligned}$$

을 사용하여 예측되고, 자동변속기가 있는 차는 방정식

$$\begin{aligned}\hat{y}_i &= 5005.22 - 1005.79x_{i1} + 448.39(1)\\ &= 5453.61 - 1005.79x_{i1}\end{aligned}$$

을 사용하여 예측된다.

자료와 두 개의 회귀식은 그림 14-12에 보여 진다. 아래 선은 자동변속기가 없는 차를, 위 선은 자동변속기가 있는 차를 나타낸다. 두 직선 사이의 수직거리는 448.39이다.

표 14-12 자동차 연수 대 중고차 재판매가격

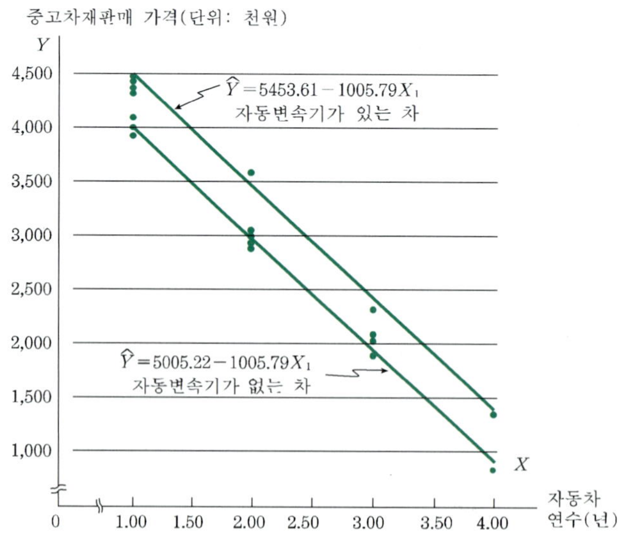

상관행렬 k개의 잠재적 설명변수 $X_1, X_2, \cdots, X_k$를 사용하여 종속변수 Y를 설명하기 위한 회귀모형을 만들어 보자. 회귀방정식을 추정하기 전에

Y와 각각의 설명변수 X_j 사이의 표본상관계수뿐만 아니라 각각의 잠재적 설명변수 X_i와 다른 잠재적 설명변수 X_j 사이의 표본상관계수를 안다면 모형의 설정에 매우 유용하다. 컴퓨터 프로그램은 통상 모든 상관계수를 계산해 준다. 표본상관계수들은 표본상관행렬이라 불리는 행렬 속에 나타난다.

표본상관행렬

k개 변수 X_1, X_2, ⋯, X_k에 대한 관찰치의 표본을 가졌다고 하자. 표본상관행렬은 변수 X_i와 X_j의 각 쌍 사이의 표본상관계수를 보여준다. X_i와 X_j 사이의 표본상관계수는 R_{ij}로 나타낸다.

모든 변수는 자신과 완벽하게 상관되어 있다. 따라서 상관행렬에서 상관행렬의 주 대각선상에 있는 모든 값은 1이다. 그리고 X_i와 X_j 사이의 상관은 X_j와 X_i 사이의 상관과 같아서 상관행렬은 대칭이다. 즉, 행 i와 열 j의 값은 행 j와 열 i의 값과 같다. 상관행렬은 회귀모형에 포함시킬 변수를 선택하는 데 도움을 준다. 종속변수와 큰 상관을 갖는 변수들은 회귀방정식에 포함시킬 명백한 후보이다. 또 상관행렬은 다중공선성(multicollinearity)을 찾는 데 도움이 된다. 여기서 다중공선성이란 다중회귀모형에서 독립변수들 간에 강한 상관관계가 존재하여 회귀계수의 분산을 크게 하기 때문에, 추정된 회귀계수를 믿을 수 없게 하는 문제를 발생시키는 것을 말한다. 즉 X_i와 X_j 사이의 상관이 비교적 크면 종속변수 Y에 대한 X_i와 X_j의 분리된 영향을 결정하기가 쉽지 않다. 또한 서로 상관관계를 가지는 변수들이 독립변수로 회귀모형에 함께 포함되면 그 변수들의 계수값들은 과도 또는 과소추정되는 경향이 있다. 따라서 다중공선성이 문제가 되는 회귀모형에서는 추정된 개별계수의 값은 별 의미가 없다. 그러나 다중공선성의 문제가 회귀분석의 기본가정을 위배하는 것은 아니므로 모형의 전체적인 유의성 또는 종속변수 Y에 대한 설명력에는 문제가 없다.

14.4 회귀분석의 기본가정에 대한 검정

회귀분석의 기본가정은 $\varepsilon_i \sim \text{i.i.d. } N(0,\ \sigma_\varepsilon^2)$이다. 이는 오차항의 독립성가정, 정규분포의 가정 그리고 등분산성의 가정을 의미한다. 등분산성의 가정을 검토하는 간편한 방법은 e_i와 x_i의 산포도를 이용하는 것이다.

예를 들어 독립변수 X_i의 값에 대해 표시된 잔차 e_i를 보여주는 그림 14-13을 살펴보자. 그림에서는 잔차들의 크기와 X_i값 사이에 체계적인 관계가 있는 것처럼 보이지 않는다. 이러한 형태의 산포도는 등분산의 가정이 대개 만족되고 있음을 의미한다. ε_i의 분산들이 모두 동일하다면 잔차들은 그림 14-13에 보여지는 것처럼 나타나야 한다.

그림 14-14에서는 잔차의 변동이 X_i값과 함께 증가하는 경향이 있다. 이것은 오차항들의 분산이 변수 X_i의 크기에 관계된다는 것을 의미한다. 만약 오차분산이 모든 X_i값에 대해 일정하지 않고 X_i가 증가함에 따라 증가한다면, 잔차는 그림 14-14에 보이는 것처럼 깔때기모양을 이루는 경향이 있다.

이제 오차가 등분산성이라는 귀무가설을 검정하는 방법을 살펴보자.

골드펠드-콴트 검정 골드펠드-콴트(Goldfeld-Quandt) 검정은 오차가 등분산성이라는 귀무가설을 오차가 등분산성이 아니라는 대립가설에 대해 검정하기 위해 고안되었다. 관찰치를 오차항의 분산이 증가하는 순서대로 배열

그림 14-13 등분산잔차를 보여주는 $(X_i,\ e_i)$의 도표

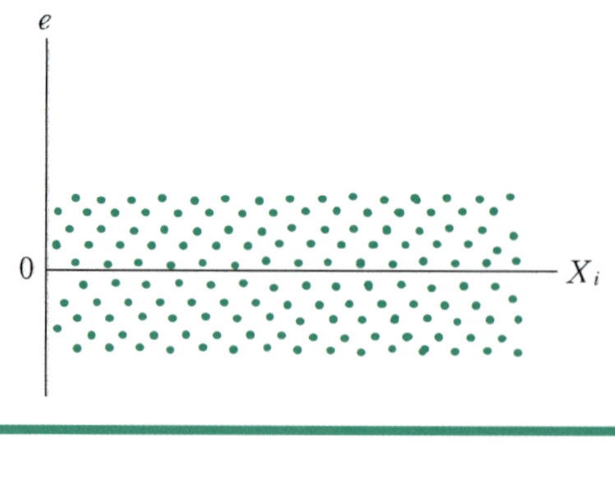

그림 14-14 이분산잔차를 보여주는 $(X_i,\ e_i)$의 도표

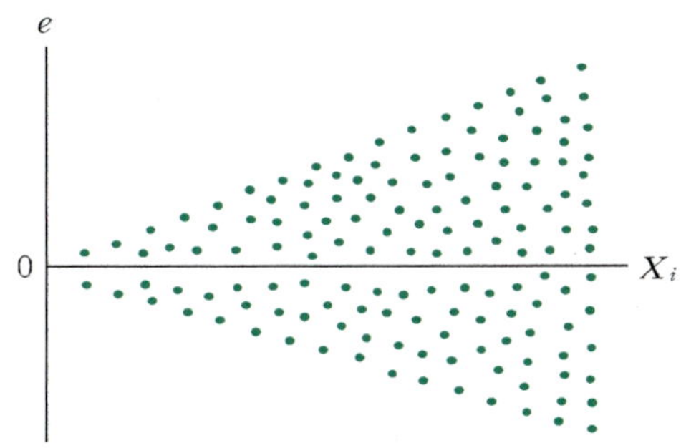

하여 이 검정을 사용한다. 예를 들어 오차항의 분산이 어떤 설명변수 X_i에 관계된다고 생각될 때 이 검정을 행할 수 있다.

귀무가설은 $H_0 : \sigma_1^2 = \sigma_2^2 = \cdots = \sigma_n^2$이다. 여기서 σ_i^2은 i번째 오차항의 분산이다.

오차의 등분산성에 대한 골드펠드-콴트 검정

$$H_0 :\ \sigma_1^2 = \sigma_2^2 = \cdots = \sigma_n^2 = \sigma^2$$
H_A : 오차항은 변수 X_i와 연관이 있다.

이 검정을 수행하기 위해 표본관찰치를 변수 X_i의 크기에 따라서 배열한 후 n_1, M, n_2개의 관찰치로 구성된 세 개의 부분으로 나눈다.

n_1은 첫 번째 부분에 있는 관찰치 수를 나타내고, M은 두 번째 부분에 있는 관찰치 수를 나타내며, n_2는 세 번째 부분에 있는 관찰치 수를 나타낸다고 하자.

일반적으로 $n_1 = n_2$이고 M은 훨씬 작게 잡는다. M개 관찰치의 부분은 이 분석에서 생략된다.

한 방정식에서는 첫 번째 n_1개의 관찰치만을 사용하고, 다른 방정식에서는 마지막 n_2개의 관찰치만을 사용하여 두 개의 회귀모형을 추정한다. 첫 번째 회귀방정식으로부터 추정된 분산을 S_1^2으로 나타내고, 두 번째 회귀방정식으로부터의 분산은 S_2^2으로 나타낸다.

F통계량 $F = \frac{S_2^2}{S_1^2}$을 계산한다. 만약 H_0이 사실이면 S_2^2와 S_1^2는 거의 동일할 것이고, 비율 $\frac{S_2^2}{S_1^2}$은 거의 1이 된다. 만약 H_0이 거짓이라면 S_2^2이 S_1^2을 초과하기 때문에 F통계량은 커지게 된다.

이 검정을 수행하면서 $F > F_{\nu_1,\nu_2,\alpha}$이면 H_0을 기각한다. 여기서 $F_{\nu_1,\nu_2,\alpha}$는 $P(F > F_{\nu_1,\nu_2,\alpha})$

$=\alpha$인 F분포의 기각치이다. H_0이 사실일 때, F통계량은 분자자유도 $\nu_1=(n_1-k-1)$과 분모자유도 $\nu_2=(n_2-k-1)$인 F분포를 따른다. 여기서 k는 상수항을 포함하지 않은 설명변수의 수를 나타낸다.

표본의 중앙에 있는 관찰치를 생략하는 이유는 남아 있는 두 개의 부분에서 분산들을 더욱 차이 나게 하려는 것이다. 생략해야 할 최선의 숫자는 명백하지 않다. 실험을 토대로 골드펠드와 콴트는 관찰치의 약 6분의 1을 생략하는 것을 추천하고 있다. M을 임의로 선택하는 것이 단점인데 그 이유는 M를 적당히 선택함으로써 검정의 결과를 원하는 대로 조작하는 것이 가능하기 때문이다.

오차항의 독립성가정이 위배되는 가장 빈번한 이유는 오차항 간에 일차자기회귀(1st order autocorrelation) 관계가 있기 때문이다. 이것은 다음에 설명된다.

일차자기회귀구조

오차항 ε_t가 식

$$\varepsilon_t=\rho\varepsilon_{t-1}+u_t$$

에 따라 생성된다고 하자. 여기서 u_t는 평균 0과 분산 σ_u^2인 정규분포를 따르는 확률변수이다. 확률변수 u_t와 u_s는 모든 $t\neq s$에 대해 서로 독립이라고 가정한다. 여기서 $-1<\rho<1$이다. 이때 확률변수 ε_t는 일차자기회귀구조를 따른다고 한다.

ε_t가 일차자기회귀구조를 따를 때, 각 오차항 ε_t는 이전 ε_{t-1}의 ρ배에 u_t로 표시되는 새로운 오차를 더한 것과 같다. $\rho\varepsilon_{t-1}$은 $(t-1)$기에서 t기로 넘겨진 오차의 양을 측정한다. 반면에 u_t는 현 기간 동안(t기)에 생성된 새로운 오차를 나타낸다. 계수 ρ는 ε_t와 ε_{t-1} 사이의 모상관계수로 불린다.

귀무가설 $H_0:\rho=0$을 대립가설 $H_A:\rho\neq 0$, $H_A:\rho>0$ 또는 $H_1:\rho<0$ 중 어느 하나에 대해 검정하고자 한다. 모수 ρ를 추정하는 여러 가지 방법과 H_0을 검정하는 여러 가지 방법이 있다. 다음은 ρ를 추정하는 한 가지 방법을 정의하고 있다.

ρ에 대한 추정량

$\hat{\rho}$로 나타낸 ρ의 추정량은 식은 다음과 같이 정의된다.

$$\hat{\rho} = \frac{\sum_{t=2}^{n} e_t e_{t-1}}{\sum_{t=2}^{n} e_{t-1}^2}$$

이제 H_0을 H_A에 대해 검정하기 위한 더빈-왓슨(Durbin-Watson) 검정을 설명하도록 한다. 이 검정은 계열상관된 오차항의 존재를 검정하는 데 가장 흔히 사용되는 방법이다. 대부분의 컴퓨터 프로그램은

$$d = \frac{\sum_{t=2}^{n} (e_t - e_{t-1})^2}{\sum_{t=2}^{n} e_t^2}$$

으로 정의된 더빈-왓슨 검정통계량을 제공해 준다.

분자를 전개하면

$$d = \frac{\sum_{t=2}^{n} e_t^2 - 2\sum_{t=2}^{n} e_t e_{t-1} + \sum_{t=2}^{n} e_{t-1}^2}{\sum_{t=2}^{n} e_t^2}$$

이 되어 $d \approx 2 - 2\hat{\rho}$의 근사관계를 얻는다.

따라서 다음의 근사관계가 성립한다.

① 만약 $\hat{\rho} \approx 1$이면 $d \approx 0$

② 만약 $\hat{\rho} \approx 0$이면 $d \approx 2$

③ 만약 $\hat{\rho} \approx -1$이면 $d \approx 4$

2에 가까운 d값은 계열상관이 없다는 귀무가설을 지지하고, 0에 가까운 d값은 양의 계열상관을 나타내며, 4에 가까운 d값은 음의 계열상관을 나타낸다.

양의 계열상관을 검정하기 위한 기각역은 d분포의 왼편 꼬리에 있다. d_α는 d_α보다 작은 d통계량을 얻을 확률이 유의수준 α인 기각치를 나타낸다. 즉, $P(d < d_\alpha) = \alpha$이다.

$d < d_\alpha$이면 $H_0 : \rho = 0$을 기각하며 ρ가 0보다 크다는 쪽을 지지하게 된다. 주어진 값 α에 대해 기각치 d_α는 정확하게 알려져 있지 않으나, 하한 $d_{\alpha, L}$과 상한 $d_{\alpha, U}$의 두 값 사이에 존재한다. 따라서 주어진 유의수준 α에 대해

$$d_{\alpha, L} \le d_\alpha \le d_{\alpha, U}$$

이다. 따라서 검정을 수행하기 위해 검정통계량 d를 두 개의 알려진 값 $d_{\alpha, L}$ 또는 $d_{\alpha, U}$와 비교한다. 만약 $d < d_{\alpha, L}$이면, $d < d_\alpha$로 H_0을 기각한다. 반면에 $d > d_{\alpha, U}$이면, $d > d_\alpha$로 d는 채택영역에 속한다. 만약 d가 $d_{\alpha, L}$과 $d_{\alpha, U}$ 사이에 있으면 d가 기각치 d_α보다 작은지 또는 큰지를 판단할 수 없으며, 이 검정은 미결상태이다. 더빈-왓슨 검정수행에 대한 절차는 다음에 요약되어 있다.

더빈-왓슨 검정

모회귀모형

$$Y_t = \beta_0 + \beta_1 x_{t1} + \beta_2 x_{t2} + \cdots + \beta_k x_{tk} + \varepsilon_t$$

를 고려하자. 여기서 $\varepsilon_t = \rho \varepsilon_{t-1} + u_t$이고, u_t는 기본가정을 따른다.

$H_0 : \rho = 0$

$H_A : \rho > 0$

검정통계량: $d = \dfrac{\sum_{t=2}^{n} (e_t - e_{t-1})^2}{\sum_{t=1}^{n} e_t^2}$

기각역: $d < d_{\alpha,\,L}$이면 H_0을 기각한다.
$d > d_{\alpha,\,U}$이면 H_0을 채택한다.
$d_{\alpha,\,L} < d < d_{\alpha,\,U}$이면 결론을 내릴 수 없다.

하한과 상한 $d_{\alpha,\,L}$과 $d_{\alpha,\,U}$는 표본크기 n, 회귀방정식에 포함된 설명변수의 수 k와 검정의 유의수준 α에 의존한다($d_{\alpha,\,L}$과 $d_{\alpha,\,U}$의 값을 보여주는 표는 부록의 표 8에 있음).

때때로 음의 자기상관의 대립가설 즉, $H_A : \rho < 0$에 대해 검정할 때가 있다. 검정은 검정통계량을 $(4-d)$로 한다는 것을 제외하고는 양의 자기상관에 대한 것과 동일하다.

14 통계학개론

연습문제

01 다중회귀모형의 기본가정을 설명하시오.

02 다중공선성 문제란 무엇인지 설명하시오.

03 고려치킨은 고객만족에 미치는 원인을 파악하고 이를 통해 마케팅전략을 수립하기 위해 소비자를 대상으로 설문조사를 실시하고 수집한 데이터를 Excel을 이용하여 아래와 같은 회귀분석결과를 얻었다. 회귀분석에 대한 ANOVA표의 ( )를 완성하고, $H_0 : \beta_1 = \beta_2 = \beta_3 = 0$을 유의수준 $\alpha = 0.10$에서 검정하시오.

변동요인	제곱합	자유도	평균제곱합	F비
회 귀	27.7258	( )	( )	( )
잔 차	0.7433	8	( )	

변 수	B	B의 표준오차
Y절편	−48.1001	
가격	5.8256	0.1525
서비스	−8.0010	1.0800
맛	1.3176	0.0804

04 문제 3의 표를 이용하여 R^2을 계산하고 독립변수인 서비스의 회귀계수에 대한 90% 신뢰구간을 구하시오.

05 신상품에 대한 제품소비량은 그 지역의 도시화율과 세대주의 교육수준에 달려 있다고 생각하여 회귀분석한 결과 아래의 자료를 얻었다. 회귀의 추정된 표준오차 S_e는?

변동요인	제곱합	자유도	평균제곱합	F 비
회귀	938.5317	2	469.2659	8.26
잔차	340.9058	6	56.8176	

06 문제 5에 대해 R^2과 $\overline{R}^2$을 계산하시오

07 문제 5에 대해 $\alpha=0.05$에서 제품소비량에 대한 도시화율과 세대주의 교육수준 효과가 유의한지를 검정하시오.

08 탑승객 수와 시간의 두 변수에 대한 호텔이용률의 회귀분석(자료의 수: 20개)에서 더빈-왓슨 통계량 $d=1.51$을 얻었다고 하자. $\alpha=0.05$를 이용하여 호텔이용률에 대한 자료가 유의한 양의 자기상관효과를 갖고 있는지를 검정하시오.

09 고려기업은 최근 생산성이 감소함에 따라 종업원의 근무연수와 나이가 어떻게 영향을 미치는 지를 확인하기 위해 신라컨설팅에 의뢰하여 다음과 같이 10개의 표본을 얻었다. Excel을 이용해 다중회귀식을 구하시오.

근무연수	나이	생산성
1	25	65
1	26	70
2	34	75
2	25	70
2	38	80
3	44	85
3	51	90
4	39	80
4	54	90
5	55	95

10 문제 9의 Excel 결과를 이용하여 다중회귀식의 유의성을 5% 유의수준에서 검정하시오.

부 록

1 … 누적이항확률분포표
2 … 누적포아송확률분포표
3 … 표준정규분포표
4 … t분포표
5 … χ^2분포표
6 … F 분포표
7 … Hartley의 H 통계량에 대한 기각치
8 … Durbin-Watson 통계량의 기각치
9 … 난수표

1
누적이항확률분포표

$$P(X \leq c) = \sum_{x=0}^{c} p(x)$$

ⓐ $n=5$

	p													
c	0.01	0.05	0.10	0.20	0.30	0.40	0.50	0.60	0.70	0.80	0.90	0.95	0.99	c
0	.951	.774	.590	.328	.168	.078	.031	.010	.002	.000	.000	.000	.000	0
1	.999	.977	.919	.737	.528	.337	.188	.087	.031	.007	.000	.000	.000	1
2	1.000	.999	.991	.942	.837	.683	.500	.317	.163	.058	.009	.001	.000	2
3	1.000	1.000	1.000	.993	.969	.913	.812	.663	.472	.263	.081	.023	.001	3
4	1.000	1.000	1.000	1.000	.998	.990	.969	.922	.832	.672	.410	.226	.049	4

ⓑ $n=10$

	p													
c	0.01	0.05	0.10	0.20	0.30	0.40	0.50	0.60	0.70	0.80	0.90	0.95	0.99	c
0	.904	.559	.349	.107	.028	.006	.001	.000	.000	.000	.000	.000	.000	0
1	.996	.914	.736	.376	.149	.046	.011	.002	.000	.000	.000	.000	.000	1
2	1.000	.998	.930	.678	.383	.167	.055	.012	.002	.000	.000	.000	.000	2
3	1.000	.999	.987	.879	.650	.382	.172	.055	.011	.001	.000	.000	.000	3
4	1.000	1.000	.998	.967	.850	.633	.377	.166	.047	.006	.000	.000	.000	4
5	1.000	1.000	1.000	.994	.953	.834	.623	.367	.150	.033	.002	.000	.000	5
6	1.000	1.000	1.000	.999	.989	.945	.828	.618	.350	.121	.013	.001	.000	6
7	1.000	1.000	1.000	1.000	.998	.988	.945	.833	.617	.322	.070	.012	.000	7
8	1.000	1.000	1.000	1.000	1.000	.998	.989	.954	.851	.624	.264	.086	.004	8
9	1.000	1.000	1.000	1.000	1.000	1.000	.999	.994	.972	.893	.651	.401	.096	9

c $n=15$

	p													
c	0.01	0.05	0.10	0.20	0.30	0.40	0.50	0.60	0.70	0.80	0.90	0.95	0.99	c
0	.860	.463	.206	.035	.005	.000	.000	.000	.000	.000	.000	.000	.000	0
1	.990	.829	.549	.167	.035	.005	.000	.000	.000	.000	.000	.000	.000	1
2	1.000	.964	.816	.398	.127	.027	.004	.000	.000	.000	.000	.000	.000	2
3	1.000	.995	.944	.648	.297	.091	.018	.002	.000	.000	.000	.000	.000	3
4	1.000	.999	.987	.836	.515	.217	.059	.009	.001	.000	.000	.000	.000	4
5	1.000	1.000	.998	.939	.722	.403	.151	.034	.004	.000	.000	.000	.000	5
6	1.000	1.000	1.000	.982	.869	.610	.304	.095	.015	.001	.000	.000	.000	6
7	1.000	1.000	1.000	.996	.950	.787	.500	.213	.050	.004	.000	.000	.000	7
8	1.000	1.000	1.000	.999	.985	.905	.696	.390	.131	.018	.000	.000	.000	8
9	1.000	1.000	1.000	1.000	.996	.966	.849	.597	.278	.061	.002	.000	.000	9
10	1.000	1.000	1.000	1.000	.999	.991	.941	.783	.485	.164	.013	.001	.000	10
11	1.000	1.000	1.000	1.000	1.000	.998	.982	.909	.703	.352	.056	.005	.000	11
12	1.000	1.000	1.000	1.000	1.000	1.000	.996	.973	.873	.602	.184	.036	.000	12
13	1.000	1.000	1.000	1.000	1.000	1.000	1.000	.995	.965	.833	.451	.171	.010	13
14	1.000	1.000	1.000	1.000	1.000	1.000	1.000	1.000	.965	.965	.794	.537	.140	14

ⓓ $n=20$

							p							
c	0.01	0.05	0.10	0.20	0.30	0.40	0.50	0.60	0.70	0.80	0.90	0.95	0.99	c
0	.818	.358	.122	.012	.001	.000	.000	.000	.000	.000	.000	.000	.000	0
1	.983	.736.9	.392	.069	.008	.001	.000	.000	.000	.000	.000	.000	.000	1
2	.999	25	.677	.206	.035	.004	.000	.000	.000	.000	.000	.000	.000	2
3	1.000	.984	.867	.411	.107	.016	.001	.000	.000	.000	.000	.000	.000	3
4	1.000	.997	.957	.630	.238	.051	.006	.000	.000	.000	.000	.000	.000	4
5	1.000	1.000	.989	.804	.416	.126	.021	.002	.000	.000	.000	.000	.000	5
6	1.000	1.000	.998	.913	.608	.250	.058	.006	.000	.000	.000	.000	.000	6
7	1.000	1.000	1.000	.968	.772	.416	.132	.021	.001	.000	.000	.000	.000	7
8	1.000	1.000	1.000	.990	.887	.596	.252	.057	.005	.000	.000	.000	.000	8
9	1.000	1.000	1.000	.997	.952	.755	.412	.128	.017	.001	.000	.000	.000	9
10	1.000	1.000	1.000	.999	.983	.872	.588	.245	.048	.003	.000	.000	.000	10
11	1.000	1.000	1.000	1.000	.995	.943	.748	.404	.113	.010	.000	.000	.000	11
12	1.000	1.000	1.000	1.000	.999	.979	.868	.584	.228	.032	.000	.000	.000	12
13	1.000	1.000	1.000	1.000	1.000	.994	.942	.750	.392	.087	.002	.000	.000	13
14	1.000	1.000	1.000	1.000	1.000	.998	.979	.874	.584	.196	.011	.000	.000	14
15	1.000	1.000	1.000	1.000	1.000	1.000	.994	.949	.762	.370	.043	.003	.000	15
16	1.000	1.000	1.000	1.000	1.000	1.000	.999	.984	.893	.589	.133	.016	.000	16
17	1.000	1.000	1.000	1.000	1.000	1.000	1.000	.996	.965	.794	.323	.075	.001	17
18	1.000	1.000	1.000	1.000	1.000	1.000	1.000	.999	.992	.931	.608	.264	.017	18
19	1.000	1.000	1.000	1.000	1.000	1.000	1.000	1.000	.999	.988	.878	.642	.182	19

e $n = 25$

	p													
c	*0.01*	*0.05*	*0.10*	*0.20*	*0.30*	*0.40*	*0.50*	*0.60*	*0.70*	*0.80*	*0.90*	*0.95*	*0.99*	*c*
0	.778	.277	.072	.004	.000	.000	.000	.000	.000	.000	.000	.000	.000	0
1	.974	.642	.271	.027	.002	.000	.000	.000	.000	.000	.000	.000	.000	1
2	.998	.873	.537	.098	.009	.000	.000	.000	.000	.000	.000	.000	.000	2
3	1.000	.966	.764	.234	.033	.002	.000	.000	.000	.000	.000	.000	.000	3
4	1.000	.993	.902	.421	.090	.009	.000	.000	.000	.000	.000	.000	.000	4
5	1.000	.999	.967	.617	.193	.029	.002	.000	.000	.000	.000	.000	.000	5
6	1.000	1.000	.991	.780	.341	.074	.007	.000	.000	.000	.000	.000	.000	6
7	1.000	1.000	.998	.891	.512	.154	.022	.001	.000	.000	.000	.000	.000	7
8	1.000	1.000	1.000	.953	.677	.274	.054	.004	.000	.000	.000	.000	.000	8
9	1.000	1.000	1.000	.983	.811	.425	.115	.013	.000	.000	.000	.000	.000	9
10	1.000	1.000	1.000	.994	.902	.586	.212	.034	.002	.000	.000	.000	.000	10
11	1.000	1.000	1.000	.998	.956	.732	.345	.078	.006	.000	.000	.000	.000	11
12	1.000	1.000	1.000	1.000	.983	.846	.500	.154	.017	.000	.000	.000	.000	12
13	1.000	1.000	1.000	1.000	.994	.922	.655	.268	.044	.002	.000	.000	.000	13
14	1.000	1.000	1.000	1.000	.998	.966	.788	.414	.098	.006	.000	.000	.000	14
15	1.000	1.000	1.000	1.000	1.000	.987	.885	.575	.189	.017	.000	.000	.000	15
16	1.000	1.000	1.000	1.000	1.000	.996	.946	.726	.323	.047	.000	.000	.000	16
17	1.000	1.000	1.000	1.000	1.000	.999	.978	.846	.488	.109	.002	.000	.000	17
18	1.000	1.000	1.000	1.000	1.000	1.000	.993	.926	.659	.220	.009	.000	.000	18
19	1.000	1.000	1.000	1.000	1.000	1.000	.998	.971	.807	.383	.033	.001	.000	19
20	1.000	1.000	1.000	1.000	1.000	1.000	1.000	.991	.910	.579	.098	.007	.000	20
21	1.000	1.000	1.000	1.000	1.000	1.000	1.000	.998	.967	.766	.236	.034	.000	21
22	1.000	1.000	1.000	1.000	1.000	1.000	1.000	1.000	.991	.902	.463	.127	.002	22
23	1.000	1.000	1.000	1.000	1.000	1.000	1.000	1.000	.998	.973	.729	.358	.026	23
24	1.000	1.000	1.000	1.000	1.000	1.000	1.000	1.000	1.000	.996	.928	.723	.222	24

2
누적포아송확률분포표

$$P(X \le c) = \sum_{x=0}^{c} \frac{\lambda^x e^{-\lambda}}{x!} \ (\ \lambda\text{: 평균}\ )$$

	λ										
c	*.10*	*.20*	*.30*	*.40*	*.50*	*.60*	*.70*	*.80*	*.90*	*1.00*	*c*
0	.905	.819	.741	.670	.607	.549	.497	.449	.407	.368	0
1	.995	.982	.963	.938	.910	.878	.844	.809	.772	.736	1
2	1.000	.999	.996	.992	.986	.977	.966	.953	.937	.920	2
3	1.000	1.000	1.000	.999	.998	.997	.994	.991	.987	.981	3
4	1.000	1.000	1.000	1.000	1.000	1.000	.999	.999	.998	.996	4
5	1.000	1.000	1.000	1.000	1.000	1.000	1.000	1.000	1.000	.999	5
6	1.000	1.000	1.000	1.000	1.000	1.000	1.000	1.000	1.000	1.000	6
7	1.000	1.000	1.000	1.000	1.000	1.000	1.000	1.000	1.000	1.000	7

	λ										
c	*1.10*	*1.20*	*1.30*	*1.40*	*1.50*	*1.60*	*1.70*	*1.80*	*1.90*	*2.00*	*c*
0	.333	.301	.273	.247	.223	.202	.183	.165	.150	.135	0
1	.699	.663	.627	.592	.558	.525	.493	.463	.434	.406	1
2	.900	.879	.857	.833	.89	.783	.757	.731	.704	.677	2
3	.974	.966	.957	.946	.934	.921	.907	.891	.875	.857	3
4	.995	.992	.989	.986	.981	.976	.970	.964	.956	.947	4
5	.999	.998	.998	.997	.996	.994	.992	.990	.987	.983	5
6	1.000	1.000	1.000	.999	.999	.999	.998	.997	.997	.995	6
7	1.000	1.000	1.000	1.000	1.000	1.000	1.000	.999	.999	.999	7
8	1.000	1.000	1.000	1.000	1.000	1.000	1.000	1.000	1.000	1.000	8
9	1.000	1.000	1.000	1.000	1.000	1.000	1.000	1.000	1.000	1.000	9

	λ										
c	2.10	2.20	2.30	2.40	2.50	2.60	2.70	2.80	2.90	3.00	c
0	.122	.111	.100	.091	.082	.074	.067	.061	.055	.050	0
1	.380	.355	.331	.308	.287	.267	.249	.231	.215	.199	1
2	.650	.623	.596	.570	.544	.518	.494	.469	.446	.423	2
3	.839	.819	.799	.779	.758	.736	.714	.692	.670	.647	3
4	.938	.928	.916	.904	.891	.877	.863	.848	.832	.815	4
5	.980	.975	.970	.964	.958	.951	.943	.935	.926	.916	5
6	.994	.993	.991	.988	.986	.983	.979	.976	.971	.966	6
7	.999	.998	.997	.997	.996	.995	.993	.992	.990	.988	7
8	1.000	1.000	.999	.999	.999	.999	.998	.998	.997	.996	8
9	1.000	1.000	1.000	1.000	1.000	1.000	.999	.999	.999	.999	9
10	1.000	1.000	1.000	1.000	1.000	1.000	1.000	1.000	1.000	1.000	10
11	1.000	1.000	1.000	1.000	1.000	1.000	1.000	1.000	1.000	1.000	11
12	1.000	1.000	1.000	1.000	1.000	1.000	1.000	1.000	1.000	1.000	12

	λ										
c	3.10	3.20	3.30	3.40	3.50	3.60	3.70	3.80	3.90	4.00	c
0	.045	.041	.037	.033	.030	.027	.025	.022	.020	.018	0
1	.185	.171	.159	.147	.136	.126	.116	.107	.099	.092	1
2	.401	.380	.359	.340	.321	.303	.285	.269	.253	.238	2
3	.625	.603	.580	.558	.537	.515	.494	.473	.453	.433	3
4	.798	.781	.763	.744	.725	.706	.687	.668	.648	.629	4
5	.906	.895	.883	.871	.858	.844	.830	.816	.801	.785	5
6	.961	.955	.949	.942	.935	.927	.918	.909	.899	.889	6
7	.986	.983	.980	.977	.973	.969	.965	.960	.955	.949	7
8	.995	.994	.993	.992	.990	.988	.986	.984	.981	.979	8
9	.999	.998	.998	.997	.997	.996	.995	.994	.993	.992	9
10	1.000	1.000	.999	.999	.999	.999	.998	.998	.998	.997	10
11	1.000	1.000	1.000	1.000	1.000	1.000	1.000	.999	.999	.999	11
12	1.000	1.000	1.000	1.000	1.000	1.000	1.000	1.000	1.000	1.000	12
13	1.000	1.000	1.000	1.000	1.000	1.000	1.000	1.000	1.000	1.000	13
14	1.000	1.000	1.000	1.000	1.000	1.000	1.000	1.000	1.000	1.000	14

	λ										
c	4.50	5.00	5.50	6.00	6.50	7.00	7.50	8.00	8.50	9.00	c
0	.011	.007	.004	.002	.002	.001	.001	.000	.000	.000	0
1	.061	.040	.027	.017	.011	.007	.005	.003	.002	.001	1
2	.174	.125	.088	.062	.043	.030	.020	.014	.009	.006	2
3	.342	.265	.202	.151	.112	.082	.059	.042	.030	.021	3
4	.532	.440	.358	.285	.224	.173	.132	.100	.074	.055	4
5	.703	.616	.529	.446	.369	.301	.241	.191	.150	.116	5
6	.831	.762	.686	.606	.527	.450	.378	.313	.256	.207	6
7	.913	.867	.809	.744	.673	.599	.525	.453	.386	.324	7
8	.960	.932	.894	.847	.792	.729	.662	.593	.523	.456	8
9	.983	.968	.946	.916	.877	.830	.776	.717	.653	.587	9
10	.993	.986	.975	.957	.933	.901	.862	.816	.763	.706	10
11	.998	.995	.989	.980	.966	.947	.921	.888	.849	.803	11
12	.999	.998	.996	.991	.984	.973	.957	.936	.909	876	12
13	1.000	.999	.998	.996	.993	.987	.978	.966	.949	.926	13
14	1.000	1.000	.999	.999	.997	.994	.990	.983	973	.959	14
15	1.000	1.000	1.000	.999	.999	.998	.995	.992	.986	.978	15
16	1.000	1.000	1.000	1.000	1.000	.999	.998	.996	.993	.989	16
17	1.000	1.000	1.000	1.000	1.000	1.000	.999	.998	.997	.995	17
18	1.000	1.000	1.000	1.000	1.000	1.000	1.000	.999	.999	.998	18
19	1.000	1.000	1.000	1.000	1.000	1.000	1.000	1.000	.999	.999	19
20	1.000	1.000	1.000	1.000	1.000	1.000	1.000	1.000	1.000	1.000	20
21	1.000	1.000	1.000	1.000	1.000	1.000	1.000	1.000	1.000	1.000	21
22	1.000	1.000	1.000	1.000	1.000	1.000	1.000	1.000	1.000	1.000	22

3
표준정규분포표

$$P(0 \le Z \le z_0) = \int_0^{Z_0} \frac{1}{\sqrt{2\pi}} e^{-\frac{1}{2}z^2} dz$$

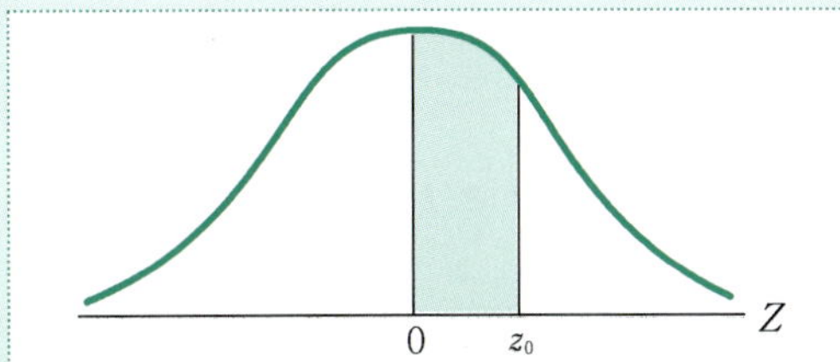

z	.00	.01	.02	.03	.04	.05	.06	.07	.08	.09
0.0	.0000	.0040	.0080	.0120	.0160	.0199	.0239	.0279	.0319	.0359
0.1	.0398	.0438	.0478	.0517	.0557	.0596	.0636	.0675	.0714	.0753
0.2	.0793	.0832	.0871	.0910	.0948	.0987	.1026	.1064	.1103	.1141
0.3	.1179	.1217	.1255	.1293	.1331	.1368	.1406	.1443	.1480	.1517
0.4	.1554	.1591	.1628	.1664	.1700	.1736	.1772	.1808	.1844	.1879
0.5	.1915	.1950	.1985	.2019	.2054	.2088	.2123	.2157	.2190	.2224
0.6	.2257	.2291	.2324	.2357	.2389	.2422	.2454	.2486	.2518	.2549
0.7	.2580	.2612	.2642	.2673	.2704	.2734	.2764	.2794	.2823	.2852
0.8	.2881	.2910	.2939	.2967	.2995	.3023	.3051	.3078	.3106	.3133
0.9	.3159	.3186	.3212	.3238	.3264	.3289	.3315	.3340	.3365	.3389
1.0	.3413	.3438	.3461	.3485	.3508	.3531	.3554	.3577	.3599	.3621
1.1	.3643	.3665	.3686	.3708	.3729	.3749	.3770	.3790	.3810	.3830
1.2	.3849	.3869	.3888	.3907	.3925	.3944	.3962	.3980	.3997	.4015
1.3	.4032	.4049	.4066	.4082	.4099	.4115	.4131	.4147	.4162	.4177
1.4	.4192	.4207	.4222	.4236	.4251	.4265	.4279	.4292	.4306	.4319
1.5	.4332	.4345	.4357	.4370	.4382	.4394	.4406	.4418	.4429	.4441
1.6	.4452	.4463	.4474	.4484	.4495	.4505	.4515	.4525	.4535	.4545
1.7	.4554	.4564	.4573	.4582	.4591	.4599	.4608	.4616	.4625	.4633
1.8	.4641	.4649	.4656	.4664	.4671	.4678	.4686	.4693	.4699	.4706
1.9	.4713	.4719	.4726	.4732	.4738	.4744	.4750	.4756	.4761	.4767
2.0	.4772	.4778	.4783	.4788	.4793	.4798	.4803	.4808	.4812	.4817
2.1	.4821	.4826	.4830	.4834	.4838	.4842	.4846	.4850	.4854	.4857
2.2	.4861	.4864	.4868	.4871	.4875	.4878	.4881	.4884	.4887	.4890
2.3	.4893	.4896	.4898	.4901	.4904	.4906	.4909	.4911	.4913	.4916
2.4	.4918	.4920	.4922	.4925	.4927	.4929	.4931	.4932	.4934	.4936
2.5	.4938	.4940	.4941	.4943	.4945	.4946	.4948	.4949	.4951	.4952
2.6	.4953	.4955	.4956	.4957	.4959	.4960	.4961	.4962	.4963	.4964
2.7	.4965	.4966	.4967	.4968	.4969	.4970	.4971	.4972	.4973	.4974
2.8	.4974	.4975	.4976	.4977	.4977	.4978	.4979	.4979	.4980	.4981
2.9	.4981	.4982	.4982	.4983	.4984	.4984	.4985	.4985	.4986	.4986
3.0	.4987	.4987	.4987	.4988	.4988	.4989	.4989	.4989	.4990	.4990

4
t분포표

$P(t \ge t_{\alpha}) = \alpha$

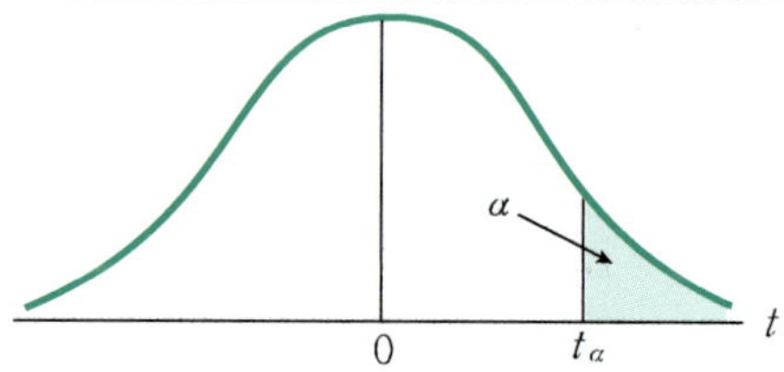

$d.f.$	$t_{0.100}$	$t_{0.050}$	$t_{0.025}$	$t_{0.010}$	$t_{0.005}$	$d.f.$
1	3.078	6.314	12.706	31.821	63.657	1
2	1.886	2.920	4.303	6.965	9.925	2
3	1.638	2.353	3.182	4.541	5.841	3
4	1.533	2.132	2.776	3.747	4.604	4
5	1.476	2.015	2.571	3.365	4.032	5
6	1.440	1.943	2.447	3.143	3.707	6
7	1.415	1.895	2.365	2.998	3.499	7
8	1.397	1.860	2.306	2.896	3.355	8
9	1.383	1.833	2.262	2.821	3.250	9
10	1.372	1.812	2.228	2.764	3.169	10
11	1.363	1.796	2.201	2.718	3.106	11
12	1.356	1.782	2.179	2.681	3.055	12
13	1.350	1.771	2.160	2.650	3.012	13
14	1.345	1.761	2.145	2.624	2.977	14
15	1.341	1.753	2.131	2.602	2.947	15
16	1.337	1.746	2.120	2.583	2.921	16
17	1.333	1.740	2.110	2.567	2.898	17
18	1.330	1.734	2.101	2.552	2.878	18
19	1.328	1.729	2.093	2.539	2.861	19
20	1.325	1.725	2.086	2.528	2.845	20
21	1.323	1.721	2.080	2.518	2.831	21
22	1.322	1.717	2.074	2.508	2.819	22
23	1.319	1.714	2.069	2.500	2.807	23
24	1.318	1.711	2.064	2.492	2.797	24
25	1.316	1.708	2.060	2.485	2.787	25
26	1.315	1.706	2.056	2.479	2.779	26
27	1.314	1.703	2.052	2.473	2.771	27
28	1.313	1.701	2.048	2.467	2.763	28
29	1.311	1.699	2.045	2.462	2.756	29
inf.	1.282	1.645	1.960	2.326	2.576	inf.

5

χ^2 분포표

$$P(\chi^2 \geq \chi^2_\alpha) = \alpha$$

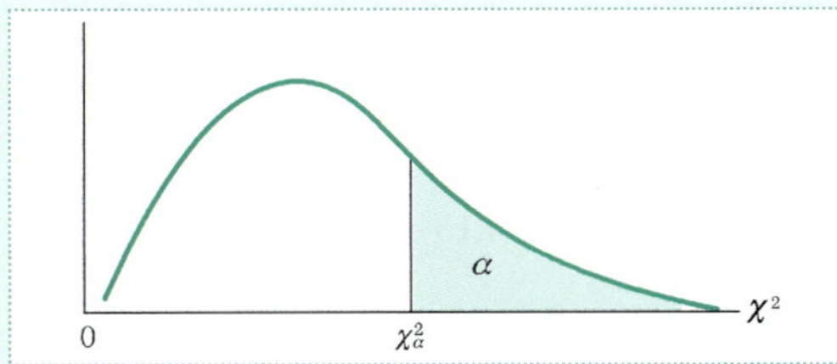

d.f.	$\chi^2_{0.995}$	$\chi^2_{0.990}$	$\chi^2_{0.975}$	$\chi^2_{0.950}$	$\chi^2_{0.900}$	$\chi^2_{0.100}$	$\chi^2_{0.050}$	$\chi^2_{0.025}$	$\chi^2_{0.010}$	$\chi^2_{0.005}$
1	.0000390	.000157	.000982	.00393	.0158	2.705	3.841	5.024	6.635	7.879
2	.0100	.0201	.0506	.103	.210	4.605	5.991	7.378	9.210	10.597
3	.0717	.115	.216	.352	.584	6.251	7.815	9.348	11.345	12.838
4	.207	.297	.484	.711	1.063	7.779	9.488	11.143	13.277	14.860
5	.412	.554	.831	1.145	0.610	9.236	11.070	12.832	15.086	16.750
6	.676	.872	1.237	1.635	2.204	10.644	13.592	14.449	16.812	18.548
7	.989	1.239	1.690	2.167	2.283	12.017	14.067	16.013	18.475	20.278
8	1.344	1.646	2.180	2.733	3.489	13.361	15.507	17.535	20.090	21.955
9	1.735	2.088	2.700	3.325	4.168	14.683	16.919	19.023	21.666	23.589
10	2.156	2.558	3.247	3.940	4.865	15.987	18.307	20.483	23.209	25.188
11	2.603	3.053	3.816	4.575	5.578	17.275	19.675	21.920	24.725	26.757
12	3.074	3.571	4.404	5.226	6.304	18.549	21.026	23.337	26.217	28.300
13	3.565	4.107	5.009	5.892	7.041	19.812	22.362	24.736	27.688	29.819
14	4.075	4.660	5.629	6.571	7.789	21.064	23.685	26.119	29.141	31.319
15	4.601	5.229	6.262	7.261	8.547	22.307	24.996	27.488	30.578	32.801
16	5.142	5.812	6.908	7.962	9.312	23.542	26.296	28.845	32.000	34.267
17	5.697	6.408	7.564	8.672	10.085	24.769	27.587	30.191	33.409	35.718
18	6.265	7.015	8.231	9.390	10.865	25.989	28.869	31.526	34.805	37.156
19	6.844	7.633	8.907	10.117	11.650	27.204	30.114	32.852	36.191	38.582
20	7.434	8.260	9.591	10.851	12.443	28.412	31.410	34.170	37.566	39.997
21	8.034	8.897	10.283	11.591	13.240	29.615	32.671	35.479	38.932	41.401
22	8.643	9.542	10.982	12.338	14.041	30.813	33.924	36.781	40.289	42.796
23	9.260	10.196	11.689	13.091	14.848	32.007	35.172	38.076	41.638	44.181
24	9.886	10.856	12.401	13.848	15.659	33.196	36.415	39.364	42.980	45.558
25	10.520	11.524	13.120	14.611	16.473	34.382	37.652	40.646	44.314	46.928
26	11.160	12.198	13.844	15.379	17.292	35.563	38.885	41.923	45.642	48.290
27	11.808	12.879	14.573	16.151	18.114	36.741	40.113	43.194	46.963	49.645
28	12.461	13.565	15.308	16.928	18.939	37.916	41.337	44.461	48.278	50.993
29	13.121	14.256	16.047	17.708	19.768	39.088	42.557	45.722	49.588	52.336
30	13.787	14.953	16.791	18.493	20.599	40.256	43.773	46.979	50.892	53.672
40	20.706	22.164	24.433	26.509	29.050	51.805	55.758	59.342	63.691	66.765
50	27.990	29.707	32.357	34.764	37.689	63.167	67.505	71.420	76.154	79.490
60	35.535	37.485	40.482	43.188	46.459	74.397	79.082	83.298	88.379	91.952
70	43.275	45.442	48.758	51.739	55.329	85.527	90.531	95.023	100.425	104.215
80	51.172	53.540	57.153	60.391	64.278	96.578	101.879	106.629	112.329	116.321
90	59.196	91.754	65.647	69.126	73.291	107.565	113.145	118.136	124.116	128.299
100	67.328	70.065	74.222	77.929	82.358	118.498	124.342	129.561	135.807	140.169

6-1

F 분포표

$$P(F \geq F_\alpha) = \alpha$$

$(\alpha = 0.10)$

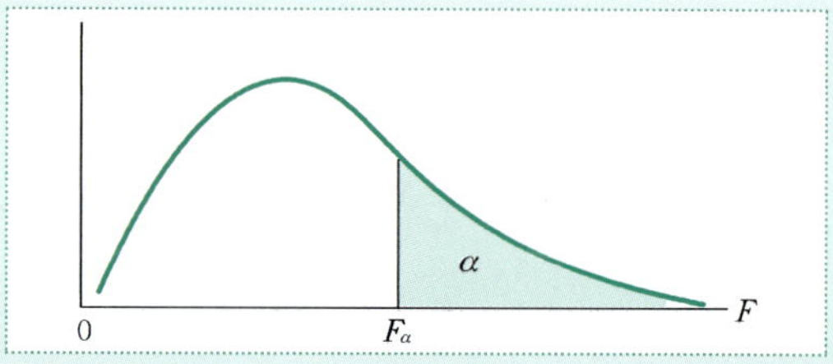

	$v_1(d.f.)$								
$v_2(d.f.)$	1	2	3	4	5	6	7	8	9
1	39.86	49.50	53.59	55.83	57.24	58.20	58.91	59.44	59.86
2	8.53	9.00	9.16	9.24	9.29	9.33	9.35	9.37	9.38
3	5.54	5.46	5.39	5.34	5.31	5.28	5.27	5.25	5.24
4	4.54	4.32	4.19	4.11	4.05	4.01	3.98	3.95	3.94
5	4.06	3.78	3.62	3.52	3.45	3.40	3.37	3.34	3.32
6	3.78	3.46	3.29	3.18	3.11	3.05	3.01	2.98	2.96
7	3.59	3.26	3.07	2.96	2.88	2.83	2.78	2.75	2.72
8	3.46	3.11	2.92	2.81	2.73	2.67	2.62	2.59	2.56
9	3.36	3.01	2.81	2.69	2.61	2.55	2.51	2.47	2.44
10	3.29	2.92	2.73	2.61	2.52	2.46	2.41	2.38	2.35
11	3.23	2.86	2.66	2.54	2.45	2.39	2.34	2.30	2.27
12	3.18	2.81	2.61	2.48	2.39	2.33	2.28	2.24	2.21
13	3.14	2.76	2.56	2.43	2.35	2.28	2.23	2.20	2.16
14	3.10	2.73	2.52	2.39	2.31	2.24	2.19	2.15	2.12
15	3.07	2.70	2.49	2.36	2.27	2.21	2.16	2.12	2.09
16	3.05	2.67	2.46	2.33	2.24	2.18	2.13	2.09	2.06
17	3.03	2.64	2.44	2.31	2.22	2.15	2.10	2.06	2.03
18	3.01	2.62	2.42	2.29	2.20	2.13	2.08	2.04	2.00
19	2.99	2.61	2.40	2.27	2.18	2.11	2.06	2.02	1.98
20	2.97	2.59	2.38	2.25	2.16	2.09	2.04	2.00	1.96
21	2.96	2.57	2.36	2.23	2.14	2.08	2.02	1.98	1.95
22	2.95	2.56	2.35	2.22	2.13	2.06	2.01	1.97	1.93
23	2.94	2.55	2.34	2.21	2.11	2.05	1.99	1.95	1.92
24	2.93	2.54	2.33	2.19	2.10	2.04	1.98	1.94	1.91
25	2.92	2.53	2.32	2.18	2.09	2.02	1.97	1.93	1.89
26	2.91	2.52	2.31	2.17	2.08	2.01	1.96	1.92	1.88
27	2.90	2.51	2.30	2.17	2.07	2.00	1.95	1.91	1.87
28	2.89	2.50	2.29	2.16	2.06	2.00	1.94	1.90	1.87
29	2.89	2.50	2.28	2.15	2.06	1.99	1.93	1.89	1.86
30	2.88	2.49	2.28	2.14	2.05	1.98	1.93	1.88	1.85
40	2.84	2.44	2.23	2.09	2.00	1.93	1.87	1.83	1.79
60	2.79	2.39	2.18	2.04	1.95	1.87	1.82	1.77	1.74
120	2.75	2.35	2.13	1.99	1.90	1.82	1.77	1.72	1.68
∞	2.71	2.30	2.08	1.94	1.85	1.77	1.72	1.67	1.63

10	12	15	20	24	30	40	60	120	∞
60.19	60.71	61.22	61.74	62.00	62.26	62.53	62.79	63.06	63.33
9.39	9.41	9.42	9.44	9.45	9.46	9.47	9.47	9.48	9.49
5.23	5.22	5.20	5.18	5.18	5.17	5.16	5.15	5.14	5.13
3.92	3.90	3.87	3.84	3.83	3.82	3.80	3.79	3.78	3.76
3.30	3.27	3.24	3.21	3.19	3.17	3.16	3.14	3.12	3.10
2.94	2.90	2.87	2.84	2.82	2.80	2.78	2.76	2.74	2.72
2.70	2.67	2.63	2.59	2.58	2.56	2.54	2.51	2.49	2.47
2.54	2.50	2.46	2.42	2.40	2.38	2.36	2.34	2.32	2.29
2.42	2.38	2.34	2.30	2.28	2.25	2.23	2.21	2.18	2.16
2.32	2.28	2.24	2.20	2.18	2.16	2.13	2.11	2.08	2.06
2.25	2.21	2.17	2.12	2.10	2.08	2.05	2.03	2.00	1.97
2.19	2.15	2.10	2.06	2.04	2.01	1.99	1.96	1.93	1.90
2.14	2.10	2.05	2.01	1.98	1.96	1.93	1.90	1.88	1.85
2.10	2.05	2.01	1.96	1.94	1.91	1.89	1.86	1.83	1.80
2.06	2.02	1.97	1.92	1.90	1.87	1.85	1.82	1.79	1.76
2.03	1.99	1.94	1.89	1.87	1.84	1.81	1.78	1.75	1.72
2.00	1.96	1.91	1.86	1.84	1.81	1.78	1.75	1.72	1.69
1.98	1.93	1.89	1.84	1.81	1.78	1.75	1.72	1.69	1.66
1.96	1.91	1.86	1.81	1.79	1.76	1.73	1.70	1.67	1.63
1.94	1.89	1.84	1.79	1.77	1.74	1.71	1.68	1.64	1.61
1.92	1.87	1.83	1.78	1.75	1.72	1.69	1.66	1.62	1.59
1.90	1.86	1.81	1.76	1.73	1.70	1.67	1.64	1.60	1.57
1.89	1.84	1.80	1.74	1.72	1.69	1.66	1.62	1.59	1.55
1.88	1.83	1.78	1.73	1.70	1.67	1.64	1.61	1.57	1.53
1.87	1.82	1.77	1.72	1.69	1.66	1.63	1.59	1.56	1.52
1.86	1.81	1.76	1.71	1.68	1.65	1.61	1.58	1.54	1.50
1.85	1.80	1.75	1.70	1.67	1.64	1.60	1.57	1.53	1.49
1.84	1.79	1.74	1.69	1.66	1.63	1.59	1.56	1.52	1.48
1.83	1.78	1.73	1.68	1.65	1.62	1.58	1.55	1.51	1.47
1.82	1.77	1.72	1.67	1.64	1.61	1.57	1.54	1.50	1.46
1.76	1.71	1.66	1.61	1.57	1.54	1.51	1.47	1.42	1.38
1.71	1.66	1.60	1.54	1.51	1.48	1.44	1.40	1.35	1.29
1.65	1.60	1.55	1.48	1.45	1.41	1.37	1.32	1.26	1.19
1.60	1.55	1.49	1.42	1.38	1.34	1.30	1.24	1.17	1.00

6-2

F 분포표

$$P(F \geq F_{\alpha}) = \alpha$$

$(\alpha = 0.05)$

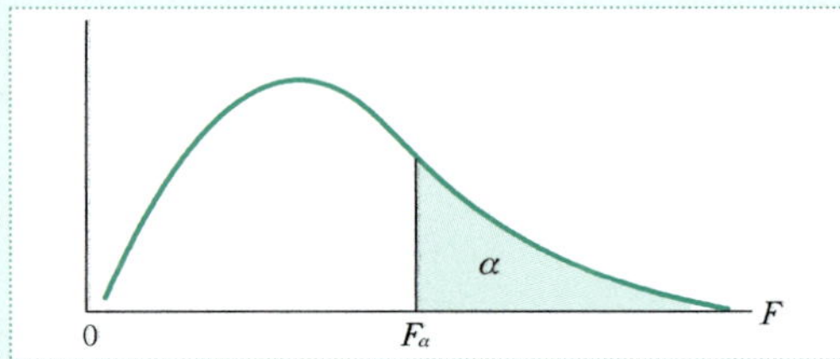

$v_2(d.f.)$	$v_1(d.f.)$ 1	2	3	4	5	6	7	8	9
1	161.4	199.5	215.7	224.6	230.2	234.0	238.9	238.9	240.5
2	18.51	19.00	19.16	19.25	19.30	19.33	19.35	19.37	19.38
3	10.13	9.55	9.28	9.12	9.01	8.94	8.89	8.85	8.81
4	7.71	6.94	6.59	6.39	6.26	6.16	6.09	6.04	6.00
5	6.61	5.79	5.41	5.19	5.05	4.95	4.88	4.82	4.77
6	5.99	5.14	4.76	4.53	4.39	4.28	4.21	4.15	4.10
7	5.59	4.74	4.35	4.12	3.97	3.87	3.79	3.73	3.68
8	5.53	4.46	4.07	3.84	3.69	3.58	3.50	3.44	3.39
9	5.12	4.26	3.86	3.63	3.48	3.37	3.29	3.23	3.18
10	4.96	4.10	3.71	3.48	3.33	3.22	3.14	3.07	3.02
11	4.84	3.98	3.59	3.36	3.20	3.09	3.01	2.95	2.90
12	4.75	3.89	3.49	3.26	3.11	3.00	2.91	2.85	2.80
13	4.67	3.81	3.41	3.18	3.03	2.92	2.83	2.77	2.71
14	4.60	3.74	3.34	3.11	2.96	2.85	2.76	2.70	2.65
15	4.54	3.68	3.29	3.06	2.90	2.79	2.71	2.64	2.59
16	4.49	3.63	3.24	3.01	2.85	2.74	2.66	2.59	2.54
17	4.45	3.59	3.20	2.96	2.81	2.70	2.61	2.55	2.49
18	4.41	3.55	3.16	2.93	2.77	2.66	2.58	2.51	2.46
19	4.38	3.52	3.13	2.90	2.74	2.63	2.54	2.48	2.42
20	4.35	3.49	3.10	2.87	2.71	2.60	2.51	2.45	2.39
21	4.32	3.47	3.07	2.84	2.68	2.57	2.49	2.42	2.37
22	4.30	3.44	3.05	2.82	2.66	2.55	2.46	2.40	2.34
23	4.28	3.42	3.03	2.80	2.64	2.53	2.44	2.37	2.32
24	4.26	3.40	3.01	2.78	2.62	2.51	2.42	2.36	2.30
25	4.24	3.39	2.99	2.76	2.60	2.49	2.40	2.34	2.28
26	4.23	3.37	2.98	2.74	2.59	2.47	2.39	2.32	2.27
27	4.21	3.35	2.96	2.73	2.57	2.46	2.37	2.31	2.25
28	4.20	3.34	2.95	2.71	2.56	2.45	2.36	2.29	2.24
29	4.18	3.33	2.93	2.70	2.55	2.43	2.35	2.28	2.22
30	4.17	3.32	2.92	2.69	2.53	2.42	2.33	2.27	2.21
40	4.08	3.23	2.84	2.61	2.45	2.34	2.25	2.18	2.12
60	4.00	3.15	2.76	2.53	2.37	2.25	2.17	2.10	2.04
120	3.92	3.07	2.68	2.45	2.29	2.17	2.09	2.02	1.96
∞	3.84	3.00	2.60	2.37	2.21	2.10	2.01	1.94	1.88

10	12	15	20	24	30	40	60	120	∞
241.9	243.9	245.9	248.0	249.1	250.1	251.1	252.2	253.3	254.3
19.40	19.41	19.43	19.45	19.45	19.46	19.48	19.48	19.49	19.50
8.79	8.74	8.70	8.66	9.64	8.62	8.57	8.57	8.55	8.53
5.96	5.91	5.86	5.80	5.77	5.75	5.72	5.69	5.66	5.63
4.74	4.68	4.62	4.56	4.53	4.50	4.46	4.43	4.40	4.36
4.06	4.00	3.94	3.87	3.84	3.81	3.77	3.74	3.70	3.67
3.64	3.57	3.51	3.44	3.41	3.38	3.34	3.30	3.27	3.23
3.35	3.28	3.22	3.15	3.12	3.08	3.04	3.01	2.97	2.93
3.14	3.07	3.01	2.94	2.90	2.86	2.83	2.79	2.75	2.71
2.98	2.91	2.85	2.77	2.74	2.70	2.66	2.62	2.58	2.54
2.85	2.79	2.72	2.65	2.61	2.57	2.53	2.49	2.45	2.40
2.75	2.69	2.62	2.54	2.51	2.47	2.43	2.38	2.34	2.30
2.67	2.60	2.53	2.46	2.42	2.38	2.34	2.30	2.25	2.21
2.60	2.53	2.46	2.39	2.35	2.31	2.27	2.22	2.18	2.13
2.54	2.48	2.40	2.33	2.29	2.25	2.20	2.16	2.11	2.07
2.49	2.42	2.35	2.28	2.24	2.19	2.15	2.11	2.06	2.01
2.45	2.38	2.31	2.23	2.19	2.15	2.10	2.06	2.01	1.96
2.41	2.34	2.27	2.19	2.15	2.11	2.06	2.02	1.97	1.92
2.38	2.31	2.23	2.16	2.11	2.07	2.03	1.98	1.93	1.88
2.35	2.28	2.20	2.12	2.08	2.04	1.99	1.95	1.90	1.84
2.32	2.25	2.18	2.10	2.05	2.01	1.96	1.92	1.87	1.81
2.30	2.23	2.15	2.07	2.03	1.98	1.94	1.89	1.84	1.78
2.27	2.20	2.13	2.05	2.01	1.96	1.91	1.86	1.81	1.76
2.25	2.18	2.11	2.03	1.98	1.94	1.89	1.84	1.79	1.73
2.24	2.16	2.09	2.01	1.96	1.92	1.87	1.82	1.77	1.71
2.22	2.15	2.07	1.99	1.95	1.90	1.85	1.80	1.75	1.69
2.20	2.13	2.06	1.97	1.93	1.88	1.84	1.79	1.73	1.67
2.19	2.12	2.04	1.96	1.91	1.87	1.82	1.77	1.71	1.65
2.18	2.10	2.03	1.94	1.90	1.85	1.81	1.75	1.70	1.64
2.16	2.09	2.01	1.93	1.89	1.84	1.79	1.74	1.68	1.62
2.08	2.00	1.92	1.84	1.79	1.74	1.69	1.64	1.58	1.51
1.99	1.92	1.84	1.75	1.70	1.65	1.59	1.53	1.47	1.39
1.91	1.83	1.75	1.66	1.61	1.55	1.50	1.43	1.35	1.25
1.83	1.75	1.67	1.57	1.52	1.46	1.39	1.32	1.22	1.00

6-3

F 분포표

$P(F \geq F_{\alpha}) = \alpha$

$(\alpha = 0.025)$

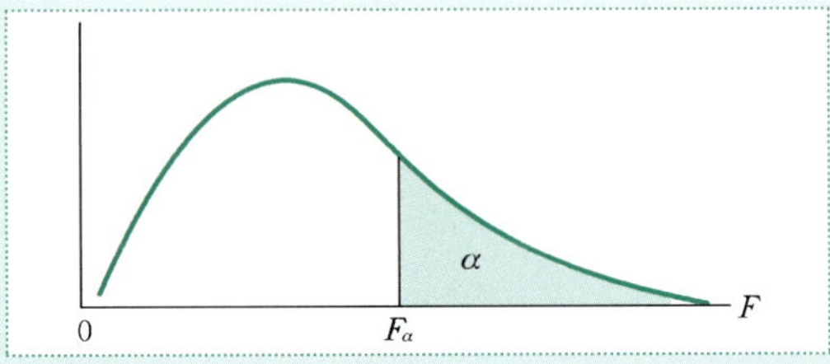

	$v_1(d.f.)$								
$v_2(d.f.)$	1	2	3	4	5	6	7	8	9
1	647.8	799.5	864.2	899.6	931.8	937.1	948.2	956.7	963.3
2	38.51	39.00	39.17	39.25	39.30	39.33	39.36	39.37	39.39
3	17.44	16.04	15.44	15.10	14.88	14.73	14.62	14.54	14.47
4	12.22	10.65	9.98	9.60	9.36	9.20	9.07	8.98	8.90
5	10.01	8.43	7.70	7.39	7.15	6.98	6.85	6.76	6.68
6	8.81	7.26	6.60	6.23	5.99	5.82	5.70	5.60	5.52
7	8.07	6.54	5.89	5.52	5.29	5.12	4.99	4.9	4.82
8	7.57	6.06	5.42	5.05	4.82	4.65	4.53	4.40	4.36
9	7.21	5.71	5.08	4.72	4.48	4.32	4.20	4.10	4.03
10	6.94	5.46	4.83	4.47	4.24	4.07	3.95	3.85	3.78
11	6.72	5.26	4.634	4.28	4.04	3.88	3.76	3.66	3.59
12	6.55	5.10	4.47	4.12	3.89	3.73	3.61	3.51	3.44
13	6.41	4.97	4.35	4.00	3.77	3.66	3.48	3.39	3.31
14	6.30	4.86	4.24	3.89	3.66	3.60	3.38	3.29	3.21
15	6.20	4.77	4.15	3.8	3.58	3.41	3.29	3.2	3.12
16	6.12	4.69	4.08	3.73	3.50	3.34	3.22	3.12	3.05
17	6.04	4.62	4.01	3.66	3.44	3.28	3.16	3.06	2.98
18	5.98	4.56	3.95	3.61	3.38	3.22	3.10	3.01	2.93
19	5.92	4.51	3.90	3.50	3.38	3.17	3.05	2.96	2.88
20	5.87	4.46	3.86	3.51	3.20	3.12	3.01	2.91	2.84
21	5.83	4.42	3.82	3.48	3.25	3.00	2.97	2.87	2.80
22	5.79	4.38	3.78	3.44	3.22	3.05	2.93	2.84	2.76
23	5.75	4.35	3.75	3.41	3.18	3.02	2.00	2.51	2.73
24	5.72	4.32	3.72	3.38	3.15	2.99	2.87	2.78	2.70
25	5.69	4.29	3.69	3.35	3.13	2.97	2.85	2.75	2.68
26	5.66	4.27	3.67	3.33	3.10	2.94	2.82	2.73	2.65
27	5.63	4.24	3.65	3.31	3.08	2.92	2.80	2.71	2.63
28	5.61	4.22	3.63	3.29	3.06	2.90	2.78	2.69	2.61
29	5.59	4.20	3.61	3.27	3.04	2.85	2.78	2.67	2.59
30	5.57	4.18	3.59	3.25	3.03	2.87	2.75	2.65	2.57
40	5.42	4.05	3.46	3.13	2.90	2.74	2.62	2.53	2.45
60	5.29	3.93	3.34	3.01	2.79	2.63	2.51	2.41	2.33
120	5.15	3.80	3.23	2.89	2.67	2.52	2.39	2.30	2.22
∞	5.02	3.69	3.12	2.79	2.57	2.41	2.29	2.19	2.11

10	12	15	20	24	30	40	60	120	∞
968.6	976.7	984.9	993.1	997.2	1001	1006	1010	1014	1018
39.40	39.41	39.43	39.45	39.46	39.46	29.47	39.45	39.42	39.50
14.42	14.34	14.25	14.17	14.12	14.08	14.04	13.99	13.95	13.90
8.81	8.75	8.66	8.56	8.51	8.46	8.41	8.36	8.31	8.26
6.62	6.52	6.43	6.33	6.28	6.23	6.18	6.12	6.07	6.02
5.40	5.37	5.27	5.17	5.12	5.07	5.01	4.98	4.90	4.85
4.76	4.67	4.57	4.47	4.42	4.36	4.31	4.25	4.20	4.14
4.30	4.20	4.10	4.09	3.95	3.89	3.84	3.78	3.73	3.67
3.96	3.87	3.77	3.67	3.61	3.56	3.51	3.45	3.39	3.33
3.72	3.62	3.52	3.42	3.37	3.31	3.26	3.20	3.14	3.08
3.53	3.43	3.33	3.23	3.17	3.12	3.06	3.00	2.94	2.88
3.37	3.28	3.18	3.07	3.02	2.96	2.91	2.85	2.79	2.72
3.25	3.15	3.05	2.95	2.89	2.84	2.78	2.72	2.66	2.60
3.15	3.05	2.95	2.84	2.79	2.73	2.67	2.61	2.55	2.49
3.05	2.96	2.85	2.76	2.70	2.64	2.59	2.52	2.46	2.40
2.99	2.89	2.79	2.68	2.63	2.57	2.51	2.45	2.38	2.32
2.92	2.82	2.72	2.62	2.56	2.50	2.44	2.38	2.32	2.25
2.87	2.77	2.67	2.56	2.50	2.44	2.38	2.32	2.28	2.19
2.82	2.72	2.62	2.51	2.45	2.39	2.33	2.27	2.20	2.13
2.77	2.68	2.57	2.46	2.41	2.35	2.29	2.22	2.16	2.09
2.73	2.64	2.53	2.42	2.37	2.31	2.25	2.18	2.11	2.04
2.70	2.69	2.50	2.39	2.33	2.27	2.24	2.14	2.08	2.00
2.67	2.57	2.47	2.38	2.30	2.24	2.18	2.08	2.04	1.97
2.64	2.54	2.44	2.33	2.27	2.21	2.15	2.08	2.01	1.94
2.61	2.51	2.41	2.30	2.21	2.18	2.12	2.05	1.98	1.91
2.59	2.40	2.39	2.25	2.22	2.16	2.09	2.03	1.95	1.88
2.57	2.47	2.36	2.25	2.19	2.13	2.07	2.00	1.93	1.85
2.55	2.45	2.34	2.23	2.17	2.11	2.95	1.98	1.91	1.83
2.53	2.43	2.32	2.21	2.15	2.09	2.03	1.96	1.59	1.83
2.51	2.41	2.31	2.20	2.14	2.07	2.01	1.94	1.87	1.79
2.39	2.29	2.18	2.07	2.01	1.94	1.88	1.80	1.72	1.64
2.27	2.17	2.06	1.94	1.88	1.82	1.74	1.67	1.58	1.48
2.16	2.05	1.94	1.82	1.76	1.69	1.61	1.53	1.43	1.31
2.05	1.94	1.83	1.71	1.64	1.57	1.48	1.30	1.27	1.00

6-4

F 분포표

$$P(F \geq F_\alpha) = \alpha$$
$$(\alpha = 0.01)$$

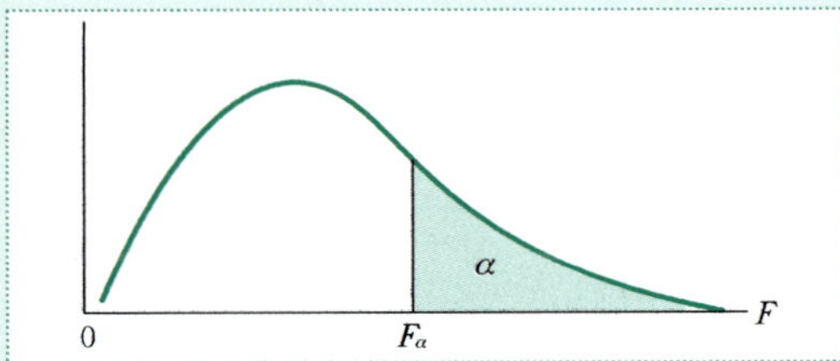

	$v_1(d.f.)$								
$v_1(d.f.)$	1	2	3	4	5	6	7	8	9
1	4052	4999.50	5403	5625	5764	5859	5928	5982	6022
2	98.50	99.00	99.17	99.25	99.30	99.33	99.36	99.37	99.39
3	34.12	30.82	29.46	28.71	28.24	27.91	27.67	27.49	27.35
4	21.20	18.00	16.69	15.98	15.52	15.21	14.98	14.80	14.66
5	16.26	13.27	12.06	11.39	10.97	10.67	10.46	10.29	10.16
6	13.75	10.92	9.78	9.15	8.75	8.47	8.26	8.10	7.98
7	12.25	9.55	8.45	7.85	7.46	7.19	6.99	6.84	6.72
8	11.26	8.65	7.59	7.01	6.63	6.37	6.18	6.03	5.91
9	10.56	8.02	6.99	6.42	6.06	5.80	5.61	5.47	5.35
10	10.04	7.56	6.55	5.99	5.64	5.39	5.20	5.06	4.94
11	9.65	7.21	6.22	5.67	5.32	5.07	4.89	4.74	4.63
12	9.33	6.93	5.95	5.41	5.06	4.82	4.64	4.50	4.39
13	9.07	6.70	5.74	5.21	4.86	4.62	4.44	4.30	4.19
14	8.86	6.51	5.56	5.04	4.69	4.46	4.28	4.14	4.03
15	8.68	6.36	5.42	4.89	4.56	4.32	4.14	4.00	3.89
16	8.53	6.23	5.29	4.77	4.44	4.20	4.03	3.89	3.78
17	8.40	6.11	5.18	4.67	4.34	4.10	3.93	3.79	3.68
18	8.29	6.01	5.09	4.58	4.25	4.01	3.84	3.71	3.60
19	8.18	5.93	5.01	4.50	4.17	3.94	3.77	3.63	3.52
20	8.10	5.85	4.94	4.43	4.10	3.87	3.70	3.56	3.46
21	8.02	5.78	4.87	4.37	4.04	3.81	3.64	3.51	3.40
22	7.95	5.72	4.82	4.31	3.99	3.76	3.59	3.45	3.35
23	7.88	5.66	4.76	4.26	3.94	3.71	3.54	3.41	3.30
24	7.82	5.61	4.72	4.22	3.90	3.67	3.50	3.36	3.26
25	7.77	5.57	4.68	4.18	3.85	3.63	3.46	3.32	3.22
26	7.72	5.53	4.64	4.14	3.82	3.59	3.42	3.29	3.18
27	7.68	5.49	4.60	4.11	3.78	3.56	3.39	3.26	3.15
28	7.64	5.45	4.57	4.07	3.75	3.53	3.36	3.23	3.12
29	7.60	5.42	4.54	4.04	3.73	3.50	3.33	3.20	3.09
30	7.56	5.39	4.51	4.02	3.70	3.47	3.30	3.17	3.07
40	7.31	5.18	4.31	3.83	3.51	3.29	3.12	2.99	2.89
60	7.08	4.98	4.13	3.65	3.34	3.12	2.95	2.82	2.72
120	6.85	4.79	3.95	3.48	3.17	2.96	2.79	2.66	2.56
∞	6.63	4.61	3.78	3.32	3.02	2.50	2.64	2.51	2.41

10	12	15	20	24	30	40	60	120	∞
6056	6106	6157	6209	6235	6261	6287	6313	6339	6366
99.40	99.42	99.43	99.45	99.46	99.47	99.47	99.48	99.49	99.50
27.23	27.05	26.87	26.69	26.60	26.50	26.41	26.32	26.22	26.13
14.55	14.37	14.20	14.02	13.93	13.84	13.75	13.65	13.56	13.46
10.05	9.89	9.72	9.55	9.47	9.38	9.29	9.20	9.11	9.02
7.87	7.72	7.56	7.40	7.31	7.23	7.14	7.06	6.97	6.88
6.62	6.47	6.31	6.16	6.07	5.99	5.91	5.82	5.74	5.65
5.81	5.67	5.52	5.36	5.28	5.20	5.12	5.03	4.95	4.86
5.28	5.11	4.96	4.81	4.73	4.65	4.57	4.48	4.40	4.31
4.85	4.71	4.56	4.41	4.33	4.25	4.17	4.08	4.00	3.91
4.54	4.40	4.25	4.10	4.02	3.94	3.86	3.78	3.69	3.60
4.30	4.16	4.01	3.86	3.78	3.70	3.62	3.54	3.45	3.36
4.10	3.96	3.82	3.66	3.59	3.51	3.43	3.34	3.25	3.17
3.94	3.80	3.66	3.51	3.43	3.35	3.27	3.18	3.09	3.00
3.80	3.67	3.52	3.37	3.29	3.21	3.13	3.05	2.96	2.87
3.69	3.55	3.41	3.26	3.18	3.10	3.02	2.93	2.84	2.75
3.59	3.46	3.31	3.16	3.08	3.00	2.92	2.83	2.75	2.65
3.51	3.37	3.23	3.08	3.00	2.92	2.84	2.75	2.66	2.57
3.43	3.30	3.15	3.00	2.92	2.84	2.76	2.67	2.58	2.49
3.37	3.23	3.09	2.94	2.86	2.78	2.69	2.61	2.52	2.42
3.31	3.17	3.03	2.88	2.80	2.72	2.64	2.55	2.46	2.36
3.26	3.12	2.98	2.83	2.75	2.67	2.58	2.50	2.40	2.31
3.21	3.07	2.93	2.78	2.70	2.62	2.54	2.45	2.35	2.26
3.17	3.03	2.89	2.74	2.66	2.58	2.49	2.40	2.31	2.21
3.13	2.99	2.85	2.70	2.62	2.54	2.45	2.36	2.27	2.17
3.09	2.96	2.81	2.66	2.58	2.50	2.42	2.33	2.23	2.13
3.06	2.93	2.78	2.63	2.55	2.47	2.38	2.29	2.20	2.10
3.03	2.90	2.75	2.60	2.52	2.44	2.35	2.26	2.17	2.06
3.00	2.87	2.73	2.57	2.49	2.41	2.33	2.23	2.14	2.03
2.98	2.84	2.70	2.55	2.47	2.39	2.30	2.21	2.11	2.01
2.80	2.66	2.52	2.37	2.29	2.20	2.11	2.02	1.92	1.80
2.63	2.50	2.35	2.20	2.12	2.02	1.94	1.84	1.73	1.60
2.47	2.34	2.19	2.03	1.95	1.86	1.76	1.66	1.53	1.38
2.32	2.18	2.04	1.88	1.79	1.70	1.59	1.47	1.32	1.00

6-5

F 분포표

$$P(F \geq F_\alpha) = \alpha$$

$(\alpha = 0.005)$

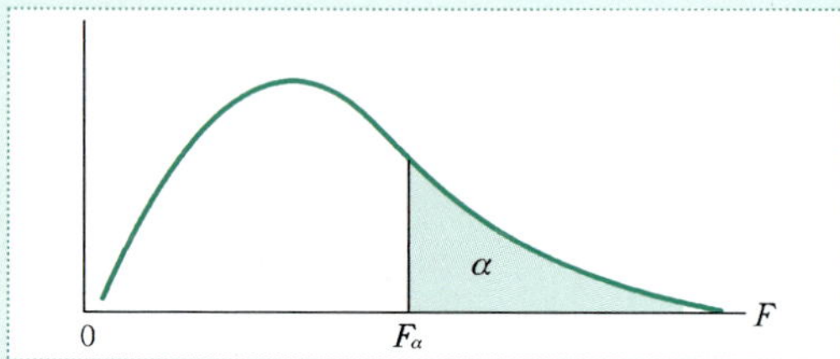

	$v_1(d.f.)$								
$v_1(d.f.)$	*1*	*2*	*3*	*4*	*5*	*6*	*7*	*8*	*9*
1	16211	20000	21615	22500	23056	23437	23715	23925	24091
2	198.5	199.0	199.2	199.2	199.3	199.3	199.4	199.4	199.4
3	55.55	49.80	47.47	46.19	45.39	44.84	44.43	44.13	45.88
4	31.33	26.28	24.26	23.15	22.46	21.97	21.62	21.35	21.14
5	22.78	18.31	16.53	15.56	14.94	14.51	14.20	13.96	13.77
6	18.63	14.54	12.92	12.03	11.46	11.07	10.79	10.57	10.39
7	16.24	12.40	10.88	10.05	9.52	9.16	8.89	8.68	8.51
8	14.69	11.04	9.60	8.81	8.30	7.95	7.69	7.50	7.34
9	13.61	10.11	8.72	7.96	7.47	7.13	6.88	6.69	6.54
10	12.83	9.43	8.08	7.34	6.87	6.54	6.30	6.12	5.97
11	12.23	8.91	7.60	6.88	6.42	6.10	5.86	5.68	5.54
12	11.75	8.51	7.23	6.52	6.07	5.76	5.22	5.35	5.20
13	11.37	8.19	6.93	6.23	5.79	5.48	5.25	5.08	4.94
14	11.06	7.92	6.68	6.00	5.56	5.26	5.03	4.86	4.72
15	10.80	7.70	6.48	5.80	5.37	5.07	4.85	4.67	4.54
16	10.58	7.51	6.30	5.64	5.21	4.91	4.69	4.52	4.38
17	10.38	7.35	6.16	5.50	5.07	4.78	4.56	4.39	4.25
18	10.22	7.21	6.03	5.37	4.96	4.66	4.44	4.28	4.14
19	10.07	7.09	5.92	5.27	4.85	4.56	4.34	4.18	4.04
20	9.94	6.99	5.82	5.17	4.76	4.47	4.26	4.09	3.96
21	9.83	6.89	5.73	5.09	4.68	4.39	4.18	4.01	3.88
22	9.73	6.81	5.65	5.02	4.61	4.32	4.11	3.94	3.81
23	9.63	6.73	5.58	4.95	4.54	4.26	4.05	3.88	3.75
24	9.55	6.66	5.52	4.89	4.49	4.20	3.99	3.83	3.69
25	9.48	6.60	5.46	4.84	4.43	4.15	3.94	3.78	3.64
26	9.41	6.54	5.41	4.79	4.38	4.10	3.89	3.73	3.60
27	9.34	6.49	5.36	4.74	4.34	4.06	3.85	3.69	3.56
28	9.28	6.44	5.32	4.70	4.30	4.02	3.81	3.65	3.52
29	9.23	6.40	5.28	4.66	4.26	3.98	3.77	3.61	3.48
30	9.18	6.35	5.24	4.62	4.23	3.95	3.74	3.58	3.45
40	8.83	6.07	4.98	4.37	3.99	3.71	3.51	3.35	3.22
60	8.49	5.79	4.73	4.14	3.76	3.49	3.29	3.13	3.01
120	8.18	5.54	4.50	3.92	3.55	3.28	3.09	2.93	2.81
∞	7.88	5.30	4.28	3.72	3.35	3.09	2.90	2.74	2.62

10	12	15	20	24	30	40	60	120	∞
24224	24426	24630	24836	24940	25044	25148	25253	25359	25465
199.4	199.4	199.4	199.4	199.5	199.5	199.5	199.5	199.5	199.5
43.69	43.69	43.08	42.78	42.62	42.47	42.31	42.15	41.99	41.83
20.97	20.70	20.44	20.17	20.03	18.89	19.75	19.61	19.47	19.32
13.62	13.38	13.15	12.90	12.78	12.66	12.53	12.40	12.27	12.14
10.25	10.03	9.81	9.59	9.47	9.36	9.24	9.12	9.00	8.88
8.38	8.18	7.97	7.75	7.65	7.53	7.42	7.31	7.19	7.08
7.21	7.01	6.81	6.61	6.50	6.40	6.29	6.18	6.06	5.95
6.42	6.23	6.03	5.83	5.73	5.62	5.52	5.41	5.30	5.19
5.85	5.66	5.47	5.27	5.17	5.07	4.97	4.86	4.75	4.64
5.42	5.24	5.05	4.86	4.76	4.65	4.55	4.44	4.34	4.23
5.09	4.91	4.72	4.53	4.43	4.33	4.23	4.12	4.01	3.90
4.82	4.64	4.46	4.27	4.17	4.07	3.97	3.87	3.76	3.65
4.60	4.43	4.25	4.06	3.96	3.86	3.76	3.66	3.55	3.44
4.42	4.25	4.07	3.88	3.79	3.69	3.58	3.48	3.37	3.26
4.27	4.10	3.92	3.73	3.64	3.54	3.44	3.33	3.22	3.11
4.14	3.97	3.79	3.61	3.51	3.41	3.31	3.21	3.10	2.98
4.03	3.86	3.68	3.50	3.40	3.30	3.20	3.10	2.99	2.87
3.93	3.76	3.59	3.40	3.31	3.21	3.11	3.00	2.89	2.78
3.85	3.68	3.50	3.32	3.22	3.12	3.02	2.92	2.81	2.69
3.77	3.60	3.43	3.24	3.15	3.05	3.95	2.84	2.73	2.61
3.70	3.54	3.36	3.18	3.08	2.98	2.88	2.77	2.66	2.55
3.64	3.47	3.30	3.12	3.02	2.92	2.82	2.71	2.69	2.48
3.59	3.42	3.25	3.06	2.97	2.87	2.77	2.66	2.55	2.43
3.54	3.37	3.20	3.01	2.92	2.82	2.72	2.61	2.50	2.38
3.49	3.33	3.15	2.97	2.87	2.77	2.67	2.56	2.45	2.33
3.45	3.28	3.11	2.93	2.83	2.73	2.63	2.52	2.41	2.29
3.41	3.25	3.07	2.89	2.79	2.69	2.59	2.48	2.37	2.25
3.38	3.21	3.04	2.86	2.76	2.66	2.56	2.45	2.33	2.21
3.34	3.18	3.01	2.82	2.73	2.63	2.52	2.42	2.30	2.18
3.12	2.95	2.78	2.60	2.50	2.40	2.30	2.18	2.06	1.93
2.90	2.74	2.57	2.39	2.29	2.19	2.08	1.96	1.83	1.69
2.71	2.54	2.37	2.19	2.09	1.98	1.87	1.75	1.61	1.43
2.52	2.36	2.19	2.00	1.90	1.79	1.67	1.53	1.36	1.00

7
Hartley의 H 통계량에 대한 기각치

$$P(H \geq H_\alpha) = \alpha$$
$$(\alpha = 0.05)$$

	k										
n	2	3	4	5	6	7	8	9	10	11	12
3	39.0	87.5	142	202	266	333	403	475	550	626	704
4	15.4	27.8	39.2	50.7	62.0	72.9	83.5	93.9	104	114	124
5	9.60	15.5	20.6	25.2	29.5	33.6	37.5	41.1	44.6	48.0	51.4
6	7.15	10.8	13.7	16.3	18.7	20.8	22.9	24.7	26.5	28.2	29.9
7	5.82	8.38	10.4	12.1	13.7	15.0	16.3	17.5	18.6	19.7	20.7
8	4.99	6.94	8.44	9.70	10.8	11.8	12.7	13.5	14.3	15.1	15.8
9	4.43	6.00	7.18	8.12	9.03	9.78	10.5	11.1	11.7	12.2	12.7
10	4.03	5.34	6.31	7.11	7.80	8.41	8.95	9.45	9.91	10.3	10.7
11	3.72	4.85	5.67	6.34	6.92	7.42	7.87	8.28	8.66	9.01	9.34
13	3.28	4.16	4.79	5.30	5.72	6.09	6.42	6.72	7.00	7.25	7.48
16	2.86	3.54	4.01	4.37	4.68	4.95	5.19	5.40	5.59	5.77	5.93
21	2.46	2.95	3.29	3.54	3.76	3.94	4.10	4.24	4.37	4.49	4.59
31	2.07	2.40	2.61	2.78	2.91	3.02	3.12	3.21	3.29	3.36	3.39
61	1.67	1.85	1.96	2.04	2.11	2.17	2.22	2.26	2.30	2.33	2.36
∞	1.00	1.00	1.00	1.00	1.00	1.00	1.00	1.00	1.00	1.00	1.00

예) $n=5$이고 $k=3$이면 $P(H \geq 15.5)=\alpha$이다.

8

Durbin-Watson 통계량의 기각치

($\alpha = 0.05$)

k는 독립변수의 수이다.

n	$k=1$		$k=2$		$k=3$		$k=4$		$k=5$	
	d_L	d_u	d_L	d_u	d_L	d_u	d_L	d_u	d_L	d_u
15	1.08	1.36	0.95	1.54	0.82	1.75	0.69	1.97	0.56	2.21
16	1.10	1.37	0.98	1.54	0.86	1.73	0.74	1.93	0.62	2.15
17	1.13	1.38	1.02	1.54	0.90	1.71	0.78	1.90	0.67	2.10
18	1.16	1.39	1.05	1.53	0.93	1.69	0.82	1.87	0.71	2.06
19	1.18	1.40	1.08	1.53	0.97	1.68	0.86	1.85	0.75	2.02
20	1.20	1.41	1.10	1.54	1.00	1.68	0.90	1.83	0.79	1.99
21	1.22	1.42	1.13	1.54	1.03	1.67	0.93	1.81	0.83	1.96
22	1.24	1.43	1.15	1.54	1.05	1.66	0.96	1.80	0.86	1.94
23	1.26	1.44	1.17	1.54	1.08	1.66	0.99	1.79	0.90	1.92
24	2.27	1.45	1.19	1.55	1.10	1.66	1.01	1.78	0.93	1.90
25	1.29	1.45	1.21	1.55	1.12	1.66	1.04	1.77	0.95	1.89
26	1.30	1.46	1.22	1.55	1.14	1.65	1.06	1.76	0.98	1.88
27	1.32	1.47	1.24	1.56	1.16	1.65	1.08	1.76	1.01	1.86
28	1.33	1.48	1.26	1.56	1.18	1.65	1.10	1.75	1.03	1.85
29	1.34	1.48	1.27	1.56	1.20	1.65	1.12	1.74	1.05	1.84
30	1.35	1.49	1.28	1.57	1.21	1.65	1.14	1.74	1.07	1.83
31	1.36	1.50	1.30	1.57	1.23	1.65	1.16	1.74	1.09	1.83
32	1.37	1.50	1.31	1.57	1.24	1.65	1.18	1.73	1.11	1.82
33	1.38	1.51	1.32	1.58	1.26	1.65	1.19	1.73	1.13	1.81
34	1.39	1.51	1.33	1.58	1.27	1.65	1.21	1.73	1.15	1.81
35	1.40	1.52	1.34	1.58	1.28	1.65	1.22	1.73	1.16	1.80
36	1.41	1.52	1.35	1.59	1.29	1.65	1.24	1.73	1.18	1.80
37	1.42	1.53	1.36	1.59	1.31	1.66	1.25	1.72	1.19	1.80
38	1.43	1.54	1.37	1.59	1.32	1.66	1.26	1.72	1.21	1.79
39	1.43	1.54	1.38	1.60	1.33	1.66	1.27	1.72	1.22	1.79
40	1.44	1.54	1.39	1.60	1.34	1.66	1.29	1.72	1.23	1.79
45	1.48	1.57	1.43	1.62	1.38	1.67	1.34	1.72	1.29	1.78
50	1.50	1.59	1.46	1.63	1.42	1.67	1.38	1.72	1.34	1.77
55	1.53	1.60	1.49	1.64	1.45	1.68	1.41	1.72	1.38	1.77
60	1.55	1.62	1.51	1.65	1.48	1.69	1.44	1.73	1.41	1.77
65	1.57	1.63	1.54	1.66	1.50	1.70	1.47	1.73	1.44	1.77
70	1.58	1.64	1.55	1.67	1.52	1.70	1.49	1.74	1.46	1.77
75	1.60	1.65	1.57	1.68	1.54	1.71	1.51	1.74	1.49	1.77
80	1.61	1.66	1.59	1.69	1.56	1.72	1.53	1.74	1.51	1.77
85	1.62	1.67	1.60	1.70	1.57	1.72	1.55	1.75	1.52	1.77
90	1.63	1.68	1.61	1.70	1.59	1.73	1.57	1.75	1.54	1.78
95	1.64	1.69	1.62	1.71	1.60	1.73	1.58	1.75	1.56	1.78
100	1.65	1.69	1.63	1.72	1.61	1.74	1.59	1.76	1.57	1.78

예) $n = 25$이고 $k = 2$라면, $d_L = 1.21$이고 $d_u = 1.55$임.

9
난수표

12651	61646	11769	75109	86996	97669	25757	32535	07122	76763
81769	74436	02630	72310	45049	18029	07469	42341	98173	79260
36737	98863	77240	76251	00654	64688	09434	70278	67331	98729
82681	54371	76610	93934	72748	44124	05610	53750	95938	01485
21325	15732	24127	37431	09723	63529	73977	95218	96074	42138
74146	47887	62463	23045	41490	07954	22597	60012	98866	90959
90759	64410	54179	66075	61051	75385	51378	08360	95946	95547
55683	98078	02238	91540	21219	17720	87817	41705	94785	12563
79686	17969	76061	83748	55920	83612	41540	86492	06447	60568
70333	00201	86201	69716	78185	62154	77930	67663	29529	75116
14042	53536	07779	04157	41172	36473	42123	43929	50533	33437
59911	08256	06596	48416	69770	68797	56080	41223	59199	30162
62368	62623	62742	14891	39247	52242	98832	69533	91174	57979
57529	97751	54976	48957	74599	08759	78494	52785	68526	64618
15469	90574	78033	66885	13936	42117	71831	22961	94225	31816
18625	23674	53850	32827	81647	80820	00420	63555	74489	80141
74626	68394	88562	70745	23701	45630	65891	58220	35442	60414
11119	16519	27384	90199	79210	76965	99546	30323	31664	22845
41101	17336	48951	53674	17880	45260	08575	49321	36191	17095
32123	91576	84221	78902	82010	30847	62329	63898	23268	74283
26091	68409	69704	82267	14751	13151	93115	01437	56945	89661
67680	79790	48462	59278	44185	29616	76531	19589	83139	28454
15184	19260	14073	07026	25264	08388	27182	22557	61501	67481
58010	45039	57181	10238	36874	28546	37444	80824	63981	39942
56425	53996	86245	32623	78858	08143	60377	42925	42815	11159
82630	84066	13592	60642	17904	99718	63432	88642	37858	25431
14927	40909	23900	48761	44860	92467	31742	87142	03607	32059
23740	22505	07489	85986	74420	21744	97711	36648	35620	97949
32990	97446	03711	63824	07953	85965	87089	11687	92414	67257
05310	24058	91946	78437	34365	82469	12430	84754	19354	72745
21839	39937	27534	88913	49055	19218	47712	67677	51889	70926
08833	42579	93981	94051	28382	83725	72643	64233	97252	17133
58336	11139	47479	00931	91560	95372	97642	33856	54825	55680
62032	91144	75478	47431	52726	30289	42411	91886	51818	78292
45171	30557	53116	04118	58301	24375	65609	85810	18620	49198
91611	62656	60128	35609	63698	78356	50682	22505	016902	36291
55472	63819	86314	49174	93582	73604	78614	78849	23096	72825
18573	09729	74091	53994	10970	86557	65661	41854	26037	53296
60866	02955	90288	82136	83644	94455	06560	78029	98768	71296
45043	55608	82767	60890	74646	79485	13619	98868	40857	19415
17831	09737	79473	75945	29394	79334	70577	38048	03607	06932
40137	03981	07585	18218	11178	32601	27994	05641	22600	86064
77776	31343	14576	97706	16039	47517	43300	59080	80392	63819
69605	44104	40103	95635	05635	81673	68657	09559	23510	95875
19916	52934	26499	09821	97331	80993	61299	36979	73599	35055
02606	58552	07678	56619	65325	30705	99582	53390	46357	13244
65183	73160	87131	35530	47946	09854	18080	02321	05809	04893
10740	98914	44916	11322	89717	88189	30143	52687	19420	60061
98642	89822	71691	51573	83666	61642	46683	33761	47542	23551
60139	25601	93663	25547	02654	94829	48672	28736	84994	13071

해 답

1
통계학의 기초

01 모집단 : 통계분석의 대상이 되는 모든 개체들의 집합

표본 : 모집단으로부터 임의로 추출된 모집단의 부분집합

03 표본평균이나 표본분산과 같이 표본의 특성을 나타내는 척도

05 무작위추출 : 모집단을 구성하는 개체들이 선택될 확률이 동일하도록 표본을 추출하며, 어떤 한 개체의 선택이 다른 개체의 선택에 영향을 미치지 않도록 표본을 추출하는 방법.

계통추출 : N개의 모집단자료로부터 n개의 표본을 계통추출한다고 했을 때, 모집단을 구성하는 각 개체에 1에서 N까지 일련번호를 부여한 후, $k=\left[\frac{N}{n}\right]$의 비율을 구한다. 여기서 k는 $\frac{N}{n}$보다 작거나 같은 가장 큰 정수이다. 일련번호에 따라 처음 k개의 개체 중에서 하나를 임의로 추출한다. 그리고 그 이후에는 매 k번째에 있는 자료를 표본의 크기가 n이 될 때까지 추출하는 방법

07 장점 : 다른 표본추출법에 비하여 경비가 싸고 빠름

단점 : 대표성 있는 표본의 추출에는 약간의 문제가 있음.

09 비표본오차는 조사원에 대한 훈련, 지도 및 감독의 강화 그리고 체계적이고 과학적인 표본추출과정을 도입함으로써 줄일수 있으며, 표본오차는 표본의 크기를 증가함으로써 줄일 수 있다.

2
기술통계 1: 표와 그래프

01 ① 대상모집단으로부터 자료를 수집하여 정리·요약하고, 여러 가지 요약특성치를 계산하는 기술통계(descriptive statistics)와 ② 이러한 기술통계로부터 얻은 정보를 통하여 모집단의 특성을 추론하는 추측통계(inferential statistics)의 과정을 거침

03 명목척도(nominal scale), 서열척도(ordinal scale), 구간척도(interval scale), 비율척도(ratio scale)

05 명목척도(nominal scale) 예) 학년, 주민등록번호, 운동선수의 등번호 등

07 세 척도(명목, 서열, 구간)가 가지는 특성을 모두 포괄하며, 절대적 원점을 갖기 때문에 숫자 간의 비율이 산술적 의미를 가짐. 예) 키, 무게, 압력 등

09 ① 계급의 폭=(최대값−최소값)/(계급의 수)=$\frac{(7.4-0.1)}{5}=1.46$이므로 약 1.5를 사용한다.

② 계급경계가 자료의 숫자를 포함하지 않도록 하여 다음의 도수분포표를 만든다.

계 급	도 수
0.05~1.55	19
1.55~3.05	13
3.05~4.55	3
4.55~6.05	3
6.05~7.55	2
합 계	40

히스토그램은 다음과 같다.

〈그림 1〉 히스토그램

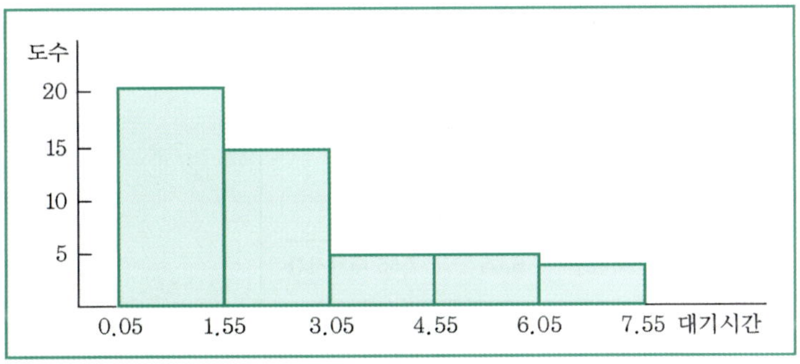

③

계 급	상대도수
0.05~1.55	0.475
1.55~3.05	0.325
3.05~4.55	0.075
4.55~6.05	0.075
6.05~7.55	0.050
합 계	1.00

상대도수 히스토그램은 다음과 같다.

〈그림 2〉 상대도수 히스토그램

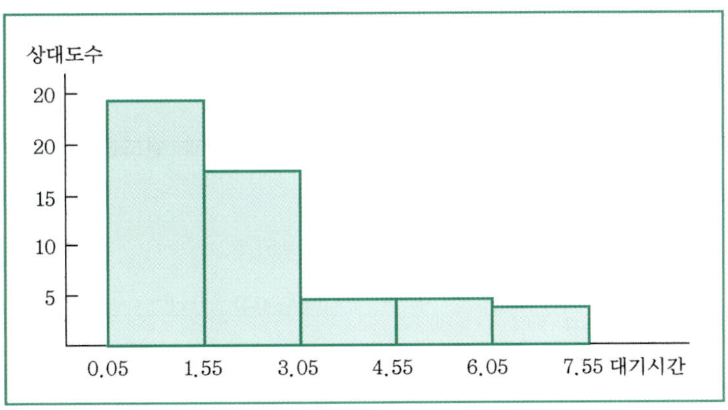

④ 누적상대도수 히스토그램은 다음과 같다.

〈그림 3〉 누적상대도수 히스토그램

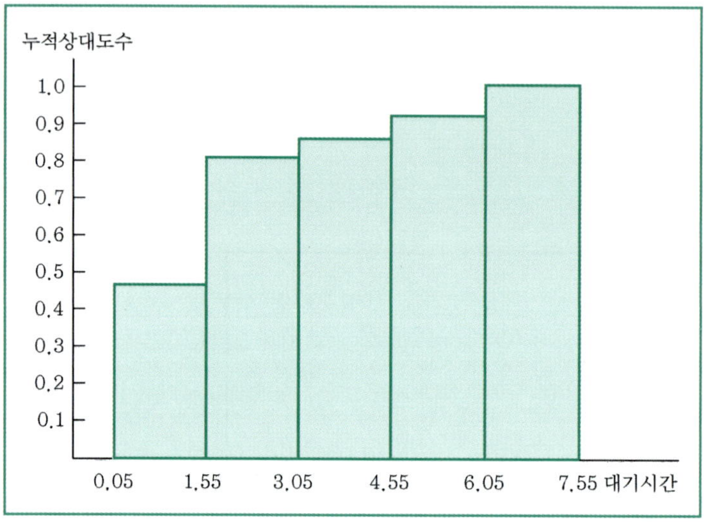

3

기술통계 2: 요약특성치

01 중심경향도(central tendency), 산포도(degree of dispersion), 비대칭도(skewness)

03 자료의 수가 적은 경우, 극단적인 값을 갖는 자료가 섞여 있을 경우, 질적자료의 경우

05 중앙치(M_e)=1,000원, 총 119명이므로 중앙치는 60번째 값이다.

최빈치=1,000원, 5등이 모두 100명으로 제일 많이 등장한다.

$$\text{평균}(\overline{X})=\frac{(10{,}000{,}000\times1)+(5{,}000{,}000\times2)+(1{,}000{,}000\times5)+(100{,}000\times10)+(1{,}000\times100)+(3{,}000{,}000\times1)}{(1+2+5+10+100+1)}$$

=244,538원

07 각 계급의 중앙값이 29.5, 39.5, 49.5, 59.5, 69.5, 79.5이므로 중앙값과 빈도를 각각 곱하고 이를 빈도의 총합으로 나누면

$$\overline{X}=\frac{(29.5\times2)+(39.5\times6)+(49.5\times4)+(59.5\times4)+(69.5\times2)+(79.5\times2)}{(2+6+4+4+2+2)}=51.5,$$

$$S^2=\frac{((29.5-51.5)^2\times2)+((39.5-51.5)^2\times6)+((49.5-51.5)^2\times4)+((59.5-51.5)^2\times4)+((69.5-51.5)^2\times2)+((79.5-51.5)^2\times2)}{(2+6+4+4+2+2)-1}$$

=227.3684

$S = \sqrt{227.3684}$

09 대도시의 경우

$$\overline{X} = \frac{(16.2+16.7+15.9+14.4+13.2+15.3+16.2+16.0+16.1+15.3+15.2+15.3+16.2)}{13} = 15.5385,$$

$$S^2 = \frac{(16.2-15.5385)^2+(16.7-15.5385)^2+\ldots+(15.3-15.5385)^2+(16.2-15.5385)^2}{(13-1)} = 0.8642,$$

$$S = \sqrt{0.8642} = 0.9296,$$

$$CV = 100 \times \frac{0.9296}{15.5385} = 5.9826$$

지방도시의 경우

$$\overline{X} = 18.9231,\ S = 1.0879,\ CV = 100 \times \frac{1.0879}{18.9231} = 5.7491$$

4
확률이론

01 동전던지기 실험

03 $P(\text{찬성}) = \frac{300}{1000} = 0.3$

05 ① $P(\text{남자}) = \frac{40}{56} = 0.71$

② $P(\text{남자/선호하지 않음}) = \frac{P(\text{남자} \cap \text{선호하지 않음})}{P(\text{선호하지 않음})} = \frac{10/56}{12/56} = \frac{10}{12} = 0.83$

③ 성별변수와 선호도 변수가 독립이 아니기 때문이다.

07 $P(\text{고졸자} \cup \text{여자}) = P(\text{고졸자}) + P(\text{여자}) - P(\text{고졸자} \cap \text{여자})$

$P(\text{고졸자} \cup \text{여자}) = 0.1 + 0.5 - 0.0 = 0.6$

09 ① $P(\text{찬성}) = 0.078 + 0.182 = 0.260$

② $P(\text{찬성} \mid \text{노조원}) = \frac{0.182}{0.182+0.518} = 0.26$

③ $P(\text{찬성} \cap \text{비노조원}) = 0.078 = P(\text{찬성}) \cdot P(\text{비노조원})$

③ $P(\text{찬성} \cap \text{비노조원}) = 0.26 \times 0.3 = 0.078$

나머지에 대해서도 성립하므로 독립이다.

5
확률변수와 확률함수

01 다음의 식에서 a와 b는 상수이며, X와 Y는 확률변수이다.

$$E(a)=a$$
$$E(bX)=bE(X)$$
$$E(a+bX)=a+bE(X)$$
$$E(X+Y)=E(X)+E(Y)$$
$$E(aX+bX)=aE(X)+bE(Y)$$

03 ① $f(1)=-\frac{1}{5}<0$이므로 확률함수가 될 수 없다.

② $f(0)=0,\ f(1)=\frac{1}{30},\ f(2)=\frac{4}{30},\ f(3)=\frac{9}{30},\ f(4)=\frac{16}{30}$

$\sum_{i=1}^{4}f(y)=1$이고, 모든 y에 대해 $f(y)\geq 0$이므로 확률함수이다.

05 $\int_1^\infty=\frac{1}{x^2}dx=\left[-\frac{1}{x}\right]_1^\infty=0+1=1$이고, $f(x)\geq 0,\ x>0$이므로 $f(x)$는 확률밀도함수이다.

07 ①

	30세 미만	30세 이상
미혼	$\frac{63}{140}$	$\frac{30}{140}$
기혼	$\frac{27}{140}$	$\frac{20}{140}$

② $P(\text{미혼})=\frac{(63+30)}{14}=\frac{93}{140}$

$P(\text{기혼})=\frac{(27+20)}{140}=\frac{47}{140}$

③ $\mathrm{P}(\text{미혼}|30\text{세 이상})=\frac{(\frac{30}{140})}{(\frac{30}{140}+\frac{20}{140})}=\frac{30}{50}=0.6$

09 ① $E(X)=\int_0^{10}xf(x)dx=\int_0^{10}\frac{18x^4}{6000}dx=7.5$

② $Var(X)=\int_0^{10}x^2f(x)dx-E(X)^2=\int_0^{10}\frac{18x^4}{6000}dx-7.5^2=52.5$

6
확률분포

01 이항분포: 일련의 반복적인 베르누이 시행의 결과로써 도출되는 이산확률분포의 하나로, 통계분석에 널리 이용되는 확률분포

초기하변수: 이항변수와 매우 유사하며, 두 변수 모두 일련의 반복적인 베르누이 시행의 과정에서 발생한 성공의 횟수로 정의됨. 그러나 초기하분포는 비복원추출을 하기 때문에 각각의 시행에서 성공의 확률이 동일하지 않음.

포아송분포 : 이항분포 다음으로 현실문제에 대한 응용도가 높고, 단위시간, 단위구간 또는 단위면적에서 발생하는 사건발생수의 분석에 주로 활용

03 ① i번째 고객이 계약을 체결하거나($X_i=1$) 또는 체결하지 않는 것($X_i=0$)

② $P(X=2)={}_5C_2(0.3)^2(0.7)^3=0.309$

③ $E(X)=np=5\times0.3=1.5$

$\sigma_X=\sqrt{npq}=\sqrt{5\times0.3\times0.7}=1.02$

05 ① $\lambda=0.75/$분$\times 6$분$=4.5$

6분 동안에 들어오는 고객의 수를 X라 한다.

$P(X\le 2)=\dfrac{e^{-4.5}(4.5)^0}{0!}+\dfrac{e^{-4.5}(4.5)^1}{1!}+\dfrac{e^{-4.5}(4.5)^2}{2!}=0.174$이다.

또한 부록 2로부터 $\mu=4.5$와 $c=2$에 대해 0.174를 얻을 수 있다.

② $\lambda=0.75/$분$\times 2$분$=1.5$

$P(X=0)=\dfrac{e^{-4.5}(1.5)^0}{0!}=0.223$이다.

07 $f(X)=\dfrac{1}{b-a},\ a<x<b$

$$E(X)=\int_a^b xf(x)dx=\int_a^b\frac{x}{b-a}dx=\left[\frac{1}{2(b-a)}x^2\right]_a^b=\frac{b^2-a^2}{2(b-a)}=\frac{b+a}{2}$$

$$Var(X)=E(X^2)-E^2(X)=\int_a^b x^2f(x)dx-\left[\frac{b+a}{2}\right]^2$$

$$=\frac{1}{3(b-a)}(b^3-a^3)-\left[\frac{b+a}{2}\right]^2$$

$$=\frac{b^2+ab+a^2}{3}-\frac{b^2+2ab+a^2}{4}=\frac{b^2-2ab+a^2}{12}=\frac{(b-a)^2}{12}$$

09 $P(X\ge 300)=P\left(Z\ge\dfrac{300-400}{120}\right)=P(Z\ge -0.83)$

$=0.5+0.2967=0.7967$

7

표본분포

01 평균이 μ이고 분산이 σ^2인 모집단으로부터 표본자료 X_1, X_2, X_3, ⋯, X_n이 추출되었다고 하자. 그러면 표본평균 $\overline{X}_n$은 모집단의 분포에 상관없이 n이 충분히 클 때, 근사적으로 $N\left(\mu, \frac{\sigma^2}{n}\right)$의 분포를 따르는 것

03 ① $P(X \geq 44) = P\left[Z \geq \frac{44-40}{3}\right] = P(Z \geq 1.33)$

$= 0.5 - 0.4082 = 0.0918$이다. 약 9%이다.

② $P(39 \leq \overline{X} \leq 41) = P\left[\frac{39-\mu}{\frac{\sigma}{\sqrt{n}}} < \frac{\overline{X}-\mu}{\frac{\sigma}{\sqrt{n}}} < \frac{41-\mu}{\frac{\sigma}{\sqrt{n}}}\right] = P\left[\frac{39-40}{\frac{3}{\sqrt{50}}} < Z < \frac{41-40}{\frac{3}{\sqrt{50}}}\right]$

$= P(-2.35 < Z < 2.35)$

$= 2 \times 0.4906 = 0.9812$이다. 약 98%이다.

05 ① $\overline{X}_1 \sim N\left(12, \frac{4}{30}\right)$

② $\overline{X}_2 \sim N\left(10, \frac{1}{40}\right)$

③ $E(\overline{X}_1 - \overline{X}_2) = E(\overline{X}_1) - E(\overline{X}_2) = 2$

$Var(\overline{X}_1 - \overline{X}_2) = Var(\overline{X}_1) + Var(\overline{X}_2) = \frac{4}{30} + \frac{1}{40} = 0.1583$

$P(\overline{X}_1 - \overline{X}_2 \leq 3) = P\left(\frac{\overline{X}_1 - \overline{X}_2 - 2}{\sqrt{0.1583}} \geq \frac{3-2}{\sqrt{0.1583}}\right)$

$= P(Z < 2.51)$

$= 0.9940$

07 부록 5 χ^2분포표로부터 $x^2_{6,\,0.05} = 12.5916$이다.

09 ① $t_{12,\,0.05} = 1.782$이므로 $1 - 0.05 = 0.95$이다.

② $-t_{12,\,0.01} = -1.356$이므로 $1 - 0.1 = 0.9$이다.

③ $t_{12,\,0.025} = 2.179$이므로 $2(0.5 - 0.025) = 0.95$이다.

8

추 정

01 불편성(unbiasedness), 효율성, 일관성

03 ① $E(\hat{\mu}_1)=E\left[\frac{X_1+2X_2+3X_3}{6}\right]$

$$=\frac{1}{6}E[X_1+2X_2+3X_3]$$
$$=\frac{1}{6}[E(X_1)+2E(X_2)+3E(X_3)]$$
$$=\frac{1}{6}(\mu+2\mu+3\mu)$$
$$=\mu$$

$E(\hat{\mu}_2)=E\left[\frac{X_1+4X_2+X_3}{6}\right]$

$$=\frac{1}{6}(\mu+4\mu+\mu)$$
$$=\mu$$

② $Var(\hat{\mu}_1)=Var\left[\frac{X_1+2X_2+3X_3}{6}\right]$

$$=\frac{1}{36}Var[X_1+2X_2+3X_3]$$
$$=\frac{1}{36}[Var(X_1)+Var(2X_2)+Var(3X_3)]$$
$$=\frac{1}{36}[Var(X_1)+4Var(X_2)+9Var(X_3)]$$
$$=\frac{14}{36}\sigma^2$$

$Var(\hat{\mu}_2)=Var\left[\frac{X_1+4X_2+X_3}{6}\right]$

$$=\frac{1}{36}Var[X_1+4X_2+X_3]$$
$$=\frac{1}{36}[Var(X_1)+16Var(X_2)+Var(X_3)]$$
$$=\frac{18}{36}\sigma^2$$

$\hat{\mu}_1$이 $\hat{\mu}_2$보다 더 효율적인 추정량이다.

05 $\left[\bar{x}-t_{15,\,0.025}\frac{\sqrt{6}}{\sqrt{16}}\right]=\left[11-2.131\frac{\sqrt{6}}{\sqrt{16}},\ 11+2.131\frac{\sqrt{6}}{\sqrt{16}}\right]=(9.695,\ 12.305)$

07 $\overline{X}_9=122$이므로

① 90% 신뢰구간;

$$\left(122\pm Z_{0.05}\frac{\sigma}{\sqrt{n}}\right)=\left(122\pm 1.645\frac{28.2}{\sqrt{9}}\right)=(106.537,\ 137.463)$$

② 정규모집단에서 소표본($n=9$)이고 σ^2을 모르므로, 표본으로부터 S를 구한 후 t_{n-1}분포를 사용한다.

$$\left(122\pm t_{8,\,0.05}\frac{S}{\sqrt{n}}\right)=\left(122\pm 1.86\frac{22.9}{\sqrt{9}}\right)=(107.802,\ 136.198)$$

09 $\hat{p}=0.1$이다. $n=\frac{z_{\alpha/2}^2 \hat{p}\hat{q}}{D^2}=\frac{(1.96)^2\times 0.1\times 0.9}{0.03^2}=384.2$이다.

따라서 385명 이상의 표본을 추출하여야 한다.

9

가설검정과 한 모집단의 모수에 대한 추론

01 귀무가설(null hypothesis): 기존에 인정되어온 내용응로 연구자가 반박하고자 하는 대상이 되는 사실로 '다르지 않다'라는 의미를 갖는 가설로, 가설 속에 항상 ≥, =, ≤와 같이 등호가 포함.

대립가설(alternative hypothesis): 가설검정의 연구대상, 연구가설

1) $H_A: \theta \neq \theta_0$, "모수 θ가 어떤 실수값 θ_0와 같지 않다."

$H_0: \theta = \theta_0$, "모수 θ가 어떤 실수값 θ_0와 같다."

2) $H_A: \theta < \theta_0$, "모수 θ가 어떤 실수값 θ_0보다 작다."

$H_0: \theta \geq \theta_0$, "모수 θ가 어떤 실수값 θ_0보다 크거나 같다."

3) $H_A: \theta > \theta_0$, "모수 θ가 어떤 실수값 θ_0보다 크다."

$H_0: \theta \leq \theta_0$, "모수 θ가 어떤 실수값 θ_0보다 작거나 같다."

03 σ를 알고, 소표본인 경우

$$\begin{cases} H_0: \mu = 340.19 \\ H_A: \mu < 340.19 \end{cases}$$

$Z=\frac{334.66-340.19}{11.34/\sqrt{16}}=-1.9506$, 유의수준 10%이고, 좌측검정일때, 기각치 $Z_{0.1}=-2.8$이므로, 귀무가설을 기각한다

즉, 연구가설을 채택한다.

$\therefore \mu < 340.19$이다.

05 $$\begin{cases} H_0: \mu = 55 \\ H_A: \mu \neq 55 \end{cases}$$

기각치는 $Z_{0.025}=1.96$과 $-Z_{0.025}=-1.96$이고, 검정통계량은 $Z=\frac{58-55}{\frac{\sqrt{125}}{\sqrt{50}}}=1.90$이다.

검정통계량은 1.90이 채택영역에 있으므로 H_0을 기각하지 않는다.

∴ 평균이 55라고 할 수 있다.

07 $$\begin{cases} H_0: \mu = 10 \\ H_A: \mu < 10 \end{cases}$$

기각치 $-t_{8,0.025}=-2.306$이다.

$\bar{x}=\dfrac{18+5+\cdots+6}{9}=9 \quad S^2=\dfrac{18^2+\cdots+6^2-9\times 9^2}{8}=\dfrac{180}{8}=22.5$이다.

따라서 $S=\sqrt{22.5}=4.74$이다.

검정통계량 $t=\dfrac{9-10}{4.74/\sqrt{9}}=-0.63$이다.

검정통계량 -0.63이 기각치 -2.306보다 크므로 귀무가설 H_0을 기각하지 않는다.

월 생산라인 중단횟수는 10회 미만이 아니다.

09 $\begin{cases} H_0 : \sigma^2 = 22500 \\ H_A : \sigma^2 > 22500 \end{cases}$

기각치 $\chi^2_{0.99}(9)=2.0879$이고, 검정통계량은 $\chi^2=\dfrac{(n-1)S^2}{\sigma_0^2}=\dfrac{9\times 40000}{22500}=16.0$이다.

검정통계량 16.0이 기각치보다 크므로 귀무가설 H_0을 기각하지 않는다.

∴ 전구수명의 표준편차는 150이다.

10
두 모집단의 모수에 대한 추론

01 정규분포의 가정, 등분산의 가정

03 대양회사의 모집단을 1로, 건영회사의 모집단을 2로 하자.

$\begin{cases} H_0 : \mu_1-\mu_2=0 \\ H_A : \mu_1-\mu_2 \neq 0 \end{cases}$

기각치는 $\pm t_{16,0.025}=\pm 2.12$이다.

$S_{p^2}=\dfrac{(9-1)(25.25)+(9-1)(35.61)}{9+9-2}=30.43$이고

검정통계량은 $t=\dfrac{(40.33-36.54)-0}{\sqrt{\dfrac{30.43}{9}+\dfrac{30.43}{9}}}=1.46$이다.

검정통계량 1.46이 채택영역에 있으므로 H_0을 기각하지 않는다. 즉, 평균생산량에 차이가 없다.

05 $\hat{p}_1=0.7077,\ \hat{p}_2=0.5294$

① 95% 신뢰구간;

$$\left[(\hat{p}_1-\hat{p}_2)\pm Z_{0.025}\sqrt{\frac{\hat{p}_1\hat{q}_1}{n_1}+\frac{\hat{p}_2\hat{q}_2}{n_2}}\right]$$

$= [(0.7077 - 0.5294) \pm 1.96(0.0553)]$

$= [0.0699, 0.2867]$

② $Z = \dfrac{\hat{p}_1 - \hat{p}_2}{\sqrt{\dfrac{\hat{p}_1\hat{q}_1}{n_1} + \dfrac{\hat{p}_2\hat{q}_2}{n_2}}} = \dfrac{0.1783}{0.0553} = 3.22 > Z_{0.05} = 1.645$

유동적 수업환경이 고정적 수업환경보다 확률이 높다.

07 훈련 후 생산량에서 훈련 전 생산량을 뺀 차를 d라 하자.

$$\begin{cases} H_0 : \mu_d = 30 \\ H_A : \mu_d > 30 \end{cases}$$

기각치는 $t_{9,\,0.05} = 1.833$이다.

작업자	훈련 전	훈련 후	d
1	15	51	36
2	21	63	42
3	20	55	35
4	36	68	32
5	12	48	36
6	9	38	29
7	17	54	37
8	42	73	31
9	26	49	23
10	18	57	39
합계			$\sum d = 340$ $\bar{d} = 34$

$\bar{d} = \dfrac{\sum d}{n} = 34$이고, $S_d^2 = \dfrac{\sum d^2 - n\bar{d}^2}{n-1} = 29.56$이다.

$\therefore S_d = 5.44$

검정통계량 $t = \dfrac{\bar{d} - \mu_0}{S_d/\sqrt{n}} = \dfrac{34-30}{5.44/\sqrt{10}} = 2.33$이다.

검정통계량 2.33이 기각치 1.83보다 크므로 H_0을 기각한다. 즉, 30 이상 증가했다.

09 $$\begin{cases} H_0 : \dfrac{\sigma_A^2}{\sigma_B^2} = 1 \\ H_A : \dfrac{\sigma_A^2}{\sigma_B^2} \neq 1 \end{cases}$$

$F = \dfrac{\sigma_A^2}{\sigma_B^2} = \dfrac{25}{12} = 2.083 <$ (기각치) $F_{30,\,24,\,0.005} = 2.87$이므로 귀무가설 H_0을 채택한다.

∴ 두 모분산이 동일하다.

11

범주자료에 대한 χ^2검정

01 ① p_1, p_2, p_3, ⋯, p_k에 대해 설정된 특정 값들의 진위를 검정

② 모집단의 분포에 대해 설정된 가정이 적합한지의 여부 검정

03 선호도가 동일하다면 각각의 확률은 1/3이다. 따라서 기대도수$=75\times\frac{1}{3}=25$이다.

기각치 $\chi^2_{2,\,0.05}=5.99$이다.

검정통계량 $\chi^2=\frac{(35-25)^2}{25}+\frac{(15-25)^2}{25}+\frac{(25-25)^2}{25}=8.0$이다.

검정통계량 8.0이 기각치 5.99보다 크므로 귀무가설 H_0을 기각한다. 즉, 연구가설을 채택한다 세 교수법에 대한 선호도에 차이가 있다.

05 $\begin{cases} H_0: E(n_i)=250,\ \forall_i \\ H_A: H_0\text{는 사실이 아니다.} \end{cases}$

$$\chi^2=\frac{(294-250)^2}{250}+\frac{(276-250)^2}{250}+\frac{(238-250)^2}{250}+\frac{(192-250)^2}{250}$$
$$=24.48>\ (\text{기각치})\ \chi^2_{3,\,0.05}=7.81473$$

분석결과, 검정통계량이 기각치보다 크기 때문에 귀무가설 H_0을 기각하고 연구가설을 채택한다. 즉, 4개 공장에서 발생한 불량률에 차이가 있다.

07 $\begin{cases} H_0: \text{해외연수와 업무능력은 서로 독립이다.} \\ H_A: H_0\text{는 사실이 아니다.} \end{cases}$

기대도수는 다음과 같다.

해외연수 \ 업무고과	상	중	하
유	90.4	67.8	67.8
무	109.6	82.2	82.2

$$\chi^2=\frac{(89-90.4)^2}{90.4}+\frac{(73-67.8)^2}{67.8}+\frac{(66-67.8)^2}{67.8}+\frac{(113-109.6)^2}{109.6}+\frac{(77-82.2)^2}{82.2}+\frac{(84-82.2)^2}{82.2}$$

$=1.048<$ (기각치)$\chi^2_{2,\,0.05}=5.99147$, 따라서 귀무가설을 채택하고 연구가설을 기각한다.

∴ 해외연수와 업무능력은 서로 독립이다.

09 $\begin{cases} H_0: TV\ \text{프로그램 종류와 소득은 서로 독립이다.} \\ H_A: H_0\text{는 사실이 아니다.} \end{cases}$

기대도수는 다음과 같다.

TV 프로그램의 종류 / 소 득	스포츠경기	드라마	뉴 스	합 계
낮 음	125	75	50	250
중 간	100	60	40	200
높 음	25	15	10	50
합 계	250	150	100	500

표에서 행 2와 열 3에서의 기대도수 e_{23}은 $\frac{(200)(100)}{500}=40$으로 계산된다.

χ^2검정통계량은

$$\chi^2=\frac{(143-125)^2}{125}+\frac{(72-75)^2}{75}+\frac{(37-50)^2}{50}+\frac{(90-100)^2}{100}+\frac{(67-60)^2}{60}$$

$$+\frac{(43-40)^2}{40}+\frac{(17-25)^2}{25}+\frac{(13-15)^2}{15}+\frac{(20-10)^2}{10}=20.96$$ 이다.

자유도는 $(3-1)(3-1)=4$이고, 기각치 $\chi^2_{4,\,0.05}=9.48773$이다.

검정통계량 20.96이 기각치보다 크므로 귀무가설 H_0을 기각하고 연구가설을 채택한다.

∴ TV 프로그램 선택과 소득은 독립이 아니다.

12

분산분석

01 모집단들은 등분산을 가진다, 모집단들은 정규분포이다, 관찰치는 서로 독립이다

03

요 인	제곱합	자유도	평균제곱합	F비
집단간 변동	48	(2)	(24)	(29.703)
집단내 변동	21	(26)	(0.808)	
총변동	69	29		

05 부록 6-1에서 유의수준 0.05일 때 두 개의 자유도 2와 26인 곳의 기각치가 $F_{2,\,26,\,0.05}=3.37$

따라서 귀무가설을 기각하고 대립가설(연구가설)을 채택한다. 그 결과 세 집단 간에 차이가 있다고 결론짓는다.

07 $\bar{x}_{.1}=80,\ \bar{x}_{.2}=85,\ \bar{x}_{.3}=75$

$\bar{x}_{1.}=86,\ \bar{x}_{2.}=84.7,\ \bar{x}_{3.}=80.7,\ \bar{x}_{4.}=74.3,\ \bar{x}_{5.}=74.3$

$\bar{x}=80$

$SST=\sum_{i=1}^{a}\sum_{j=1}^{b}x_{ij}^2-ab\bar{x}^2=698$ $\quad SSA=b\left[\sum_{i=1}^{a}\bar{x}_{i.}^2-a\bar{x}^2\right]=370.7$ $\quad SSB=a\left[\sum_{j=1}^{b}\bar{x}_{.j}^2-b\bar{x}^2\right]=250$

$SSE = SST - SSA - SSB = 77.3$

ANOVA표는 다음과 같다.

요 인	제곱합	자유도	평균제곱합	F비
요인 A(심사자)	370.7	4	92.7	9.6
요인 B(신도시 계획안)	250.0	2	125.0	12.9
오차	77.3	8	9.7	
합 계	698	14		

신도시 계획안에 대한 검정통계량 $F=12.9$가 기각치 $F_{2,8,0.05}=4.46$보다 크므로 신도시 계획안에 대한 평가점수에 차이가 있다고 결론짓는다.

09

요 인	제곱합	자유도	평균제곱합	F비
선반높이	16,330	2	8,165	4.6195
전시면적	46,660	1	46,600	26.3989
교호효과	8,600	2	4,300	2.4328
오 차	21,210	12	1,767.5	
계	92,800	17		

13 회귀분석

01 $\varepsilon_i \sim N(0,\ \sigma_\varepsilon^2)$, 오차항은 서로 독립

03 **〈그림〉 산포도**

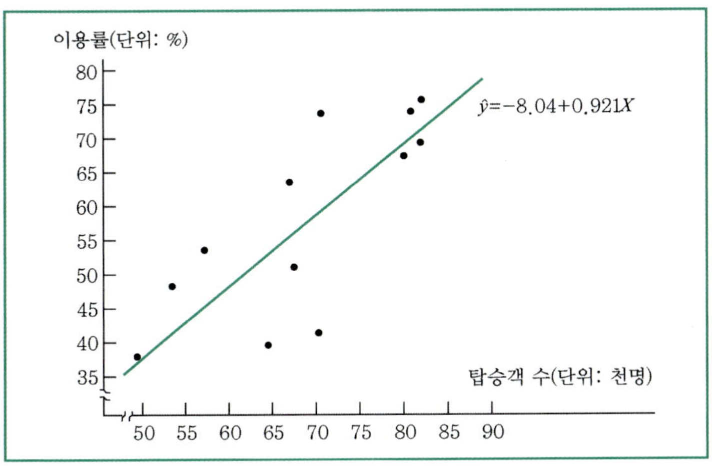

직선관계가 존재함을 알 수 있다.

05 잔차의 계산

x	y	$\hat{y}$	$\hat{e}=y-\bar{y}$
65	40	51.8	−11.8
71	41	57.3	−16.3
53	48	40.8	7.2
70	49	56.4	−7.4
74	73	60.1	12.9
85	74	70.2	3.8
84	68	69.3	−1.3
58	51	45.4	5.6
72	63	58.3	4.7
87	75	72.1	2.9
85	70	70.2	−0.2
50	38	38.0	0.0
			$\sum \hat{e}_i = 0.1 \simeq 0.0$ $\sum \hat{e}_i^2 = 755.97$

잔차도표는 다음과 같다.

〈그림〉 잔차도표

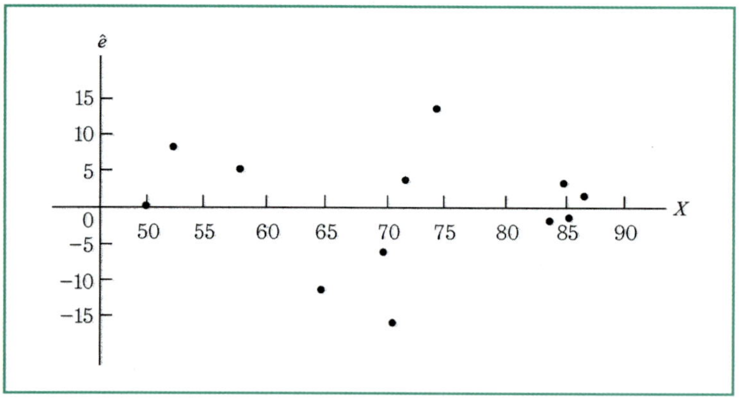

07 $R^2 = 1 - \frac{SSE}{SST} = 1 - \frac{\sum \hat{e}_x^2}{\sum (y_i - \bar{y})^2} = 0.67$

09 $(b_1 - t_{10,\,0.025} S_{b1},\, b_1 + t_{10,\,0.025} S_{b1}) = (0.921 - 2.228 \times 0.206,\, 0.921 + 2.228 \times 0.206) = (0.462,\, 1.380)$이다.

14

다중회귀모형

01 오차항의 독립성가정, 정규분포의 가정, 등분산의 가정

03

변동요인	제곱합	자유도	평균제곱합	F 비
회 귀	27.7258	(3)	(9.242)	(99.376)
잔 차	0.7433	8	(0.093)	

검정통계량 $F=99.48$이 기각치 $F_{3,8,0.10}=2.92$보다 크기 때문에 H_0을 기각한다.

$\therefore \beta_1, \beta_2$ 그리고 β_3 모두 0은 아니다.

05 $S_e=\sqrt{56.8176}=7.54$이다.

07 기각치 $F_{2,6,0.05}=5.14$이고, 검정통계량 $F=8.26$이다.

검정통계량 8.26이 기각치보다 크므로 회귀모형이 유의하다.

∴ 제품소비량에 대한 도시화율과 세대주의 교육수준의 효과가 유의하다.

09 X_1=근무연수, X_2=나이, Y=생산성이라고 하자. 엑셀의 데이터분석-회귀분석을 이용하여 분석하면 추정된 방정식은 다음과 같다.

$\hat{Y}=47.936+0.716X_1+0.771X_2$

회귀분석 통계량	
다중 상관계수	0.987
결정계수	0.974
조정된 결정계수	0.967
표준 오차	1.828
관측수	10.000

분산 분석

	자유도	제곱합	제곱 평균	F 비	유의한 F
회귀	2.000	876.598	438.299	131.106	0.000
잔차	7.000	23.402	3.343		
계	9.000	900.000			

	계수	표준 오차	t 통계량	P-값	하위 95%	상위 95%	하위 95.0%	상위 95.0%
Y 절편	47.936	2.343	20.459	0.000	42.396	53.477	42.396	53.477
X 1	0.716	0.892	0.803	0.449	-1.393	2.824	-1.393	2.824
X 2	0.771	0.102	7.575	0.000	0.530	1.011	0.530	1.011

찾아보기

N

O

P

Q

R

S

T

U

[공저자약력]

박 명 섭(朴明燮)

고려대학교 경영대학 졸업
미국 버지니아 주립대학(경제학 석사)
미국 텍사스 주립대학(경영학 박사)
미국 캔자스 주립대학 교수 역임
(현) 고려대학교 경영대학 명예교수

박 광 태(朴光泰)

서울대학교 공과대학 졸업
서울대학교 대학원(산업공학 석사)
미국 버클리 대학(산업공학/경영과학 박사)
영남대학교 경영학과 교수 역임
(현) 고려대학교 경영대학 교수

이 민 호(李旼澔)

한양대학교 경영학과 졸업
고려대학교(경영학 석사/박사)
University of Colorado at Denver, Visiting Researcher
(현) 남서울대학교 유통마케팅학과 교수

제 7 판 통계학개론

1993년 8월 30일 제 1 판 발행
1994년 8월 30일 제 2 판 발행
2000년 3월 20일 제 3 판 발행
2005년 3월 10일 제 4 판 발행
2008년 2월 28일 제 5 판 발행
2017년 1월 10일 제 6 판 2쇄 발행
2021년 2월 25일 제 7 판 발행

공저자 박명섭 · 박광태 · 이민호
발행인 임 권 규
발행처 弘 文 社

05855 서울시 송파구 송파대로 167 테라타워 B동 802호
등록 1993. 6. 24. 제1-1543호
TEL. 712-5311(代) FAX. 716-5311

값 32,000원

ISBN 978-89-7770-474-9 93320